普通高等教育"十二五"规划建设教材

机械振动教程

An Introduction to Mechanical Vibration

陈奎孚　编著

中国农业大学出版社
·北京·

内容简介

本教程由绪论、单自由度系统的自由振动、单自由度系统的受迫振动、两自由度系统的振动、多自由度系统的振动，固有频率与振型的数值方法和弹性体振动等共计七章组成。本书主线为解耦，沿着这条主线，把复杂的、陌生的振动理论循序渐进地转变为简单的、熟悉的知识点。为了提高理论的可理解度，教程正文配有180余幅图，各章后共有150多道习题。

本教程可作为高等院校的力学、机械、土木、航空航天等专业的本科生教材，也可供相关的工程人员自学使用。

图书在版编目(CIP)数据

机械振动教程/陈奎孚编著.—北京：中国农业大学出版社，2014.3
ISBN 978-7-5655-0896-7

Ⅰ.①机…　Ⅱ.①陈…　Ⅲ.①机械振动-高等学校-教材　Ⅳ.①TH113.1

中国版本图书馆CIP数据核字(2014)第016159号

书　　名　机械振动教程
作　　者　陈奎孚　编著

责任编辑　梁爱荣　　**责任校对**　陈莹　王晓凤
封面设计　郑　川
出版发行　中国农业大学出版社
社　　址　北京市海淀区圆明园西路2号　　**邮政编码**　100193
电　　话　发行部 010-62818525，8625　　读者服务部 010-62732336
编辑部 010-62732617，2618　　出　版　部 010-62733440
网　　址　http://www.cau.edu.cn/caup　　**e-mail**　cbsszs@cau.edu.cn
经　　销　新华书店
印　　刷　北京时代华都印刷有限公司
版　　次　2014年4月第1版　　2014年4月第1次印刷
规　　格　787×980　16开本　19.75印张　360千字
定　　价　35.00元

前　言

生活里的振动往往是很美妙的，从儿时秋千的淡淡回忆，到安安静静课堂上的密友来电提醒，都有振动现象，而能让孔老夫子“三月不知肉味”的齐韶则涉及振动的产生、传播和检测。工程的振动给人的感觉一般是负面的，从令人心烦的机器噪声，到强震下瞬间坍塌的大楼。随着现代技术的发展，不仅是力学专业，而且很多工科专业都不能对振动视而不见，因为振动业已成为制约很多关键设备的性能进一步提高的瓶颈了。

编者曾经针对研究生编写了《机械振动基础》。此书出版后，反映尚可，已被相关行业的科技论文或学位论文多次引用。有些单位的本科教学也使用该书，但是不少学生反映书太厚，有压抑感。针对本科教学，作者对原书进行了精简，删去了课堂教学最不可能涉及的材料，同时对原书的错误进行了修订，并更名为《机械振动教程》。

本教程包括绪论、单自由度系统的自由振动、单自由度系统的受迫振动、两自由度系统的振动、多自由度系统的振动，固有频率与振型的数值方法和弹性体振动等七章。内容基本限于线性系统的固有特性和线性系统受到确定性激励的响应。

本教程要求的前期课程有高等数学、线性代数、大学物理、理论力学和材料力学，这些课程基本上是相关工程专业所要求的通识内容。除了上面提及的前期课程，撰写过程特别注重材料的自含性，比如尽量回避结构力学的内容，如有个别例题涉及的，也尽量用材料力学的语言来叙述。再比如现在大多工科院校的理论力学课程对拉格朗日方程已不要求，所以本教程对相应的内容作了必要介绍。

除了在读学生，目前与振动相关的从业人员队伍庞大，各自的教育背景五花八门，所以本教程除了在理论体系循序渐进外，也精选了大量的例题和习题，习题配有答案，以便自学。

本教材出版得到了中国科学院力学研究所非线性力学国家重点实验室开放课题的部分资助。

由于编者的能力有限，书中定有很多纰缪。欢迎读者的批评和指正，请发送到本人电子邮箱 ChenKuiFu@hotmail.com。

陈奎孚

2013.11

符 号 表

符号	说 明	符号	说 明
a	几何长度或距离;加速度大小[4.5.2][①]	h	高度
		$h(t)$	单位脉冲响应函数
a_i	傅立叶级数的余弦项系数	i	整数;整数计数器
b	地面(支座)激励振幅;宽度(厚度)或距离	j	虚数符号,$\mathrm{j}^2=-1$
		j	整数,整数计数器
b_i	傅立叶级数的正弦项系数	k	弹簧刚度系数
c	阻尼系数;波速[7章]	kg	千克
c_1, c_2, c_3, c_4	积分常数;局部常数	k_{eq}	等效刚度系数
c_c	临界阻尼系数	k_T	扭簧刚度系数
c_{eq}	等效阻尼系数	l	长度
c_i	傅立叶级数复系数	l_0	原长
d	微分	m	米
d	直径	m	质量;质量块
dB	分贝	m_{eq}	等效质量
e	偏心矩	min	分
f_0	简谐激励的力幅;恒定不变的力	m_T	总质量
		n	相对固定的整数
f_d	阻尼固有频率	p	单自由度系统的固有频率($=2\pi f_n$)
f_n	自然频率;固有频率		
$f(t)$	随时间变化的外力;随时间变化的函数	p_d	单自由度系统的阻尼固有频率($=2\pi f_d$)
$f_l(x,t)$	沿长度分布力的集度	p_i	多自由度系统的第 i 阶固有频率
$\{f(t)\}$	多个力组成的力列阵(向量)		
g	重力加速度大小	p_{di}	多自由度系统的第 i 阶阻尼固有频率
$\mathbf{g}$	重力加速度向量		

① 存在两个以上的意义时,大体按照使用的频度排列顺序。方括号内表示仅在该处使用。

续表

符号	说　明	符号	说　明
$q, q(t)$	模态坐标，广义坐标；	B_{max}	单自由度强迫振动的最大振幅
r	半径		
$\boldsymbol{r}$	位移向量	B_1, B_2, B_3, B_4	梁振型函数的四项系数[第7章]。
rad	弧度		
s	秒	C	质心位置；轮心；常数（积分常数）
s	拉普拉斯变换参数；复频率；模态截断（近似）的阶数	$[C]$	阻尼矩阵[①]
		$[C]_P$	模态阻尼矩阵（对角阵）
t	吨	D	直径；瑞利耗散函数[5.6.1]
t	时间		
u	轴向位移	$[D]$	动力矩阵[6.3，$[S]^{-1}$]
v	速度	E	总机械能；弹性模量（多以 EI 形式出现）
$w, w(x, t)$	梁的挠度；弦的横向位移		
w_P	P 点挠度	F	不变集中力的大小
x	响应；笛卡儿坐标	$\boldsymbol{F}$	不变的集中力向量
$x(t)$	响应	$\boldsymbol{F}_c$	粘性阻尼力
$x_b(t)$	基座（支撑）位移	$\boldsymbol{F}_d$	流体阻力；摩擦力
$x_c(t)$	复简谐量	$\boldsymbol{F}_k$	弹簧的弹性力
$x_r(t)$	相对位移	$\boldsymbol{F}_I$	惯性力
y	坐标	$\boldsymbol{F}_N$	轴力；正压力；纵向力
z	坐标	$\boldsymbol{F}_Q$	剪力
A	自由振动的幅值	$\boldsymbol{F}_T$	拉力
$A, B, C, D, \cdots$	点或位置	G	切变模量
$A_1, A_2, \cdots, A_n$	单自由度衰减振动的递减峰幅；复谐波的各简谐波的幅值	H	高度
		Hz	赫兹
		$H(s)$	传递函数
B	单自由度强迫振动振幅	$H(\mathrm{j}\omega)$	复频响函数

① 本书的矩阵符号一般用大写字母外加方括号表示。在不引起歧义的情况下，有时略去方括号。

续表

符号	说 明	符号	说 明
$H_{\mathrm{A}}(\mathrm{j}\omega)$	加速度频响函数	Re	复数的实部
$H_{\mathrm{D}}(\mathrm{j}\omega)$	位移频响函数	$R_{\mathrm{I}}(\{\psi\})$	第一瑞利商
$H_{\mathrm{V}}(\mathrm{j}\omega)$	速度频响函数	$R_{\mathrm{II}}(\{\psi\})$	第二瑞利商
I	梁截面轴矩	S	面积；横截面积
Im	虚部	$[S]$	系统矩阵（5.4，$[D]^{-1}$）
I_{a}	截面轴矩	T	动能
I_{p}	截面极矩	T_{b}	拍周期
$[I]$	单位阵	T_{d}	阻尼固有周期
J	转动惯量	T_{n}	固有周期
J_{O}	绕 O 转动惯量	T_{p}	周期
K_{i}	第 i 个模态主刚度	^{T}	矩阵转置（右上角标）
$[K]$	刚度矩阵	$[T]$	总传递矩阵
$[K]_{\mathrm{P}}$	主刚度矩阵（对角阵）	$[T]_{i}$	第 i 个单元的传递矩阵
L	拉格朗日算符（$L=T-U$）；自感系数[5.6.1]	U	势能
M	力（偶）矩；截面弯矩	W	功
M_{i}	第 i 阶主质量	W_{c}	粘性阻尼的功
$M_{i}^{\mathrm{L}},M_{i}^{\mathrm{R}}$	传递矩阵法中的左端扭（弯）矩和右端扭（弯）矩[6.5]	X	复简谐量的复振幅
M_{t}	扭矩	X_{r}	相对运动的振幅
N	牛顿（力的单位）	$[Y]$	子空间迭代法的中间矩阵[6.4]
N	多自由度系统的自由度数	$[Z]$	子空间迭代法的中间矩阵[6.4]
$_{\mathrm{N}}$	正则（右下角标）	$\{Z\}$	传递矩阵法中的状态向量[6.5]
O	坐标原点；传递矩阵法的起点[6.7]	α	简谐振动的初相角
P,P_{1},P_{2}	点的位置	α_{i}	第 i 个简谐分量的相位角
Q	广义力；谐振锐度，品质（共振）因子[3.1.3]	β	放大系数[3.1.2]
R	半径	χ	阻尼比容[3.6.2]
		δ	变分算符
		δ	柔度系数；对数减幅[2.6.2]

续表

符号	说明	符号	说明
δ_{ij}	跨点柔度系数（在 j 点加力，i 点输出）	θ	角位移
δW	虚功	θ_{p}	摆式吸振器的摆角[4.5.2]
$\delta(x)$	单位脉冲函数	θ_0	常量角位移
δ_{st}	静位移；静伸长	ρ	体积密度
$[\delta]$	柔度矩阵	ρ_l	线密度
ε	应变	σ	正应力
ε_x	沿 x 轴应变	τ	切应力；时间积分变量[3.7]
ϕ_{ij}	第 j 阶振型第 i 个分量		
$\phi(x)$	振型函数	ω	外激励圆（角）频率；傅立叶分析的基频
$\{\phi\}$	模态向量或模态振型		
$\{\phi\}_{\mathrm{N}}$	正则模态振型	ψ_{ij}	假设（近似）j 阶振型第 i 个分量（真实为 ϕ_{ij}）
γ	切应变		
η	波峰（振幅）衰减系数[2.6.2]；耗损因子[3.6.2]	$\{\psi\}$	假设（近似）振型（真实为 $\{\phi\}$）
		ζ	阻尼比
η_{F}	隔振系数（力传递率）[3.4.2]	Δ	增量符号；判别式[2.6.1；4.3]
η_{M}	隔振系数（运动传递率）[3.4.2]	$\Delta\omega$	频率增量
		$\Delta(\omega)$	行列式[4.5.1]
φ	频响函数的相位	$[\Lambda]$	以特征值 λ_i 为对角元素组成的特征值矩阵
λ	系统矩阵的特征值（固有频率的平方）		
		$[\Phi]$	振型矩阵
μ	摩擦因子[3.6.2]	$[\Phi]_{\mathrm{N}}$	正则振型矩阵
$\mu_{\text{下标}}$	局部比例系数（由下标区别意义）	Ω	轴转动角速度[例题 2.5，4.5.2]
$[\mu]$	系数矩阵[6.4]	Σ	求和
ν	激励频率与固有频率之比	$[\Psi]$	近似振型矩阵
π	圆周率		

目　录

第1章 绪 论

本章介绍振动研究的目的、内涵和外延,以及本书的主要内容。

1.1 概述

振动指系统围绕平衡状态所发生的往复变化。对振动的理解有狭义和广义两种。狭义的理解是机械系统的组成元件在它们平衡位置附近所作的往返运动,比如弹簧质量系统的质量块运动,单摆的摆杆摆动等。广义理解则可包括诸如生物、生态、经济和社会发展等复杂系统的演化过程中的波动。

本书仅涉及狭义理解的振动。

1.1.1 研究振动的目的

振动研究的最直接目的就是“趋利避害”。很多工程振动都表现为“害”,但也有很多工程设备利用振动的“利”。

振动的害处首先表现为破坏物体的结构。不论是人工结构,还是自然结构,地震和海啸在瞬间就能将其摧毁,给人类造成巨大损失。海浪和飓风能够引起桥梁和海洋平台共振,导致破坏。经典的例子是1940年美国Tacoma桥因风载引起振动而坍塌。飞机机翼和输送管道的颤振往往酿成恶性事故。工程机械的振动会加剧构件的磨损和疲劳,从而降低机器和结构物的使用寿命。加工机械的振动将严重影响加工精度。过强的振动也会影响精密仪器设备的测量功能和性能。

车、船等交通工具的振动会恶化乘载条件,过强的房屋振动会影响居住的舒适性能,强烈的振动噪声也是严重的环境公害。长期与振动接触的工作人员易患振动病,长期接触振动的手指会麻木,局部微循环恶化,甚至出现白指病。

但是振动也并非一无是处。比如大量的研究发现振动可促进骨折组织愈合。振动在工程方面的应用非常广泛,如给料、上料、输送、筛分、布料、烘干、冷却、脱水、选分、破碎、粉磨、光饰、落砂、成型、整形、振捣、夯土、压路、摊铺、钻挖、装载、振仓、犁土、沉桩、拔桩、清理、捆绑、采油、时效和切削等。商业化的机器包括振动给料机、振动输送机、振动整形机、振动筛、振动离心脱水机、振动干燥机、振动冷却机、振动冷冻机、振动破碎机、振动球磨机、振动光饰机、振动压路机、振动摊铺机、振动夯土机、振动沉拔机，以及各种形式的振捣器和激振器等。

上述设备利用了振动的能量属性，我们还经常利用振动的信息属性。比如人类很早就利用声音来判断陶瓷器皿是否存在裂纹：即轻轻弹叩器皿，如果它发出的声音清脆响亮则无裂纹，而发出沙哑声则表明有裂纹。人们也经常通过叩击西瓜听声音的办法来鉴别成熟度，更为精密和自动化的方法是使用振动仪器检测，然后再使用振动分析方法鉴别。利用振动信息来监测机械健康状态，鉴别故障的起因，是机械故障诊断学的重要组成部分。振动信息还被用来无损检测桩的质量。人工地震波技术是非常重要的探测石油、勘探地质的手段。

1.1.2 振动研究的内涵和外延

振动研究的基本要素如图 1-1 所示。从工程角度而言，最关心输出，因为这个物理量决定振动的强弱。有时把“输出”叫做响应（也称反应），把“输入”叫做激励（或外力）。初条件包括初位移和初速度（有的文献把“初条件”当作“初激励”处理）。

已知输入、初条件和系统特性，来预测系统响应，称为振动分析，它为机械与结构的动强度和动刚度计算及校核提供依据。振动研究的另外一个任务是根据激励和响应求系统的参数，这称为系统识别。振动研究的第三个任务是已知响应和系统特性，反推激励，这称为振动环境预测。

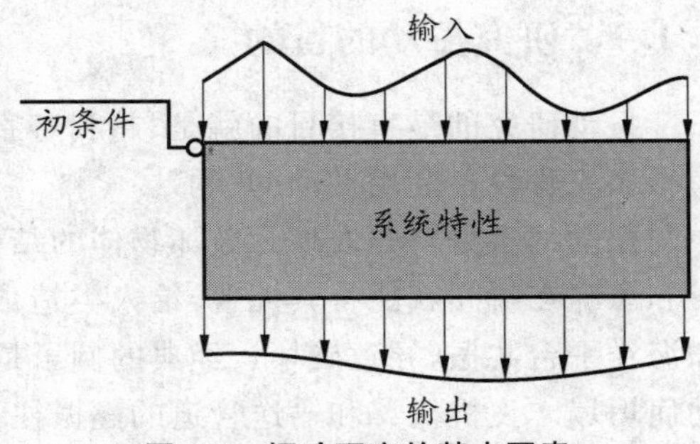

图 1-1 振动研究的基本要素

根据侧重点的不同，可以从不同的角度对振动进行分类。

1. 按照系统的物理特点分类

（1）线性振动。线性系统发生的振动称为线性振动，它可以用线性微分方程描述。线性系统满足叠加原理，也就是复杂输入的响应可以由对简单输入的响应叠加而得。如果线性微分方程的系数不随时间变化，则称为线性时不变系统。

（2）非线性振动。非线性系统产生的振动就是非线性振动，其数学描述为非线性微分方程。非线性系统不满足叠加原理。

（3）随机参数振动。振动微分方程的系数是随机量。工程上即使按相同工艺制作的同一规格构件，其物理参数，比如混凝土梁的刚度，也肯定有差异。这种差异可以用随机量或随机场来表示，相应的研究称为随机参数振动。也有用模糊数学来表示上述不确定性的，相应地称为模糊振动。

2. 按照激励的类型分类

(1)自由振动。系统受初始激励作用(以后不再受外界激励)产生的振动。初激励包括初始位移和初始速度。

(2)强迫振动。系统在外界激励作用下产生的振动。外界激励既可以是外荷载，也可以是系统的支座运动。

(3)自激振动。激励受振动系统自身控制，在适当的反馈作用下，系统将自动地激起定幅的振动。但是，一旦系统的振动被抑止，激励也就随之消失。

(4)参数振动。激励是因系统的物理参数的改变而引起的。

3. 按照激励的特点分类

(1)确定性振动。外界的激励可以用时间的确定性函数来刻画。一个确定性系统(指系统的物理特性是确定性的，不论它是常参数系统，还是变参数系统)，在受到确定性激励时，其响应也是确定性的，称为确定性振动。

(2)随机振动。随机激励不能用时间的确定性函数进行刻画，我们不能事先确定某一时刻激励的具体量值，但它们符合统计规律，可以用概率的方式刻画。风、地震引起的地面运动和波浪都是随机激励的典型例子。确定性系统，在受到随机激励时，系统的响应是随机的，称为随机振动。

1.2　本书的主要内容

工程上最常见的简单振动系统如图 1-2 所示，它由质量块 m、弹簧 k 和阻尼器 c 构成。

对该系统，首先要关心的一个问题是：质量块 m 偏离平衡位置幅度是否过大。因为若偏离幅度过大，则弹簧就有可能被拉坏。工程上更常见的情形是：振动的幅度没有大到一次就将弹簧拉坏的程度，但系统仍有可能因长期的疲劳损伤累积而损坏。

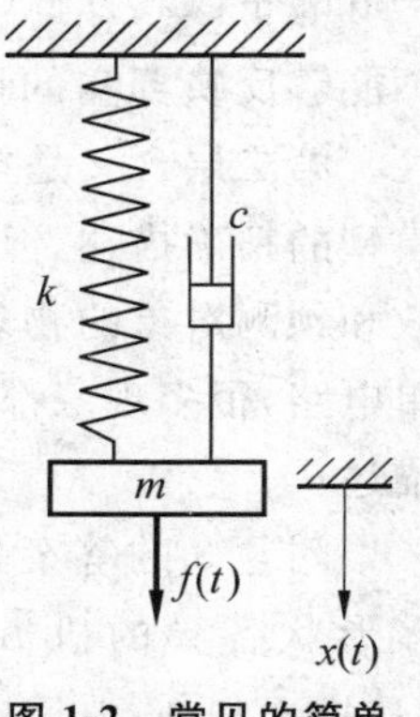

图 1-2　常见的简单振动系统

为防止图 1-2 系统的失效，最高境界是能“消灭振动”，但这往往不可能。为了保证在设计寿命内，系统不被破坏，我们退而求其次，就是让质量块 m 的偏移 $x(t)$ 尽可能小。这就要求预测质量块 m 的运动规律，以及相应的影响因素。因此我们就需要对该系统进行研究。

振动理论依靠什么工具预测呢？最常使用的工具是下

面的二阶微分方程

$$m\ddot{x}+c\dot{x}+kx=f(t) \tag{1.1}$$

它是刻画图 1-2 所示系统的运动方程。这里的 m，c 和 k 分别是系统的质量、阻尼系数和刚度系数，而 $f(t)$是随时间变化的激励或外力。

1.2.1 预测响应要解决的相关问题

若利用方程(1.1)来预测，随之而来就会想到如下的问题：

问题 1. 方程(1.1)是怎么得来的?

问题 2. 方程(1.1)在什么条件下可用?

问题 3. 方程(1.1)中的 m，c 和 k 如何确定?

问题 4. 方程(1.1)的激励力 $f(t)$ 如何确定?

问题 5. 如何解这个方程来实现预测?

问题 6. 方程(1.1)的解具有什么特点? 是否能反映实际现象的特征?

问题 7. 若系统中有更多的质量块和弹簧，又将如何处理?

1.2.2 简明的回答与本书的安排

问题 1 的答案将构成了本书第 2 章和第 3 章的基本内容，我们将会系统介绍建立方程(1.1)的常用方法，这里暂且跳过。

对问题 2 的回答相当重要。根据本书的第 2 章和第 3 章的学习，我们将会知道方程(1.1)成立的充分条件是单自由度线性系统。这个陈述有两层含义。第一层含义是实际系统并非是理想线性，采用线性模型是对实际问题简化分析不得不采取的手段。方程(1.1)正确的前提是完美的单自由度线性模型。如果这个模型不能够反映真实的情况，那么就不能保证方程(1.1)的预测准确性。第二层含义是拓展方程(1.1)的适用对象。该方程是图 1-2 模型的精确描述，但它同样可刻画简单的谐振电路，只是方程中参数和预测对象的物理意义有差异。除了上述弹簧-质量系统和简单电路，很多现象都是广义形式的振动，也都可以用该方程来近似描述。

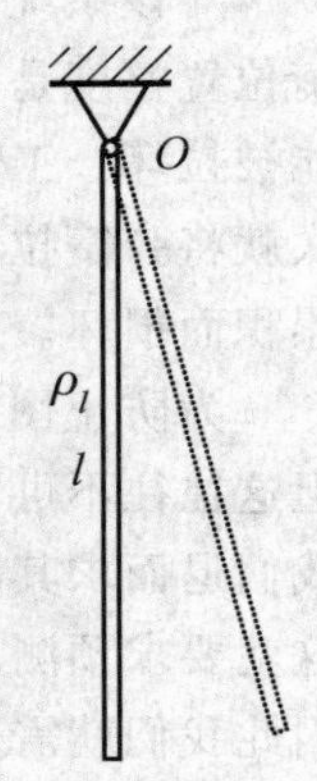

图 1-3 摆杆

问题 3 的答案是技术问题，这将在第 2 章和第 3 章讨论。许多形状各异的机械系统(比如图 1-3 杆的摆动)都可以用方程(1.1)来刻画，但这里并没有图 1-2 中的弹簧和集中质量块。因此若用方程(1.1)来描述，则其中的参数必然是等效的概念。这就要解决如何等效的问题，操作上就是确定方程(1.1)的等效参数。对复杂的系统，确定等效参数需要特殊的技巧。

问题4的回答，就是前面提到的振动环境识别问题，这需要通过实验解决。在本书中，总是假定激励力为已知。

问题5的答案是求解方程(1.1)。微分方程理论已经系统地建立了该类方程的求解方法。求解的难度依赖于激励的复杂程度。与振动理论密切相关的解法将在第2章和第3章介绍。

问题6要回答 $x(t)$ 的特性。显然 $x(t)$ 既与系统的 m，c 和 k 有关，又受到激励 $f(t)$ 的影响。最简单的情形是 $f(t)=0$，这就是自由振动。为方便描述这种自由振动，要引入相应的参数，如固有频率和阻尼比等。$f(t)\neq 0$ 的最重要情形是简谐激励，它可引起共振现象。方程(1.1)的齐次解和共振解对应了物理上两个重要的现象：自由振动和共振。

问题7的背景是工程上有大量的问题无法等效成图1-2的单个质量-弹簧-阻尼模型。刻画系统状态需要所有质量块的信息，必须用多个时间函数构成的函数向量 $\{x(t)\}=\{x_1(t),x_2(t),\cdots,x_N(t)\}^{\mathrm{T}}$ 来刻画，$x_i(t)$ 相当于第 i 个质量块的位移。相应地，方程(1.1)要扩展成如下的微分方程组的形式

$$[M]\{\ddot{x}\}+[C]\{\dot{x}\}+[K]\{x\}=\{f(t)\} \tag{1.2}$$

这里三个 $N\times N$ 矩阵 $[M]$，$[C]$ 和 $[K]$ 分别是质量矩阵、阻尼矩阵和刚度矩阵。$\{f(t)\}=\{f_1(t),f_2(t),\cdots,f_N(t)\}^{\mathrm{T}}$ 是作用在系统上的 $N\times 1$ 激励力向量。

用方程组(1.2)来预测，同样需要回答前面提出的6个问题。本书的第4和5章将系统地回答问题1,2,5和6。问题3和4就是前面提到的系统识别和振动环境预测两个问题，它们非常重要，但是超出了本书的范围，这需要在后续课程《模态分析》中深入学习。用方程组(1.2)来预测，本书第5章将介绍 N 相对较小情形的模态叠加法。对 N 很大的情形，需采用数值方法解方程组(1.2)，应参考相关专著。

寻找多自由度系统的共振频率要比单自由度系统情形复杂得多，且多自由度情形固有特性还包括振型。多自由度系统的固有频率和振型问题相当于数学的特征值。本书的第6章将系统介绍适用于振动分析的特征值方法。

实际上，有些问题用方程组(1.2)仍无法精确地刻画，比如细弦的振动，描述系统的状态需要弦上连续点的信息。对这种连续体的振动分析将是第7章的中心内容。

第2章 单自由度系统的自由振动

本章是振动分析的基础，主线是振系的微分方程建立和求解。就求解振动系统的最重要参数——固有频率，将介绍微分方程法、能量法和静位移法，以及瑞利近似法等。具体振系的形式多种多样，但本质都与弹簧一质量系统相同，区别仅在于等效质量和等效刚度的形式和物理意义。

2.1 无阻尼自由振动

振动系统简称振系。最简单的振系如图2-1所示。为简单计，目前暂不考虑阻尼和摩擦。当弹簧不受力时，质量块位于图中O点(图2-1(a))。若将物块m拉到P_2后无初速地释放(图2-1(b))，m就会向原点O运动。达到O点之后(图2-1(c))，m仍会继续向左运动，直到P_1点处m速度才变为0。但此时因弹簧受压，m又会受到向右的推力，从而向右加速运动(图2-1(d))，然后穿过O点(图2-1(e))。过O点后物体减速运动直到P_2点，m速度再次变为0，然后又向O运动。这样循环往复，物块m就振动起来了。

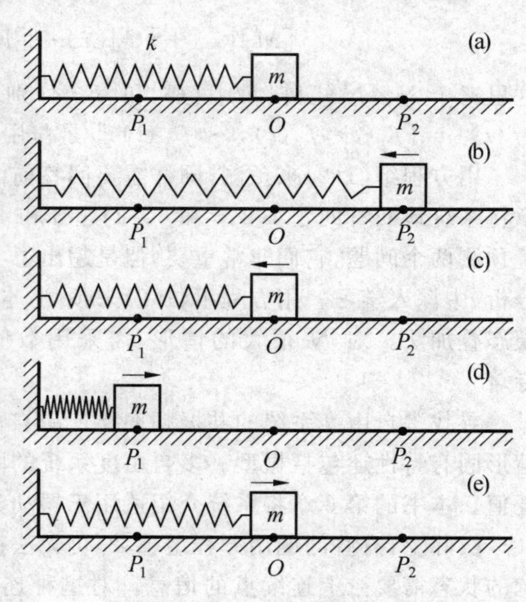

图2-1 单自由度振动示意图

2.1.1 建立振动微分方程

我们当然不能仅停留于上述的定性描述，必须建立描述系统运动的定量方程。完成这个任务的最基本方法就是取分离体作受力分析，然后运用牛顿第二定律。

对图2-1的系统建立图2-2(a)所示的一维坐标系，原点为弹簧原长所对应的O点，正方向指向右。系统的状态被唯一一个坐标x所完全确定，这正是单自由度振系的“单”的含义。

物块的受力分析如图 2-2(b)所示。垂直方向的支持力 $\boldsymbol{F}_{\mathrm{N}}$ 和重力 $m\boldsymbol{g}$ 相互平衡，对水平方向的振动没有贡献。在水平方向物体受到弹簧拉力 $\boldsymbol{F}_{\mathrm{k}}$。根据胡克定律，拉力的大小与弹簧变形成正比，而方向则指向弹簧原长所对应的位置。弹性力的方向已经由图中的向量箭头表示了，而大小则为

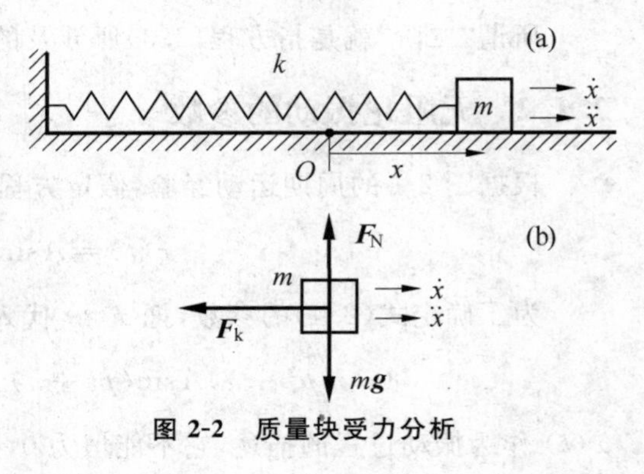

图 2-2　质量块受力分析

$$F_{\mathrm{k}}=kx \tag{2.1}$$

式中：k 为弹簧的刚度系数。刚度系数是弹簧抵抗变形的能力，它等于将弹簧拉伸(或压缩)单位长度所需要的力。

在图 2-2(b)中，垂直方向自动平衡。沿水平方向运用牛顿第二定律投影(正方向沿 x 轴正向)有：

$$m\ddot{x}=-F_{\mathrm{k}} \tag{2.2}$$

式(2.2)中右端 F_{k} 前的负号是因为 $\boldsymbol{F}_{\mathrm{k}}$ 向量的方向与投影的正方向(x 轴正向)相反。

将式(2.1)代入式(2.2)，并将右端项移到左端得到

$$m\ddot{x}+kx=0 \tag{2.3}$$

这是一个二阶齐次线性常系数常微分方程。

常微分是相对偏微分而言的。所谓“常”(ordinary)就是自变量仅有一个(偏微分对应的自变量不少于两个)。这里因变量是 x，它只有一个自变量，即时间 t。

常系数(constant)是指方程(2.3)中因变量或其各阶导数前面的系数(这里为 m 和 k)不随时间变化。有些系统的参数可能会随时间变化，比如橡胶弹簧，其刚度系数会随温度变化，从而随一年四季的时间而变化。常系数系统也称为时不变系统。

我们注意到方程(2.3)中 x 和 $\ddot{x}$ 都只以一次项的形式出现，这叫做线性。如果方程中含有因变量或其导数的非一次项的形式，比如 $|x|$，x^2，$x\ddot{x}$(乘积)等形式，就叫做非线性微分方程，相应的振系就是非线性的。

研究振动微分方程，往往将所有显含因变量符号(这里为位移 x)的项全部移到等式的左端，而右端只保留显含自变量(这里为时间 t)的函数。如果右端项为 0，那么这样的方程就称为齐次的，如方程(2.3)。反之，则称非齐次的。

所谓“二阶”就是指方程(2.3)所涉及的因变量导数的最高阶次为2。

2.1.2 无阻尼振动的参数

根据图2-1的周期运动经验，假定方程(2.3)的解为

$$x(t)=A\sin(pt+\alpha) \tag{2.4}$$

为了确定式(2.4)的参数，把 $x(t)$ 代入方程(2.3)有

$$(-mp^2+k)A\sin(pt+\alpha)=(-mp^2+k)x(t)=0$$

$x(t)$ 作为振动过程的描述，它不能恒为0，这就要求 $-mp^2+k=0$，从而确定了

$$p=\sqrt{\frac{k}{m}} \tag{2.5}$$

式(2.4)还有振幅 A 和初相位 α 两个参数需要确定。它们的确定需利用物块在 $t=0$ 时的初位移 x_0 和初速度 v_0，即

$$\left.\begin{aligned} x(0)&=A\sin\alpha=x_0\\ \dot{x}(0)&=Ap\cos\alpha=v_0\end{aligned}\right\}$$

可解出

$$A=\sqrt{x_0^2+\frac{v_0^2}{p^2}} \tag{2.6}$$

$$\tan\alpha=\frac{x_0 p}{v_0} \tag{2.7}$$

利用这组关系，式(2.4)也可写为

$$x(t)=x_0\cos pt+\frac{v_0}{p}\sin pt \tag{2.8}$$

式(2.4)(或式(2.8))精确地刻画了图2-1中物块的运动。位移随时间变化的曲线(时间历程曲线，又简称时程曲线)如图2-3所示。

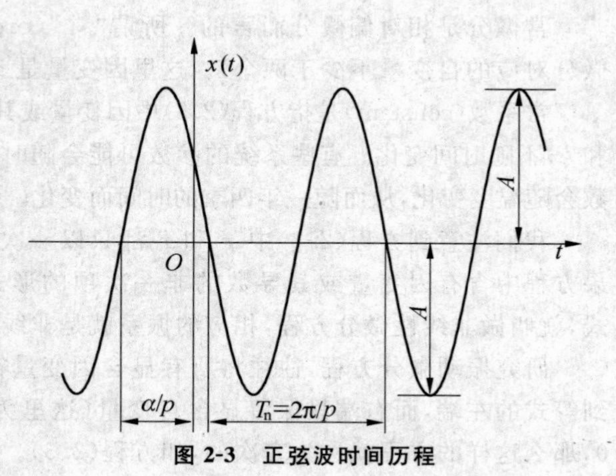

图2-3 正弦波时间历程

式(2.4)中表征运动快慢的

参数 p，称为固有圆频率①。它由系统参数 m 和 k 按式(2.5)确定，与振动初速度和初位置无关，这与其他两个参数振幅 A 和初相位 α 有着本质的区别。由式(2.6)和式(2.7)可知初相位 α 和振幅 A 与初条件有关，不是系统的固有属性。

固有圆频率 p，又称为自然圆频率、本征圆频率等，它的单位是 rad/s。它与工程上常用的固有频率 f_n 关系为

$$f_{\mathrm{n}}=\frac{p}{2\pi} \tag{2.9}$$

频率 f_n 表示单位时间之内系统的自由往返次数，常用的单位 Hz。1Hz 表示 1s 内系统振动 1 次。在不引起误解的情况下，本书也将固有圆频率简称为固有频率。

固有周期 T_n(图 2-3)是固有频率的倒数，即

$$T_{\mathrm{n}}=\frac{1}{f_{\mathrm{n}}}=\frac{2\pi}{p} \tag{2.10}$$

利用 p 可以将方程(2.3)变换成首项系数为 1 的标准形式，即

$$\ddot{x}+p^{2}x=0 \tag{2.11}$$

此即单自由度系统无阻尼自由振动的标准微分方程。

例题 2-1　如图 2-4 所示的卷扬机，通过钢丝绳绕过定滑轮吊起物体($m=15$ t)。钢丝绳的弹簧刚度为 $k=5.782$ MN/m，物体以 $v=0.25$ m/s 匀速下降。如果卷扬机突然刹车，钢丝绳上端因卡住而突然停止。求钢丝绳所承受的最大张力。

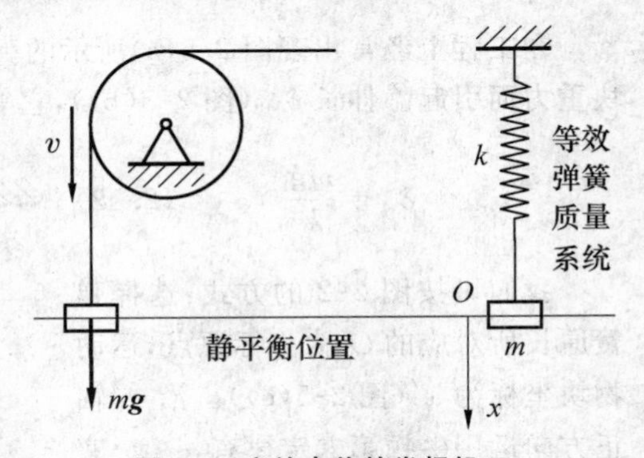

图 2-4　突然卡住的卷扬机

解：当重物匀速下降时，根据静平衡条件，钢丝绳内张力为

$$F_{\mathrm{T1}}=mg=15\times 1\,000\times 9.8\ \mathrm{N}=147\ \mathrm{kN}$$

① 应该注意固有圆频率是系统的参数。图 2-1 所示的系统包括物块和弹簧。我们可以说物块的振动频率等于 p，但不宜说物块的固有圆频率为 p，因为单独物块本身谈不上固有圆频率。只有物块和弹簧构成系统，才能谈系统的固有圆频率。随后章节，特别是第 7 章的弹性体会反复强调这一点。还应指出的是边界条件(固定方式)也是系统的一个重要方面，所以系统的固有频率当然与约束条件有关。

钢丝绳上端突然停止后，重物由于惯性而继续向下运动，然后围绕静平衡位置做上下自由振动。振系微分方程就是方程(2.3)，固有频率为

$$p=\sqrt{\frac{k}{m}}=\sqrt{\frac{5.782\times10^{6}}{15\times10^{3}}}\ \mathrm{rad/s}=19.63\ \mathrm{rad/s}$$

振动初条件为 $x_0=0, \dot{x}_0=v=0.25\ \mathrm{m/s}$，振幅为

$$A=\sqrt{x_0^2+\frac{\dot{x}_0^2}{p^2}}=\frac{v}{p}=\frac{0.25}{19.63}\ \mathrm{m}=0.0127\ \mathrm{m}$$

因此，振动引起的钢丝绳内最大动张力为

$$F_{T2}=kA=5.782\times10^{6}\times0.0127\ \mathrm{N}=73.43\ \mathrm{kN}$$

钢丝绳承受总最大张力为

$$F_{T\max}=F_{T1}+F_{T2}=220.43\ \mathrm{kN}$$

上述结果表明振动引起的动张力几乎是静张力的一半，这在钢丝绳设计中不可忽视，否则设备的可靠性和安全性将大大降低。最大动张力与钢丝绳刚度的平方根成正比（$F_{T2}=v\sqrt{mk}$）。这就是说，对于承受突然冲击载荷的部件，刚度越小越有利。

2.1.3 平衡位置与坐标原点

在工程上经常出现图 2-5(a)所示的弹簧-质量悬挂系统。悬挂的弹簧会因物块重力而引起静伸长 δ_{st}（图 2-5(b)），它等于

$$\delta_{st}=\frac{mg}{k}\tag{2.12}$$

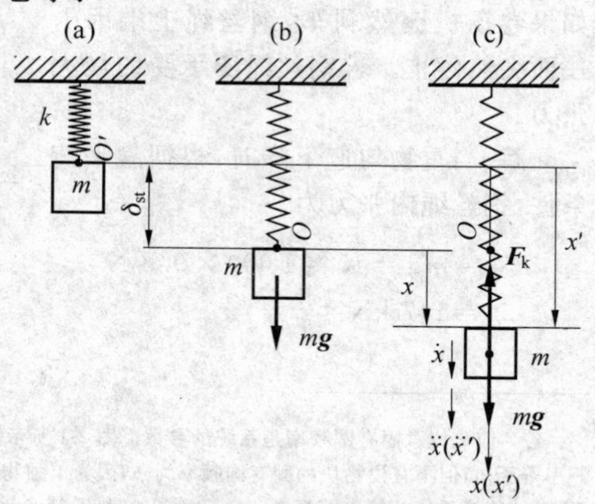

图 2-5 悬挂方式的弹簧-质量系统

我们可按图 2-2 的方式：选择弹簧原长所对应的 O' 为坐标原点，运动物块坐标为 x'（图 2-5(c)）。沿 x' 轴正方向运用牛顿第二定律有，

$$\begin{aligned}m\ddot{x}'&=-F_k+mg\\&=-kx'+mg\end{aligned}$$

该式可进一步整理为

$$m\ddot{x}'+kx'=mg\tag{2.13}$$

式(2.13)左端与方程(2.3)的左端形式相同，但右端不再为 0。通过下面的变换可将右端的非齐次项消去，变成类似方程(2.3)的齐次方程。取 $x'=x+\delta_{st}$ 代入式(2.13)有

$$m(\ddot{x}+\ddot{\delta}_{st})+k(x+\delta_{st})=mg$$

利用 $\ddot{\delta}_{st}=0$ 和式(2.12)，上式就恰好变成方程(2.3)了。

根据上述讨论，悬挂系统的解 $x'(t)$ 只需将方程(2.4)的解加上静伸长 δ_{st} 即可。这表明悬挂对振系的最重要参数——固有频率没有影响。运动规律除了差一个常数 δ_{st} 外，完全相同。

回到图 2-5(c)，若将原点选择为静伸长所对应的位置 O，则 x 就是物块坐标。显然，若一开始就如此选择坐标系，则直接得到与图 2-2 的平放系统完全相同的方程。根据这个特点，我们往往选择静平衡状态为参考状态，即坐标原点。

2.1.4　常见振系

1. 单摆和复摆

图 2-6(a)是常见的单摆，图 2-6(b)是稍微复杂的复摆。复摆的物块绕 O 做定轴转动，质心 C 到轴心 O 的距离为 l。物块绕质心 C 的转动惯量为 J_C。两个摆都是单自由度系统。各自绕稳定平衡位置 $\theta=0$ 摆动。

我们可以用转动形式的牛顿第二定律——定轴转动微分方程——来建立运动方程。图 2-6(b)分析了物块受力，根据定轴转动微分方程有(注意角加速度 $\ddot{\theta}$ 与 θ 转向相同，而不管真实的物理转向)：

$$(ml^2+J_C)\ddot{\theta}=-mgl\sin\theta$$

当作微幅摆动时，$\sin\theta\approx\theta$，上式变为

$$(ml^2+J_C)\ddot{\theta}+mgl\theta=0$$

它与方程(2.3)完全一致，是单自由度的二阶齐次线性常系数常微分方程。系统的固有频率为

$$p=\sqrt{\frac{mgl}{ml^2+J_C}}$$

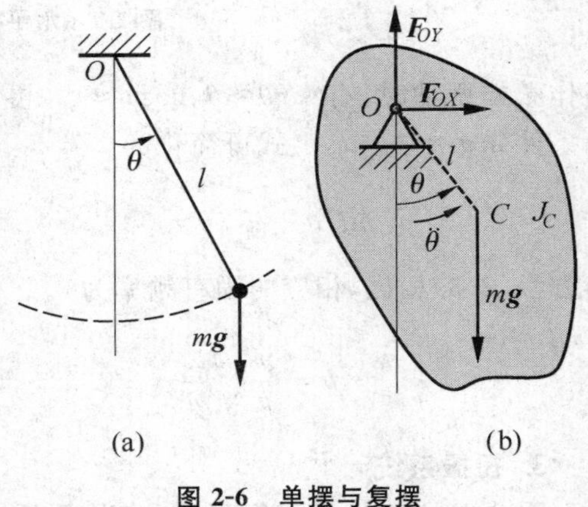

图 2-6　单摆与复摆

若 $J_C=0$，即物块的所有质量都集中到质心 C 处，复摆就退化成单摆，相应的固有频率也就变成熟悉的单摆结果

$$p=\sqrt{\frac{g}{l}}$$

2. 水平摆

图 2-7 为水平摆动系统，摆杆长度为 l（质量不计），重锤质量为 m（尺寸忽略），弹簧刚度为 k。弹簧悬挂点距转动轴心 O 的距离为 a。假定系统的静平衡状态（即摆动中心）恰好为杆处于水平的状态，此时弹簧已有静伸长量 δ_{st}。取杆所处的水平位置为参考状态，角位移取图中的 θ。我们仅考虑微幅摆动。对任意角度 θ，根据定轴转动微分方程有

$$ml^2\ddot{\theta}=mgl\cos\theta-(\delta_{st}+a\sin\theta)ka\cos\theta$$

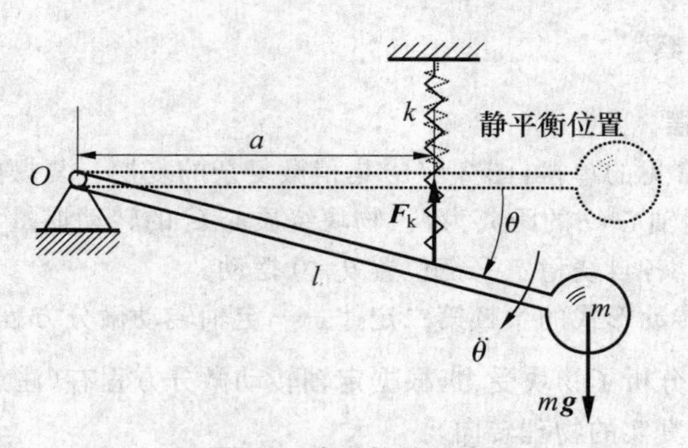

图 2-7　水平摆动系统

当作微幅摆动时，有 $\sin\theta\approx\theta$，$\cos\theta\approx1$。再由静平衡条件 $mgl=\delta_{st}ka$，上式可简化为

$$ml^2\ddot{\theta}+a^2k\theta=0$$

与方程(2.3)相比，相应的固有频率为

$$p=\frac{a}{l}\sqrt{\frac{k}{m}}$$

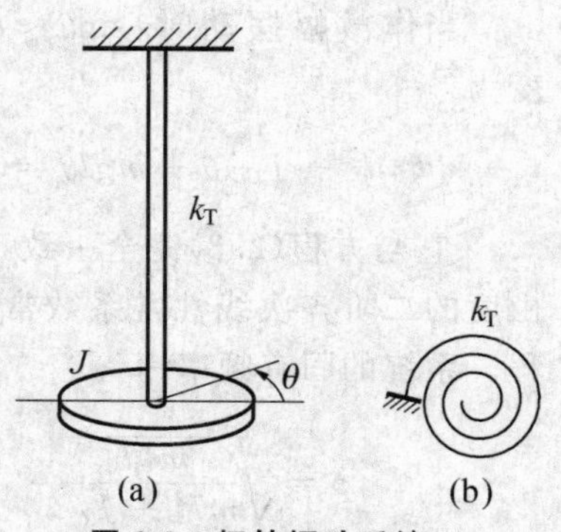

图 2-8　扭转振动系统

3. 扭振系统

图 2-8(a)所示的扭振系统，在均质圆盘中心垂直连接一根弹性轴。由材料力学可知，轴受扭

后，圆盘在弹性恢复扭矩的作用下产生扭振。若忽略轴的转动惯量，系统仅有一个自由度。在弹性范围内，系统的振动微分方程为

$$J\ddot{\theta}+k_{\mathrm{T}}\theta=0$$

式中：J 为均质圆盘绕质心的转动惯量；k_{T} 为轴的扭转刚度。扭转刚度的定义是：使轴两端发生 1 个单位角度的相对转动，需在轴两端施加的扭矩大小。常用的单位是 N・m/rad。在不引起误解的前提下，可将扭转刚度符号 k_{T} 的角标$_{\mathrm{T}}$ 略去，直接用 k 表示。从扭转轴方向来看，扭转弹簧可用图 2-8(b)的图标来表示。

显然，图 2-8(a)所示的扭振系统的固有频率为

$$p=\sqrt{\frac{k_{\mathrm{T}}}{J}}$$

4. 无质量梁-质量块系统

工程中经常会遇到在细梁上放置质量块的振系，如图 2-9 所示。质量块通常简化成集中质量，而细梁的质量忽略不计。这样简化后，系统只有一个自由度。图 2-9 所示系统中，物块 m 放置于简支梁的中点，设梁中点的静挠度为 δ_{st}。

梁的挠度与作用力成正比，令其比例系数为 k。设 w 为质量块偏离静平衡位置的位移。梁对质量块的反力为 $k(w+\delta_{\mathrm{st}})$，故质量块的运动微分方程为

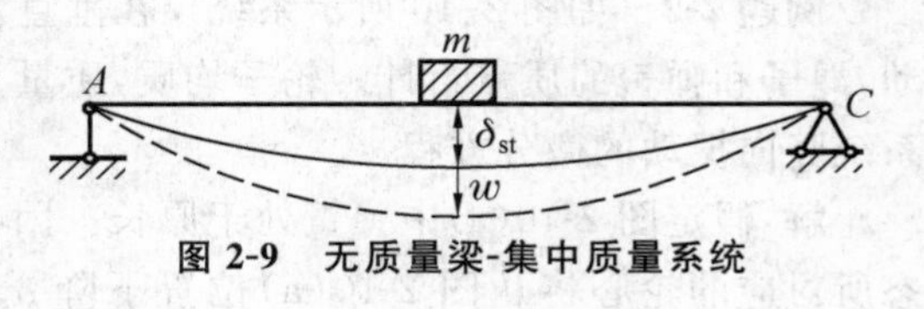

图 2-9　无质量梁-集中质量系统

$$m\ddot{w}=-k(w+\delta_{\mathrm{st}})+mg$$

对静平衡位置，有 $mg=k\delta_{\mathrm{st}}$。因此上式可写为

$$m\ddot{w}+kw=0$$

它同样与方程(2.3)相同，固有频率按式(2.5)计算。

2.2　能量法建立微分方程

2.1 节讨论的振系都比较简单，而工程上的振系有的很复杂。即便为单自由度系统，也可能包含多个物体和弹簧，且受力复杂。如果仍采用牛顿第二定律，则需要取多个分离体，而且画受力图时还需要仔细确定力、速度和加速度的方向，因而很麻烦。采用能量法求解则比较机械，只要能写出动能和势能，然后求导即可。

2.2.1 基本原理

若振系做自由振动且忽略阻尼，则系统的能量就没有损失，即机械能守恒，这种系统又称为保守系统。机械能守恒的数学表现为

$$T+U=E=\text{常数} \tag{2.14}$$

式中：T 为系统的总动能；U 为系统的总势能，包括弹性势能和重力势能等；E 为机械能。

式(2.14)的导数形式为

$$\frac{\mathrm{d}T}{\mathrm{d}t}+\frac{\mathrm{d}U}{\mathrm{d}t}=0 \tag{2.15}$$

式(2.15)中两项求导后的最终表达式一般都表现为速度乘以某函数，将速度因子约去就得到振动方程。

2.2.2 示例

例题 2-2 如图 2-10 所示系统仅在垂直发生运动(无侧向摆动)。轮绳间无滑动，绳子和弹簧的质量不计。轮子均质，质量为 m_1，半径为 R，重物质量为 m。求系统竖向振动的微分方程。

解：假定图 2-10(a)中弹簧处于原长。因轮子和质量块的重力作用，静平衡状态所对应的轮心将从图 2-10(a)位置下降 δ_{st}(应注意，类似动滑轮，弹簧伸长了 $2\delta_{st}$)，它应满足静平衡方程(对 A 点取矩)

$$(m_1+m)gR=(k\times 2\delta_{st})\times 2R \tag{a}$$

取 x 轴方向垂直向下，原点为静平衡的轮心 C 的位置。取静平衡状态为零势能点，那么轮心 C 向下运动 x 后的系统势能为(弹簧再伸长 $2x$)

$$\begin{aligned}U&=\frac{1}{2}k[(2x+2\delta_{st})^2-(2\delta_{st})^2]-(m_1+m)gx\\&=2kx^2+4k\delta_{st}x-(m_1+m)gx\end{aligned}$$

再利用式(a)得到

$$U=\frac{1}{2}\times 4k\times x^2 \tag{b}$$

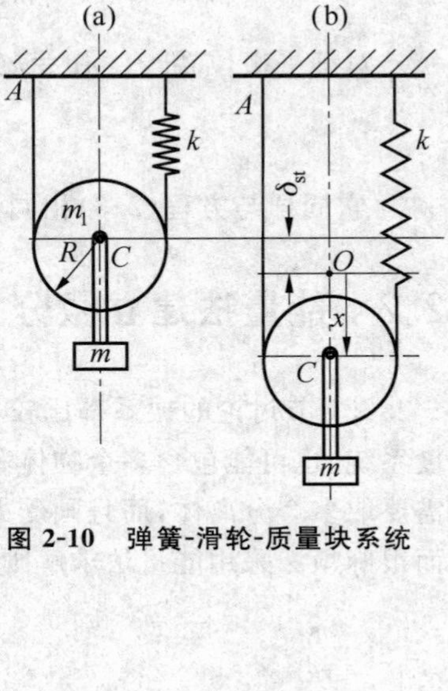

图 2-10 弹簧-滑轮-质量块系统

系统的动能为

$$T=\frac{1}{2}m_1v_C^2+\frac{1}{2}\frac{m_1R^2}{2}\left(\frac{v_C}{R}\right)^2+\frac{1}{2}mv_C^2=\frac{1}{2}m_1\dot{x}^2+\frac{1}{2}\frac{m_1R^2}{2}\left(\frac{\dot{x}}{R}\right)^2+\frac{1}{2}m\dot{x}^2$$

$$=\frac{1}{2}\left(\frac{3}{2}m_1+m\right)\dot{x}^2 \tag{c}$$

将式(b)和式(c)代入式(2.15)得到

$$\left(\frac{3}{2}m_1+m\right)\dot{x}\ddot{x}+4k\times x\dot{x}=0$$

注意两项都含有 $\dot{x}$ 因子，将其约去，得到该系统的振动微分方程

$$\left(\frac{3}{2}m_1+m\right)\ddot{x}+4kx=0$$

应该注意的是：坐标平移的作用是保证静平衡状态为坐标原点，这样势能 U 不含坐标的一次项。但平移对动能往往没有影响，这是因为很多系统的动能不显含坐标。这样系统的动能表达式中只有速度项，没有位移项。坐标平移的差异因对时间求导而消失，从而对动能表达式无影响。

例题 2-3　如图 2-11 所示，半径 r 质量 m 的均质圆柱体可在一半径 $R(r<R)$ 的圆柱面内做无滑动地滚动。现圆柱体以最低点 O 为平衡位置做左右微幅摆动，求此摆动的微分方程。

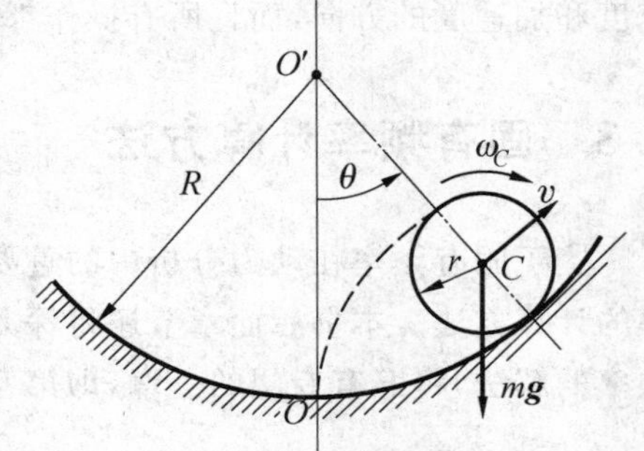

图 2-11　圆弧内摆动的圆柱体

解：圆柱体的摆动是移动和滚动的两种运动合成。选如图 2-11 所示的广义坐标 θ。

摆动时圆柱体质心的自然坐标为 $(R-r)\theta$，其线速度为 $v=(R-r)\dot{\theta}$。滚动表现为圆柱体绕质心转动。由于无滑动，角速度为 $\omega_C=\frac{v}{r}=\left(\frac{R}{r}-1\right)\dot{\theta}$。

在任意瞬时，圆柱体的动能为

$$T=\frac{1}{2}mv^2+\frac{1}{2}J_C\omega_C^2=\frac{1}{2}mv^2+\frac{1}{2}\left(\frac{1}{2}mr^2\right)\left(\frac{v}{r}\right)^2=\frac{3}{4}mv^2$$

$$=\frac{3}{4}m(R-r)^2\dot{\theta}^2$$

式中 $J_C=\frac{1}{2}mr^2$ 为圆柱体绕质心的转动惯量。

系统势能仅有圆柱体相对于最低位置 O 的重力势能。当 $O'C$ 偏离垂直方向 θ 角度时,质心升高了 $(R-r)(1-\cos\theta)$,故

$$U=mg(R-r)(1-\cos\theta)$$

由式(2.15)

$$\frac{\mathrm{d}}{\mathrm{d}t}(T+U)=\left[\frac{3}{2}m(R-r)^2\ddot{\theta}+mg(R-r)\sin\theta\right]\dot{\theta}=0$$

即

$$\frac{3}{2}m(R-r)^2\ddot{\theta}+mg(R-r)\sin\theta=0$$

对于微摆动 $\sin\theta\approx\theta$,上式可简化为

$$\frac{3}{2}m(R-r)^2\ddot{\theta}+mg(R-r)\theta=0$$

例题 2-2 和例题 2-3 的求解过程中都无须取分离体,画受力图,更不用判断速度和加速度的方向,而且所有操作都是标量操作,这是能量法的优点。

2.3 固有频率计算方法

鉴于固有频率在动力分析中的重要地位,本节专门讨论单自由度系统固有频率的计算方法。本书后面章节还将深入讨论这一问题,特别是多自由度系统固有频率的解法,将辟有专门的一章,即第 6 章。

2.3.1 建立微分方程求固有频率

这是最基本的方法,前两节已介绍了若干简单例子,现在再通过 3 个例子加深对这种方法的理解。

例题 2-4 液体密度计(图 2-12(a))质量 m,读数部分的玻璃圆管直径 d,液体密度为 ρ。将密度计垂直向下轻轻地一按,密度计将做上下自由振动,试求其固有频率。

解:取 x 轴方向竖直向下,原点为平衡状态的密度计上端(图 2-12(b)所示)。

当密度计从平衡位置向下运动 x 后，多排空的液体体积为 $\frac{\pi}{4}d^2x$，由此引起向上的浮力 $F_f=\rho g\ \frac{\pi}{4}d^2x$。沿垂直方向运用运动牛顿第二定律有

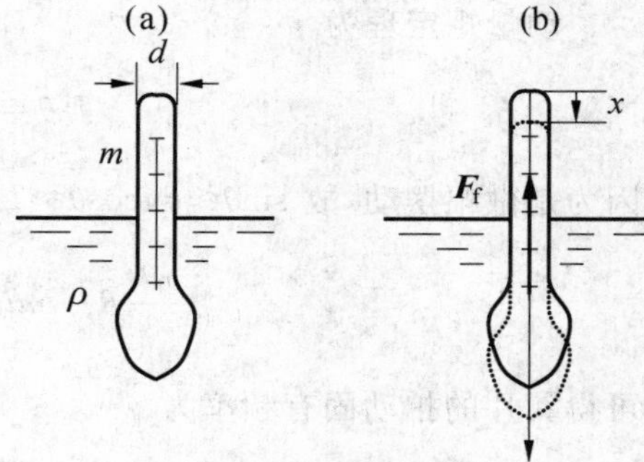

图 2-12　密度计的振动

$$m\ddot{x}=-F_f=-\rho g\ \frac{\pi}{4}xd^2$$

这样振动微分方程为

$$m\ddot{x}+\left(\rho g\ \frac{\pi}{4}d^2\right)x=0$$

与方程(2.3)类比，知固有频率

$$p=\sqrt{\frac{\rho g\,\pi d^2}{4m}}=\frac{\sqrt{\pi}}{2}d\sqrt{\frac{\rho g}{m}}$$

例题 2-5　图 2-13 为直升飞机的水平旋翼简图。假定翼片 OB 的质量为 m，长度为 l，并可视为均质杆，铰结于 O 点，转轴以匀角速度 Ω 转动。求翼片的拍动频率(转速很高，不计重力)。

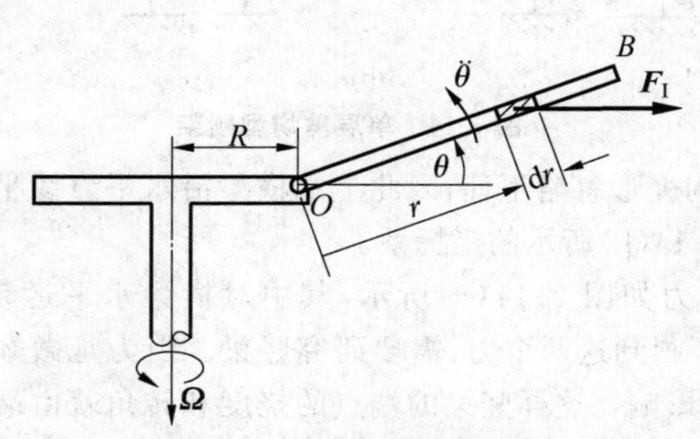

图 2 - 13　水平旋翼的拍动

解：从翼片上取微段 $\mathrm{d}r$，其离心惯性力 $F_I=\rho_l\Omega^2(R+r\cos\theta)\mathrm{d}r$，其中 ρ_l 为翼片单位长度的质量。整个翼片的离心惯性力对 O 点力矩为

$$\sum M_O(F_I)=-\int_0^l\rho_l\Omega^2(R+r\cos\theta)r\sin\theta\mathrm{d}r$$

$$=-\rho_l l^2\Omega^2\sin\theta\left(\frac{R}{2}+\frac{l\cos\theta}{3}\right)$$

动量矩定理为

$$J_O\ddot{\theta}=\sum M_O(F_1)$$

因为是微幅摆动，故 $\sin\theta\approx\theta$，$\cos\theta\approx1$；而 $m=\rho_l l$，$J_O=ml^2/3$。将它们代入上式有

$$\frac{ml^2}{3}\ddot{\theta}+ml\Omega^2\left(\frac{R}{2}+\frac{l}{3}\right)\theta=0$$

可得翼片的拍动固有频率为

$$p=\Omega\sqrt{1+\frac{3}{2}\frac{R}{l}}$$

例题 2-6 如图 2-14(a)所示的单层单跨剪切型刚架，横梁抗弯刚度无穷大，结构质量集中于横梁。求微幅振动的固有频率。

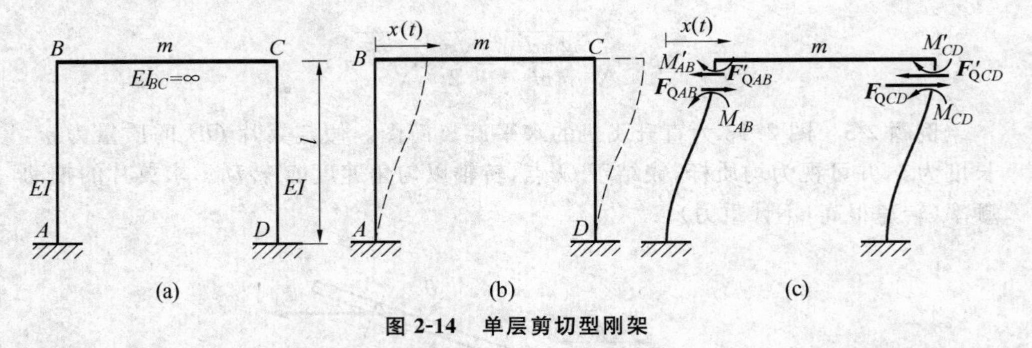

图 2-14 单层剪切型刚架

解：竖梁的纵向变形忽略不计，因此上端横梁沿水平直线平移，故系统为单自由度。建立如图 2-14(b)所示的坐标系。

横梁分离体受力如图 2-14(c)所示，其中对横梁水平运动有贡献的是剪力 $\boldsymbol{F}_{QAB}$ 和 $\boldsymbol{F}_{QCD}$。为了得到这两个力，需要研究竖梁。因为是微幅振动，所以不计轴向力对竖梁变形的影响。这样竖梁的端点的挠度和转角就由端点截面上载荷 $\boldsymbol{F}_Q$ 和弯矩 M 所确定。由于竖梁和横梁之间为刚性连接，而横梁始终沿水平直线平动，因此竖梁的上端截面始终保持水平，也就是端面的转角为 0(挠度则为 x)。

根据悬臂梁端点受集中力和集中力偶的挠度和转角公式，对 AB 竖梁有

$$\begin{cases}\theta_B=F_{QAB}\dfrac{l^2}{2EI}+M_{AB}\dfrac{l}{EI}=0\\ w_B=F_{QAB}\dfrac{l^3}{3EI}+M_{AB}\dfrac{l^2}{2EI}=x\end{cases}$$

可解出

$$F_{QAB}=\frac{12EI}{l^3}x$$

由于 CD 和 AB 两个竖梁的运动完全平行，所以同样有

$$F_{QCD}=\frac{12EI}{l^3}x$$

回到横梁受力图 2-14(c)所示，沿水平方向有

$$m\ddot{x}=-(F'_{QAB}+F'_{QCD})=-(F_{QAB}+F_{QCD})=-\frac{24EI}{l^3}x$$

即得微分方程

$$m\ddot{x}+\frac{24EI}{l^3}x=0$$

固有频率为

$$p=\sqrt{\frac{24EI}{ml^3}}=2\sqrt{6}\sqrt{\frac{EI}{ml^3}}$$

2.3.2 能量法

2.2 节介绍了利用能量法先建立振动微分方程，然后根据这个微分方程再确定固有频率。如果我们的目标仅是固有频率，则可以跳过微分方程这个步骤直奔固有频率。

保守系统的机械能保持不变，在整个振动过程中有

$$T+U=E=\text{常数} \tag{2.16}$$

对于简谐振动，可将系统动能处于极大值 T_{max} 状态取为零势能点(此状态通常为静平衡状态)；而当动能为 0 时(系统偏离平衡位置达到最大时)，势能必达极大值 U_{max}。且有

$$T_{max}=U_{max}=E \tag{2.17}$$

对简谐振动 $x(t)=x_{max}\sin(pt+\alpha)$ 有 $\dot{x}=px_{max}\cos(pt+\alpha)$，这样可得

$$\dot{x}_{max}=px_{max} \tag{2.18}$$

利用该关系和式(2.17)可以直接得到系统的固有频率。

例题 2-7 开口 U 形管如图 2-15 所示,内装有长度 l,密度 ρ 的水银。求液面在其平衡位置附近振动的频率。

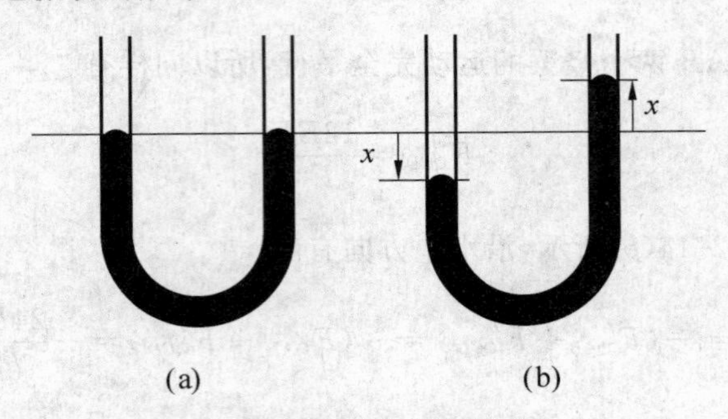

图 2-15 U 形管内液体振动

解:忽略水银与管壁之间的摩擦,系统是保守的。用液面偏离其平衡位置的位移 x 描述该系统的运动。设 U 形管的横截面积为 S。当 $x=0$ 时,$\dot{x}=\dot{x}_{\max}$,相应动能最大

$$T_{\max}=\frac{1}{2}(\rho Sl)\dot{x}_{\max}^2$$

当 $x=x_{\max}$时,系统的势能最大。取系统平衡状态为零势能点,则有

$$U_{\max}=(\rho Sx_{\max})\times g\times\frac{x_{\max}}{2}\times 2=\rho Sgx_{\max}^2$$

将最大动能和势能代入式(2.17),并利用 $\dot{x}_{\max}=px_{\max}$有

$$\frac{1}{2}(\rho Sl)p^2x_{\max}^2=\rho Sgx_{\max}^2$$

即有

$$p=\sqrt{\frac{2g}{l}}$$

例题 2-8 如图 2-16 所示,倒置摆由刚杆 OA 及质量为 m 的球组成。刚杆铰接于 O 点,借助弹簧的作用而能保持倒立。略去弹簧和刚杆的质量,求摆在图示面内做微幅摆动的固有频率。设 $OA=l$,$OB=a$。

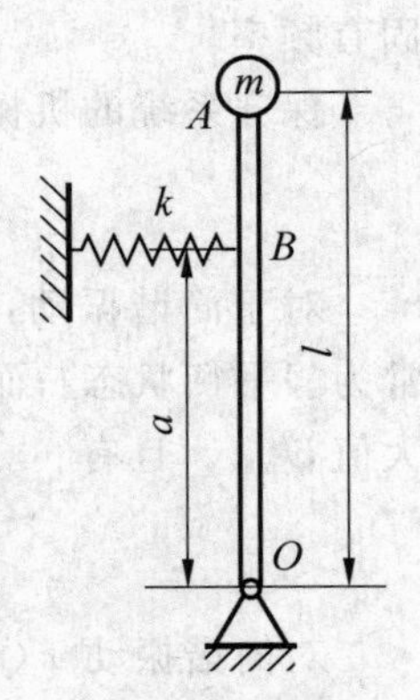

图 2-16 倒立摆

解:以摆杆偏离垂线的角度 θ 为广义坐标,过竖直位置时

摆的角速度最大，记为 $\dot{\theta}_{\max}$，相应地系统的最大动能为

$$T_{\max} = \frac{1}{2}m(l\dot{\theta}_{\max})^2$$

当摆偏离竖直位置 $\theta_{\max}$时，弹簧伸长近似为 $a\theta_{\max}$。重物下降的高度为

$$h = l(1-\cos\theta_{\max}) \approx \frac{1}{2}l\theta_{\max}^2$$

所以系统最大势能

$$U_{\max} = \frac{1}{2}ka^2\theta_{\max}^2 - \frac{1}{2}mgl\theta_{\max}^2$$

利用式(2.17)式和 $\dot{\theta}_{\max} = p\theta_{\max}$，得到系统的固有频率

$$p = \sqrt{\frac{g}{l}\left(\frac{ka^2}{mgl} - 1\right)}$$

上式仅当 $ka^2 > mgl$ 时才有意义。如果此条件不满足，系统具有负刚度，将不会发生振动。此时无论摆偏离平衡位置有多么小，都不可能借助“弹簧”的弹性恢复力把它维持在平衡位置附近作微幅摆动。

2.3.3　静位移法

这是一种常用的工程方法，适用于结构复杂而刚度难以计算的情形。它无需求弹性元件的刚度，只需测量出其静变形 δ_{st}，即可算出固有频率。

对于悬挂方式的弹簧-质量系统(图 2-5)的静变形有

$$k\delta_{st} = mg$$

上式也可以写成

$$k/m = g/\delta_{st}$$

这样固有频率

$$p = \sqrt{k/m} = \sqrt{g/\delta_{st}}$$

因此，测量出静变形，也就可以计算出固有频率。这个公式可以推广至其他单自由度情形，比如图 2-17 的不计自身质量的悬臂梁，在自由端有一集中质量 m，它们构成了单自由度系统。由材料

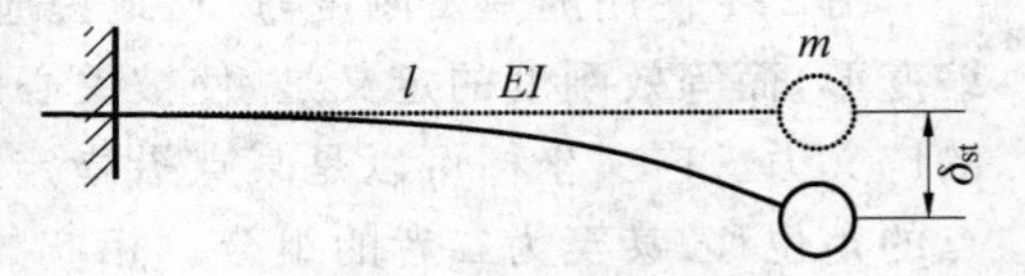

图 2-17　悬臂梁的静位移法

力学可知，悬臂梁自由端的静挠度为

$$\delta_{st}=\frac{l^3}{3EI}mg$$

其中 EI 为梁的抗弯刚度，因此梁的横向位移的刚度为

$$k=\frac{mg}{\delta_{st}}=\frac{3EI}{l^3}$$

这样振系的固有频率是

$$p=\sqrt{\frac{k}{m}}=\sqrt{\frac{3EI}{ml^3}}=\sqrt{\frac{g}{\delta_{st}}}$$

2.4 等效参数

从前面的例题，我们可以看出，不管什么样的单自由度振系，振动微分方程都可以统一表示成

$$m_{eq}\ddot{q}+k_{eq}q=0 \tag{2.19}$$

其中 q 为表征系统状态的广义坐标，它可以是位移、角位移，甚至也可以是抽象的组合量。各种不同振系差异在于 q 的物理意义、等效质量 m_{eq} 和等效刚度 k_{eq} 的具体形式和物理解释。

方程(2.19)所对应振系的固有频率为

$$p=\sqrt{\frac{k_{eq}}{m_{eq}}} \tag{2.20}$$

在很多情形下，m_{eq} 比较容易得到，相对困难的是 k_{eq}。本节重点放在等效刚度上。

2.4.1 变形与刚度

图 2-1 使用的弹簧刚度，严格地说应该为拉压刚度，它对应于弹簧拉伸和压缩变形，而等效刚度的定义是：使被关心的广义坐标发生单位位移而所需要施加的广义力。广义坐标可以是某点沿指定方向产生的线位移，也可以是线段绕某点的角位移，甚至为二者的组合。相应的广义力可能是力、力偶，或者某种抽象的组合量。

不仅如此,同一构件也可因变形模式不同,而定义不同的刚度。对于图 2-18 所示一端固定的等直圆杆,可能发生的基本变形有拉伸、扭转和弯曲。对这三种变形,有三种不同的刚度:拉压刚度、扭转刚度和弯曲刚度。

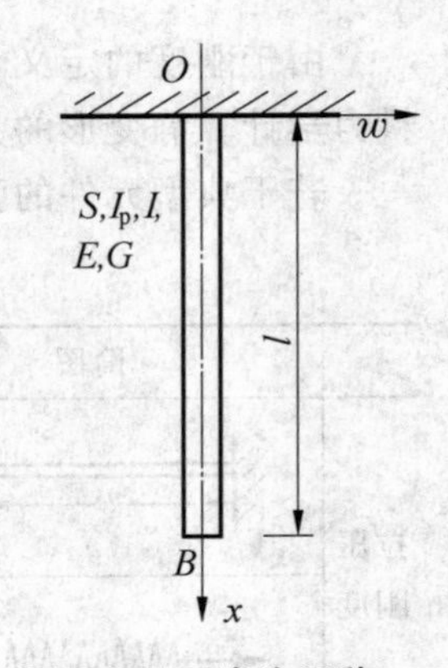

图 2-18　可发生三种基本模式变形的圆杆

设图中杆长为 l,截面积为 S,截面惯性矩为 I,截面极惯性矩为 I_p。材料弹性模量为 E,剪切弹性模量为 G。设置如图 xOw 坐标。

沿杆轴 x 方向加力时,根据材料力学中等直杆简单拉伸的变形公式

$$x_B = \frac{l}{ES}F$$

因此拉压刚度为

$$k = \frac{ES}{l} \tag{2.21}$$

若在 B 端施加绕 x 轴的扭矩 M_t,则根据等直圆杆的扭转角公式得到 B 端扭转角为

$$\theta_B = \frac{l}{GI_p}M_t$$

于是绕 x 轴转动的扭转刚度为

$$k_T = \frac{GI_p}{l} \tag{2.22}$$

在 B 端施加沿 w 方向的横向力 F,杆作弯曲变形。等直悬臂梁的挠度公式为

$$w_B = \frac{l^3}{3EI}F$$

因此沿 w 方向系统刚度为

$$k_b = \frac{3EI}{l^3} \tag{2.23}$$

我们当然还可以定义在 B 点施加力,在其他点观察广义位移的刚度。此外对弯曲变形,也可以利用力偶来产生变形,观察的运动既可以是位移,也可以是截面的转角,这都对应于不同意义的刚度。

由于刚度的定义，只涉及物体在静载作用下的静变形，所以确定刚度只涉及材料力学计算静变形的方法。

若干典型元件的弹簧刚度如表 2-1 所示。

表 2-1　典型元件的弹簧刚度※

	简图	说明	刚度 k
拉压刚度	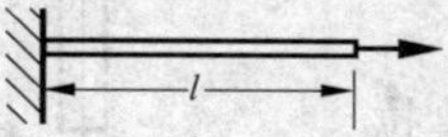	等截面均质直杆	$\frac{ES}{l}$
	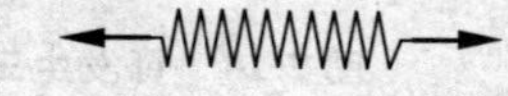	圆柱形密圈弹簧	$\frac{Gd^4}{64nR^3}$
弯曲刚度	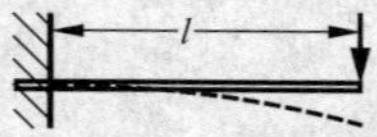	悬臂梁	$\frac{3EI}{l^3}$
	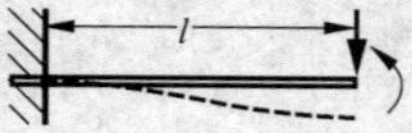	悬臂梁，自由端无转角	$\frac{12EI}{l^3}$
	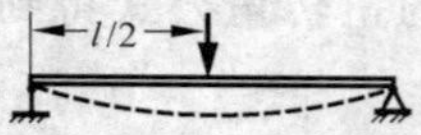	简支梁	$\frac{48EI}{l^3}$
弯曲刚度	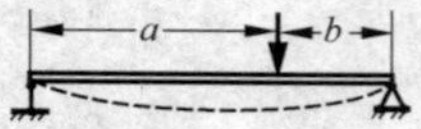	简支梁	$\frac{3EI(a+b)}{a^2b^2}$
	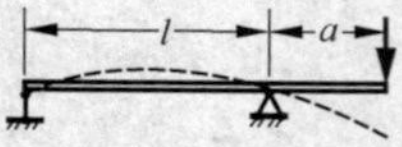	外伸简支梁	$\frac{3EI}{(l+a)a^2}$
	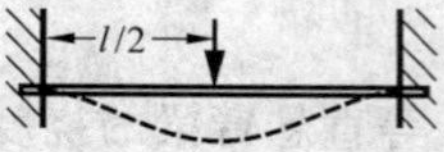	两端固定梁	$\frac{192EI}{l^3}$
	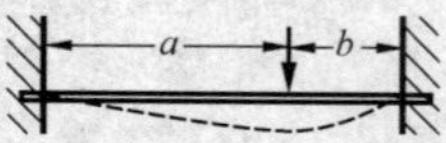	两端固定梁	$\frac{3EI(a+b)^3}{a^3b^3}$
	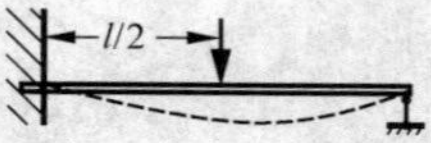	一端简支一端固定	$\frac{768EI}{7l^3}$
	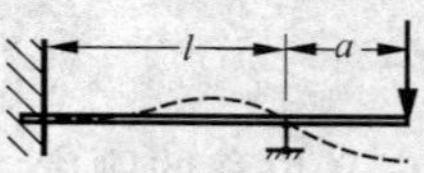	一端固定一端简支外伸	$\frac{24EI}{(3l+8a)a^2}$

续表 2-1

	简图	说明	刚度 k
扭转刚度		扭簧/卷簧	$\dfrac{EI}{l}$
		圆柱形受扭转密圈弹簧	$\dfrac{Ed^4}{128nR}$
		圆柱形受弯密圈弹簧	$\dfrac{Ed^4}{64nR}\left(1+\dfrac{E}{2G}\right)^{-1}$
	l	等直圆截面杆	$\dfrac{GI_p}{l}$
等效刚度	k_1　k_2	弹簧串联	$\dfrac{k_1k_2}{k_1+k_2}$
	k_1　k_2	弹簧并联	k_1+k_2
	k_1　k_3　k_2	弹簧混联	$\dfrac{(k_1+k_2)k_3}{k_1+k_2+k_3}$

※:S-横截面积;d-弹簧丝直径;R-弹簧柱半径;n-弹簧有效圈数;I-截面惯性矩;I_p-截面极惯性矩;E-弹性模量;G-剪切弹性模量。

2.4.2　弹簧的串联

某些振系的弹性元件由几个简单弹簧组合而成。为了计算振系的固有频率，可把组合弹簧折算成与它们等效的弹性元件。下面以弹簧的串联和并联为例，说明组合弹簧的等效刚度计算方法。

图 2-19(a)是两个弹簧串联，刚度分别为 k_1 和 k_2，在 B 端施加沿弹簧轴线的力 $\boldsymbol{F}$。每个弹簧都被拉伸，且拉力均为 F，因此伸长分别为 F/k_1 和 F/k_2。B 点的位移为两个弹簧的总伸长，即

$$x_B=\frac{F}{k_1}+\frac{F}{k_2}=\left(\frac{1}{k_1}+\frac{1}{k_2}\right)F=\frac{k_1+k_2}{k_1k_2}F$$

所以等效刚度为

$$k_{eq}=\left(\frac{1}{k_1}+\frac{1}{k_2}\right)^{-1}\tag{2.24}$$

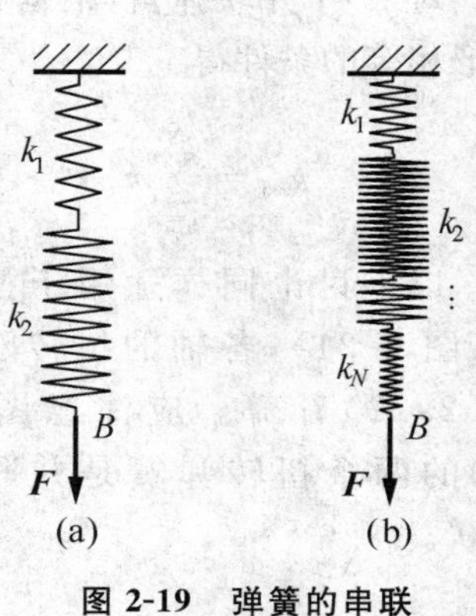

图 2-19　弹簧的串联

从式(2.24)可以看到两个串联弹簧的等效刚度小于各自弹簧的原来刚度。也就是说,串联弹簧的作用可以使系统的刚度降低。如例题 2-1,在钢丝绳和重物之间加刚度比较小的弹簧,可使钢丝绳和弹簧组成一个串联弹簧系统,从而降低整个振动系统的刚度,以达到缓和冲击载荷的目的。

对 N 个弹簧串联(图 2-19(b)),根据各弹簧受力相等的条件,得 k_{eq} 与各组成弹簧刚度 k_i 的关系为

$$\frac{1}{k_{eq}}=\sum_{i=1}^{N}\frac{1}{k_i} \tag{2.25}$$

2.4.3 弹簧的并联

图 2-20(a)为两个弹簧的并联,由刚性杆连接的两个弹簧在受力变形过程中保持水平。在 B 端沿平行于弹簧轴线的方向施加 $\boldsymbol{F}$。这时两个弹簧均伸长了 x_B,但两个弹簧所受的力大小不相等,分别为 k_1x_B 和 k_2x_B。根据静力平衡条件

$$F=k_1x_B+k_2x_B=(k_1+k_2)x_B$$

于是 B 点的等效刚度为

$$k_{eq}=k_1+k_2 \tag{2.26}$$

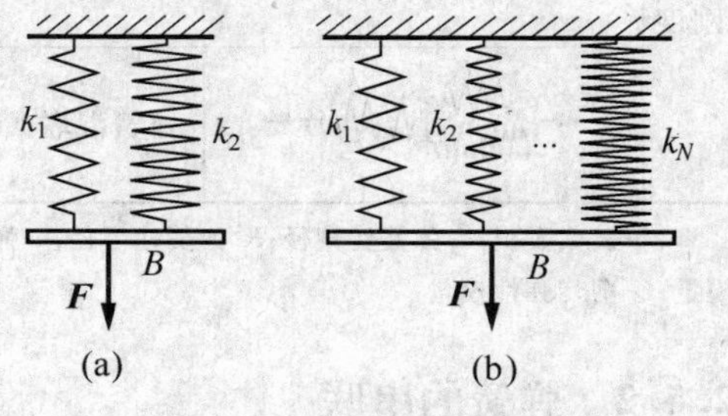

图 2-20 弹簧的并联

可见并联弹簧的等效刚度为原弹簧刚度的总和,大于各自弹簧的刚度。例如一台机器隔振时,用四个刚度 k 相同的弹簧在四角并联支承,那么机器上下振动时,系统的等效刚度就是 $4k$。

对 N 个并联弹簧,根据各弹簧变形相等的条件得

$$k_{eq}=\sum_{i=1}^{N}k_i \tag{2.27}$$

以上讨论同样适用于扭振系统(图 2-21),各轴的扭转刚度按式(2.22)计算。应注意图 2-21(b)的两个扭转弹簧是并联而非串联。

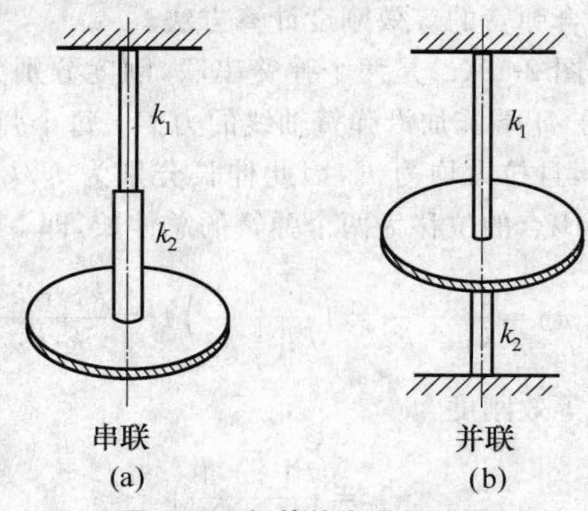

图 2-21 扭簧的串联与并联

2.5 瑞利法

为了简化分析，在前文讨论中，起刚度作用的变形元件都没有分布质量（集中弹簧），而拥有动能的所有质量块都不发生变形（集中质量）。相应地，等效质量和等效刚度在数学上是严格的。然而有时我们不得不考虑变形元件的分布质量问题。比如图 2-17 中，如果悬挂的集中质量 $m=0$，按照 $p=\sqrt{\dfrac{k}{m}}=\sqrt{\dfrac{k}{0}}=\infty$，系统将无法振动，但是实际经验却表明，悬臂梁肯定能够振动起来。

本书第 7 章的弹性体部分，将会系统地研究分布质量问题。理论上，若考虑弹性元件的分布质量，则图 2-17 的系统具有无穷个自由度，相应地存在无穷多个固有频率（$p_1, p_2, p_3, \cdots$）。

基频（最低阶固有频率）p_1 在工程上非常重要。如果不考虑分布质量的贡献，p_1 就退化成单自由度系统的唯一固有频率 p。若梁的质量与集中质量相比很小时，则可直接用 $p=\sqrt{\dfrac{k}{m}}$ 来近似 p_1。但若梁的质量与集中质量相比不是很小，或者我们期望更高的精度时，就必须考虑分布质量的贡献。

瑞利法就是求 p_1 近似值的方法，它是能量法的推广。它把分布质量系统简化成单自由度系统，简化时可考虑弹性元件的分布质量对振系的贡献，从而得到较为准确的基频近似值。

应用瑞利法时，需先假设振系的振动形式。工程经验表明，振动形式近似取静变形（静位移），基频的计算精度是足够的。下面举例说明。

例题 2-9　设图 2-22(a)系统中弹簧质量为 m'，沿长度 l 均匀分布，其他参数与图 2-1 相同。用瑞利法求系统的第一阶固有频率。

解：图 2-22(a)的系统只能发生水平方向的运动，重力无法产生静变形。我们设想把系统悬挂起来，那么在重力作用下就会产生静变形。作为近似，求解静变形时不考虑弹簧质量的贡献。这样弹簧各截面的静位移与它到悬挂点的距离成正比，即离

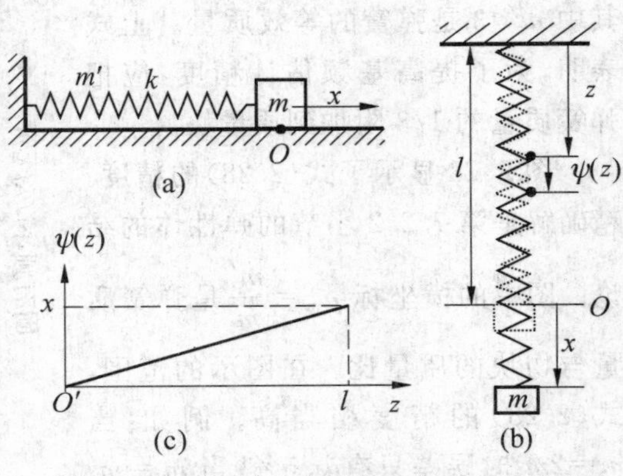

图 2-22　考虑分布质量的弹簧-质量系统

悬挂点 z 处弹簧截面的位移为 $\psi(z)=\delta_{st}z/l$。振动过程中假定弹簧横截面动位移符合 $\psi(z)=xz/l$(见图 2-22(c)的实线),其中 x 是弹簧末端的位移(也就是质量块的位移)。弹簧的动能为

$$T_k=\frac{1}{2}\int_0^l\rho_l\mathrm{d}z\left(\frac{\partial\psi}{\partial t}\right)^2=\frac{1}{2}\int_0^l\rho_l\mathrm{d}z\left(\frac{\dot{x}}{l}z\right)^2=\frac{1}{2}\int_0^l\rho_l\left(\frac{\dot{x}}{l}z\right)^2\mathrm{d}z$$

$$=\frac{1}{2}\frac{\rho_l l}{3}\dot{x}^2=\frac{1}{2}\frac{m'}{3}\dot{x}^2$$

式中 ρ_l 为弹簧的单位长度质量。系统的总动能为

$$T=\frac{1}{2}m\dot{x}^2+T_k=\frac{1}{2}\left(m+\frac{m'}{3}\right)\dot{x}^2$$

因而等效质量

$$m_{eq}=m+m'/3$$

这个 m_{eq}是近似的,因为一方面无限自由度系统被简化成了单自由度系统,另一方面对最低阶的振动形式,也就是对弹簧的横截面位移作了强制假定。

振系的势能仍然与忽略弹簧质量时相同,即

$$U=\frac{1}{2}kx^2$$

将 $T_{max}=U_{max}$推广到该系统,可得固有频率

$$p=\sqrt{\frac{k}{m+m'/3}} \tag{2.28}$$

其中 $m'/3$ 是弹簧的等效质量。上式表明,为了提高基频估计精度,应把弹簧质量的 1/3 附加到质量块。

图 2-23 显示了式(2.28)的精度。精确解是第 7.2.2 小节的弹性体的结论。图中的横坐标 $\mu_m=\dfrac{m'}{m}$是弹簧质量与物块的质量比。在图示的范围,式(2.28)的精度相当高。例如:当 $m=2m'$时误差只有 0.5%;当 $m=m'$时误差只有 0.75%;当 $m'=2\ m$ 时误

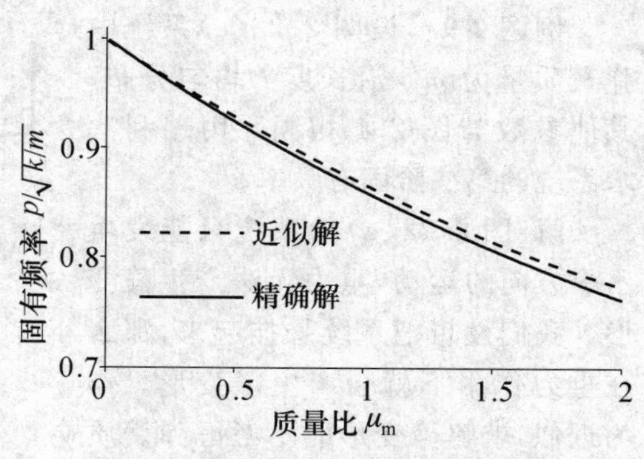

图 2-23　采用瑞利法估计弹簧质量系统基频的精度

差也仅有 3%。

例题 2-10　图 2-24 为一均质等截面的简支梁，梁长 l，单位长度的质量为 ρ_l。在梁的中部有一集中质量 m。求其基频。

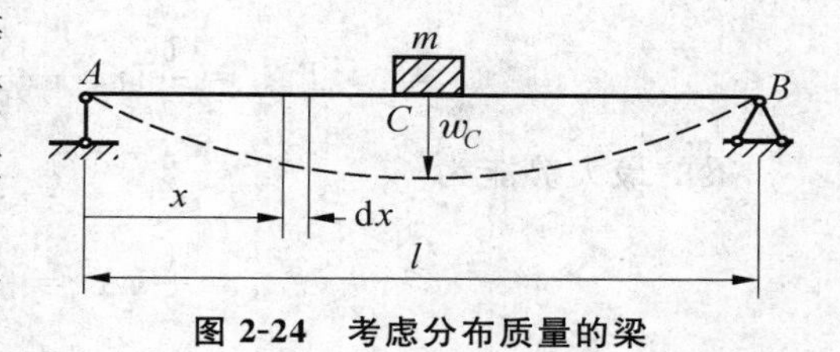

图 2-24　考虑分布质量的梁

解：因是简谐振动，设 m 的振动方程为

$$w_C(t)=A\sin pt$$

其速度

$$\dot{w}_C(t)=Ap\cos pt$$

振动形式用简支梁的静挠度曲线近似，对本题按（梁的中点受到一个单位集中静载的挠曲线）。由材料力学知道这个挠曲线为（左右对称，仅需考虑 C 点左半侧）

$$\psi(x)=\frac{l^3}{48EI}\times\frac{3l^2x-4x^3}{l^3}\qquad x<\frac{l}{2}$$

这样梁振动随时间和空间变化就近似为

$$w(x,t)=\psi(x)\times\frac{48EI}{l^3}w_C(t)=A\,\frac{3l^2x-4x^3}{l^3}\sin pt$$

梁上各截面的横向速度

$$\frac{\partial w(x,t)}{\partial t}=\psi(x)\dot{w}_C(t)$$

因此梁的动能为

$$T_b=2\int_0^{l/2}\frac{\rho_l}{2}\mathrm{d}x\left[\frac{\partial w(x,t)}{\partial t}\right]^2=2\int_0^{l/2}\frac{\rho_l}{2}\left(\frac{3l^2x-4x^3}{l^3}\right)^2\dot{w}_C^2(t)\mathrm{d}x$$

$$=\frac{1}{2}\,\frac{17\rho_l l}{35}\dot{w}_C^2(t)=\frac{1}{2}\,\frac{17m'}{35}\dot{w}_C^2(t)$$

其中 $m'=\rho_l l$ 为整个梁的质量。

系统的总动能

$$T=T_m+T_b=\frac{1}{2}m\dot{w}_C^2(t)+\frac{1}{2}\,\frac{17m'}{35}\dot{w}_C^2(t)=\frac{1}{2}\left(m+\frac{17m'}{35}\right)\dot{w}_C^2(t)$$

最大为

$$T_{\max}=\frac{1}{2}\left(m+\frac{17}{35}m'\right)A^2p^2$$

梁的最大势能为

$$U_{\max}=\frac{1}{2}kA^2=\frac{1}{2}\frac{48EI}{l^3}A^2$$

由 $T_{\max}=U_{\max}$ 得

$$p=\sqrt{\frac{48EI}{\left(1+\frac{17}{35}\frac{m'}{m}\right)ml^3}} \tag{2.29}$$

可见，简支梁的分布质量对振系固有频率的影响，相当于在梁中点的集中质量上再加梁的等效质量 $m_{eq}=17m'/35$（约为梁总质量 m' 的一半）。

2.6 有阻尼自由振动

实际结构总会有阻尼，自由振动会因阻尼的作用而逐渐衰减，并最终停止。阻尼的起源和机理都十分复杂，如介质阻尼、摩擦阻尼、材料内阻、电磁阻尼和声辐射阻尼等。不同阻尼的变化规律不同。本节主要讨论粘性阻尼，即阻尼力方向与相对速度方向相反，而大小与相对速度成正比，也就是

$$F_c=c\dot{x} \tag{2.30}$$

阻尼器的符号如图 2-25(a)所示，它是对油缸内活塞运动的抽象。采用式(2.30)这样的阻尼模型，振动微分方程仍为线性，从而可用线性系统的方法来分析。

2.6.1 控制方程的求解

计及阻尼的弹簧质量系统如图 2-25(b)。质量块所受的力除了弹性力 $\boldsymbol{F}_k$ 之外，还有阻尼力 F_c（图 2-25(c)）。速度画成沿坐标轴的正向，因而阻尼力方向朝上。这样

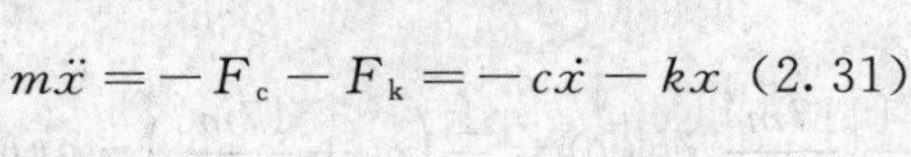

$$m\ddot{x}=-F_c-F_k=-c\dot{x}-kx \tag{2.31}$$

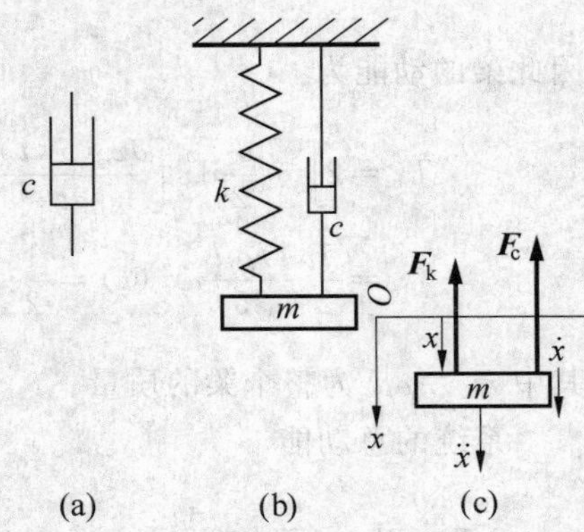

图 2-25 有阻尼振动系统

上式可写成

$$m\ddot{x}+c\dot{x}+kx=0 \tag{2.32}$$

方程(2.32)为线性常系数常微分方程,我们采用试解法。假定方程(2.32)的指数形式解为

$$x(t)=\exp(st) \tag{2.33}$$

其中 s 为待定常数。将其代入方程(2.32),约去各项非 0 的 $\exp(st)$,得到代数方程

$$ms^2+cs+k=0 \tag{2.34}$$

这个代数方程叫做微分方程(2.32)的特征方程。它是一元二次方程,存在两个根,但两个根可能为实数、共轭复数或重根。出现哪一种情形取决于下述判别式的正负,即

$$\Delta=c^2-4mk=4mk(\zeta^2-1) \tag{2.35}$$

这里 $\zeta=\dfrac{c}{2\sqrt{mk}}$是量纲 1 的阻尼比,其分母 $2\sqrt{mk}$ 是系统的一个重要参数,称为临界阻尼系数

$$c_{\mathrm{c}}=2\sqrt{mk}$$

因此,阻尼比为

$$\zeta=\frac{c}{2\sqrt{mk}}=\frac{c}{c_{\mathrm{c}}}$$

它的大小决定系统的振动特性。

2.6.2　欠阻尼情形

当阻尼比 $\zeta<1$ 时,特征方程的两个根为共轭复数:

$$s_{1,2}=(-\zeta\pm \mathrm{j}\sqrt{1-\zeta^2})p=-\zeta p\pm \mathrm{j}p_{\mathrm{d}} \tag{2.36}$$

其中 p_{d} 为阻尼固有频率,它等于

$$p_{\mathrm{d}}=\sqrt{1-\zeta^2}\,p \tag{2.37}$$

1. 自由衰减振动

式(2.36)的两个根存在,也表明指数函数确实是方程(2.32)的解。根据线性

系统叠加性质，方程(2.32)的通解可表示为

$$x(t)=C_1\exp(s_1t)+C_2\exp(s_2t) \tag{2.38}$$

这个解看起来似乎是复数，但是应该注意 C_1 和 C_2 也可以取复数。事实上为了保证 $x(t)$ 为有物理意义的实过程，C_1 和 C_2 必须为一对共轭复数，这样

$$x(t)=2\mathrm{Re}[C_1\exp(s_1t)]=2\exp(-\zeta pt)\mathrm{Re}[C_1\exp(\mathrm{j}p_\mathrm{d}t)] \tag{2.39}$$

可根据初位移 x_0 和初速度 v_0 确定 C_1 和 C_2。由式(2.38)有

$$\left.\begin{aligned}x(0)&=C_1+C_2=x_0\\ \dot{x}(0)&=C_1s_1+C_2s_2=v_0\end{aligned}\right\}$$

解得

$$C_1=\frac{s_2x_0-v_0}{s_2-s_1}=\frac{1}{2}\left(x_0-\mathrm{j}\,\frac{v_0+\zeta px_0}{p_\mathrm{d}}\right) \tag{2.40}$$

将式(2.40)代入式(2.39)有

$$x(t)=\exp(-\zeta pt)\left(x_0\cos p_\mathrm{d}t+\frac{v_0+\zeta px_0}{p_\mathrm{d}}\sin p_\mathrm{d}t\right) \tag{2.41}$$

也可以将式(2.41)合成如下形式

$$x(t)=A\exp(-\zeta pt)\sin(p_\mathrm{d}t+\alpha) \tag{2.42}$$

其中

$$A=\sqrt{x_0^2+\left(\frac{v_0+\zeta px_0}{p_\mathrm{d}}\right)^2},$$

$$\tan\alpha=\frac{p_\mathrm{d}x_0}{v_0+\zeta px_0} \tag{2.43}$$

2. 阻尼固有周期

式(2.42)所表示的运动规律如图 2-26 所示，为衰减振动。上下有两条包络线，分别为 $\pm A\exp(-\zeta pt)$。振动分析对衰减波形的极值点(峰/谷)感兴趣，这些点速度等于 0。为了研究这些点的规律，对式(2.42)求导有

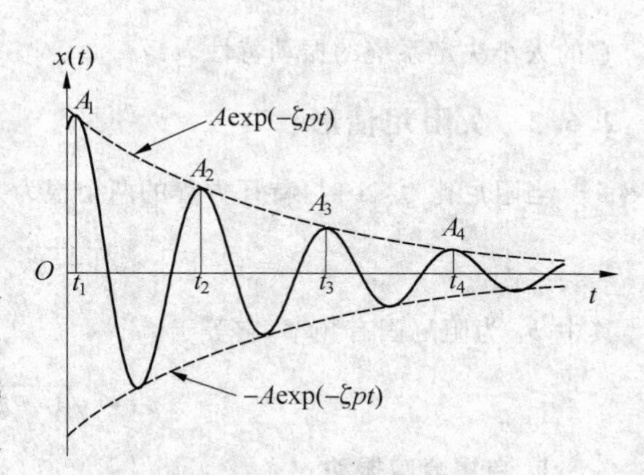

图 2-26　阻尼振动系统自由衰减曲线

$$\dot{x}(t)=A(-\zeta p)\exp(-\zeta pt)\sin(p_{\mathrm{d}}t+\alpha)+Ap_{\mathrm{d}}\exp(-\zeta pt)\cos(p_{\mathrm{d}}t+\alpha)$$
$$=Ap\exp(-\zeta pt)\cos(p_{\mathrm{d}}t+\alpha+\vartheta) \tag{2.44}$$

其中

$$\tan\vartheta=\frac{\zeta p}{p_{\mathrm{d}}}=\frac{\zeta}{\sqrt{1-\zeta^2}}$$

令速度为 0,即

$$\dot{x}(t)=Ap\exp(-\zeta pt)\cos(p_{\mathrm{d}}t+\alpha+\vartheta)=0$$

可以得到波峰时刻(跳过下方的波谷)

$$t_k=\frac{1}{p_{\mathrm{d}}}\left[\frac{\pi(4k+1)}{2}-\alpha-\vartheta\right]\quad(k\text{ 为正整数}) \tag{2.45}$$

相邻两峰的相隔时间为

$$T_{\mathrm{d}}=\frac{2\pi}{p_{\mathrm{d}}}=\frac{2\pi}{p\sqrt{1-\zeta^2}}=\frac{T_{\mathrm{n}}}{\sqrt{1-\zeta^2}} \tag{2.46}$$

衰减振动虽然不是周期函数,但是:首先,式(2.45)表明经过相同的时间间隔 T_{d},波峰出现一次;其次,T_{d} 与无阻尼固有频率 p 具有明确的关系式(2.46),因此我们把 T_{d} 叫做阻尼固有周期,它与阻尼固有圆频率 p_{d} 相对应。阻尼固有频率 f_{d} 为

$$f_{\mathrm{d}}=\frac{1}{T_{\mathrm{d}}}=\sqrt{1-\zeta^2}\,f_{\mathrm{n}} \tag{2.47}$$

根据式(2.46)和式(2.47)知阻尼降低了自由振动的频率,即增大了振动周期。ζ 越大,影响也越大。例如,当 $\zeta=0.05$ 时 $p_{\mathrm{d}}=0.9988\,p$,$T_{\mathrm{d}}=1.0013T_{\mathrm{n}}$;当 $\zeta=0.2$ 时 $p_{\mathrm{d}}=0.9798\,p$,$T_{\mathrm{d}}=1.0206\,T_{\mathrm{n}}$。但很多工程中的 $\zeta\ll1$,可忽略阻尼对频率和周期的影响,阻尼固有频率和阻尼固有周期直接用 p 和 T_{n} 来近似。

3. 衰减系数

我们来考察图 2-26 的峰值幅度 A_i。将式(2.45)代入式(2.42)得到两个相邻波峰之比——波峰衰减系数

$$\eta=\frac{A_i}{A_{i+1}}=\frac{x(t_i)}{x(t_{i+1})}=\exp\left(\frac{2\pi\zeta}{\sqrt{1-\zeta^2}}\right) \tag{2.48}$$

这表明波幅按几何级数缩减。尽管小阻尼对周期影响很弱，但对波峰影响显著，比如若 $\zeta=0.05$，则 $\eta=1.37$，经过 10 个周期之后，波幅将减小到初始的 4.3%（阻尼振动的周期不会随时间变化）。

波峰衰减系数的自然对数，称为对数减幅率 δ，即

$$\delta=\ln\frac{A_i}{A_{i+1}}=\frac{2\pi\zeta}{\sqrt{1-\zeta^2}} \tag{2.49}$$

当 $\zeta\ll1$ 时

$$\delta\approx2\pi\zeta \tag{2.50}$$

因为任意两个相邻的波幅之比为常数 $\exp(-\delta)$，即

$$\frac{A_2}{A_1}=\frac{A_3}{A_2}=\cdots=\frac{A_{N+1}}{A_N}=\exp(-\delta)$$

故有

$$\frac{A_{N+1}}{A_1}=\frac{A_2}{A_1}\times\frac{A_3}{A_2}\times\cdots\times\frac{A_{N+1}}{A_N}=\exp(-N\delta)$$

因此对数减幅也可以表示为

$$\delta=-\frac{1}{N}\ln\frac{A_{N+1}}{A_1} \tag{2.51}$$

利用式(2.51)可以计算波幅衰减到一定程度所需要的时间。

2.6.3 过阻尼和临界情形

下面这两种情形都不可能出现图 2-26 所示的振荡。

1. 过阻尼

当 $\zeta>1$ 时，$s_{1,2}=(-\zeta\pm\sqrt{\zeta^2-1})p$ 为两个实根，通解的形式仍为式(2.38)，但是由初条件确定出来的 C_1 和 C_2 为实数。过阻尼系统的 $x(t)$ 不再出现图 2-26 那样的振荡。

2. 临界阻尼

当阻尼比 $\zeta=1$ 时，特征方程有两个重根 $s_1=s_2=-p$。这是临界情况，要求的阻尼系数 $c=\zeta\times2\sqrt{mk}=2\sqrt{mk}$。阻尼大于 $2\sqrt{mk}$，系统就不会振动，而小于该值，系统就能够振动起来。这就是称 $c_c=2\sqrt{mk}$ 为临界阻尼的原因。

对临界阻尼情形，通解(2.38)不再合适。根据线性微分方程理论，此时通解

应为

$$x(t)=(C_1+C_2t)\exp(-pt) \tag{2.52}$$

其中 C_1 和 C_2 仍是由初条件所确定的实数。

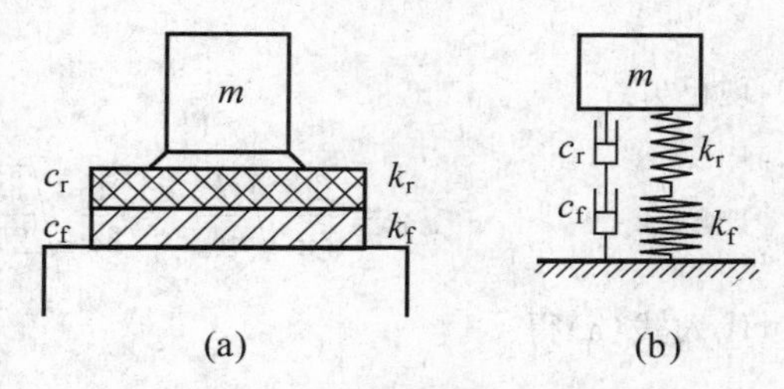

图 2-27　橡胶和毛毡支承模型

例题 2-11　质量为 10 kg 的仪器用橡胶和毛毡支承在基础上，如图 2-27 所示。橡胶的刚度 $k_r=3000$ N/m，阻尼系数 $c_r=100$ N·s/m；毡的刚度 $k_f=12000$ N/m，阻尼系数 $c_f=330$ N·s/m。求系统的等效刚度、等效阻尼系数和阻尼比。

解：两种衬垫属串联，其等效刚度和等效阻尼分别为

$$k_{eq}=\frac{k_rk_f}{k_r+k_f}=2400\text{N/m}$$

$$c_{eq}=\frac{c_rc_f}{c_r+c_f}=76.7\text{N}\cdot\text{s/m}$$

阻尼比为

$$\zeta=\frac{c_{eq}}{2\sqrt{k_{eq}m}}=0.248$$

例题 2-12　龙门起重机的设计中，为避免连续起动和制动造成颤动，要求起动（或制动）所激发的衰减振动持续时间不得过长。如有的动刚度标准规定：起重量不大于 50 t 的机型，水平振动衰减到最大振幅 5%所需的时间应控制在 25～30 s。图 2-28 为 15 t 龙门起重机的示意图。做水平振动时，等效质量 $m_{eq}=27.9$ t。水平方向刚度 $k=1.96$ MN/m。由实测得到对数减幅率 $\delta=0.10$。试计算衰减时间，并问是否符合要求？

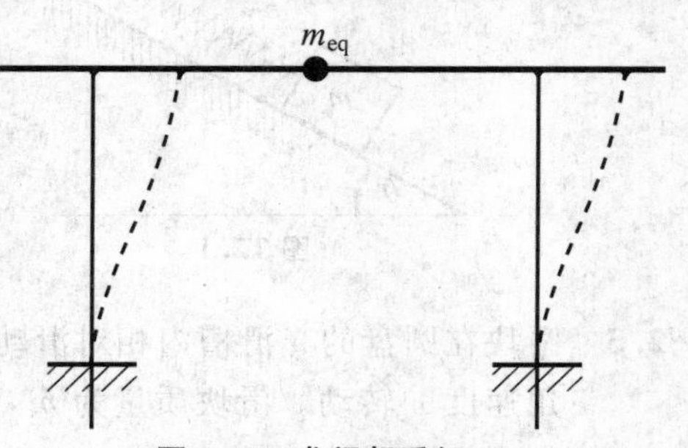

图 2-28　龙门起重机

解：由式(2.51)知振幅衰减到 5%所需的周期数

$$N=\frac{1}{\delta}\ln\frac{A_1}{A_{N+1}}=\frac{1}{0.1}\ln\frac{100}{5}=30.0$$

衰减时间 t_d 为

$$t_d = NT_d \approx \frac{N}{f_n} \tag{a}$$

现已知

$$f_n = \frac{1}{2\pi}\sqrt{\frac{k}{m_{eq}}} = \frac{1}{2\pi}\sqrt{\frac{1.96\times10^6}{27.9\times10^3}}\ \text{Hz} = 1.33\ \text{Hz}$$

代入式(a)得

$$t_d = \frac{30.0}{1.33}\text{s} = 22.6\ \text{s}$$

故符合要求。

第 2 章习题

2.1 某弹簧质量系统，沿光滑斜面做自由振动，如图 T2.1 所示。写出振动微分方程。

2.2 图 T2.2 所示某振系沿光滑斜面振动，已知 m，k_1，k_2 和 θ 角度。写出振动微分方程。

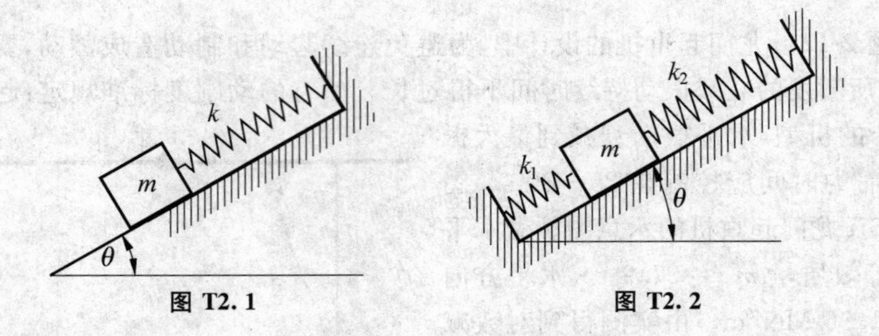

图 T2.1　　　　图 T2.2

2.3 滑块在圆盘的光滑槽内相对滑动(图 T2.3)，圆盘在水平面内绕定轴 O 以匀角速度 ω 转动。滑块质量为 m，弹簧系数为 k。写出滑块沿滑槽的振动微分方程。

2.4 图 T2.4 所示重摆，它的旋转轴与垂线成一微小角 θ(弧度)。杆 DC 和轴 AB 垂直刚性连接。假设球的重量集中于其质心 C 处，不计轴承摩擦阻力和 CD 质量。求微幅摆动的固有频率。

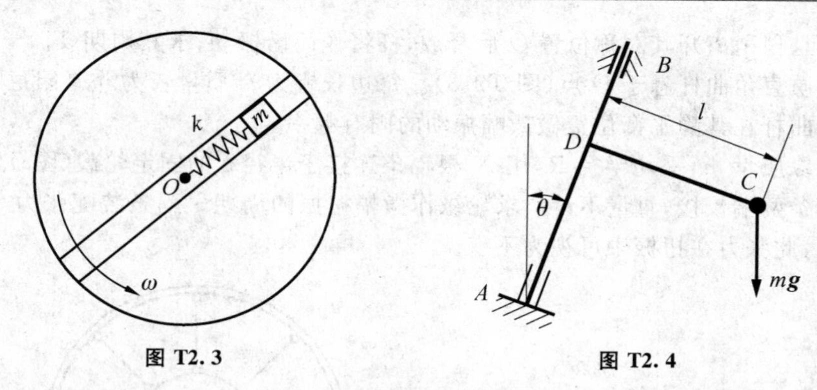

图 T2.3　　　　图 T2.4

2.5　图 T2.5 中水箱 1 与 2 的水平截面面积分别为 S_1 和 S_2，在深度 h 处用截面为 S_0 的细管连接。求液面上下振动的固有频率。

2.6　一均匀等直杆 AB，质量为 m，用两相同的铅垂直线悬挂，如图 T2.6 所示。线长为 h，两线相距为 $2a$。推导 AB 杆绕穿过重心的铅垂轴做微幅摆动的振动微分方程，并求出其固有频率。

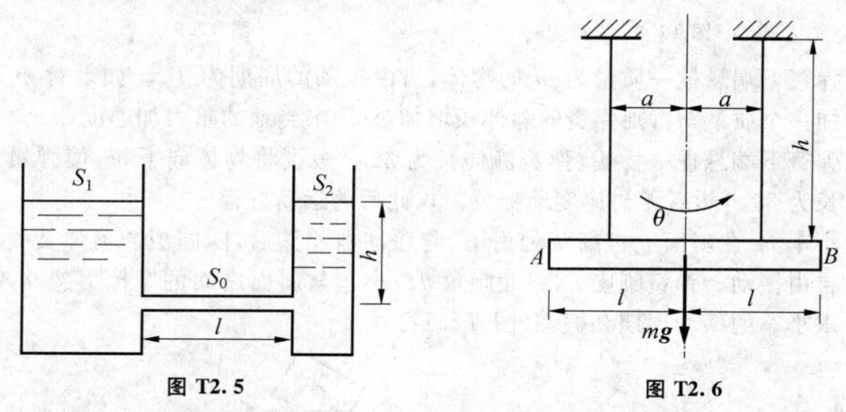

图 T2.5　　　　图 T2.6

2.7　如图 T2.7 均质杆 AB 水平置于两个半径相同的滑轮之上，两滑轮的轮心相距 $2a$，并等速反向转动。杆与滑轮间的摩擦因子为 μ。试证明：杆的重心 C

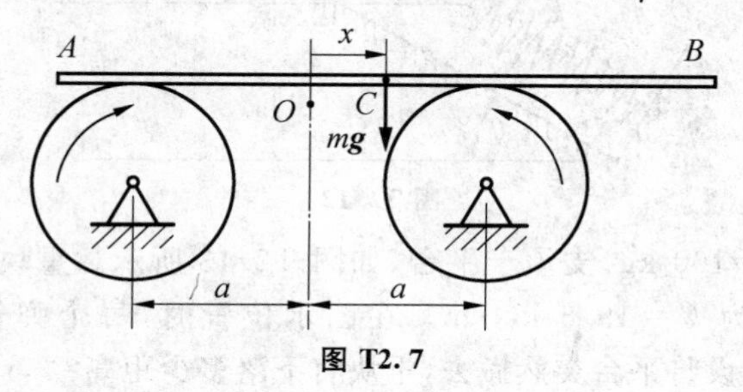

图 T2.7

一旦稍稍离开其对称位置 O 后释放，杆将作简谐振动；求其周期 T_n。

2.8 均质直角曲杆悬于 O 点(图 T2.8)。每边长皆为 l，质量皆为 m。阻尼不计，求曲杆在其静平衡位置做微幅振动的固有频率。

2.9 轮缘质量 m，平均半径 R，用 N 根辐条连接于半径 r 的固定轮毂(图 T2.9)。辐条两端铰接，重量不计。求轮缘作微幅扭振的周期。辐条装配张力 F_{T0} 很高，此张力在扭振中可视为不变。

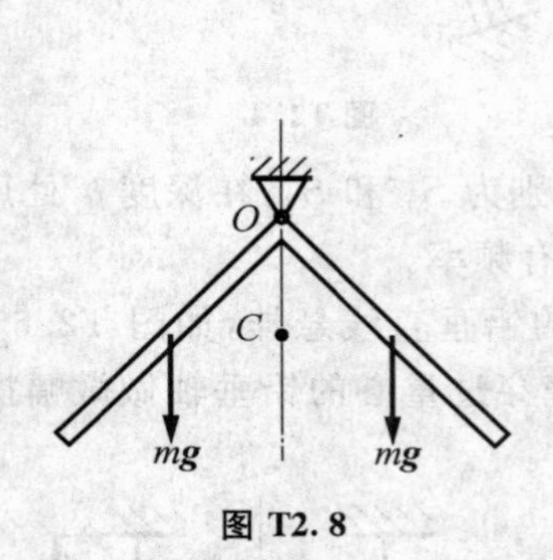

图 T2.8

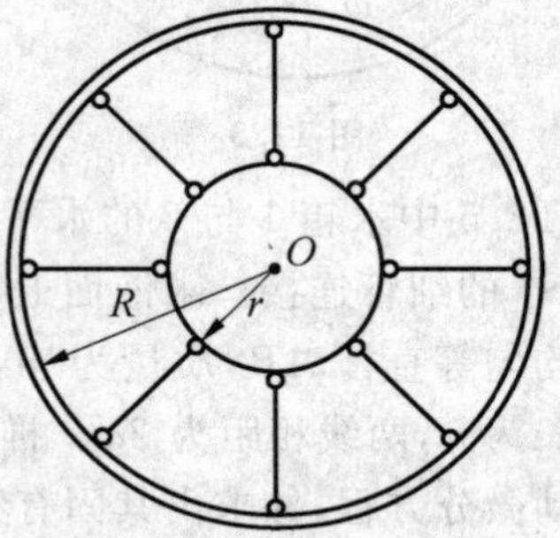

图 T2.9

2.10 弹簧下端悬挂一质量为 m 的物体，自由振动的周期为 T_n。如果对 m 再附加一个质量 m_1，则弹簧的静伸长增加 Δl。求当地的重力加速度。

2.11 弹簧下端悬挂一物块，弹簧静伸长为 δ_{st}。假设将物体向下拉，使弹簧总伸长为 $3\delta_{st}$，然后无初速度地释放。求此后的运动方程。

2.12 小车 m 在斜面上自高 h 处滑下，与缓冲器相撞后，随同缓冲器弹簧一起作自由振动。弹簧刚度 k，斜面倾角 θ。小车与斜面之间的摩擦力忽略不计。求小车的振动周期和振幅(图 T2.12)。

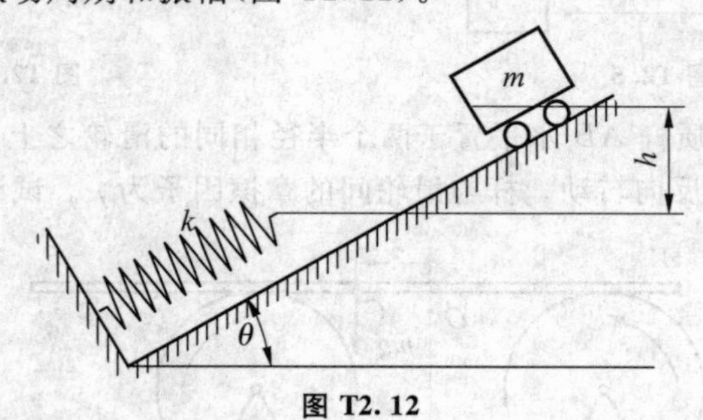

图 T2.12

2.13 某物块 $m=100$ kg，支承于平台，如图 T2.13 所示。重块下方连接两个弹簧，刚度均为 $k=19.6$ kN/m。在图示位置时，每个弹簧中已有初压力 $F_0=98$N。设将平台突然撤去，重块将下落多少距离？

2.14　质量 m 用绳子悬挂，跨过半径 R 质量 m_1 的均质轮，系于一端固定的弹簧 k，如图 T2.14 所示。忽略绳子的弹性和质量，以及滑轮和轴承间的摩擦。求此系统的固有频率。

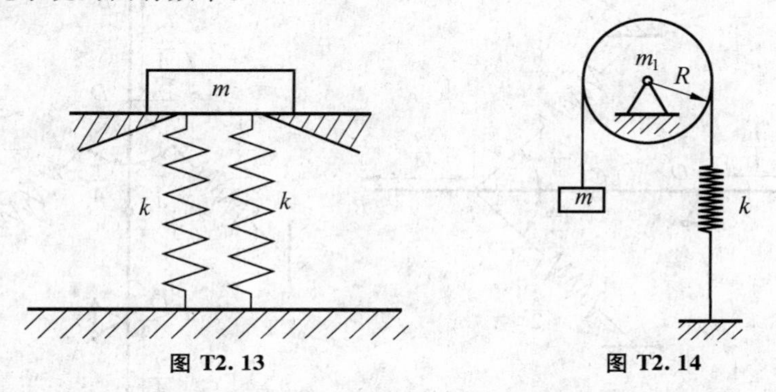

图 T2.13　　　　图 T2.14

2.15　确定图 T2.15 所示系统的固有频率。均质圆盘质量为 m，只滚不滑。

2.16　均质杆 OA 长为 l，质量为 m_1。A 端装有质量为 m 的小球，杆在 B 点连有两弹簧，刚度系数均为 k。求摆作微幅摆动的固有频率。

2.17　长度 l 的刚性直杆，一端铰支，另一端由一刚度为 k 的弹簧支承。离铰支端 a 处有一集中质量 m，如图 T2.17 所示。忽略刚性杆自身质量。求该系统的微幅振动的固有频率。

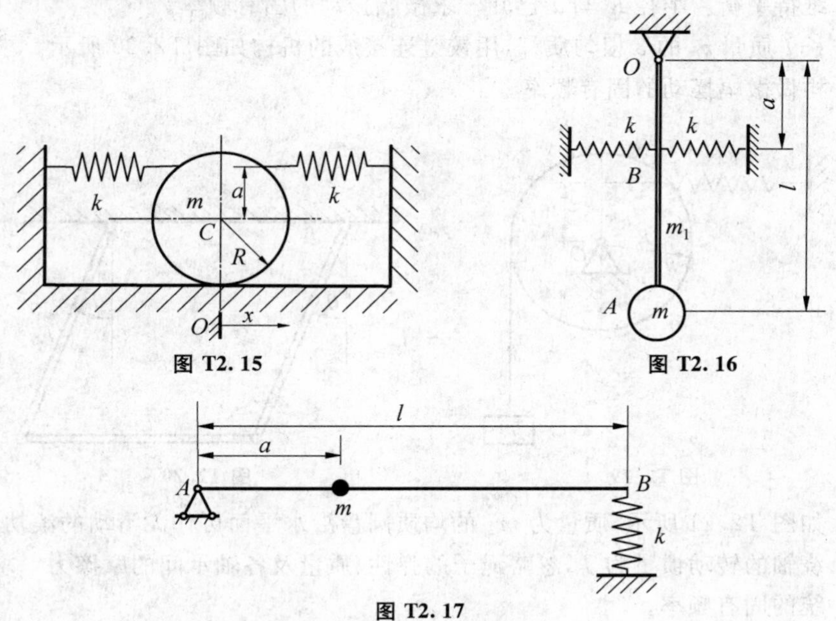

图 T2.15　　　　图 T2.16

图 T2.17

2.18 图 T2.18 中的均质刚性杆，长 l，质量为 m。求下列情形的系统固有频率：(1)平衡时杆处水平位置；(2)平衡时杆处铅垂位置。

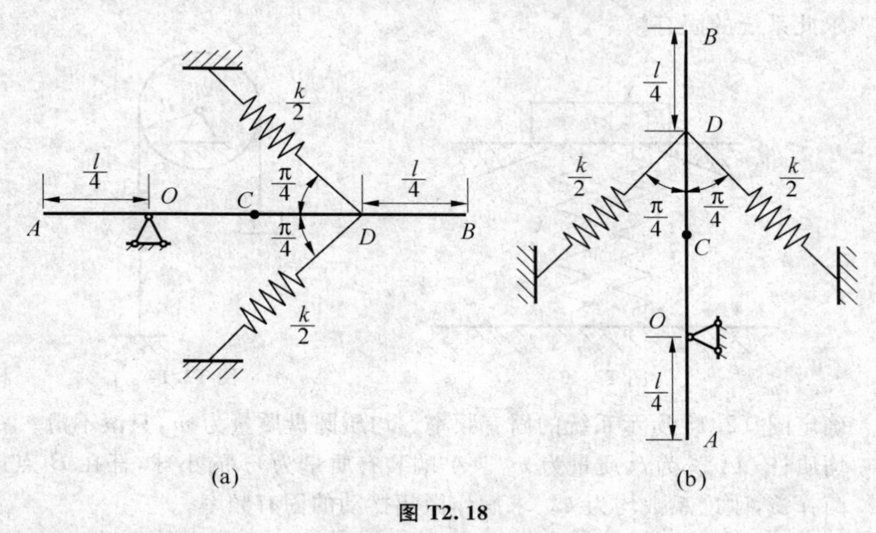

图 T2.18

2.19 如图 T2.19 所示，轮子可绕水平轴转动，对轮心的转动惯量为 J。轮缘绕有软绳，下端挂有质量 m，绳与轮缘之间无滑动。在图示位置，由水平弹簧维持平衡。半径 R 与 a 已知。求微幅振动的固有频率。

2.20 长 l 质量 m 的 3 根匀质杆，用铰链连接成的机构如图 T2.20 所示。求此机构做微幅摆动的固有频率。

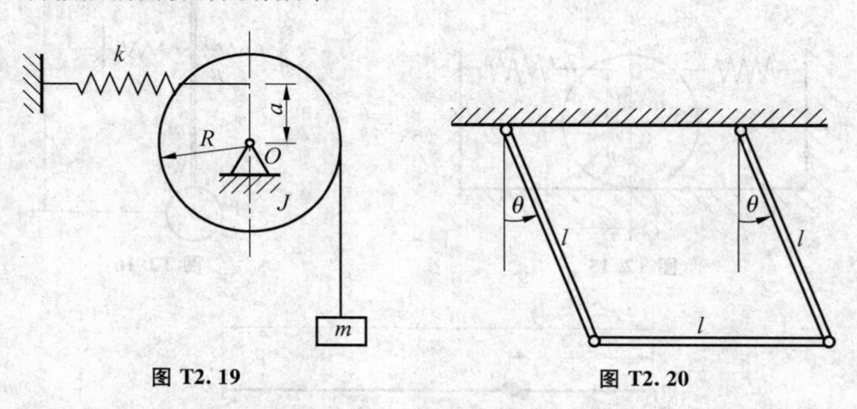

图 T2.19　　图 T2.20

2.21 如图 T2.21 所示，质量为 m_2 的均质圆盘沿水平面可作无滑动的滚功，鼓轮绕轴的转动惯量为 J，忽略绳子的弹性、质量及各轴承间的摩擦力。求此系统的固有频率。

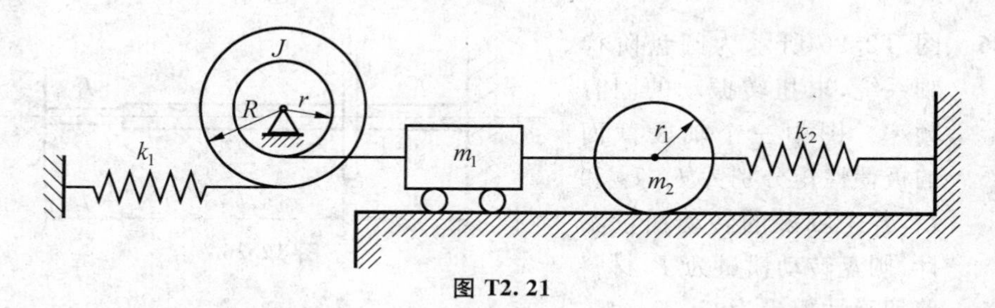

图 T2.21

2.22　求图 T2.22 所示系统的固有频率。3 个弹簧均呈铅垂，且 $k_3=k_1=k$，$k_2=2k$。

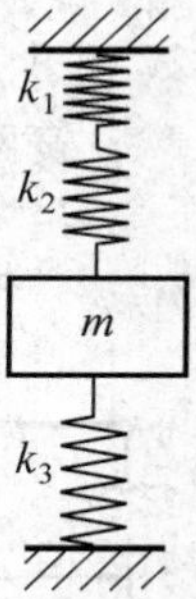

2.23　图 T2.23 所示系统，已知均质刚性杆 AB 的质量 m，A 端弹簧的刚度 k。求杆 AB 在 A 点的等效质量，并问支座 C 置于何处会使系统的固有频率最高？

2.24　求图 T2.24 所示系统的等效刚度（广义变量为 x）。

2.25　内燃机汽阀系统如图 T2.25 所示，已知摇杆 AB 对支点 O 的转动惯量为 J_O，汽阀 BC 质量为 m_v，阀簧质量为 m_s，可近似地将 $m_s/3$ 集中于 B 点，挺杆 AD 的质量为 m_t。求此系统简化到阀门 C 点的等效质量。

图 T2.22

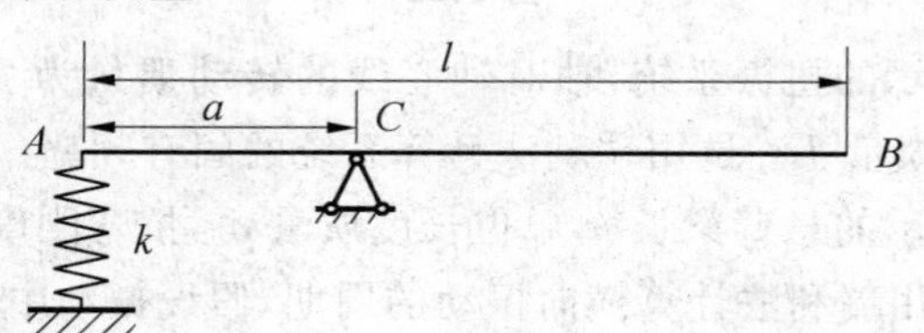

图 T2.23

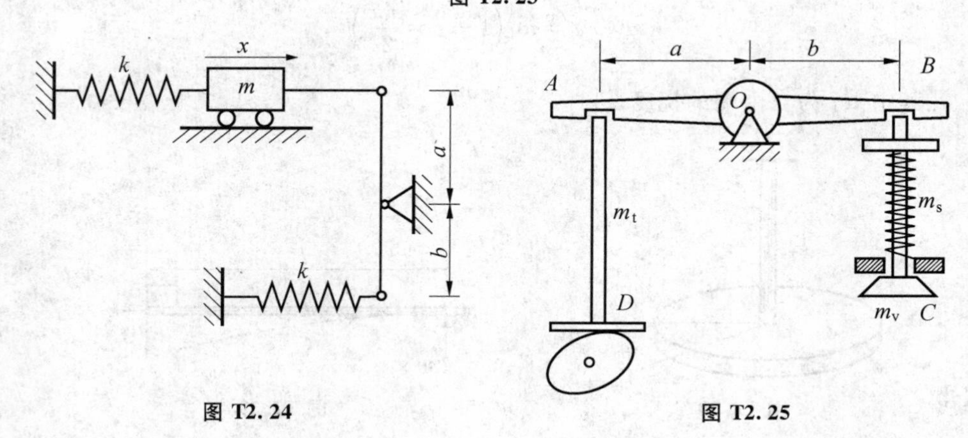

图 T2.24　　图 T2.25

2.26 图 T2.26 所示为圆盘阶梯轴系统，求扭转振动的固有频率。图中三个轴段截面的极惯性矩分别为 I_1，I_2 和 I_3，各个轴段的转动惯量不计，圆盘转动惯量为 J，材料剪切弹性模量为 G。

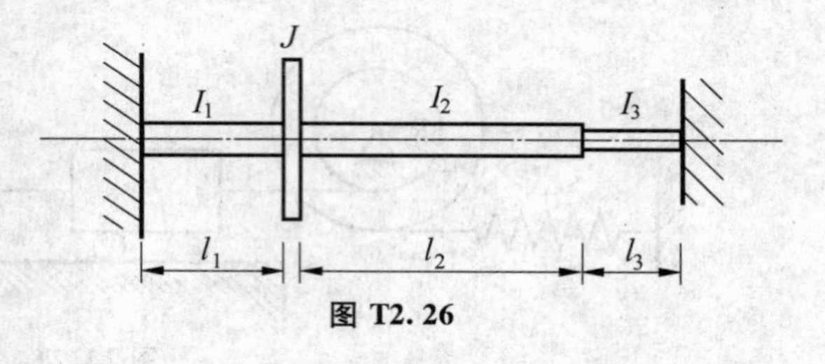

图 T2.26

2.27 图 T2.27 所示为简支梁支撑物体的两种方式，梁的抗弯刚度 EI，跨度 l，弹簧刚度 k，重物质量 m 已知。求两种质量系统的固有频率。

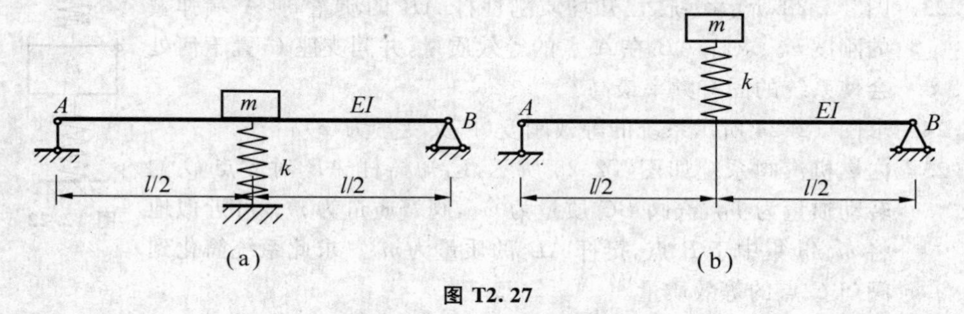

图 T2.27

2.28 图 T2.28 所示的扭振系统，轴对轴心线的转动惯量为 J'，扭转刚度为 k_T。圆盘的转动惯量 J。试用瑞利法计算系统的固有频率。

2.29 图 T2.29 所示的悬臂梁长 l，单位长度质量 ρ_l，抗弯刚度 EI，自由端有集中质量 m。试用瑞利法计算横向振动的周期，假设振动中梁的振动形式为

$$w(x)=w_f\left(1-\cos\frac{\pi x}{2l}\right)$$

其中 w_f 为自由端的挠度。

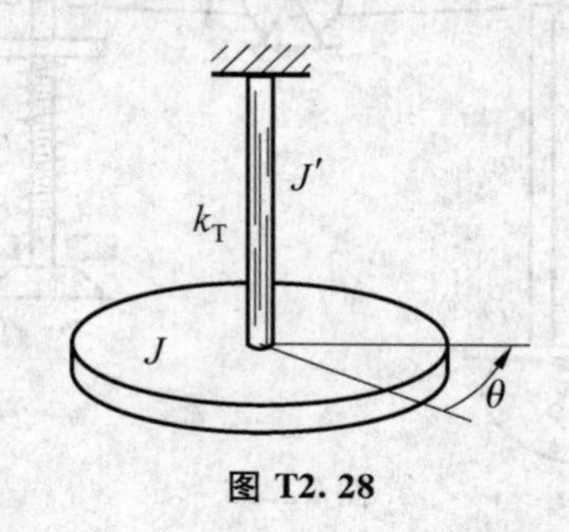

图 T2.28

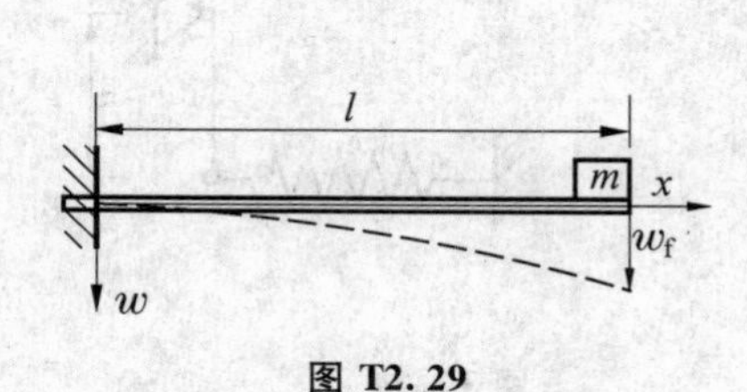

图 T2.29

2.30 上题中假设振动过程中的振动形式与在自由端作用一集中力产生的静挠曲线相同，即

$$w(x)=\frac{w_{\mathrm{f}}}{2}\left(\frac{x}{l}\right)^{2}\left(3-\frac{x}{l}\right)$$

其中 w_{f} 为自由端的挠度。求横向振动的周期。

2.31 两端固支均匀梁，质量 m，跨度 l，抗弯刚度 EI。试用瑞利法计算梁的固有频率。设梁作横向自由振动的动挠度曲线为

$$y=\frac{w_C}{2}\left(1-\cos\frac{2\pi x}{l}\right)$$

式中 w_C 为中点挠度。

2.32 某单自由度粘性阻尼系统振动时，它的振幅在 5 个周期之后减少了 50%。试求系统的阻尼比 ζ。

2.33 某龙门起重机的简化模型如图 T2.33 所示，现要求其水平振动在 25 s 内振幅衰减到最大振幅的 5%。模型的等效质量 $m=24500$ kg，测得对数衰减 $\delta=0.10$。问起重机水平方向刚度 k 的最小允许值？

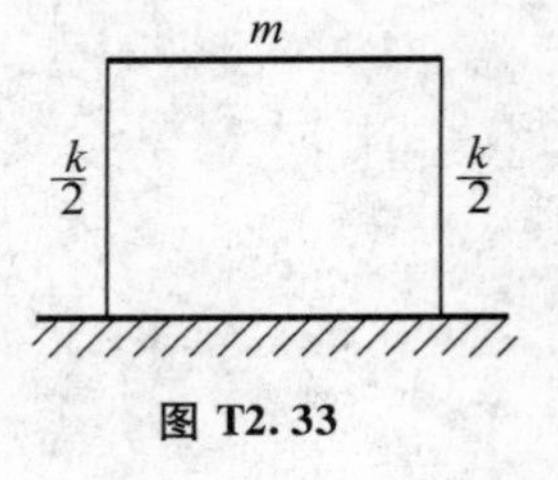

图 T2.33

2.34 振系由质量 m、长 l 的均质刚性杆、刚度 k 的弹簧和阻尼系数 c 的阻尼器组成，如图 T2.34 所示。试建立振系的自由振动微分方程，并求阻尼固有频率。

2.35 某阻尼摆由集中质量 m、长 l 的摆杆、阻尼系数为 c 的阻尼器组成，如图 T2.35 所示，作微幅振动。试确定系统的对数减幅率 δ。

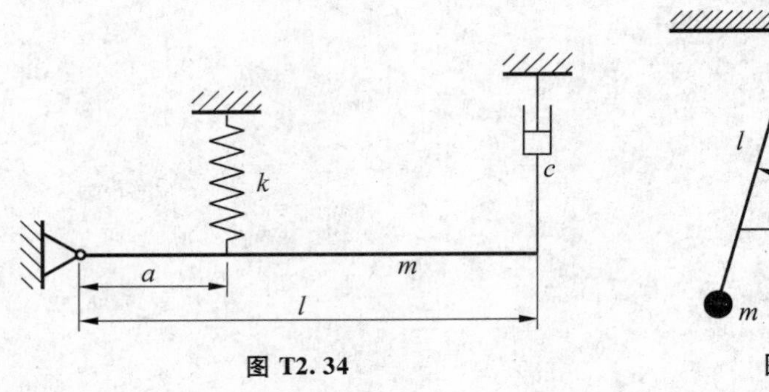

图 T2.34

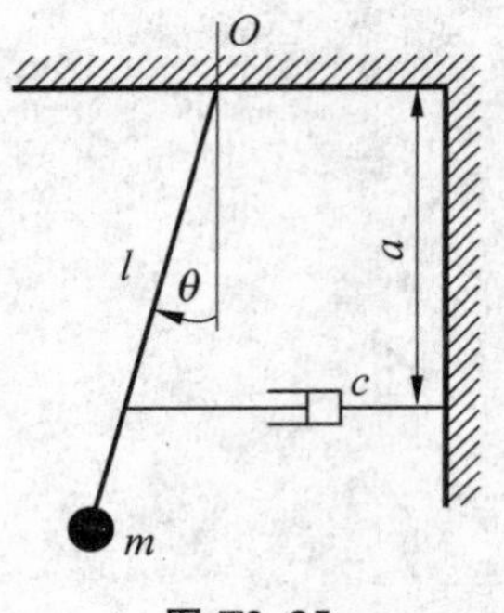

图 T2.35

2.36 某双轴汽车的前悬架质量 $m_1=1151$ kg，刚度 $k_1=1.02\times10^{5}$ N/m，若假定

前、后悬架的振动独立，试计算前悬架垂直振动的固有频率。如果要求前悬架的阻尼比 $\zeta=0.25$，那么应给前悬架配置多大阻尼的悬架减振器？

2.37 质量 $m=2000$ kg，以匀速 $v=0.03$ m/s 运动，与弹簧 k 和阻尼 c 相撞后一起作自由振动，如图 T2.37 所示。已知 $k=48.020$ kN/m，$c=1.96$ kN·s/m。问质量 m 在相撞后多久达到最大偏移？最大偏移是多少？

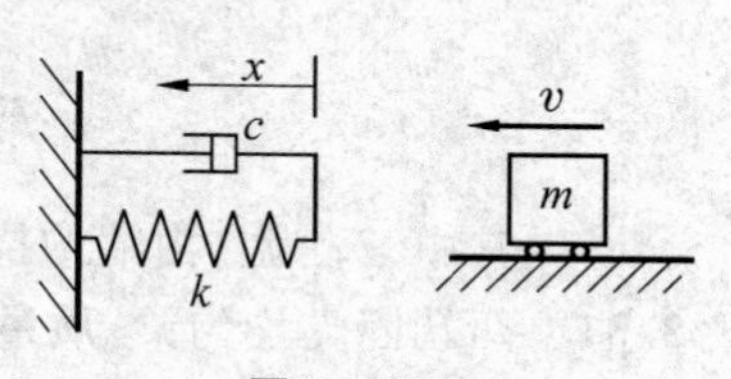

图 T2.37

2.38 质量 m 的物块，挂在弹簧的下端，有静伸长 δ_{st}。上下运动所遇到的阻力与速度 v 成正比。要保证物体不发生振动，求阻尼系数的最低值。取此阻尼的系统，物体从静平衡位置以初速度 v_0 向下运动，求此后的运动规律。

2.39 某洗衣机重 14700 N，用四个弹簧对称支承，每个弹簧的 $k=80360$ N/m。计算此系统的临界阻尼系数 c_c。

第3章　单自由度系统的受迫振动

工程对共振非常关心。受到持续激励作用的振系，若激励的某一谐波分量的频率与系统的固有频率接近，就会发生共振。简谐激励是最常见的持续激励。对它的响应分析得到刻画振系的两个重要函数——幅频特性和相频特性，复值频率响应函数（简称频响函数）能将二者结合为一个复函数。通过傅立叶级数分析可分析系统对周期激励的响应。使用杜哈梅积分可分析系统对任意激励的瞬态响应。

3.1　对简谐激励的受迫响应

受迫振动是振系受到外界激励所引起的振动。有各式各样的激励，如简谐激励、周期性激励、脉冲激励和任意激励等。激励所引起的响应，不仅与振系的固有特性有关，而且也与激励自身的变化规律有关。在常见激励情形中，简谐激励最重要，因为它不仅在工程上有着广泛的实际意义，而且也是分析其他类型激励的基础。

3.1.1　振动微分方程及其解

设图 3-1 的振系除受阻尼力和恢复力作用外，还受到简谐激励 $f(t)=f_0\sin\omega t$ 的作用，其中 f_0 为激励的力幅，ω 为激励的频率。由图 3-1(b)得振系的运动微分方程为

$$m\ddot{x}+c\dot{x}+kx=f_0\sin\omega t \qquad (3.1)$$

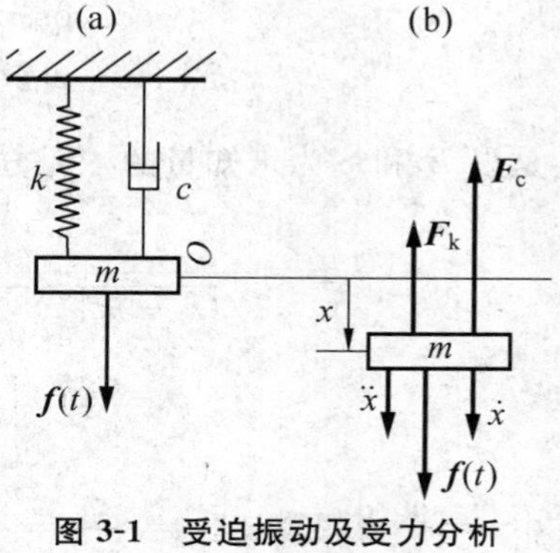

这是二阶线性常系数非齐次微分方程，其通解由两部分组成：①对应于 $f_0=0$ 的齐次方程的通解；②方程(3.1)的一个特解。即

$$x=x_1(t)+x_2(t) \qquad (3.2)$$

图 3-1　受迫振动及受力分析

由第 2 章得知，对工程上欠阻尼的情形，通解 $x_1(t)$ 为

$$x_1(t)=\exp(-\zeta pt)(A_1\cos p_d t+A_2\sin p_d t) \qquad (3.3)$$

即 $x_1(t)$ 会随时间而衰减。阻尼越大，衰减速度越快。受迫振动分析首先强调稳态振动，比如偏心质量的离心力对长期运转机器的危害等。所以本小节暂不讨论这个瞬态成分 $x_1(t)$ 。

稳态特解 $x_2(t)$ 可设为

$$x_2(t) = B\sin(\omega t - \varphi) \tag{3.4}$$

式中 B 为受迫振动的振幅，φ 为相位差，二者均为待定参数。稳态受迫响应和激励是同频率简谐函数，但二者达到最大值的时间有差异，并由相位差 φ 所反映。

将式(3.4)代入式(3.1)

$$\begin{aligned} & -m\omega^2 B\sin(\omega t - \varphi) + c\omega B\cos(\omega t - \varphi) \\ & + kB\sin(\omega t - \varphi) = f_0\sin\omega t \end{aligned} \tag{a}$$

然后将下列展开式代入式(a)

$$\sin(\omega t - \varphi) = \sin\omega t\cos\varphi - \cos\omega t\sin\varphi$$
$$\cos(\omega t - \varphi) = \cos\omega t\cos\varphi + \sin\omega t\sin\varphi$$

并按 $\cos\omega t$ 和 $\sin\omega t$ 整理得

$$\begin{aligned} & B[c\omega\cos\varphi - (k - m\omega^2)\sin\varphi]\cos\omega t + \\ & \{B[(k - m\omega^2)\cos\varphi + c\omega\sin\varphi] - f_0\}\sin\omega t = 0 \end{aligned} \tag{b}$$

要使式(b)对任意时间 t 成立，$\cos\omega t$ 和 $\sin\omega t$ 前面的系数必须恒等于 0，即

$$\left.\begin{aligned} c\omega\cos\varphi - (k - m\omega^2)\sin\varphi = 0 \\ B[(k - m\omega^2)\cos\varphi + c\omega\sin\varphi] - f_0 = 0 \end{aligned}\right\}$$

这是以 B 和 φ 为未知量的二元方程组，其解为

$$B = \frac{f_0}{\sqrt{(k - m\omega^2)^2 + c^2\omega^2}} = \frac{f_0}{k}\frac{1}{\sqrt{(1-\nu^2)^2 + (2\zeta\nu)^2}} \tag{3.5}$$

$$\varphi = \tan^{-1}\left(\frac{c\omega}{k - m\omega^2}\right) = \tan^{-1}\left(\frac{2\zeta\nu}{1 - \nu^2}\right) \tag{3.6}$$

式中 $\nu = \dfrac{\omega}{p}$ 为频率比，$\zeta = \dfrac{c}{2mp} = \dfrac{c}{c_c}$ 为阻尼比，其中 $c_c = 2\sqrt{mk}$ 是临界阻尼。

上述成功确定了 B 和 φ，表明所设的解(3.4)是合理的，即在简谐激励下，稳态响应确实是与激励同频率的简谐变化量。

3.1.2　幅频特性

引入记号 $B_0=f_0/k$ 表示激励的力幅所产生的静位移(或静变形)。定义动力放大系数为

$$\beta=\frac{B}{B_0} \tag{3.7}$$

则式(3.5)可写成

$$\beta=\frac{1}{\sqrt{(1-\nu^2)^2+(2\zeta\nu)^2}} \tag{3.8}$$

通常用动力放大系数来描述振系的动态特性。若以频率比 ν 为横坐标,动力放大系数 β 为纵坐标,对不同的阻尼比,由式(3.8)可以画出图 3-2 所示的曲线簇,称为幅频特性曲线。

从幅频特性曲线可以看出:

(1)当频率比 $\nu\ll1$ 时,即激励频率 ω 远远小于系统的固有频率 p,无论阻尼的大小如何,$\beta=Bk/f_0\rightarrow1(B\rightarrow f_0/k)$,即响应振幅近似等于激励的力幅 f_0 作用下的静变形 B_0。故在低频区内,振幅 B 主要由弹簧刚度控制。

(2)当频率比 $\nu\gg1$ 时,即 ω 远远大于系统的固有频率 p。此时激励的方向改变太快,振动物体因惯性来不及跟随,几乎停止不动。故在高频区内,振幅 B 主要决定于系统的惯性,这一特性正是 3.4 节隔振和惯性传感器的理论依据。

(3)当频率比 $\nu\approx1$ 时,即 ω 接近 p 时,β 趋向 $\beta_{\max}$。可严格证明(见 3.3 节)$\beta_{\max}$对应的频率为 $\nu=\sqrt{1-2\zeta^2}$,但通常 $\zeta^2\ll1$,这样就有 $\nu\approx1$。此时 $\beta_{\max}$ 约为

$$\beta_{\max}\approx\frac{1}{2\zeta} \tag{3.9}$$

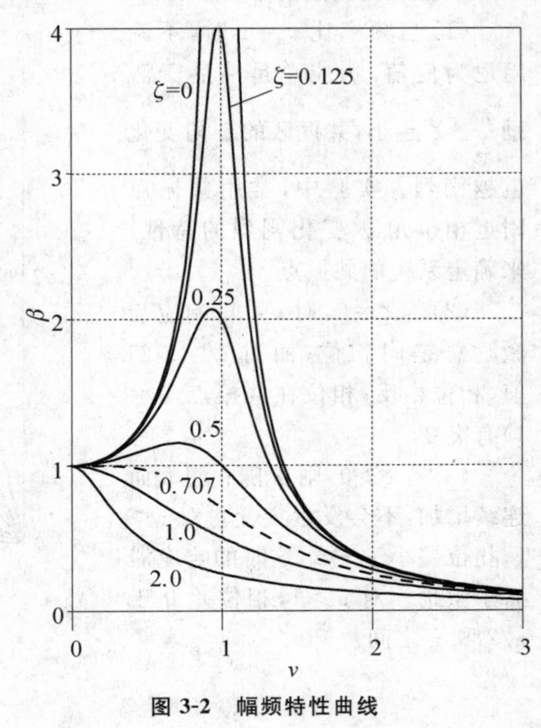

图 3-2　幅频特性曲线

因此对小阻尼系统，β_{max}的值很大。当然响应振幅 $B_{max}=B_0\beta_{max}$ 也非常大，这种物理现象叫做共振，也叫做谐振。例如，当 $\zeta=0.05$ 时，B_{max}是 B_0 的 10 倍；$\zeta=0.01$ 时，B_{max}是 B_0 的 50 倍。工程结构设计的工况应远离共振区。如果必须穿过共振区（比如机器从启动到正常运转），就必须保证足够的阻尼，以使系统能够较为平稳地越过共振区。

有的学科，特别是电子学科，将 β_{max}称为谐振锐度或品质因子，并用符号 Q 表示，即

$$Q=\beta_{max}=\frac{1}{2\zeta}$$

它反映了谐振峰的陡峭程度，也就是阻尼的强弱。

3.1.3 相频特性

若以频率比 ν 为横坐标，相位角 φ 为纵坐标，以阻尼比为参数，可以由式(3.6)画出一簇曲线，称为相频特性曲线，如图 3-3 所示。

从相频特性曲线可以看出：

(1) 当频率比 $\nu=1$ 时，不论阻尼为何值，响应总是滞后于激励$\frac{\pi}{2}$。ζ 越小，共振区的 φ 角变化就越剧烈。实验中，常用共振点附近相位角 φ 变化剧烈的特性，来确定系统的共振点。

(2)若 $\zeta=0$，对 $\nu<1$，响应与激励总是同相位；而对 $\nu>1$ 的值，相位相反；相位在共振点($\nu=1$)有突变。

(3)若 $\zeta>0$，则 φ 随 ν 增大而连续增加，不会发生突变。对 $\nu<1$，相位差小于 $\pi/2$，这时的响应滞后于激励。对 $\nu>1$，相位差介于 $\pi/2$ 和 π 之间。

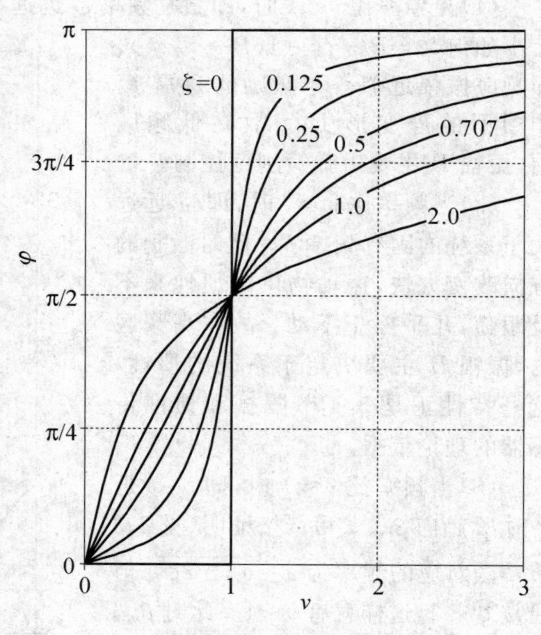

图 3-3　相频特性曲线

3.1.4　瞬态响应

前面研究的稳态响应忽略了瞬态振动。对短时激励，比如地震、爆炸和冲击等，最关心的部分恰是瞬态响应。任意激励下的瞬态响应将在 3.7 节详尽地讨论。本小节仅分析正弦激励的瞬态响应。

1. 三个成分

将式(3.3)和式(3.4)代入式(3.2)得到系统的总响应为

$$x(t)=\exp(-\zeta pt)(A_1\cos p_d t+A_2\sin p_d t)+B\sin(\omega t-\varphi) \tag{3.10}$$

式中的常数 A_1 和 A_2 仍由初条件确定。由初条件 $x(0)=x_0$，$\dot{x}(0)=v_0$ 有

$$\begin{cases} x_0=A_1-B\sin\varphi \\ v_0=-\zeta pA_1+B\omega\cos\varphi+p_d A_2 \end{cases}$$

可解出

$$A_1=x_0+B\sin\varphi$$

$$A_2=\frac{v_0+\zeta p(x_0+B\sin\varphi)-B\omega\cos\varphi}{p_d}$$

将上两式代回式(3.10)，得到振系在初始阶段的总响应为

$$\begin{aligned} x(t)=&\exp(-\zeta pt)\left(x_0\cos p_d t+\frac{v_0+\zeta px_0}{p_d}\sin p_d t\right)+ \\ &B\exp(-\zeta pt)\left(\sin\varphi\cos p_d t+\frac{\zeta p\sin\varphi-\omega\cos\varphi}{p_d}\sin p_d t\right)+ \\ &B\sin(\omega t-\varphi) \end{aligned} \tag{3.11}$$

式(3.11)右端第一项表示由初条件引起的自由衰减振动(振动大小与初条件有关)；第二项表示由简谐激励引起的伴随自由振动，其振动频率为系统的阻尼固有频率 p_d，但其振幅与系统本身和激励都有关；第三项表示由简谐激励引起的纯受迫振动，即稳态响应，它与激励同频率，振幅与初条件无关。

对有阻尼系统，瞬态振动逐渐衰减。但若系统的固有频率比较低且阻尼比较弱，则式(3.11)前两项的数值就可能很大，而且衰减很慢。所以在实验中测定受迫响应振幅时，一旦实验条件改变，应等到响应足够稳定之后再测量。否则测到的结果为式(3.11)全部三项之和，这就影响最后的幅频和相频的准确性。

式(3.11)的前两项合起来为瞬态响应，它的振动频率为阻尼固有频率 p_d，

第三项为稳态振动,其振动频率等于激励频率 ω。应该指出的是,线性系统受激励引起的响应中只有这两种频率,即系统的阻尼固有频率和激励频率。若存在阻尼,与阻尼固有频率相关的成分会随时间流逝而衰减。阻尼越大,衰减速度越快。

2. 无阻尼振系的"共振"

当阻尼比 $\zeta=0$ 时 $p_d=p$,式(3.11)退化为(假定 $\omega<p$,即 $\varphi=0$)

$$x(t)=x_0\cos pt+\frac{v_0}{p}\sin pt+B(\sin\omega t-\nu\sin pt) \tag{3.12}$$

根据图 3-2 和式(3.8),对 $\omega=p$ 立即就有 $B=\infty$,这看起来振动的能量为无穷大。但事实并非如此,因为式(3.12)右边第三项括号内的结果恰好是 0。我们用洛必达法则来研究式(3.12)当 $\omega\to p$ 的极限。不失一般性,假定 ω 从左侧趋近 p,即

$$\lim_{\omega\to p}B(\sin\omega t-\nu\sin pt)=\frac{f_0}{k}\lim_{\nu\to 1}\frac{\sin\omega t-\nu\sin pt}{1-\nu^2}$$

$$=\frac{f_0}{k}\lim_{\nu\to 1}\left.\frac{\dfrac{\mathrm{d}}{\mathrm{d}\nu}(\sin p\nu t-\nu\sin pt)}{\dfrac{\mathrm{d}}{\mathrm{d}\nu}(1-\nu^2)}\right|_{\nu=1}=\frac{f_0}{k}\,\frac{\sin pt-pt\cos pt}{2}$$

将其代入式(3.12)有

$$x(t)=x_0\cos pt+\left(\frac{v_0}{p}+\frac{f_0}{2k}\right)\sin pt-\frac{1}{2}\,\frac{f_0}{k}pt\cos pt \tag{3.13}$$

式(3.13)表明对有限的 t,$x(t)$ 仍为有限量。但随时间增长,振动幅度呈线性增长(第三项),越来越大,如图 3-4 所示。图 3-2 所适用的情形是稳态响应,即系统经历了无穷时间的激励。对 $\zeta=0$(无阻尼)且 $\omega=p$(共振)的情形,外力的功全部转化为系统的振动能量,这样经历无穷长时间后,响应能量在理论上变成无穷大。

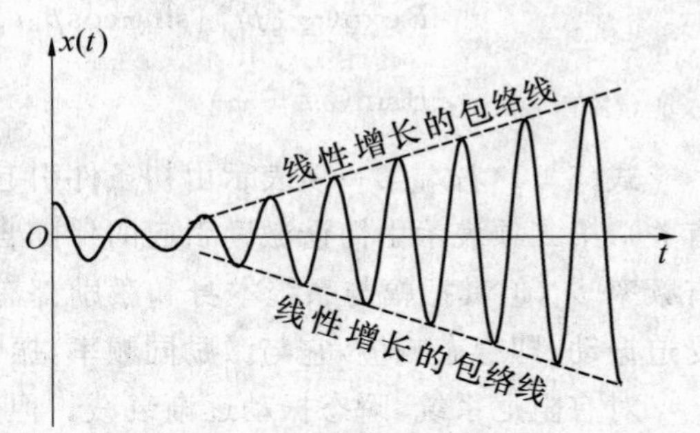

图 3-4　无阻尼系统的共振

实际物理过程当然不会出现无穷大,主要原因是:系统存在阻尼;强幅振动将会使系统进入非线性区,上述的线性模型肯定失效;幅度大到一定限度以后,结构或系统发生破坏。

工程实际中，若机器的设计工作转速大于共振转速，则转速从 0 到工作转速的启动过程，以及从正常工作转速到停机过程，都必须穿越共振区。但图 3-4 表明共振到破坏性振幅需要一定的时间累积，所以只要穿越共振区的时间足够短即可。

3. "拍"的现象

在正弦扫描法的共振实验中，缓慢调整激励频率扫描到共振点附近时，系统的振幅有时出现忽大忽小的现象，如图 3-5 所示，这就是所谓的"拍"现象。凡是由两个频率相近的简谐振动合成的物理过程，都可能发生拍的现象。在发电厂里，发动机启动后有时可听到"哼哼"声，双发动机螺旋桨飞机时强时弱的嗡嗡声，都是"拍"的现象。乐器演奏可利用拍现象丰富音质和调感。

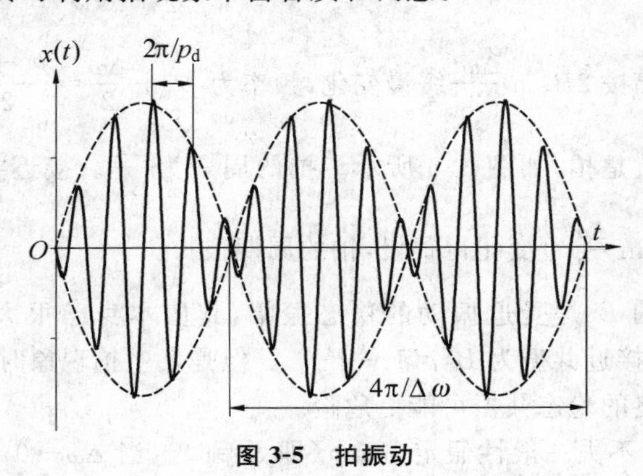

图 3-5　拍振动

下面解释接近共振条件时的拍现象。

我们来看瞬态分量

$$x_1(t)=\exp(-\zeta pt)\left[(x_0+B\sin\varphi)\cos p_d t+\frac{v_0-B\omega\cos\varphi+\zeta p(x_0+B\sin\varphi)}{p_d}\sin p_d t\right] \tag{3.14}$$

显然振幅衰减到$\frac{1}{\mathrm{e}}=36.8\%$所需要的时间为$\frac{1}{\zeta p}=\frac{T_n}{2\pi\zeta}$。如果阻尼比 $\zeta=0.01$，则大约需要 16 个周期才达到 36.8% 的衰减。因此，若分析的时间比较短，则可忽略振幅的衰减，这样就有

$$x_1(t)\approx(x_0+B\sin\varphi)\cos p_d t+\frac{v_0-B\omega\cos\varphi}{p_d}\sin p_d t \tag{3.15}$$

对弱阻尼系统，当激励频率接近共振频率时，稳态响应的幅值 B 很大，

式(3.15)中初条件 x_0 和 v_0 都可近似为零,且 $\omega/p_d \approx 1$。因此式 3.15 可进一步近似为

$$x_1(t) \approx B\sin\varphi\cos p_d t - B\cos\varphi\sin p_d t = -B\sin(p_d t - \varphi)$$

式(3.11)变为

$$x(t) \approx -B\sin(p_d t - \varphi) + B\sin(\omega t - \varphi) \tag{3.16}$$

记 $\Delta\omega = \omega - p_d$,即 $\omega = \Delta\omega + p_d$,式(3.16)可写为

$$x(t) = 2B\sin\frac{\Delta\omega t}{2}\cos\left(p_d t + \frac{\Delta\omega t}{2} - \varphi\right) \tag{3.17}$$

这可以看成是振幅按 $2B\sin\frac{\Delta\omega t}{2}$ 缓慢变化,频率为 $p_d + \frac{\Delta\omega}{2} = \frac{p_d + \omega}{2}$ 的振动。这种特殊的振动现象就是拍,如图 3-5 所示。拍的周期为 $\frac{2\pi}{\Delta\omega}$。接近共振时 $\Delta\omega$ 很小,因此振幅按 $2B\left|\sin\frac{\Delta\omega t}{2}\right|$ 变化得很慢,拍的周期很长。

式(3.17)中的 B 是受迫振动的稳态振幅,其值本身已很大(阻尼情形稳态 $B_0/(2\zeta)$,无阻尼接近共振为 $B_0/(1-\nu^2)$)。但是发生拍现象时,$x(t)$ 的最大值可达 $2B$,这比最终的稳态共振可能更危险。

若阻尼 $\zeta = 0$,不失一般性假定 $\omega \leqslant p$(即 $\varphi = 0$)。当 $\Delta\omega \to 0$,式(3.17)退化为(使用洛必达法则)

$$x(t) = -\frac{1}{2}\frac{f_0}{k}pt\cos pt$$

这就是式(3.13)右端的第二项。

3.2 简谐振动的表示方法

以正弦函数(或余弦函数)为规律的运动称为简谐振动,它就是我们已经反复用到的运动形式

$$x(t) = A\sin(\omega t + \alpha) \tag{3.18}$$

3.2.1 复值简谐形式

简谐运动有三个独立参数:幅值 A、频率 ω 和相位 α。由于振动分析涉及频繁

的求导,所以我们倾向于使用求导操作比较方便的函数。下面的复指数函数

$$x_c(t) = A\exp(j\omega t + j\alpha) \tag{3.19}$$

如同式(3.18),也被相同的三个参数所控制。因此 $x_c(t)$ 与 $x(t)$ 一一对应,即只要给定 $x_c(t)$ 就可以唯一确定 $x(t)$,反之亦然。故式(3.19)相当于复值简谐函数(又称复值正弦函数)。

$x_c(t)$ 和 $x(t)$ 二者之间通过欧拉公式联系起来

$$\begin{aligned} x(t) = \mathrm{Im}[x_c(t)] &= \frac{A\exp(j\omega t + j\alpha) - A\exp(-j\omega t - j\alpha)}{2j} \\ &= \frac{x_c(t) - x_c^*(t)}{2j} \end{aligned} \tag{3.20}$$

第 2 章已经利用了指数函数的导函数仍为指数函数的特性。该特性对式(3.19)的复值简谐函数仍然成立,即

$$\left.\begin{aligned} &\dot{x}_c(t) = (j\omega)A\exp(j\omega t + j\alpha) = (j\omega)x_c(t) \\ &\ddot{x}_c(t) = (j\omega)^2 A\exp(j\omega t + j\alpha) = (j\omega)^2 x_c(t) \\ &\cdots\cdots \\ &\frac{d^n x_c(t)}{dt^n} = (j\omega)^n A\exp(j\omega t + j\alpha) = (j\omega)^n x_c(t) \end{aligned}\right\} \tag{3.21}$$

而式(3.18)的一阶和二阶导函数为

$$\left.\begin{aligned} \dot{x}(t) &= \omega A\cos(\omega t + \alpha) \\ \ddot{x}(t) &= -\omega^2 A\sin(\omega t + \alpha) \end{aligned}\right\} \tag{3.22}$$

它们需要在正弦和余弦之间交替切换。

3.2.2　旋转向量

简谐振动可以用复数表示,而复数又可以在复平面上以几何方式表示。就式(3.19)的复数,每一时刻对应复平面上的一个点 P,从原点 O 出发到点 P 的连线构成向量 $\overline{OP}$,如图 3-6 所示。该向量的模(大小)就等于振幅 A,而幅角就是简谐振动的相角 $\omega t + \varphi$。这个数学向量与物

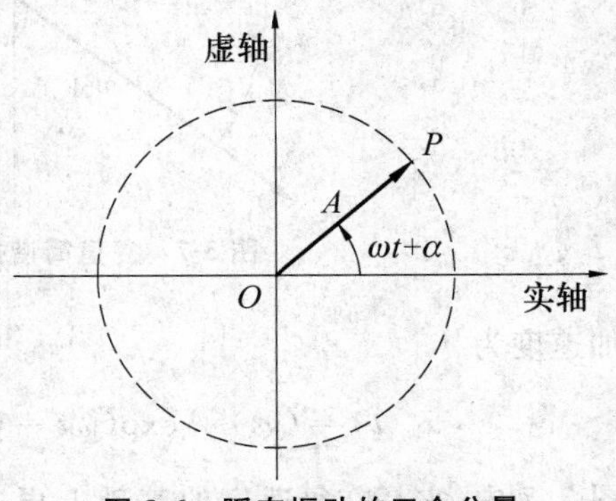

图 3-6　瞬态振动的三个分量

理意义上的向量，如空间运动物体受力、电场强度，还是有一定差异的。由于这个向量与相角有关，所以在某些领域被称为“相量”(phasor 或 phase vector)。

由于 $\omega t+\varphi$ 随时间线性变化，所以向量 OP 绕 O 点以匀角速度 ω 在复平面内逆时针转动，成为旋转向量。显然这个旋转向量在虚轴(垂直)上的投影就是简谐振动式(3.18)。

振动分析经常要讨论若干频率相同的简谐量之间的关系，如 3.1 节受迫振动中激励和稳态响应之间关系，这时采用旋转向量就比较直观。因为振动频率相同，所以各振动对应的向量旋转速度相同，各向量之间的夹角固定不变。

很显然，此时只需要画出各向量对应初相角的一个位置即可(想象所有向量组成的几何形状以刚体定轴转动的方式发生运动)。我们首先来考察

$$\dot{x}_c(t)=\mathrm{j}\omega A\exp(\mathrm{j}\omega t+\mathrm{j}\alpha)=\omega A\exp\left(\mathrm{j}\omega t+\mathrm{j}\alpha+\mathrm{j}\,\frac{\pi}{2}\right)$$

这表明复值简谐函数的导数—复速度的相位角比位移提前 $\pi/2$，这相当于速度复向量从位移复向量逆时针旋转 $\pi/2$(复速度向量模为复位移向量模的 ω 倍)，如图3-7所示。而 $\dot{x}_c(t)$ 在虚轴投影就是速度 $\dot{x}(t)$，即

$$\mathrm{Im}[\dot{x}_c(t)]=\omega A\sin\left(\omega t+\alpha+\frac{\pi}{2}\right)=\omega A\cos(\omega t+\alpha)=\dot{x}(t)\qquad(3.23)$$

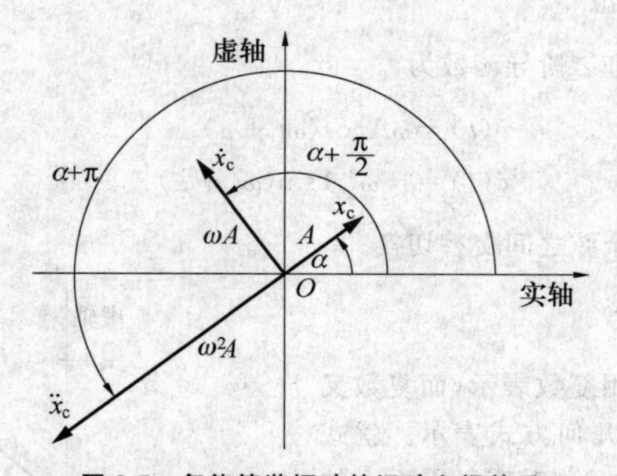

图 3-7　复值简谐振动的运动之间关系

复加速度为

$$\ddot{x}_c(t)=(\mathrm{j}\omega)^2A\exp(\mathrm{j}\omega t+\mathrm{j}\alpha)=\omega^2A\exp(\mathrm{j}\omega t+\mathrm{j}\alpha+\mathrm{j}\pi)$$

在图 3-7 中，它是在复速度的基础上再逆时针旋转 $\pi/2$，而向量模再扩大 ω 倍所

得。同样 $\ddot{x}_c(t)$ 在虚轴上的投影就是加速度 $\ddot{x}(t)$，即

$$\mathrm{Im}[\ddot{x}_c(t)]=\omega^2 A\sin(\omega t+\alpha+\pi)=-\omega^2 A\sin(\omega t+\alpha)=\ddot{x}(t)$$

图 3-7 所示的向量旋转可回到实值时程。时程曲线之间的相位差也说成是相位超前或滞后。图 3-8 是简谐振动的时程曲线。速度最大值比位移最大值提前出现，时间差为 $\pi/(2\omega)$，对应的相位差为 $\pi/2$（参见式(3.23)和图 3-7），所以我们说简谐振动的速度比位移超前 $\pi/2$。同样加速度超前速度 $\pi/2$。加速度则超前位移 π（由于简谐振动的周期性，当然也可以说滞后 π）。显然位移和加速度将永远为反相。

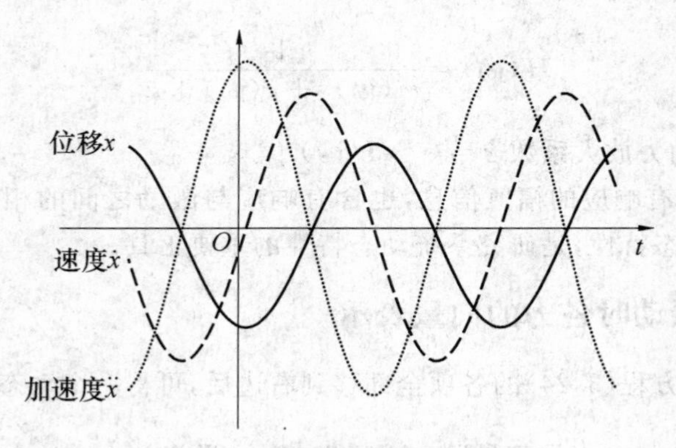

图 3-8　简谐振动量之间关系

振动分析经常使用式(3.19)的复简谐形式，为书写简便，可省去 $x_c(t)$ 角标 c(complex)，直接用符号 $x(t)$ 表示。

3.2.3　频响特性

利用简谐量的复数表示形式，可以大大简化 3.1 节的三角函数运算。

若将激励用复数表示成 $f(t)=f_0\exp(\mathrm{j}\omega t)$，则振动微分方程(3.1)改写为

$$m\ddot{x}+c\dot{x}+kx=f_0\exp(\mathrm{j}\omega t) \tag{3.24}$$

如 3.1 节所述，稳态受迫响应的频率与激励的相同，但二者之间有相位差 φ，故可设稳态响应为

$$x(t)=B\exp[\mathrm{j}(\omega t-\varphi)]=B\exp(-\mathrm{j}\varphi)\exp(\mathrm{j}\omega t)=X\exp(\mathrm{j}\omega t)$$

这里 X 是复数。将其代入式(3.24)，利用式(3.21)的导数特性有

$$[m(\mathrm{j}\omega)^2+c(\mathrm{j}\omega)+k]X\exp(\mathrm{j}\omega t)=f_0\exp(\mathrm{j}\omega t) \tag{3.25}$$

可以解出

$$X=\frac{f_0}{m(\mathrm{j}\omega)^2+c(\mathrm{j}\omega)+k} \tag{3.26}$$

取 $X\exp(\mathrm{j}\omega t)$ 的虚部就得到对激励 $f_0\sin(\omega t)$ 的实值响应。取 X 的模就是稳态响应的幅值 B,而 X 的相角就是稳态响应的相位差($-\varphi$)。

根据前面的幅频和相频的定义,我们可把二者结合进 $X/f_0\to H(\mathrm{j}\omega)$,这就是复频率响应函数。根据式(3.26)有

$$H(\mathrm{j}\omega)=\frac{1}{m(\mathrm{j}\omega)^2+c(\mathrm{j}\omega)+k} \tag{3.27}$$

显然式(3.7)的动力放大系数 $\beta=k\mid H(\mathrm{j}\omega)\mid$。

$H(\mathrm{j}\omega)$ 既含有响应的幅值信息,也含有响应与激励之间的相位信息,它全面刻画了系统的动态特性,是研究系统动态特性的重要工具。

3.2.4 受迫振动时各力的向量表示

将复数形式方程(3.24)的各项全部移到右边后,可得一个动态平衡方程

$$0=-m\ddot{x}-c\dot{x}-kx+f_0\exp(\mathrm{j}\omega t) \tag{3.28}$$

设稳态响应为

$$x(t)=B\exp(\mathrm{j}\omega t-\mathrm{j}\varphi)$$

其中 φ 前负号是为了与3.1节的习惯保持一致。弹性力 $-kx=-kB\exp(\mathrm{j}\omega t-\mathrm{j}\varphi)$ 与位移 x 反相,阻尼力 $-c\dot{x}=-c\omega B\exp(\mathrm{j}\omega t-\mathrm{j}\varphi+\mathrm{j}\pi/2)=c\omega B\exp(\mathrm{j}\omega t-\mathrm{j}\varphi-\mathrm{j}\pi/2)$ 比位移滞后 $\pi/2$;惯性力 $-m\ddot{x}=m\omega^2B\exp(\mathrm{j}\omega t-\varphi)$ 与位移 x 同相。

动态平衡方程式(3.28)可用激励力、弹性力、阻尼力和惯性力的向量图表示出来,如图3-9(a)所示。各向量都以角速度 ω 转动,它们之间的夹角不变,且因式(3.28)的平衡而形成封闭的多边形(图3-9(b))。弹性力与惯性力的向量方向相反,因而可以合成为一个向量(图3-9(c)),这样多边形就简化为三角形。利用阻尼力向量与弹性力-惯性力合成向量垂直的这一特性,立即可得到式(3.5)和式(3.6)。

用向量图可直观地讨论共振区和非共振区的响应特性。

(1)当 $\nu\ll1$ 时,惯性力 $m\omega^2B$ 与阻尼力 $c\omega B$ 都很小,相位角 φ 也很小,激励几乎与弹性力平衡,如图3-10(a)所示。

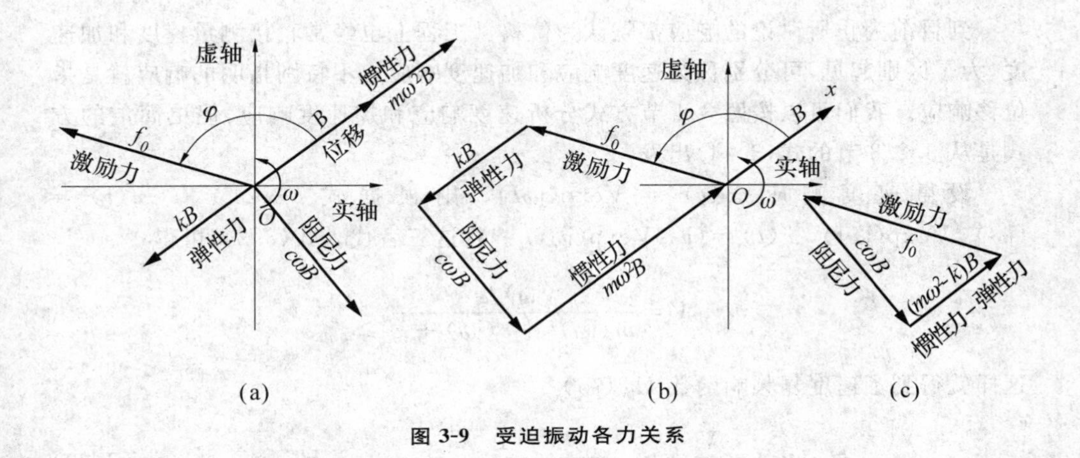

图 3-9　受迫振动各力关系

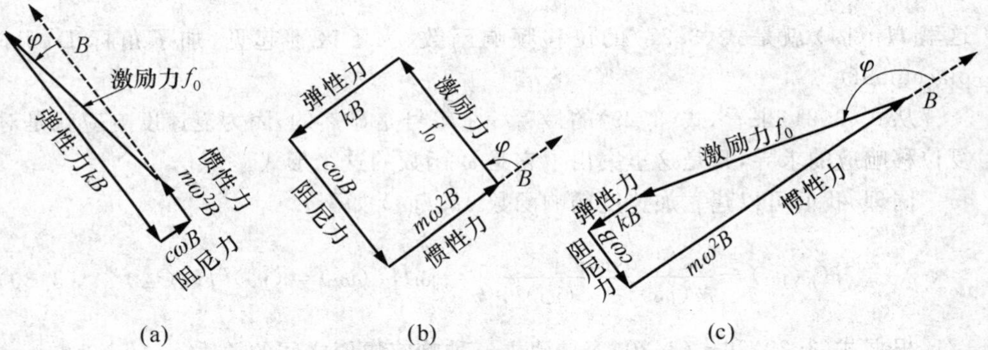

(a)　　(b)　　(c)

图 3-10　频率比对稳态响应的力多边形的影响

(2)当 $\nu=1$ 时(共振),相位角 $\varphi=\pi/2$,振幅 B 很大,弹性力与惯性力平衡,激励 $f(t)$ 用于克服阻尼力。此时,如图 3-10(b)所示,四力向量连成矩形。

(3)当 $\nu\gg1$ 时,相位角 $\varphi\to\pi$,振幅 B 很小,但惯性力很大,激励 $f(t)$ 主要克服惯性力,如图 3-10(c)所示。

3.3　频域特性曲线

3.3.1　三种频响

前面讨论了幅频特性和相频特性,以及复频响函数,它们的自变量都是频率,故将其称为频域特性。

到目前为止所讨论的响应都默认为位移。工程上也经常直接测量速度和加速度,为了区别起见,可分别称为速度响应和加速度响应。不特别指明的响应就是指位移响应。我们可以按照 3.1 节方式分析速度响应和加速度响应,但更简洁的方式是从 3.2.3 节的式(3.24)出发。

设复速度响应 $\dot{x}(t)=V\exp(\mathrm{j}\omega t)$,则根据式(3.21)有 $x(t)=(\mathrm{j}\omega)^{-1}V\exp(\mathrm{j}\omega \mathrm{t})$, $\ddot{x}(t)=(\mathrm{j}\omega)V\exp(\mathrm{j}\omega \mathrm{t})$ 。将这三者代入式(3.24)可得

$$V=\frac{(\mathrm{j}\omega)f_0}{m(\mathrm{j}\omega)^2+c(\mathrm{j}\omega)+k}$$

这样就得到了速度复频响函数 $H_{\mathrm{V}}(\mathrm{j}\omega)$

$$H_{\mathrm{V}}(\mathrm{j}\omega)=\frac{V}{f_0}=\mathrm{j}\omega\frac{1}{m(\mathrm{j}\omega)^2+c(\mathrm{j}\omega)+k}=\mathrm{j}\omega H_{\mathrm{D}}(\mathrm{j}\omega) \tag{3.29}$$

这里 $H_{\mathrm{D}}(\mathrm{j}\omega)$ 就是式(3.27)的位移频响函数,为了区别起见,加了角标 D(displacement)。

从式(3.21)来看,式(3.29)的最后一个等号是显然的,因为复速度响应就是对复位移响应的求导,只是这里突出了它是 ω 函数的这个形式。

同理,我们可以建立加速度频响函数 $H_{\mathrm{A}}(\mathrm{j}\omega)$ 如下

$$H_{\mathrm{A}}(\mathrm{j}\omega)=\frac{(\mathrm{j}\omega)^2}{m(\mathrm{j}\omega)^2+c(\mathrm{j}\omega)+k}=\mathrm{j}\omega H_{\mathrm{V}}(\mathrm{j}\omega)=(\mathrm{j}\omega)^2H_{\mathrm{D}}(\mathrm{j}\omega) \tag{3.30}$$

根据式(3.29)和式(3.30)容易建立三种响应幅值之间的关系

$$|H_{\mathrm{A}}(\mathrm{j}\omega)|=\omega|H_{\mathrm{V}}(\mathrm{j}\omega)|=\omega^2|H_{\mathrm{D}}(\mathrm{j}\omega)|$$

更广泛的结论是:这个关系对任意线性系统都成立。利用该关系可以从一种幅频推算另外一种幅频。

速度频响和加速度频响也都有各自的相频特性函数,根据式(3.29)和式(3.30),它们等于位移的相频特性(图 3-3)分别再加上 $\pi/2$ 和 π。在模态分析课程中,将会学习如何综合利用幅值和相位信息估计振系的参数。

控制领域更多地使用传递函数,也就是将 $j\omega$ 换成一个复变量 s。这样位移式(3.27)、速度式(3.29)和加速度式(3.30)的复频响应函数就变成了如下的传递函数

$$H_{\mathrm{D}}(s)=\frac{1}{ms^2+cs+k} \tag{3.31}$$

$$H_V(s)=\frac{s}{ms^2+cs+k} \tag{3.32}$$

$$H_A(s)=\frac{s^2}{ms^2+cs+k} \tag{3.33}$$

与复频响应函数相比，传递函数形式简单，分子和分母全为多项式，不涉及开方等超越运算，特别是分母多项式就是第 2 章 2.6 节的特征多项式。所以传递函数的形式更容易处理和记忆。

3.3.2 共振频率

振动分析的一个基本目的就是避免共振（或谐振），因而需要研究共振发生的条件和特性。共振就是当激励频率接近固有频率，系统响应急剧增大的现象。依赖于工程目的和测量经济性，所感兴趣的响应既可能是位移，也可能是速度或加速度，相应的共振就有位移共振、速度共振和加速度共振之区别。速度共振的特征在数学上相对简单，因此我们先分析这种情形。

类似于位移情形的放大倍数，我们讨论速度频响函数的幅值

$$|H_V(\mathrm{j}\omega)|=\left|\frac{\mathrm{j}\omega}{m(\mathrm{j}\omega)^2+c(\mathrm{j}\omega)+k}\right| =\frac{1}{\sqrt{mk}}\frac{|\nu|}{\sqrt{(1-\nu^2)^2+(2\zeta\nu)^2}} \tag{3.34}$$

图 3-11 给出了一簇 $|H_V(\mathrm{j}\omega)|$ 曲线，其轮廓大体与图 3-2 接近（特别是在共振区附近）。图中 $\zeta<1$ 的五条曲线均在 $\nu=1$ 时取得极大值，显示在该条件下出现速度共振，即若激励的幅度保持恒定而改变激励频率 ω，当 ω 等于固有频率 $p(\nu=1)$，速度响应的幅值最大。严格论证如下。

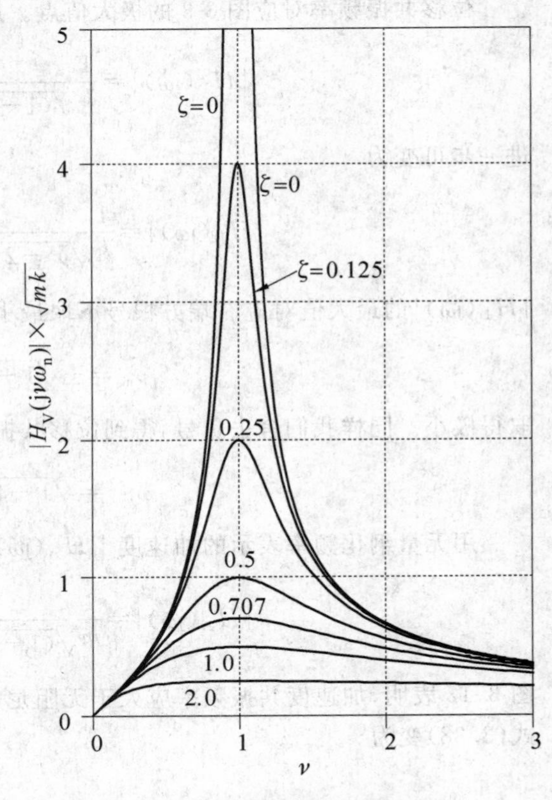

图 3-11　速度频响的幅值

式(3.34)可变换为

$$|H_V(j\omega)|=\frac{1}{\sqrt{mk}}\frac{1}{\sqrt{(\nu-\nu^{-1})^2+(2\zeta)^2}}$$

$|H_V(j\omega)|$的最大值对应右端第二个分式分母的最小值,后者最小值条件为

$$\nu_m-\nu_m^{-1}=0$$

可以解出

$$\nu_m=\pm 1$$

其中,-1解是位于负半轴的那一个极值,应舍去。这就证明了速度共振频率

$$\omega_{V,r}=p \tag{3.35}$$

位移共振频率对应图 3-3 的极大值点。用无量纲化频率表示的$|H_D(j\omega)|$为

$$|H_D(j\omega)|=\frac{1}{k}\frac{1}{\sqrt{(1-\nu^2)^2+(2\zeta\nu)^2}} \tag{3.36}$$

进一步可变为

$$|H_D(j\omega)|=\frac{1}{k}\frac{1}{\sqrt{\nu^4-2(1-2\zeta^2)\nu^2+1}}$$

$|H_D(j\omega)|$的最大值对应右端方根号下取最小值。后者当

$$\nu_m=\pm\sqrt{1-2\zeta^2}$$

取得极小。同样我们舍去负号,得到位移共振条件

$$\omega_{D,r}=\sqrt{1-2\zeta^2}\,p \tag{3.37}$$

用无量纲化频率表示的加速度$|H_A(j\omega)|$为

$$|H_A(j\omega)|=\frac{1}{m}\frac{\nu^2}{\sqrt{(1-\nu^2)^2+(2\zeta\nu)^2}} \tag{3.38}$$

图 3-12 表明,加速度共振频率应大于无阻尼固有频率。为了寻找其表达式,可将式(3.38)变为

$$|H_A(j\omega)|=\frac{1}{m}\frac{1}{\sqrt{1-2(1-2\zeta^2)\nu^{-2}+\nu^{-4}}}$$

因此极大值条件(去掉负解)为

$$\nu_{\mathrm{m}}=\frac{1}{\sqrt{1-2\zeta^2}}$$

这样得到加速度共振频率

$$\omega_{\mathrm{A,r}}=\frac{1}{\sqrt{1-2\zeta^2}}p \qquad (3.39)$$

到目前为止,我们已经介绍了五个频率:无阻尼固有频率 p,阻尼固有频率 p_{d},位移共振频率 $\omega_{\mathrm{D,r}}$,速度共振频率 $\omega_{\mathrm{V,r}}$ 和加速度共振频率 $\omega_{\mathrm{A,r}}$。若阻尼等于 0,这五个特征频率完全相同,都等于 p。若阻尼比不为 0,五者之间有差异。很多工程问题的阻尼比 ζ 都小于 0.1,此时五个频率差异不大,可互相替代;但对强阻尼系统,必须注意它们之间的差异。

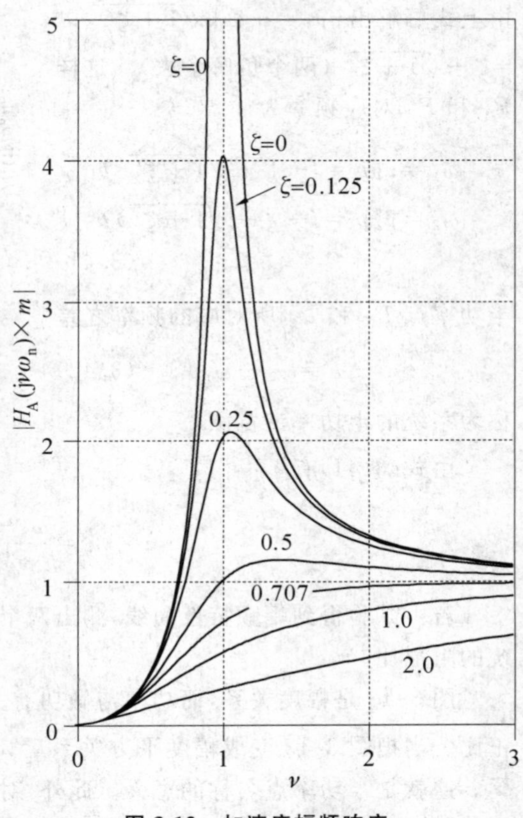

图 3-12　加速度幅频响应

3.3.3　半功率点与半功率带宽

工程上经常提到半功率点的概念。我们先检查速度幅频特性式(3.34)。把速度共振条件式(3.35)代入式(3.34)得到速度共振因子(图 3-11 中每条曲线的最大值)

$$Q=|H_{\mathrm{V}}(\mathrm{j}\omega_{\mathrm{V,r}})|=\frac{1}{\sqrt{mk}}\frac{1}{2\zeta} \qquad (3.40)$$

如图 3-13 所示,在 $\frac{Q}{\sqrt{2}}\approx 0.707Q$ 高度作一水平线,交幅频曲线于 P_1 和 P_2 两点,该两点称为半功率点。利用这对半功率点可以测量阻尼比。这是因为对应于半功率点,由式(3.34)和式(3.40)得到

$$\frac{Q}{\sqrt{2}}=\frac{1}{\sqrt{mk}}\frac{1}{2\zeta\sqrt{2}}=\frac{1}{\sqrt{mk}}\frac{\nu}{\sqrt{(1-\nu^2)^2+(2\zeta\nu)^2}}$$

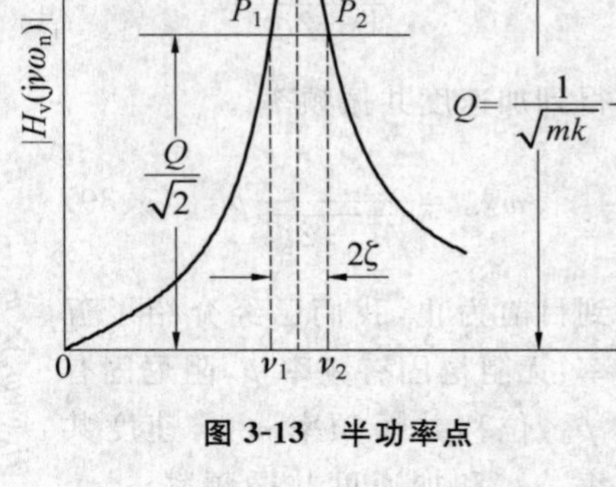

图 3-13　半功率点

由上式可解出：$\nu_1=-\zeta+\sqrt{1+\zeta^2}$，$\nu_2=\zeta+\sqrt{1+\zeta^2}$（两个负解舍去）。这样 P_1 和 P_2 对应频率为

$$\begin{cases}\omega_1=\nu_1 p=(-\zeta+\sqrt{1+\zeta^2})p\\ \omega_2=\nu_2 p=(+\zeta+\sqrt{1+\zeta^2})p\end{cases} \tag{3.41}$$

半功率点 P_1 和 P_2 所对应的频率之差

$$\Delta\omega=\omega_2-\omega_1 \tag{3.42}$$

称为系统的半功率带宽。

由式(3.41)有

$$\zeta=\frac{\omega_2-\omega_1}{2p} \tag{3.43}$$

若由试验得到幅频特性曲线，测出两个半功率点，就可以用式(3.43)估算出系统的阻尼比。

图 3-13 是幅度关系，而功率与做功有关，线性系统所涉及的功与幅度平方成正比。当把图 3-13 变成幅度平方关系后，$(Q/\sqrt{2})^2$ 就恰好为最高点 Q^2 的一半了。这就是半功率点名称的意义。此外，对工作在半功率点状态的振系，阻尼在一个周期内消耗的能量，也恰好为共振状态所消耗能量的一半。

有时候，功率图用分贝来表示，这时

$$10\lg\left(\frac{Q}{\sqrt{2}}\right)^2=10\lg Q^2-10\lg 2\approx 10\lg Q^2-3.01\approx 10\lg Q^2-3$$

因此有时把半功率点也说成是功率下降了 3dB 点。

我们通常对半功率点和峰值附近的频响特征比较关心，除了它们与固有频率和求阻尼有直接关系外（进而可确定其他感兴趣的参数），我们也认为峰值附近数据的可靠度比较高①。假定系统为理想线性，且测量和记录不出现饱和，总认为数值大的测量值的相对误差小一些。而在同一量程下，非峰值处的相对误差大，另外也容易受到随机噪声和其他模态的干扰。

① 更确切的术语是信噪比。

以上讨论针对速度幅频。将式(3.34)与式(3.36)相比较可知，

$$|H_D(j\omega)|=\omega^{-1}|H_V(j\omega)| \tag{3.44}$$

对弱阻尼系统，半功率带宽 $\Delta\omega$ 很小，即在半功率带宽内，式(3.44)右边 ω^{-1} 可以认为是一个常数。这样在半功率带宽附近的 $|H_D(j\omega)|$ 与 $|H_V(j\omega)|$ 之间的形状差异几乎可忽略。所以上述对速度精确成立的半功率点法也可以用于位移幅频曲线。

将式(3.34)与式(3.38)相比较有，

$$|H_A(j\omega)|=\omega|H_V(j\omega)| \tag{3.45}$$

同样可知半功率点法也可以用于加速度幅频曲线。

3.4　受迫振动理论的应用

3.4.1　偏心转子引起的受迫振动

很多旋转机械，如通风机、电动机、水泵、离心压缩机、汽轮机等，因偏心质量而引起的受迫振动是很普遍的现象。长时间低幅振动可引起疲劳破坏，而共振引起的剧烈振动则可使机构在瞬间内失效。此外机械振动还是产生强烈噪声的根源。

利用振动的基本理论，减小振动的危害是工程振动分析的主要任务之一。

转子的不平衡程度通常用等效质量 m 与偏心距 e 的乘积 me 表示。当转子以角速度 ω 转动时，离心力 $me\omega^2$ 将使机器发生振动。现只研究机器沿垂直方向的振动。

如图 3-14(a)所示，设机器总质量为 m_T，其中偏心质量为 m。某瞬时，非转动部分的质量 (m_T-m) 自平衡位置算起的垂直位移为 x，则旋转偏心质量 m 的位移为 $x+e\sin\omega t$。由动量定理有(受力见图 3-14(b))

$$\frac{d}{dt}\left[(m_T-m)\dot{x}+m\frac{d}{dt}(x+e\sin\omega t)\right]=-c\dot{x}-kx$$

整理得到

$$m_T\ddot{x}+c\dot{x}+kx=me\omega^2\sin\omega t \tag{3.46}$$

此即机器在偏心转子离心力作用下的振动方程，它与方程(3.1)无本质差异，只是原力幅 f_0 现变为 $me\omega^2$，故可用 3.1 节类似的方法来处理。

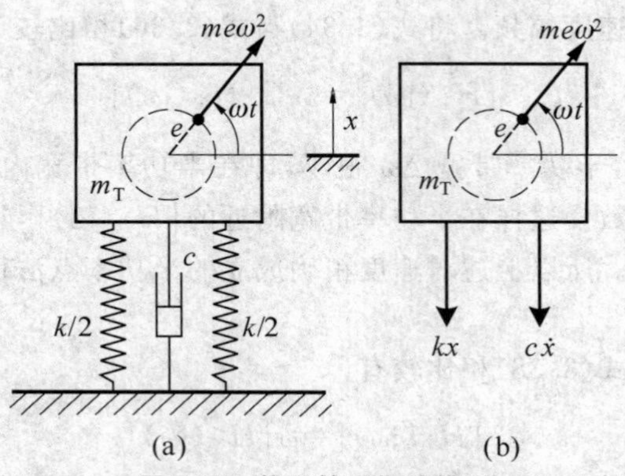

图 3-14 偏心转子振动模型

设方程(3.46)的稳态解为

$$x(t)=B\sin(\omega t-\varphi)$$

其中振幅 B 就为

$$B=\frac{me\omega^2}{\sqrt{(k-m_T\omega^2)^2+c^2\omega^2}}=\frac{me}{m_T}\frac{\nu^2}{\sqrt{(1-\nu^2)^2+(2\zeta\nu)^2}} \tag{3.47}$$

由该式可见振幅 B 与偏心质量 m 和偏心距 e 乘积 me 成正比。要减少振动就需要降低 me,即让转子的质量分布尽可能均匀,尽量绕旋转轴对称。

式(3.47)可变为

$$\left.\begin{aligned}&\frac{m_T B}{me}=\frac{\nu^2}{\sqrt{(1-\nu^2)^2+(2\zeta\nu)^2}}=\nu^2\beta\\&\varphi=\tan^{-1}\frac{2\zeta\nu}{1-\nu^2}\end{aligned}\right\} \tag{3.48}$$

根据式(3.48)可画出$\frac{m_T B}{me}$与频率比 ν 的关系曲线,与图 3-12 的加速度幅频特性曲线完全相同,相频特性见图 3-15。由这两幅图形可以看出:

1)当 $\nu=\frac{\omega}{p}\to 0$ 时,振幅近似为 0,即无动态响应。

2)当 $\nu=1$ 时,$\beta=\frac{m_T B}{me}=\frac{1}{2\zeta}$,相位角 $\varphi=\frac{\pi}{2}$,系统发生共振。

3)当 $\nu\gg 1$ 时,$\beta=\frac{m_T B}{me}\to 1$,$\varphi=\pi$。意即超越临界转速后,系统的响应就与频

率和阻尼无关，从而可测算出失衡量 me 及其所在的方位。

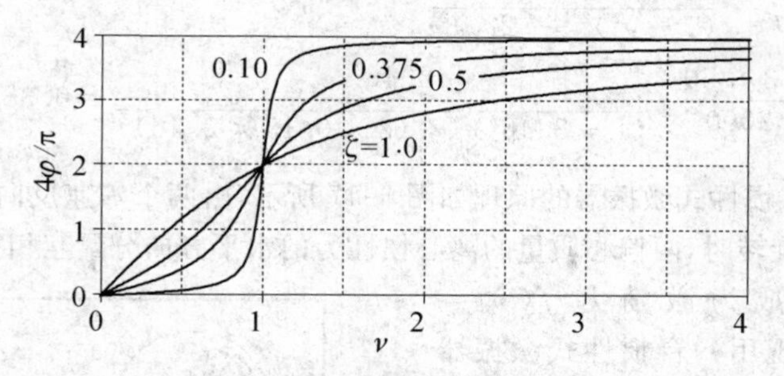

图 3-15　偏心质量所引起的受迫振动的相频特性

例题 3-1　离心式自动脱水洗衣机，常因被洗物分布偏一侧而引起剧烈振动，所以设计时要求采取严格的隔振措施，把振幅控制在一定范围内。现有某洗衣机质量 $m_T = 2$ t，由四个垂直弹簧支承，每个弹簧刚度由实验测定为 $k = 81.34$ kN/m。另有四个阻尼器，总阻尼比为 $\zeta = 0.15$。图 3-16 为其简化图。洗衣机以 $n = 300$ r/min 运行。衣物的偏心质量为 13 kg，偏心距为 50 cm。试计算其垂直振幅（因结构对称，可按单自由度系统来分析垂直方向的振动）。

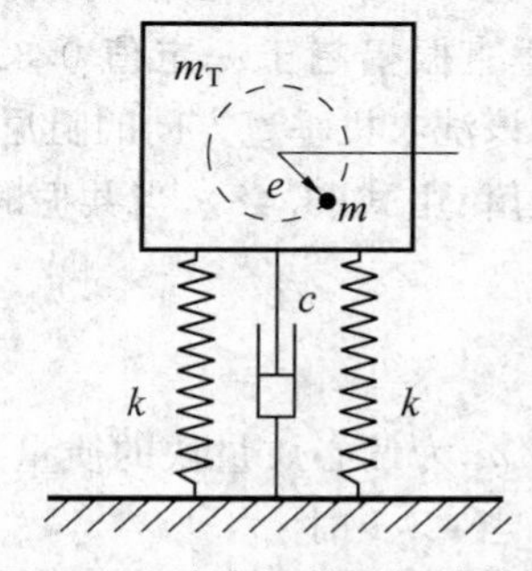

图 3-16　洗衣机偏心振动模型

解：系统的固有频率

$$p = \sqrt{\frac{4k}{m_T}} = \sqrt{\frac{4 \times 81340}{2000}} = 12.75 \text{ r/s}$$

激励频率

$$\omega = \frac{2\pi n}{60} = \frac{2\pi \times 300}{60} = 31.42 \text{ r/s}$$

故

$$\nu = \frac{\omega}{p} = \frac{31.42}{12.75} = 2.46$$

这说明离共振区较远。

已知 $\zeta = 0.15$，由式(3.47)可得出

$$B=\frac{me}{m_{\mathrm{T}}}\frac{\nu^{2}}{\sqrt{(1-\nu^{2})^{2}+(2\zeta\nu)^{2}}}$$

$$=\frac{13\times 50}{2000}\frac{2.46^{2}}{\sqrt{(1-2.46^{2})^{2}+(2\times 0.15\times 2.46)^{2}}}=0.385\ \mathrm{cm}$$

例题 3-2 惯性式激振器的原理如图 3-17 所示，由两个等速反向旋转的偏心质量块构成。当旋转时，两偏心质量的离心惯性力的水平方向分量互相抵消，垂直方向的分量则合成为激励力 $f(t)=2me\omega^{2}\sin\omega t$。现用一台惯性式激振器安装在例题 3-1 的洗衣机重心的正上方，沿垂直方向激励。在不断改变激振器转速的过程中，测得在共振时的垂直振幅为 1.07 cm。在偏离共振区很远时，垂直振幅趋于一定值 0.32 cm。试计算该洗衣机垂直方向的阻尼比。

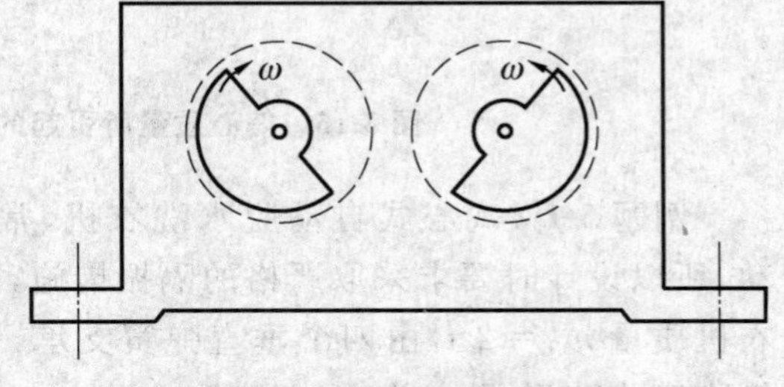

图 3-17 惯性式激振器原理

解： 由式(3.48)，当共振时，$\nu=1$

$$B=\frac{2me}{m_{\mathrm{T}}}\times\frac{1}{2\zeta}=1.07\ \mathrm{cm}$$

式中 m 为偏心质量块的质量，e 为偏心距。

当 $\nu\gg 1$ 时

$$B=\frac{2me}{m_{\mathrm{T}}}=0.32\ \mathrm{cm}$$

故

$$\zeta=\frac{0.32}{2\times 1.07}=0.15$$

振系的阻尼比很难计算出来，上述例题提供了测量振系阻尼比的一种方法。

3.4.2 基座激励与隔振

1. 基础运动引起的受迫振动

基础运动也可引起受迫振动，称为运动激励，如地面不平度对车辆的激励。它的振动模型如图 3-18 所示。作为单自由度简化分析，只考虑重物 m 沿垂直方向的运动。

若基座的上下运动规律为

$$x_b = b\sin\omega t$$

则重物相对于基座的相对位移为 $(x - x_b)$，相对速度为 $(\dot{x} - \dot{x}_b)$。由牛顿第二定律得

$$m\ddot{x} = -k(x - x_b) - c(\dot{x} - \dot{x}_b)$$

即

$$m\ddot{x} + c\dot{x} + kx = kx_b + c\dot{x}_b \tag{3.49}$$

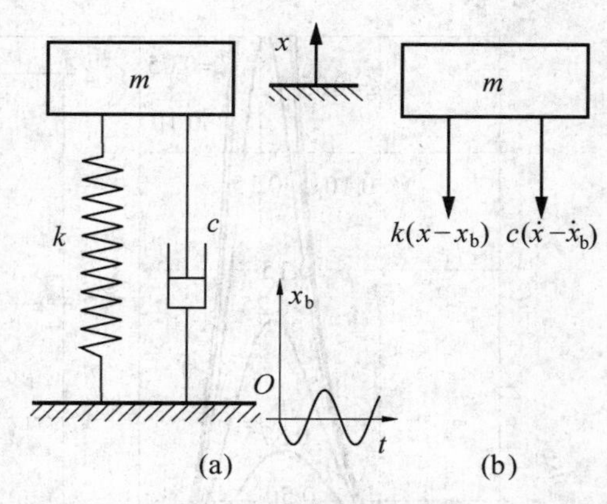

图 3-18　基座受迫振动模型

利用 3.2.1 节的复数形式求解比较方便。基座的位移可表示为

$$x_b = b\exp(\mathrm{j}\omega t) \tag{a}$$

而重物的受迫响应为

$$x = B\exp[\mathrm{j}(\omega t - \varphi)] \tag{b}$$

将式(a)和式(b)代入式(3.49)有

$$(k - m\omega^2 + \mathrm{j}c\omega)B\exp[\mathrm{j}(\omega t - \varphi)] = b(k + \mathrm{j}c\omega)\exp(\mathrm{j}\omega t)$$

从而可得运动传递率

$$\eta_M = \frac{B}{b} = \left|\frac{k + \mathrm{j}c\omega}{k - m\omega^2 + \mathrm{j}c\omega}\right| = \frac{\sqrt{1 + (2\zeta\nu)^2}}{\sqrt{(1 - \nu^2)^2 + (2\zeta\nu)^2}} \tag{3.50}$$

$$\varphi = -\arg\left(\frac{k + \mathrm{j}c\omega}{k - m\omega^2 + \mathrm{j}c\omega}\right) = \tan^{-1}\frac{2\zeta\nu^3}{1 - \nu^2 + (2\zeta\nu)^2} \tag{3.51}$$

以频率比 ν 为横坐标，传递率 η_M 和相位角 φ 为纵坐标，阻尼比 ζ 为参数，可以根据式(3.50)和式(3.51)画出曲线，如图 3-19 所示。从该图可以看出：

(1)当 $\nu \to 0$ 时，即 ω 很低时，$B \approx b$，$\varphi \approx 0$，即重物相对于基座几乎不动。

(2)当 $\nu = 1$ 时，$\tan\varphi = \frac{1}{2\zeta}$，即相位角 φ 不再是 $\frac{\pi}{2}$，若 ζ 很小，系统出现共振。

(3)当 $\nu = \sqrt{2}$ 时，无论 ζ 为何值，所有曲线都汇交于 $B/b = 1$，即 $B \equiv b$。

(4)当 $\nu > \sqrt{2}$ 时，$B < b$。ν 越大，ζ 越小，基座运动对重物 m 的运动越小，这正是隔振的理论基础。

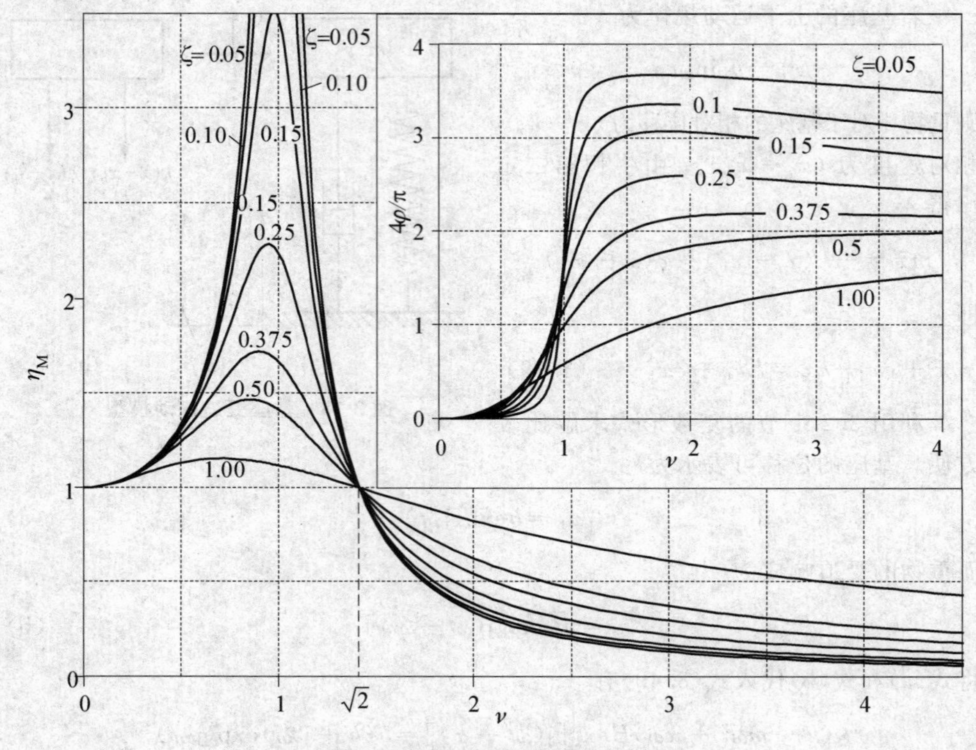

图 3-19　基础激振幅频与相频

2. 隔振

机器运转往往产生不平衡力 $f(t)$。若将机器直接放在基座上，这种不平衡力将全部传递到基座。为了减弱不平衡力的传递，需在机器与基座之间装上弹簧和阻尼器(弹簧、橡皮、毛毡等垫料，图 2-27 所示)，这种措施称为隔振。模型如图 3-20(a)所示。

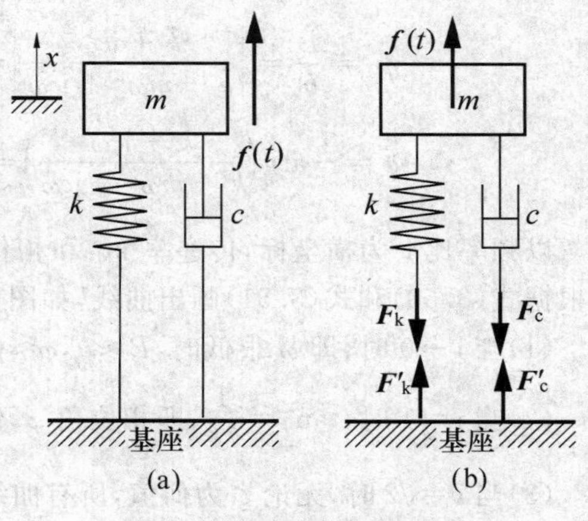

图 3-20　主动隔振模型

设机器在垂直方向的不平衡力 $f(t)=f_0\sin\omega t$，系统的响应由 3.1 节可写为

$$x = B\sin(\omega t - \varphi)$$

而

$$\dot{x} = B\omega\sin(\omega t - \varphi + \pi/2)$$

采取隔振措施后，机器传递给基座的最大合力，是弹性力 kx 和阻尼力 $c\dot{x}$ 的合成，因为二者相位差为 $\pi/2$，所以合成后的幅值为

$$\begin{aligned} |f_{\mathrm{T}}| &= \sqrt{(kB)^2 + (cB\omega)^2} \\ &= kB\sqrt{1 + (2\zeta\nu)^2} \end{aligned}$$

式中

$$B = \frac{f_0}{k\sqrt{(1-\nu^2)^2 + (2\zeta\nu)^2}}$$

定义力传递率（或隔振系数）为传递到基座力幅 f_{T} 与不平衡力幅 f_0 的比值，以 η_{F} 表示，即

$$\eta_{\mathrm{F}} = \frac{f_{\mathrm{T}}}{f_0} = \frac{\sqrt{1 + (2\zeta\nu)^2}}{\sqrt{(1-\nu^2)^2 + (2\zeta\nu)^2}} \tag{3.52}$$

将式(3.52)与式(3.50)比较，可知

$$\eta_{\mathrm{F}} = \eta_{\mathrm{M}}$$

由此可以得出结论：机器不平衡力传递给基座的传递率 η_{F}，与基座振动传给物体的传递率 η_{M} 完全相同。故两者的曲线都用图 3-19 来描述。需要强调的是：无论是前者，还是后者，只有当 $\nu = \omega/p > \sqrt{2}$ 时才有隔振效果。而且阻尼比 ζ 越小，传递率越小，隔振效果越好。不过工程中 ζ 不能过小，以便通过共振区时振幅不至于过大。

通常将振源的振动与被干扰对象主动隔离的措施称为主动隔振；而不得不将自己与干扰源隔离的方式称为被动隔振。

3.4.3　转轴的旋曲与临界转速

在大型汽轮机、发电机等旋转机械的开车停机过程中，当转速接近某值时，机器会出现剧烈的振动。为了保证机器的安全运行，必须迅速越过这个转速。该转速在数值上非常接近于转子横向自由振动的固有频率，称为临界转速。

为确定临界转速，先分析图 3-21 所示的单盘转子。两端简支，圆盘固定于

轴中间,轴质量不计。为了突出概念,我们采用的模型为图 3-21(a)所示的竖放轴,这样的模型可不考虑重力的影响。假定静止时,轴承中心线 AB 恰好穿过水平圆盘的形心 O(轴线 AB 上的点标为 O'),圆盘质心在 C 点,偏心距 $e=OC$。

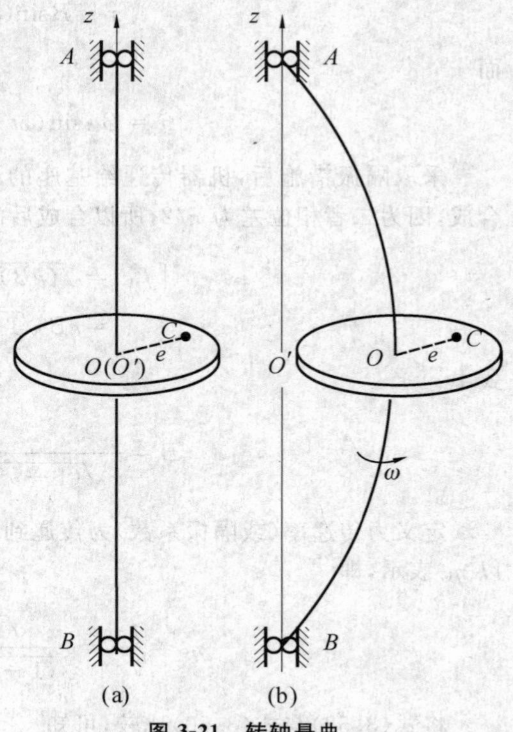

图 3-21 转轴悬曲

当转子开始转动后,由于离心惯性力的作用,转子轴心线偏离轴承中心线 AB,产生动挠度,如图 3-21(b)所示。转子现在有两种运动,一种是转子轴心线弯曲后的圆盘自身转动,也是圆盘绕垂直轴的转动,另一种是弯曲了的轴心线 AOB 弧构成的平面绕轴承中心线 $AO'B$ 的转动。这两种转动的角速度并不一定相同。这里仅讨论比较简单的情况,即两种转速相等,均为 ω。

建立图 3-22 所示的 $xO'y$ 坐标系。圆盘几何中心 O 的坐标为 (x,y),$O'O$ 即为转子旋转时圆盘几何中心的位移向量。轴的横向刚度由其抗弯能力和圆盘的位置所决定。这里假设它们沿 x 和 y 方向都等于 k。粘性阻尼力正比于圆盘形心 O 的速度。按照图 3-22 坐标系,质心 C 的坐标为 $(x+e\cos\omega t, y+e\sin\omega t)$。由质心运动定理得到 x 和 y 方向的运动微分方程为

$$m\frac{\mathrm{d}^2}{\mathrm{d}t^2}(x+e\cos\omega t)=-kx-c\dot{x}$$

$$m\frac{\mathrm{d}^2}{\mathrm{d}t^2}(y+e\sin\omega t)=-ky-c\dot{x}$$

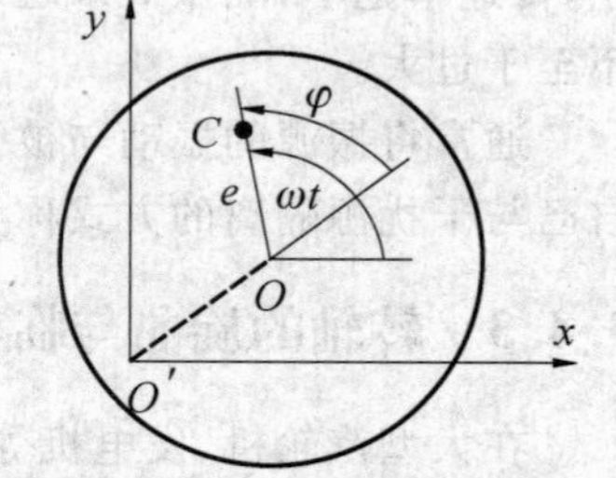

图 3-22 悬曲分析坐标系

整理可得

$$\left.\begin{aligned}m\ddot{x}+c\dot{x}+kx=me\omega^2\cos\omega t\\ m\ddot{y}+c\dot{y}+ky=me\omega^2\sin\omega t\end{aligned}\right\}\tag{3.53}$$

这两个方程与 3.4.1 节偏心质量引起振动的方程相同，因此响应可直接写为

$$\begin{aligned} x &= B\cos(\omega t - \varphi) \\ y &= B\sin(\omega t - \varphi) \end{aligned} \tag{3.54}$$

式中

$$\begin{cases} B = \dfrac{e\nu^2}{\sqrt{(1-\nu^2)^2 + (2\zeta\nu)^2}} = e\nu^2\beta \\ \varphi = \tan^{-1}\dfrac{2\zeta\nu}{1-\nu^2} \end{cases} \tag{3.55}$$

由式(3.54)可以得到

$$x^2 + y^2 = B^2$$

可见圆盘形心 O 的运动轨迹是一个圆，且动挠度为

$$w_{\mathrm{d}} = \frac{e\nu^2}{\sqrt{(1-\nu^2)^2 + (2\zeta\nu)^2}} = e\nu^2\beta \tag{3.56}$$

它的幅频特性与偏心质量沿垂直方向运动的完全相同，也就是图 3-12。

当转动的角速度 ω 等于转子横向弯曲振动的固有频率 $p(=\sqrt{k/m})$ 时，动挠度变为

$$w_{\mathrm{d}} = \frac{e}{2\zeta}$$

若 ζ 较小，即使转子平衡得很好(e 很小)，w_{d} 也会相当大，容易造成轴的破坏。这就是称 $p=\sqrt{k/m}$ 为临界转速的原因。

当 $\omega \gg p$ 时，即远远超过临界转速运行，由式(3.55)可知 $w_{\mathrm{d}} = B \approx e$，$\varphi \approx \pi$。这表明动挠度与偏心距反相，质心 C 的位置为(0,0)，即它与旋转中心 O' 重合，称为自动定心。

任何转子都不允许在临界转速附近工作，工作转速要么低于要么高于临界转速一定程度，前者称为刚性转子，后者称为柔性转子。柔性转子在启动或停车过程中，都要越过临界转速，为避免过大的动挠度，需采取减振措施。

例题 3-3　图 3-23 为一叶轮模拟试验台的示意图，叶轮质量为 158 kg，转轴跨度为 610 mm，直径为 120 mm，材料的弹性模量 $E=206$ GPa，质量密度 $\rho=7800\ \mathrm{kg/m^3}$。求临界转速。

解:转轴质量为

$$m_a = \frac{\pi \times 0.12^2}{4} \times 0.61 \times 7.8 \times 10^3\ \text{kg} = 53.8\ \text{kg}$$

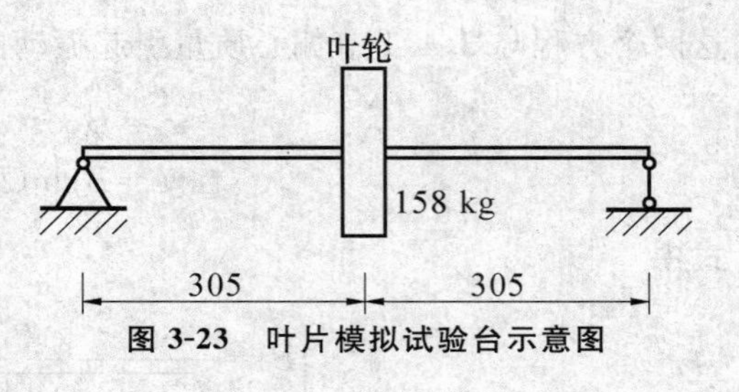

图 3-23　叶片模拟试验台示意图

与叶轮质量相比不能忽略,由第 2.5 节的瑞利法,转子的质量为叶轮质量与转轴等效质量的和,即

$$m = 158 + \frac{17}{35} \times 53.8 = 184.1\ \text{kg}$$

轴的横向刚度为

$$k = \frac{48EI}{l^3} = \frac{48 \times 206 \times 10^9 \times \pi \times 0.12^4}{0.61^3 \times 64}\ \text{N/m} = 443\ \text{MN/m}$$

所以临界转速为

$$p = \sqrt{\frac{443\ \text{MN/m}}{184.1\ \text{kg}}} = 14820\ \text{r/min}$$

3.4.4　惯性式测振仪的基本原理

测振仪模型如图 3-24 所示。它由弹簧 k,质量 m,阻尼器 c 和记录器组成。外壳与被测物体固连。壳内的质量 m 将因被测物体激励而发生受迫振动。通过质量 m 的相对运动信息反演出被测物体的运动。

现在用 x 代表质量 m 的绝对位移,x_b 代表被测物体(即测振仪外壳)的绝对位移,测振仪所记录的则是两者的相对位移 $x_r = x - x_b$。故有

$$m\ddot{x} = -k(x - x_b) - c(\dot{x} - \dot{x}_b)$$

即

$$m\ddot{x}_r + c\dot{x}_r + kx_r = -m\ddot{x}_b$$

设待测物体的振动为

$$x_b(t) = b\sin\omega t$$

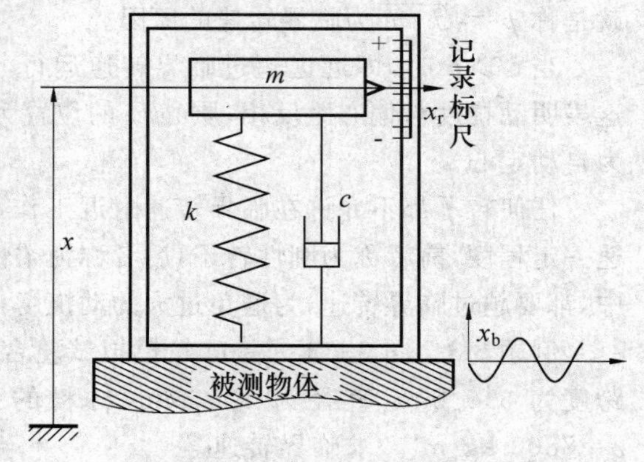

图 3-24　测振仪模型

则 m 的相对运动微分方程为

$$m\ddot{x}_r + c\dot{x}_r + kx_r = m\omega^2 b\sin\omega t \tag{3.57}$$

上式与式(3.46)类似,故其特解可设为

$$x_r(t) = X_r\sin(\omega t - \varphi)$$

其中振幅 X_r 和相位角 φ 按式(3.48)可写为

$$\left.\begin{aligned} \frac{X_r}{b} &= \frac{\nu^2}{\sqrt{(1-\nu^2)^2 + (2\zeta\nu)^2}} \\ \varphi &= \tan^{-1}\frac{2\zeta\nu}{1-\nu^2} \end{aligned}\right\} \tag{3.58}$$

其幅频特性与图 3-12 加速度的相同(只要改变纵轴的意义即可),而相频特性曲线就是图 3-15。

1. 位移计

如果把指针所指的 X_r 输出,则测振仪的输出与被测物体振幅成正比。这就是位移计。

由图 3-12 可见,当 $\nu = \dfrac{\omega}{p} > 2.5$ 时,无论 ζ 为何值,X_r 值都将趋近 b,即测振仪所记录 m 的相对运动幅度 X_r,几乎就是基座(即被测对象)的振幅 b。这也可以从式(3.58)的第一式看出,因为 $\nu \gg 1$ 时有

$$X_r/b \approx 1$$

另外一个视角是直接从方程(3.57)出发,因为 ω 非常大,惯性项 $m\ddot{x}_r$ 比其他两项 $c\dot{x}_r + kx_r$ 大得多,所以将 $c\dot{x}_r + kx_r$ 略去,即

$$m\ddot{x}_r = m\omega^2 b\sin\omega t$$

积分可以得到(不计初速度和位移)

$$x_r(t) = -b\sin\omega t = -x_b(t)$$

这说明只要固有频率 p 比被测物体的振动频率 ω 充分低,指针所指即可看做被测物体的实际振幅。故这类测振仪又称振幅计或地震仪。它是一种低固有频率的测振仪。

必须指出阻尼对位移计可使用的频率范围有很大影响。由图 3-12 可见,虽然当 $\nu = \omega/p > 2.5$ 时,无论 ζ 为何值,X_r 值都将趋近于 b,但是若阻尼比取 0.6～

0.7,则可将 $X_r \approx b$ 的范围向低频扩展。因此,合理选择阻尼能扩大位移计的可使用频率范围的下限。

位移计的缺点是尺寸大而笨重。

2. 加速度计

加速度计是一种高固有频率的测振仪。加速度计的输出与被测物体的加速度成正比。

当 $\nu \ll 1$ 时,式(3.58)的第一式可写成

$$X_r / b = \nu^2$$

也就是

$$x_r(t) = \frac{1}{p^2} b\omega^2 \sin\omega t = -\frac{1}{p^2}\ddot{x}_b \tag{3.59}$$

可见,只要加速计的固有频率远远高于被测物体的振动频率,指针所指即可看做正比于被测物体的加速度。

加速度计的可用频率范围,同样受阻尼比 ζ 的影响。图 3-25 是对图 3-12 的低频部分的放大。从该图可以看出在 $\zeta = 0.65 \sim 0.70$, $\nu = 0 \sim 0.4$ 的频率范围之内,$\dfrac{X_r}{b\nu^2} \approx 1$ 的误差约为 1%。因此选择合理的阻尼能扩大加速度计的频率使用范围。

加速度计的输出通常转变为电信号,通过积分电路可以得到速度和位移。

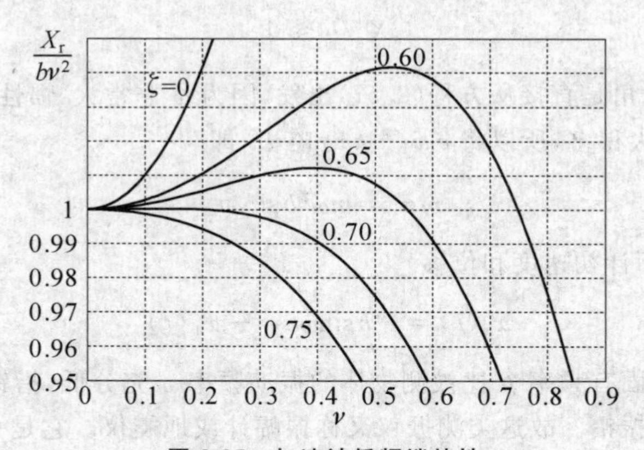

图 3-25 加速计低频端特性

3.5　任意周期激励下的强迫振动

利用傅立叶分析，可将任一个周期激励分解为一系列不同频率的简谐激励和。对这些不同频率的简谐激励，求出各自的响应，再根据线性系统的叠加原理，将各响应叠加，即得任意周期激励的总响应。

3.5.1　傅立叶级数

很多工程激励都是周期的。比如图 3-26 所示的结构。假定曲柄 OA 以角速度 ω 绕定轴 O 匀速转动，通过连杆 AB 拖拽活塞 B 沿直线运动。这时 B 的运动是周期的(但不是简谐的)。

为了揭示这一点，建立图 3-26 的坐标系，则有

$$x_B^2 - 2rx_B\cos\omega t + r^2 = l^2 \tag{a}$$

其中 r 和 l 分别表示曲柄和连杆的长度。

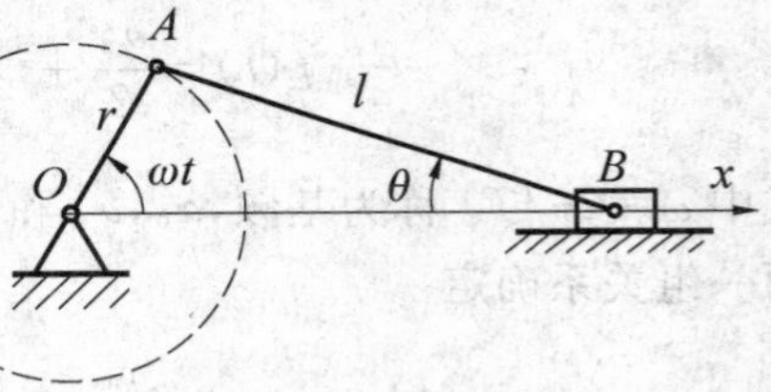

图 3-26　曲柄活塞机构

可以从式(a)解出(应舍去负号对应的解)

$$x_B = r\cos\omega t \pm l\sqrt{1-(r/l)^2\sin^2\omega t} = r\cos\omega t \pm l\sqrt{1-\mu^2\sin^2\omega t} \tag{b}$$

其中 $\mu = r/l$。式(b)表明 x_B 是时间的周期函数，但不是简谐函数。

通常 l 比 r 大得多，可以将式(b)右边的开方展开成泰勒级数

$$\sqrt{1-\mu^2\sin^2\omega t} \approx 1 - \frac{1}{2}\mu^2\sin^2\omega t - \frac{1}{8}\mu^4\sin^4\omega t$$

$$= \frac{1}{64}[64 - 16\mu^2 - 3\mu^4 + 4\mu^2(4+\mu^2)\cos 2\omega t - \mu^4\cos 4\omega t]$$

代入式(b)可得活塞的位移

$$x_B = \frac{l}{64}(64 - 16\mu^2 - 3\mu^4) + r\cos\omega t + \frac{l}{16}\mu^2(4+\mu^2)\cos 2\omega t - \frac{l}{64}\mu^4\cos 4\omega t$$

对时间求导，即得速度与加速度

$$\dot{x}_B = -\omega r\sin\omega t - \frac{l}{8}\mu^2(4+\mu^2)\omega\sin 2\omega t + \frac{l}{16}\mu^4\omega\sin 4\omega t$$

$$\ddot{x}_B = -\omega^2 r\cos\omega t - \frac{l}{4}\mu^2(4+\mu^2)\omega^2\cos 2\omega t + \frac{l}{4}\mu^4\omega^2\cos 4\omega t$$

即活塞的运动近似由频率为 ω，2ω 和 4ω 的三个简谐成分所组成，周期 $T_p = \frac{2\pi}{\omega}$。

以上分析中，x_B 的泰勒级数仅取了前四项。若取更多项，则近似运动还将包含更高的频率，即所谓的高次谐波。

任何一个周期函数，只要满足一定的条件，都可以展开成傅立叶级数。把周期函数展开成傅立叶级数，即展开成一系列简谐函数之和，称为频谱分析或谐波分析。

设 $f(t)$ 为周期函数，周期为 T_p，展开成傅立叶级数为

$$f(t) = \frac{a_0}{2} + \sum_{i=1}^{\infty}(a_i\cos i\omega t + b_i\sin i\omega t) \tag{3.60}$$

式中 $\omega = 2\pi/T_p$ 称为基频，a_0，a_i 和 b_i 均为待定系数，称为傅立叶系数。它们由下面一组关系确定

$$a_j = \frac{2}{T_p}\int_{-\frac{T_p}{2}}^{\frac{T_p}{2}} f(t)\cos j\omega t\,\mathrm{d}t \qquad (j \geqslant 0)$$

$$b_j = \frac{2}{T_p}\int_{-\frac{T_p}{2}}^{\frac{T_p}{2}} f(t)\sin j\omega t\,\mathrm{d}t \qquad (j > 0) \tag{3.61}$$

3.5.2 对周期激励的受迫响应

设振系的微分方程为

$$m\ddot{x} + c\dot{x} + kx = f(t)$$

式中激励 $f(t)$ 按式(3.60)展开，于是有

$$m\ddot{x} + c\dot{x} + kx = \frac{a_0}{2} + \sum_{i=1}^{\infty}(a_i\cos i\omega t + b_i\sin i\omega t) \tag{3.62}$$

微分方程(3.62)的全解同样分成两部分(见 3.1 节)：一部分是有阻尼自由振动的齐次解，另一部分是周期性的稳态解。前一部分，在阻尼作用下经历一段时间后就衰减掉了，因此本小节仅考虑后一部分的稳态振动，即非齐次特解。

对于线性系统，稳态解可以按照叠加原理计算。也就是对式(3.62)右边各项分别求出特解，然后把所有特解叠加起来，就得到系统在周期激励作用下的稳态

响应：

$$\left.\begin{aligned} x(t)&=\frac{a_0}{2k}+\sum_{i=1}^{\infty}\frac{a_i\cos(i\omega t-\varphi_i)+b_i\sin(i\omega t-\varphi_i)}{k\sqrt{(1-i^2\nu^2)^2+(2i\nu\zeta)^2}}\\ \varphi_i&=\tan^{-1}\left(\frac{2i\nu\zeta}{1-i^2\nu^2}\right)\end{aligned}\right\}\tag{3.63}$$

3.5.3　频谱图

傅立叶级数理论表明一个周期信号可以分解为一系列谐波之和。我们往往对某些简谐分量的强弱比较感兴趣。反映第 i 个简谐分量强弱的是其幅值 $A_i=\sqrt{a_i^2+b_i^2}$，因此我们刻意将傅立叶级数表示为如下的幅值-相位形式

$$f(t)=\frac{a_0}{2}+\sum_{i=1}^{\infty}A_i\sin(i\omega t+\alpha_i)\tag{3.64}$$

其中

$$A_i=\sqrt{a_i^2+b_i^2},\qquad \alpha_i=\arctan(a_i/b_i)\tag{3.65}$$

为了直观地了解各谐波分量的大小，可以将各谐波幅值 A_i 用图形表示出来，如图 3-27 所示。表示的方法为：横轴为频率，在 $i\omega=i\times2\pi/T_{\mathrm{p}}$ 处自横轴向上画竖直线段，线段的高度等于 A_i。这种图形叫做频谱。从该图可一目了然地知道总振动中所含谐波的强弱。A_i 的频谱因为表示振幅，又叫做幅值谱。为了使信息完整，相位也可以按幅值同样的方式画出来，叫做相位谱。

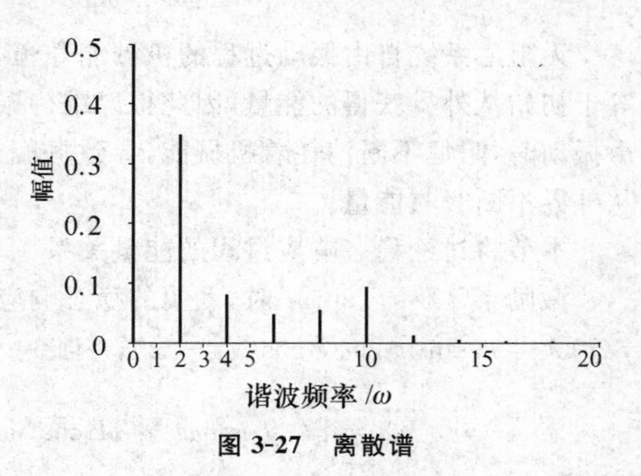

图 3-27　离散谱

傅立叶级数式(3.64)中 $i=1$ 项的频率最低($a_0/2$ 为直流常数)，等于 ω，其他项的频率均为 ω 的整数倍，所以图 3-27的横轴所标的数值就相当于谐波的序号，它都是离散整数。上述谱图表现为离散的竖直线，所以又称离散谱。

离散谱并不意味着周期信号，比如

$$x(t)=\cos\left(2\pi t+\frac{\pi}{4}\right)+\cos\left(2\sqrt{5}\,\pi t+\frac{2\pi}{3}\right)+0.5\cos\left(2\sqrt{6}\,\pi t+\frac{\pi}{2}\right)$$

就不是周期信号。它的时程曲线看起来很复杂(图 3-28(a)),但是幅值谱和相位谱总共只有 6 条线段(图 3-28(b)和(c)),因而简洁得多。

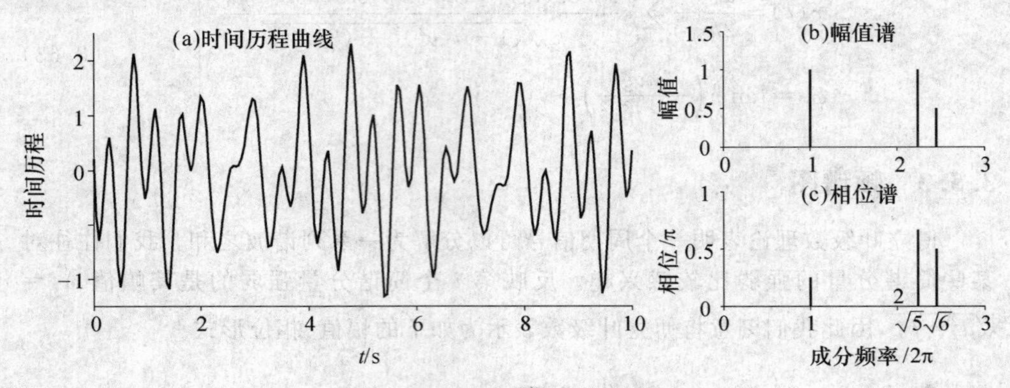

图 3-28　频谱表达的简洁性

3.6　阻尼理论

3.6.1　粘性阻尼的功

无阻尼系统自由振动过程的机械能守恒,即任一瞬时的系统动能与势能之和等于初始从外界获得的能量,因此得以维持振幅不变。有阻尼系统则不然,它作自由振动时,阻尼不断消耗着机械能,导致振幅逐渐衰减。要维持振动,系统就必须从外界不断吸收能量。

本节将讨论稳态响应过程的能量关系。

激励 $f(t)=f_0\sin\omega t$ 时,系统的稳态响应为 $x(t)=B\sin(\omega t-\varphi)$。激励功率 $f(t)\dot{x}=f_0\sin\omega t\times\omega B\cos(\omega t-\varphi)$,因此一个周期内的功为

$$W_F=\int_0^{T_p} f_0\sin\omega t\times\omega B\cos(\omega t-\varphi)\mathrm{d}t=\pi f_0 B\sin\varphi \tag{3.66}$$

考虑无阻尼系统。除了共振情况外,相位差 φ 不是 0 就是 π。由式(3.66)得知,每一周期内激励做功为 0,因而维持了稳态振动。发生共振有 $\varphi=\pi/2$,激励一个周期内做功为 $\pi f_0 B$。每个周期内都有能量输入,但又无阻尼消耗这些能量,所以振动越来越强。

现在来计算有阻尼系统中阻尼力在一个周期内做的负功。粘性阻尼力 $F_c=c\dot{x}$,它在一个周期内消耗的机械能为

$$W_c = \int_0^{T_p} F_c \dot{x} \, \mathrm{d}t = \int_0^{\frac{2\pi}{\omega}} cB^2 \omega^2 \cos^2(\omega t - \varphi) \, \mathrm{d}t = \pi c B^2 \omega \tag{3.67}$$

由上式可见，W_c 不仅与阻尼 c 和振幅平方 B^2 成正比，而且与振动频率 ω 成正比。振动频率越高，阻尼在一个周期内消耗的能量越多。因此，与低频振动相比，高频振动更容易被阻尼衰减。

系统作稳态受迫振动时，由图 3-9 的力多边形得知有

$$f_0 \sin\varphi = c\omega B \tag{3.68}$$

于是从式(3.66)至式(3.68)得到

$$W_F = W_c$$

即发生稳态振动的系统，在一个周期内由激励做功而从外界获得的能量等于阻尼消耗的能量。

3.6.2　等效粘性阻尼系数的求法

实际振系总存在阻尼，且其机理复杂，但各种阻尼都消耗系统的振动能量，使振动的大小得以抑制。

在形形色色的阻尼模型中，粘性阻尼非常特殊，它使运动微分方程仍为线性(见 3.1 节)，求解比较容易。其他阻尼使振系成为非线性，对应的微分方程求解和结果解释都比较困难。因此，通常根据能量等效的原则把非粘性阻尼简化为等效粘性阻尼。具体做法是令等效粘性阻尼在一个振动周期内所消耗的能量，等于非粘性阻尼在同一个周期中所消耗的能量，从而换算出等效粘性阻尼系数 c_{eq}。

为便于计算消耗的能量，通常假设在简谐激励作用下，非粘性阻尼系统的稳态振动仍是简谐的(这个假设只有在弱非线性条件下才是合理的)。记 ΔE 是一个周期内非粘性阻尼所消耗的能量，根据能量等效原则及式(3.67)有

$$\Delta E = W_c = \pi c_{eq} B^2 \omega$$

其中 c_{eq} 称为等效粘性阻尼系数。从上式可得到 c_{eq} 为

$$c_{eq} = \frac{\Delta E}{\pi B^2 \omega} \tag{3.69}$$

1. 阻尼比容和耗损因子

阻尼所消耗的能量常常以量纲为 1 的相对比值来表达。常用的一种相对比值是阻尼比容。它是阻尼在每个周期所消耗的能量 ΔE 与系统最大弹性势能 $U_{max} =$

$\frac{1}{2}kB^2$ 的比值，用 χ 表示，

$$\chi=\frac{\Delta E}{U_{\max}}=\frac{2\Delta E}{kB^2}$$

等效粘性阻尼系数与阻尼比容的关系为

$$c_{\mathrm{eq}}=\frac{\Delta E}{\pi\omega B^2}=\frac{\chi kB^2}{2\pi\omega B^2}=\frac{k\chi}{2\pi\omega}$$

另一种常用的相对比值称为耗损因子，以 η 表示：

$$\eta=\frac{\Delta E}{2\pi U_{\max}}=\frac{\chi}{2\pi}$$

等效粘性阻尼系数与耗损因子的关系为

$$c_{\mathrm{eq}}=\eta\frac{k}{\omega}$$

耗损因子或阻尼比容可用实验方法测定。

下面介绍几种非粘性阻尼。

2. 干摩擦阻尼

干摩擦阻尼又称库仑阻尼，其阻尼力表示为 $F_{\mathrm{d}}=\mu F_{\mathrm{N}}$，其中 μ 为摩擦因子，F_{N} 为两物体间的正压力，F_{d} 方向总是与运动速度方向相反。由于简谐函数的特殊性，可将一个周期均分为四段，如图 3-29 所示。每个时段内 F_{d} 做功为 $F_{\mathrm{d}}B$，因此一个振动周期内库仑阻尼消耗的能量为

$$\Delta E=4\mu F_{\mathrm{N}}B$$

由式(3.69)即得该阻尼的等效粘性阻尼系数为

$$c_{\mathrm{eq}}=\frac{4\mu F_{\mathrm{N}}}{\pi\omega B}\qquad(3.70)$$

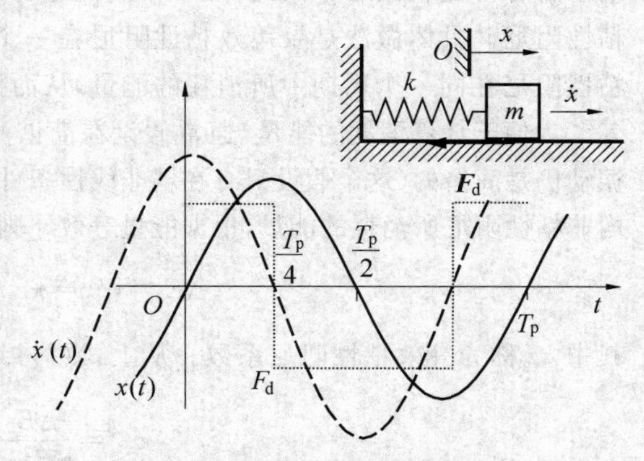

图 3-29 计算库仑摩擦力的功

3. 与速度平方成正比的阻尼

物体在流体介质中高速运动的阻尼力为

$$F_d = a\dot{x}^2$$

其中 a 为比例系数。假定振动仍为简谐，即

$$x(t) = B\sin\omega t$$

这种阻尼在一个振动周期中所消耗的能量为

$$\Delta E = 4\int_0^{\frac{\pi}{2\omega}} a\dot{x}^3 \mathrm{d}t = 4aB^3\omega^3\int_0^{\frac{\pi}{2\omega}} \cos^3\omega t \mathrm{d}t = 4aB^3\omega^2 \left.\frac{9\sin\omega t + \sin 3\omega t}{12}\right|_{t=0}^{\frac{\pi}{2\omega}}$$

整理可得

$$\Delta E = \frac{8}{3}a\omega^2 B^3$$

由式(3.69)可得该阻尼的等效粘性阻尼系数为

$$c_{eq} = \frac{8}{3\pi}a\omega B \tag{3.71}$$

4. 结构阻尼

材料自身内摩擦造成的阻尼称为材料阻尼或结构阻尼。材料力学实验表明，即使在很低的应力水平下，实际材料的卸载也不会严格按照加载曲线回复到原始状态。经加载-卸载循环过程，应力-应变曲线形成一个滞后回环，如图 3-30 所示。

滞后回环所包围的面积表示材料在一个循环中单位体积所耗损的能量，这部分耗能将变成热能散失掉，这就是结构阻尼。大量实验指出，对于多数结构用金属(如钢和铝)，结构阻尼在一个循环内所消耗的能量与振幅的平方成正比，而且在很宽的频率范围内与振动频率无关，故 ΔE 可表示为

$$\Delta E = aB^2$$

式中：a 为材料常数。于是材料阻尼的等效阻尼系数为

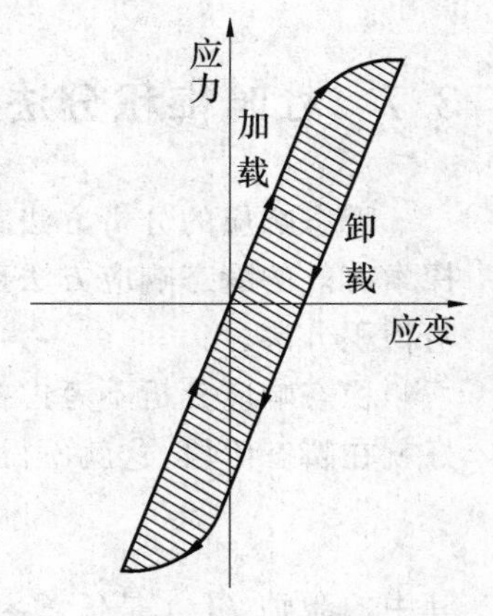

图 3-30　滞后回环

$$c_{eq} = \frac{aB^2}{\pi\omega B^2} = \frac{a}{\pi\omega}$$

值得指出的是，因为结构阻尼在一周期损耗的能量，和最大弹性势能一样与振幅平方成正比，并在很宽频率范围内与频率无关，因此结构阻尼的阻尼比容和耗损因子都是常量，仅取决于材料和振系本身的物理性质。

例题 3-4 受简谐力 $f_0\sin\omega t$ 激励的振系，受到几种不同类型的阻力。求其等效粘性阻尼系数及共振时的振幅。

解：设各阻尼在一个周期中消耗的能量分别为 $\Delta E_1, \Delta E_2, \cdots$。使这些阻尼消耗的总能量等于等效粘性阻尼在同一个周期中消耗的能量，即

$$\Delta E_1 + \Delta E_2 + \cdots = \sum \Delta E_i = c_{\text{eq}}\pi\omega B^2$$

从而求得等效粘性阻尼系数为

$$c_{\text{eq}} = \frac{\sum \Delta E_i}{\pi\omega B^2}$$

共振时 $\omega = p$，由式(3.5)得

$$B = \frac{f_0}{c_{\text{eq}}p} = \frac{\pi B^2 f_0}{\sum \Delta E_i}$$

求得

$$B = \sum \Delta E_i \Big/ (\pi f_0)$$

3.7 杜哈梅积分法求任意激励的响应

瞬态响应的分析方法有多种，如傅立叶变换法、拉普拉斯变换法、数值方法等。探索有效的瞬态响应方法正是目前计算力学的研究前沿。本书仅介绍最基本的杜哈梅积分法。

稳态响应分析不考虑初条件，但对地震和爆炸等冲击过程，所感兴趣的响应恰好就在瞬态阶段，这就不得不考虑初条件的影响。此时振系的微分方程

$$m\ddot{x} + c\dot{x} + kx = f(t) \tag{3.72}$$

其中的激励 $f(t)$ 是任意函数。

3.7.1 单位脉冲响应

为了分析任意激励下的瞬态响应，我们先引入一个广义函数：单位脉冲函数 $\delta(t)$。它的定义是

$$\delta(t) = \begin{cases} \infty & t = 0 \\ 0 & t \neq 0 \end{cases} \tag{3.73}$$

且具有如下的积分要求

$$\int_{-\infty}^{\infty}\delta(t)\mathrm{d}t=\int_{0^-}^{0^+}\delta(t)\mathrm{d}t=1 \tag{3.74}$$

这个函数可理解为矩形函数的极限过程。图 3-31(a)的矩形面积等于 1,我们把它变瘦(宽度减小),高度增加,但是仍保持面积不变(图 3-31(b))。对这种趋势取极限(图 3-31(c)),这样就得到了面积为 1,高度无穷大,宽度等于 0 的脉冲。这个脉冲就是符合式(3.73)和式(3.74)定义的脉冲函数。

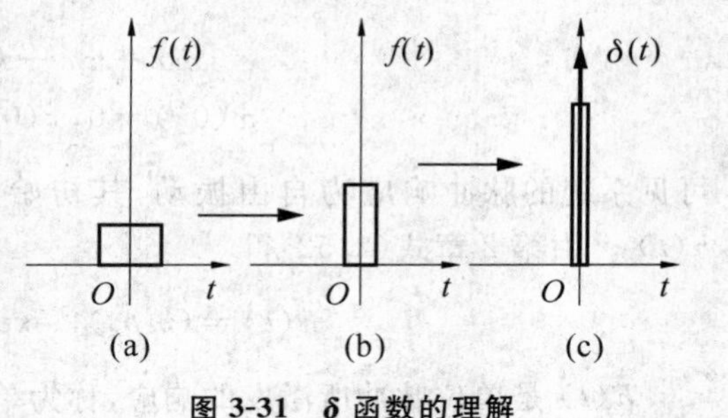

图 3-31　δ 函数的理解

从力学含义来讲,单位脉冲函数相当于一个冲击力。它的作用时间极短而幅值又极大,但冲量总保持为一个单位。

δ 函数的一个重要性质是取样特性,即

$$\int_{-\infty}^{\infty}\delta(\tau)f(t_0-\tau)\mathrm{d}\tau=\int_{-\infty}^{\infty}\delta(\tau-t_0)f(\tau)\mathrm{d}\tau=f(t_0) \tag{3.75}$$

振系受到冲击就有瞬态振动,理论上最简单的冲击就是单位脉冲 $\delta(t)$。相应的微分方程与初条件为

$$\left.\begin{aligned}m\ddot{x}+c\dot{x}+kx&=\delta(t)\\x(0^-)=0,\dot{x}(0^-)&=0\end{aligned}\right\}$$

由动量定理有

$$\delta(t)\mathrm{d}t=m\mathrm{d}\dot{x}$$

将上式两边在区间 $0^-<t<0^+$ 对时间积分,即

$$\int_{0^-}^{0^+}\delta(t)\mathrm{d}t=\int_{0^-}^{0^+}\mathrm{d}(m\dot{x})$$

得到

$$1=m\dot{x}(0^+)-m\dot{x}(0^-)$$

于是

$$\dot{x}(0^+)=1/m$$

可见在单位脉冲力的作用下，质量块的速度发生了突变，但在这一瞬间它的位移来不及改变，即有 $x(0^+)=x(0^-)$。

当 $t>0^+$ 时，脉冲力作用已经结束，所以有

$$\left.\begin{array}{r}m\ddot{x}+c\dot{x}+kx=0\\ x(0^+)=0,\dot{x}(0^+)=1/m\end{array}\right\}$$

可见系统的脉冲响应为自由振动，其初始位移为 0 而初速度为 $1/m$，将它记为 $h(t)$。由第 2 章式(2.52)得

$$h(t)=(mp_{\mathrm{d}})^{-1}\exp(-\zeta pt)\sin p_{\mathrm{d}}t \tag{3.76}$$

$h(t)$ 是单位脉冲所激发的响应，称为单位脉冲响应函数。该函数在瞬态响应分析中具有重要作用。它与位移频响函数 $H(\mathrm{j}\omega)$ 具有如下关系

$$H(\mathrm{j}\omega)=\int_{-\infty}^{\infty}h(t)\exp(-\mathrm{j}\omega t)\mathrm{d}\omega$$

$$h(t)=\frac{1}{2\pi}\int_{-\infty}^{\infty}H(\mathrm{j}\omega)\exp(\mathrm{j}\omega t)\mathrm{d}t$$

如果单位脉冲力作用在 $t=\tau$，那么响应也将滞后时间 τ，即

$$h_{\tau}(t)=h(t-\tau)=\begin{cases}(mp_{\mathrm{d}})^{-1}\exp[-\zeta p(t-\tau)]\sin p_{\mathrm{d}}(t-\tau) & t>\tau\\ 0 & t\leqslant\tau\end{cases}$$

3.7.2 杜哈梅积分

当处于零初条件的系统受到任意激励作用时，可将激励 $f(t)$ 看做是一系列脉冲力的叠加，如图 3-32 所示。对于时刻 $t=\tau$ 的脉冲力，其冲量为 $f(\tau)\mathrm{d}\tau$，系统的脉冲响应为

$$\mathrm{d}x=f(\tau)\mathrm{d}\tau\times h(t-\tau)$$

由线性系统的叠加原理，系统对任意激励的响应等于在时间区间 $0\leqslant\tau\leqslant t$ 内各个脉冲响应的总和，即

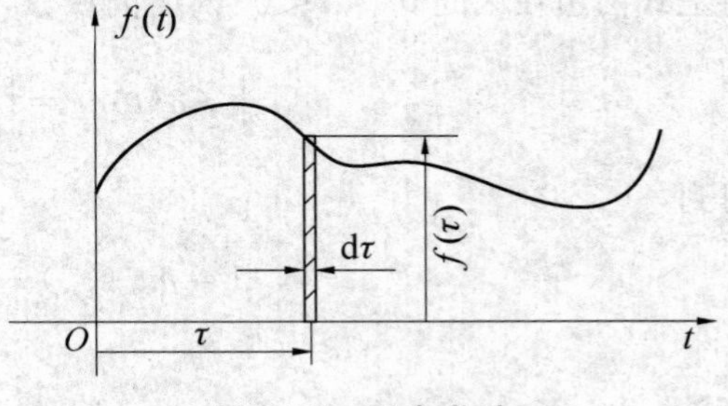

图 3-32　任意激励

$$x(t)=\int_0^t f(\tau)\mathrm{d}\tau\times h(t-\tau)=\int_0^t f(\tau)h(t-\tau)\mathrm{d}\tau \tag{3.77}$$

第二个等号右边的积分形式称为卷积。

式(3.77)表明:线性系统对任意激励的响应等于它的脉冲响应与激励的卷积。这个结论称为杜哈梅(Duhamel)积分。式(3.77)也可写为

$$x(t)=\int_0^t f(t-\tau)h(\tau)\mathrm{d}\tau$$

杜哈梅积分是在零初条件下的响应。如果在 $t=0$ 时系统还有初始位移 x_0 及初始速度 $\dot{x}_0$,则系统对任意激励的响应为

$$\begin{aligned}x(t)=&\exp(-\zeta pt)\left[x_0\cos(p_{\mathrm{d}}t)+\frac{\dot{x}_0+\zeta px_0}{p_{\mathrm{d}}}\sin(p_{\mathrm{d}}t)\right]\\&+\frac{1}{mp_{\mathrm{d}}}\int_0^t f(\tau)\exp[-\zeta p(t-\tau)]\sin p_{\mathrm{d}}(t-\tau)\mathrm{d}\tau\end{aligned} \tag{3.78}$$

若不计系统的阻尼,则令式(3.78)的 $\zeta=0(p_{\mathrm{d}}=p)$,即得在动载荷作用下,无阻尼系统的响应为

$$x(t)=\frac{\dot{x}_0}{p}\sin(pt)+x_0\cos(pt)+\frac{1}{mp}\int_0^t f(\tau)\sin p(t-\tau)\mathrm{d}\tau \tag{3.79}$$

借助脉冲响应 $h(t)$,式(3.78)也可表示为

$$x(t)=m(\dot{x}_0+2\zeta px_0)h(t)+mx_0\dot{h}(t)+\int_0^t f(\tau)h(t-\tau)\mathrm{d}\tau \tag{3.80}$$

$h(t)$ 之所以称为单位脉冲响应函数,也可以从式(3.75)的单位脉冲取样特性来理解。因为若取激励 $f(t)=\delta(t)$,并假定系统初条件为 0,那么式(3.80)退化为

$$x(t)=\int_0^t \delta(\tau)h(t-\tau)\mathrm{d}\tau=h(t)$$

其中最后一个等号利用了式(3.75)。

例题 3-5　求图 3-33 所示突加载荷作用到无阻尼系统所引起的响应。设初条件为 0。

解:注意图 3-33 所示的是动载荷,而不是静载荷。

由杜哈梅积分得

$$x(t)=\frac{f_0}{mp}\int_0^t \sin p(t-\tau)\mathrm{d}\tau=\frac{f_0}{mp}\frac{1}{p}\cos p(t-\tau)\Big|_0^t=\frac{f_0}{mp^2}(1-\cos pt)$$
$$=\delta_{st}(1-\cos pt)$$

响应历程如图 3-34 所示。可见图 3-33 所示的突加载荷除使弹簧有静变形 δ_{st}之外，还使振系叠加了振幅 δ_{st}、频率 p 的简谐振动。

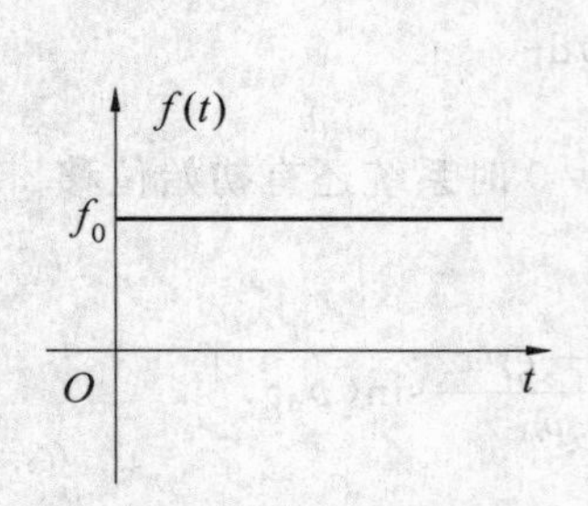

图 3-33 突加载荷

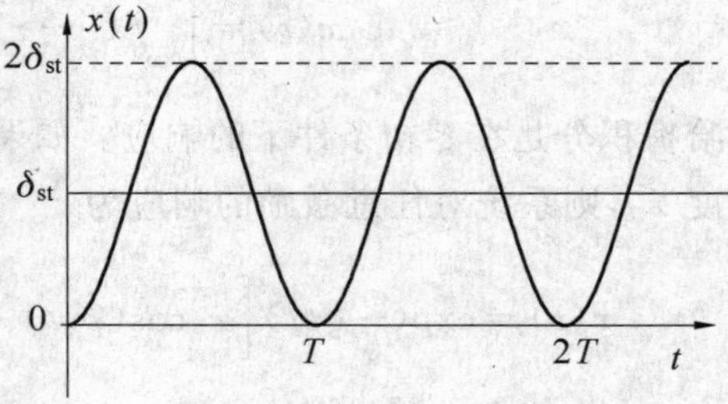

图 3-34 例题 3-5 的响应曲线

简谐激励的动力系数定义为系统的最大动位移的绝对值与载荷幅值引起的静位移之比。从位移表达式以及图 3-34 的波形都可以看出，该系统的动力系数为

$$\beta=x_{\max}/\delta_{st}=2$$

如果阶跃函数不是从 $t=0$ 开始，而是延迟到 $t=t_1$ 开始，则有

$$x(t)=\frac{f_0}{mp}\int_{t_1}^t \sin p(t-\tau)\mathrm{d}\tau=\frac{f_0}{mp}\frac{1}{p}\cos p(t-\tau)\Big|_{t_1}^t=\frac{f_0}{mp^2}[1-\cos p(t-t_1)]$$
$$=\delta_{st}[1-\cos p(t-t_1)] \qquad (t\geqslant t_1) \tag{3.81}$$

例题 3-6 无阻尼弹簧质量系统受到图 3-35 所示的矩形脉冲力，试求系统的响应。

解：矩形脉冲力可表示为

$$f(t)=\begin{cases} f_0 & 0<t<t_1 \\ 0 & t\geqslant t_1 \end{cases}$$

当 $0<t<t_1$，由例题 3-5 得到

$$x(t)=\frac{1}{mp}\int_0^t f_0\sin p\tau\mathrm{d}\tau=\delta_{st}(1-\cos pt)$$

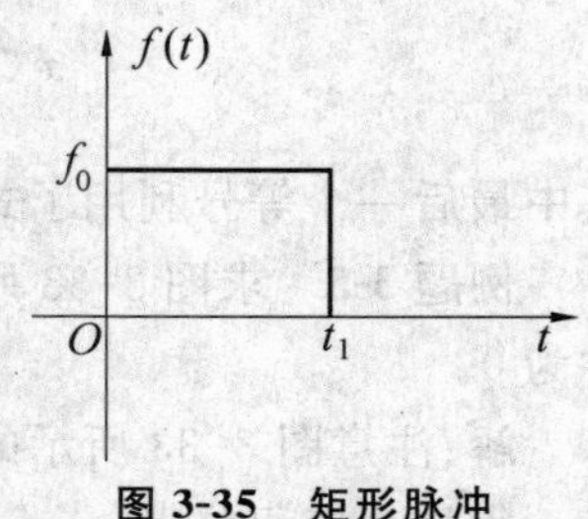

图 3-35 矩形脉冲

当 $t \geqslant t_1$ 时，$f(t)=0$，杜哈梅积分为

$$x(t)=\frac{1}{mp}\left[\int_0^{t_1} f(\tau)\sin p(t-\tau)\mathrm{d}\tau+\int_{t_1}^{t} f(\tau)\sin p(t-\tau)\mathrm{d}\tau\right]$$
$$=\frac{1}{mp}\left[\int_0^{t_1} f(\tau)\sin p(t-\tau)\mathrm{d}\tau\right]$$
$$=\delta_{\mathrm{st}}[\cos p(t-t_1)-\cos pt]$$

综上，系统的响应为

$$x(t)=\delta_{\mathrm{st}}\times\begin{cases}1-\cos pt & 0<t<t_1\\ \cos p(t-t_1)-\cos pt & t\geqslant t_1\end{cases}$$

实际上 $t>t_1$ 时激励已经消失了，这时系统将以时刻 $t=t_1^-$ 时已获得位移 $x(t_1^-)$ 及速度 $\dot{x}(t_1^-)$ 作为初条件作自由振动。因而 $t>t_1$ 时的响应也可以这样来求，先求得

$$x(t_1^-)=\delta_{\mathrm{st}}(1-\cos pt_1),\dot{x}(t_1^-)=\delta_{\mathrm{st}}p\sin pt_1$$

再由第 2 章式(2.52)得到 $t>t_1$ 时的响应为

$$x(t)=x(t_1^-)\cos p(t-t_1)+p^{-1}\dot{x}(t_1^-)\sin p(t-t_1)$$
$$=\delta_{\mathrm{st}}(1-\cos pt_1)\times\cos p(t-t_1)+\delta_{\mathrm{st}}\sin pt_1\times\sin p(t-t_1)$$
$$=\delta_{\mathrm{st}}[\cos p(t-t_1)-\cos pt]$$

第三种解法是利用式(3.81)。为此将图 3-35 载荷看成图 3-36 的时间相差 t_1 的两个突加载荷的合成。在 $0<t<t_1$ 范围内的响应仍与例题 3-5 相同。当 $t>t_1$ 时叠加上第二个突加载荷。利用式(3.81)，$x(t)$ 应为

$$x(t)=\delta_{\mathrm{st}}[1-\cos p(t-0)]-\delta_{\mathrm{st}}[1-\cos p(t-t_1)]$$
$$=\delta_{\mathrm{st}}[\cos p(t-t_1)-\cos p(t)]$$

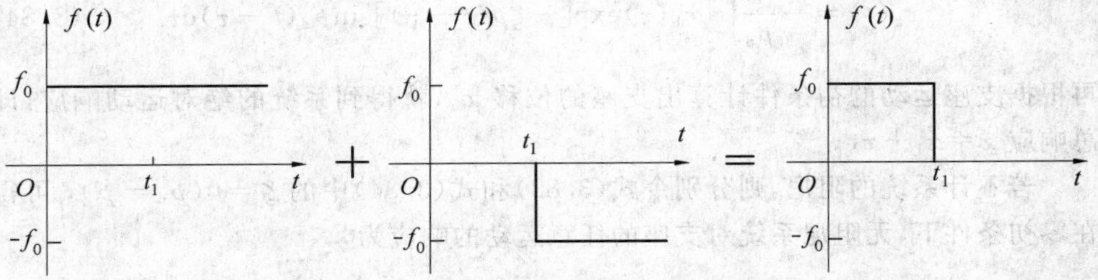

图 3-36　两个时间起点不同突加载荷合成矩形脉冲

与前两种解法的答案完全相同。

3.7.3 支座激励

如果系统在支座运动下引起振动，且支座运动随时间的变化 $x_b(t)$ 为可微函数，则同样可以应用杜哈梅积分。根据 3.4.2 小节，系统运动微分方程为

$$m\ddot{x}+c\dot{x}+kx=kx_b+c\dot{x}_b$$

因此在零初条件下，系统对支座激励的响应为

$$x(t)=\frac{1}{mp_d}\int_0^t[kx_b(\tau)+c\dot{x}_b(\tau)]\exp[-\zeta p(t-\tau)]\sin p_d(t-\tau)\mathrm{d}\tau \tag{3.82}$$

利用$\frac{k}{m}=p^2,\frac{c}{m}=2\zeta p$，上式也可写成

$$x(t)=\frac{1}{p_d}\int_0^t[p^2x_b(\tau)+2\zeta p\dot{x}_b(\tau)]\exp[-\zeta p(t-\tau)]\sin p_d(t-\tau)\mathrm{d}\tau \tag{3.83}$$

当支座运动用加速度 $\ddot{x}_b(t)$ 描述时，求系统的相对位移比较方便。以 $x_r=x-x_b$ 表示质量的相对位移，同样由 3.4.2 小节的结论知运动微分方程为

$$m\ddot{x}_r+c\dot{x}_r+kx_r=-m\ddot{x}_b$$

因此零初条件（相对运动的初条件）下，系统对任意支座加速度的相对运动响应为

$$x_r(t)=\frac{1}{mp_d}\int_0^t[-m\ddot{x}_b(\tau)]\exp[-\zeta p(t-\tau)]\sin p_d(t-\tau)\mathrm{d}\tau$$

可整理成

$$x_r(t)=-\frac{1}{p_d}\int_0^t\ddot{x}_b(\tau)\exp[-\zeta p(t-\tau)]\sin p_d(t-\tau)\mathrm{d}\tau \tag{3.84}$$

再根据支座运动的初条件计算出支座的位移 x_b，就得到系统的绝对运动响应，即总响应 $x=x_r+x_b$。

若不计系统的阻尼，则分别令式(3.83)和式(3.84)中的 $\zeta=0(p_d=p)$，可得在零初条件下，无阻尼系统对支座的任意运动的响应为

$$x(t)=p\int_0^t x_b(\tau)\sin p(t-\tau)\mathrm{d}\tau \tag{3.85}$$

对支座加速度的相对响应为

$$x_{\mathrm{r}}(t)=-\frac{1}{p}\int_{0}^{t}\ddot{x}_{\mathrm{b}}(\tau)\sin p(t-\tau)\mathrm{d}\tau \tag{3.86}$$

例题 3-7　设支座有加速度 $\ddot{x}_{\mathrm{b}}=-b\omega^{2}\sin\omega t$，求无阻尼系统的绝对运动，设支座运动的初条件和质量相对运动的初条件皆为 0。

解：由式(3.86)有

$$x_{\mathrm{r}}(t)=\frac{b\omega^{2}}{p}\int_{0}^{t}\sin\omega\tau\sin p(t-\tau)\mathrm{d}\tau=\frac{b\omega^{2}}{p^{2}-\omega^{2}}\left(\sin\omega t-\frac{\omega}{p}\sin pt\right)$$

叠加上支座运动 $x_{\mathrm{b}}(t)=b\sin\omega t$ 后得质量的绝对位移为

$$x(t)=x_{\mathrm{r}}(t)+x_{\mathrm{b}}(t)=b\left[\frac{p^{2}}{p^{2}-\omega^{2}}\sin\omega t-\frac{\omega^{3}}{p(p^{2}-\omega^{2})}\sin pt\right]$$

第 3 章习题

3.1　某阻尼弹簧质量系统，其无阻尼固有频率 $p=2$ rad/s，弹簧刚度 $k=2.74$ kN/m，粘性阻尼系数 $c=1.47$ kN·s/m。求在外力 $f(t)=19.6\cos 3t$ N 作用下的振幅和相位。

3.2　某阻尼弹簧质量系统，已知 $m=196$ kg，$k=19.6$ kN/m，$c=294$ N·s/m，作用在质量块上的激励为 $f(t)=160\sin 11t$ N。分别求不计阻尼和考虑阻尼的两种情况下，系统的振幅放大因子及位移。

3.3　某机器质量 20 kg，在激励 $f(t)=24.5\sin 10\pi t$ N 作用下发生共振，测得此时振幅为 1.2 cm。求此系统的阻尼系数 c 和阻尼比 ζ。如将激励的频率调到 $f=6$ Hz，求机器部件的振幅。

3.4　由实验测得某系统的阻尼固有频率为 p_{d}，在简谐激励作用下位移达到最大的激励频率为 ω_{m}。求系统的无阻尼固有频率 p 和阻尼比 ζ。

3.5　某无阻尼弹簧质量系统受简谐激励作用，当激励频率为 p_{1} 时，系统发生共振；给质量块增加 Δm 的质量后重新试验，测得共振频率为 p_{2}。求系统原来的质量及弹簧刚度。

3.6　在图 T3.6 的轴系中，$d=2$ cm，$l=40$ cm，剪切弹性模量 $G=78.4$ GPa，圆盘绕中心的转动惯量为 $J=98$ kg·m^{2}，求在力矩 $M(t)=49\pi\sin 2\pi t$ N·m 作用下的扭振振幅。

3.7 图 T3.7 的扭转摆，圆盘质量 $m=10$ kg，直径 $D=25$ cm，扭杆长 $l=75$ cm，直径 $d=1.3$ cm，材料剪切模量 $G=78.4$ GPa，摆受扭矩 $M=M_0\sin 14\pi t$ N·m 作用。若轴的剪切强度极限为 137.2 MPa，取安全系数为 2，不计阻尼。求容许的扭转幅值 M_0。

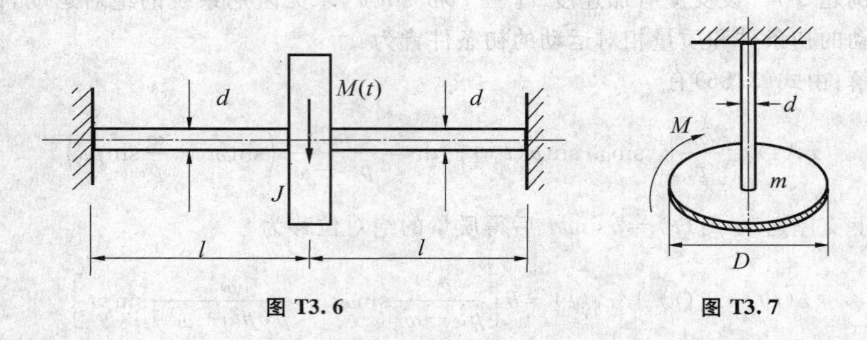

图 T3.6　　**图 T3.7**

3.8 图 T3.8 的系统中，刚性杆 AB 的质量忽略不计，B 端作用有激励 $f_0\sin\omega t$，写出系统运动微分方程，并求下列情况下质量 m 的振幅：(1)系统发生共振；(2)ω 等于固有频率 p 的一半。

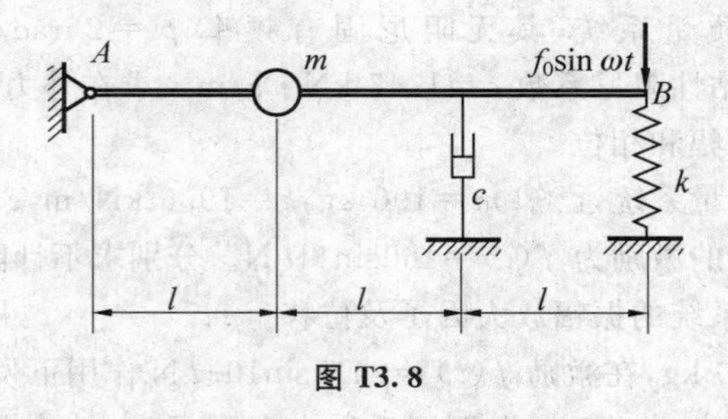

图 T3.8

3.9 求图 T3.9 所示系统的振动微分方程，并求出稳态振动的幅值。

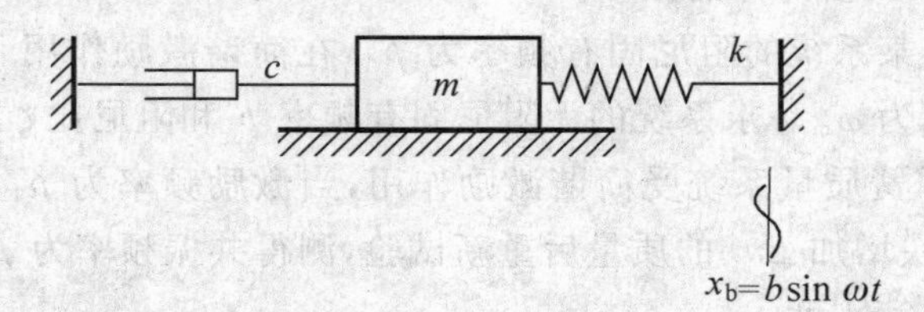

图 T3.9

3.10 图 T3.10 所示系统中，m，k，c，$x_b=b\sin\omega t$ 皆已知。试建立系统的振动微分方程，并求出摆锤 m 的稳态振动的幅值。

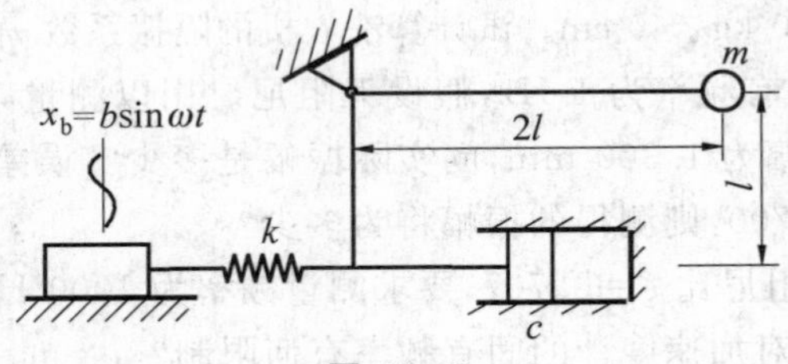

图 T3.10

3.11　推导出有阻尼的弹簧质量系统在如下条件的响应：$t=0$，$x_0=0$，$\dot{x}_0=0$；质量块上承受 $f(t)=f_0\sin\omega t$ 载荷。

3.12　用图 3-21 的惯性式激振器测定一质量为 180 kg 的结构。当激振器转速为 900 r/min 时，用闪光器测出激振器的偏心质量在正上方而结构正好向上通过静平衡位置，此时振幅为 2.16 cm。激振器偏心质量为 5 kg，偏心距为2 cm。求：(1)结构的固有频率 p；(2)结构的阻尼比 ζ；(3)当转速为 1200 r/min 时，激振器振幅。

3.13　图 T3.13 所示，单摆悬挂点沿水平方向作简谐振动 $x_b=b\sin\omega t$。已知摆长 l，摆锤质量为 m。求微幅强迫振动的偏角 θ 随时间的变化规律。

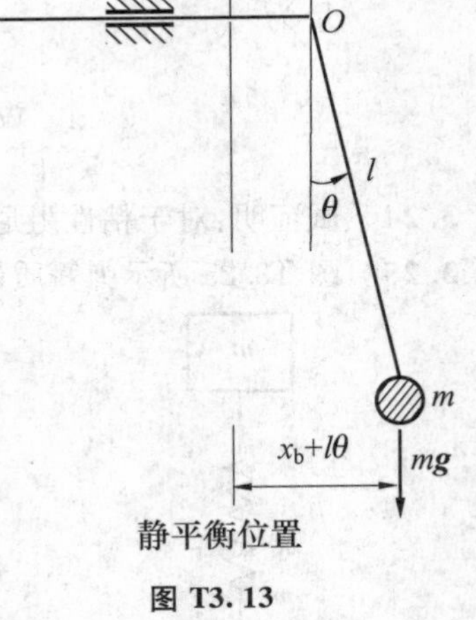

图 T3.13

3.14　质量 m 的电机安装于弹性梁，使梁产生静挠度 δ_{st}。转子质量 m_r，偏心距 e，但梁重和阻尼不计。求转速为 ω 时，电机沿垂直方向的稳态强迫运动的振幅。

3.15　某机器质量为 450 kg，由弹簧隔振器支承，弹簧静变形为 0.5 cm。机器有偏心，引起的激励力幅 $f_e=2.254\omega^2$N，其中 ω 是机器转速。阻尼不计。求：(1)当机器转速为1200 r/min 时传入地基的力；(2)机器的振幅。

3.16　上题的机器如先安装在 1140 kg 的混凝土基础上。再于其下方支承刚度更大的弹簧隔振器，弹簧静变形仍为 0.5 cm。求此时机器的振幅。

3.17　某机组质量 30 kg，由三个刚度为 k 的弹簧支撑，机组转速为 580 r/min。问 k 需取何值时，才能使传到地基的力仅为激励的 10%。

3.18　一洗衣机重 2.2 t，由四个螺旋弹簧支承，每个弹簧的刚度 $k=97.02$ kN/m，同时装有四个阻尼器 $\zeta=0.10$。在脱水时洗衣机以 $n=600$ r/min 运行。此时衣

物偏心 $me=10\ \text{kg}\times 40\ \text{cm}$。试计算洗衣机的隔振系数 η_F。

3.19 某位移计的固有频率为 1 Hz,假设无阻尼。用以测量频率为 4 Hz 的简谐振动,测得振幅为 1.300 mm,问实际振幅是多少?误差为多少?如加入一阻尼器 $\zeta=0.700$,则测得的振幅将为多少?

3.20 某加速度计,阻尼比 $\zeta=0.707$,要求测量频率为 1000 Hz 时,幅值误差不超过 1%。试问对加速度计的固有频率有何限制?

3.21 求图 T3.21 所示周期函数的傅立叶级数。

3.22 一弹簧(k)质量(m)系统在图 T3.21 所示的激励作用下做强迫振动。求稳态响应。取 $T_p=\frac{1}{2}\frac{2\pi}{p}$画出频谱图

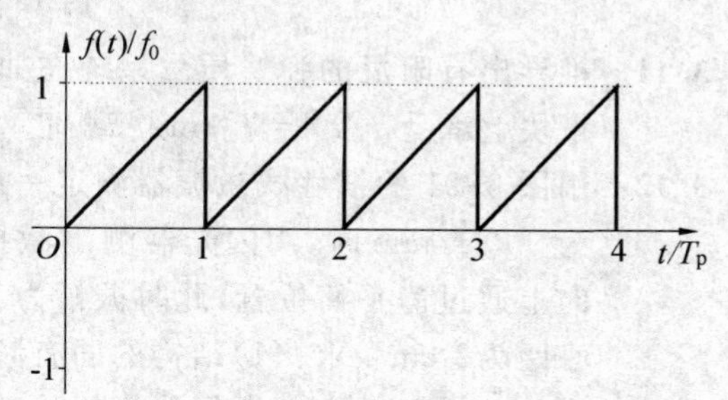

图 T3.21

3.23 试证明:在振动系统中,粘性阻尼力在一个周期内所消耗的能量为

$$W_c=\frac{\pi f_0^2}{k}\frac{2\zeta\nu}{(1-\nu^2)^2+(2\zeta\nu)^2}$$

3.24 试证明:对于粘性阻尼,振动系统的损耗因子与振幅无关,其数值为 $\eta=2\zeta\nu$。

3.25 图 T3.25 所示弹簧质量系统,支承处突然向上按 $x_b=b$ 运动。求激起的响应。

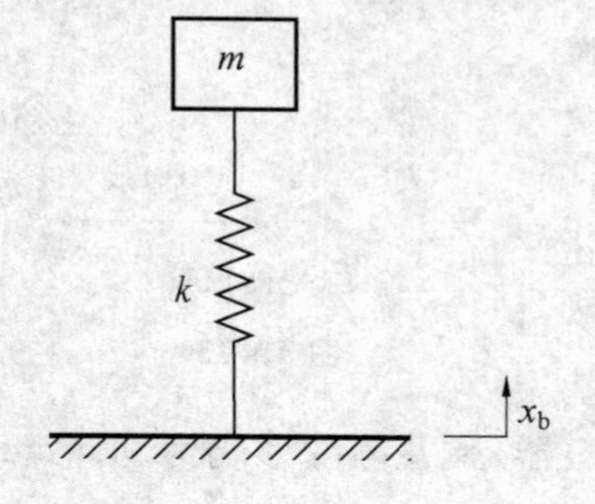

图 T3.25

3.26 弹簧质量系统受图 T3.26 的外力作用,已知 $x(0)=\dot{x}(0)=0$,求系统响应。

3.27 弹簧质量系统对图 T3.27 所示激励的响应。已知 $x(0)=\dot{x}(0)=0$。

3.28 弹簧质量系统受图 T3.28 的半正弦脉冲作用。已知 $x(0)=\dot{x}(0)=0$。求系统响应。

3.29 弹簧质量系统初始静止,受到 $f(t)=f_0\exp(-t/t_0)$ 激励作用,其中 f_0 和

t_0 为常数。已知 $x(0)=\dot{x}(0)=0$，求系统的响应。

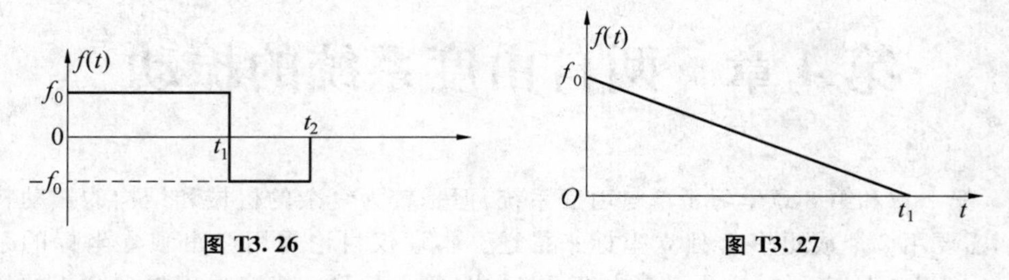

图 T3.26　　图 T3.27

3.30　图 T3.30 的系统中，弹簧悬挂点沿垂直方向作简谐振动 $x_b=\dfrac{v_0}{\omega}\sin\omega t$。初始条件为 $x(0)=0,\dot{x}(0)=v_0$。分别分析 $\omega\neq p$ 和 $\omega=p$ 时质量 m 的绝对运动。

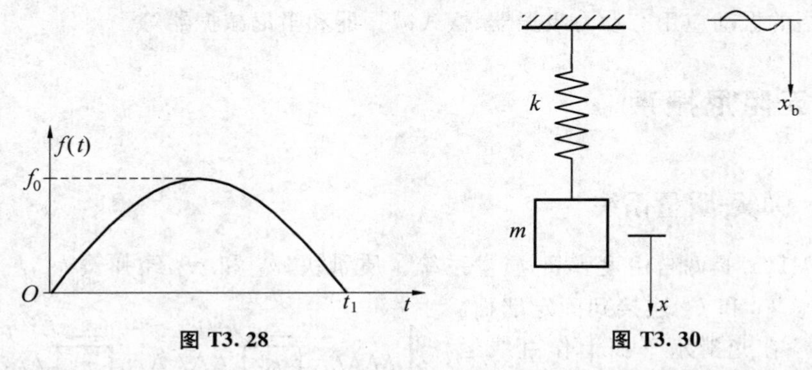

图 T3.28　　图 T3.30

3.31　图 T3.31 为一车辆的力学模型。已知车的质量 m，悬挂弹簧的刚度 k 及车的水平行驶速度 v。道路前方有一隆起曲面：$x_b=a\left(1-\cos\dfrac{2\pi}{l}x\right)$。分析：(1)车通过曲面隆起时的振动；(2)随后的振动。

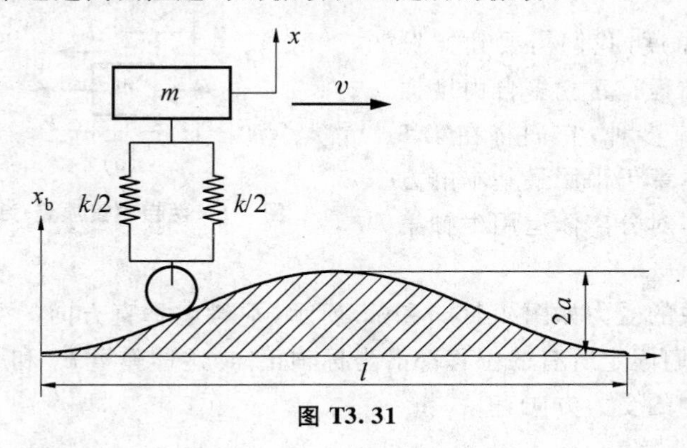

图 T3.31

第 4 章　两自由度系统的振动

第 2 章和第 3 章学习了单自由度系统，但是较为复杂的机械和结构的振动特性，需要用 2 个或更多个独立坐标来描述。本章仅讨论需用 2 个独立坐标的系统——两自由度系统，它是多自由度系统的最简单情形。多自由度振动分析的核心是方程解耦。试凑法只能用于非常简单情形的解耦，通用解耦方法需要解特征值问题。在动力学中，特征值和特征向量分别与振系的固有频率和振型相对应。本章介绍的振动应用有动力吸振器、摆式减振器和阻尼减振器等。

4.1　无阻尼振系

4.1.1　弹簧-质量系统

图 4-1(a)是两自由度弹簧-质量系统。质量块 m_1 和 m_2 经弹簧 k_1，k_2 和 k_3 彼此相连，k_1 和 k_3 连接到固定墙面。m_1 和 m_2 在光滑水平面上作直线运动。建立图 4-1(a)所示的坐标系。完全刻画这个振系，需要且仅需要两质量块的偏离各自平衡位置的坐标 x_1 和 x_2 即可。

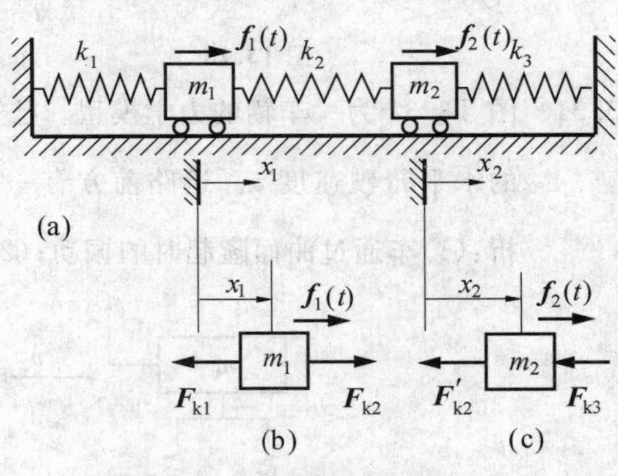

图 4-1　两自由度质量-弹簧系统

如同单自由度，我们需要建立振系的运动微分方程。建立多自由度振系方程的方法有多种，它们将在第 5 章系统介绍。本章仍采用最基本的方法，即取分离体，对分离体运用牛顿第二定律。

两个质量块的受力如图 4-1(b)和(c)所示(不考虑垂直方向的受力)。如同单自由度振系，我们假定所有的位移都沿坐标轴正向，这样弹簧 k_1 和 k_3 分别受压和受拉。根据图中的受力方向有

$$F_{k1}=k_1x_1, F_{k3}=k_3x_2 \tag{a}$$

弹簧 k_2 的伸长量为 x_2-x_1，因此结合图中 $\boldsymbol{F}_{k2}$ 的受力方向有

$$F_{k2}=k_2(x_2-x_1) \tag{b}$$

对图 4-1(b)的水平方向运用牛顿第二定律得到

$$m_1\ddot{x}_1=-F_{k1}+F_{k2}+f_1(t) \tag{c}$$

将式(a)和式(b)代入式(c)整理可得

$$m_1\ddot{x}_1+(k_1+k_2)x_1-k_2x_2=f_1(t) \tag{4.1}$$

在图 4-1(c)中 $\boldsymbol{F}'_{k2}$ 相当于 $\boldsymbol{F}_{k2}$ 的反作用力，二力方向相反的属性已经由图 4-1(b)和图 4-1(c)中向量的相反方向所表示了。它们的大小相等

$$F'_{k2}=F_{k2}=k_2(x_2-x_1) \tag{d}$$

如同对图 4-1(b)的分析，沿图 4-1(c)水平方向运用牛顿第二定律，并将式(a)和式(d)代入可得

$$m_2\ddot{x}_2-k_2x_1+(k_2+k_3)x_2=f_2(t) \tag{4.2}$$

将式(4.1)和式(4.2)结合起来，用如下的矩阵形式表示更简洁：

$$[M]\{\ddot{x}\}+[K]\{x\}=\{f\} \tag{4.3}$$

其中 $\{x\}=\begin{Bmatrix}x_1(t)\\x_2(t)\end{Bmatrix}$ 和 $\{f\}=\begin{Bmatrix}f_1(t)\\f_2(t)\end{Bmatrix}$ 分别为响应和激励列阵，而

$$[M]=\begin{bmatrix}m_1 & 0\\0 & m_2\end{bmatrix},[K]=\begin{bmatrix}k_1+k_2 & -k_2\\-k_2 & k_2+k_3\end{bmatrix} \tag{4.4}$$

分别为振系的质量矩阵和刚度矩阵。

方程(4.3)的矩阵表达形式与单自由度振系的运动方程非常相似，只是后者的未知量及其各阶导数前的系数都是一个标量，激励也是一个标量。如果将标量当成是方阵和一维向量的特殊情形，则单自由度方程就可以统一纳入方程(4.3)的框架之下。

质量矩阵和刚度矩阵一般都是对称的，它们一起决定了振系的固有性质。

例题 4-1　设图 4-1 中 $m_1=m_2=m$ 和 $k_1=k_2=k_3=k$，无载荷作用。初条件为 $\{x(0)\}=\{2,0\}^{\mathrm{T}}$，$\{\dot{x}(0)\}=\{0,0\}^{\mathrm{T}}$。试计算振系的自由振动。

解:将题中数据代入式(4.3)有

$$\begin{cases} m\ddot{x}_1 + 2kx_1 - kx_2 = 0 & \text{(a)} \\ m\ddot{x}_2 + 2kx_2 - kx_1 = 0 & \text{(b)} \end{cases}$$

这两个方程无法独立求解,因为第一个方程有 x_1 也有 x_2,第二个方程亦然。为了求解这个方程,我们用“凑”的办法将方程解耦。式(a)+式(b)有:

$$m\ddot{x}_1 + m\ddot{x}_2 + kx_1 + kx_2 = 0 \qquad \text{(c)}$$

引入一个新的变量 $q_1 = x_1 + x_2$,那么式(c)就变为

$$m\ddot{q}_1 + kq_1 = 0$$

该方程的解已经在第 2 章介绍了,即

$$q_1(t) = q_1(0)\cos p_1 t + \frac{\dot{q}_1(0)}{p_1}\sin p_1 t \qquad \text{(d)}$$

其中 $p_1 = \sqrt{\frac{k}{m}}$。

仅有一个式(d),仍然无法得到原来的 x_1 和 x_2,我们再“凑”一个方程。式(a)-式(b)有

$$m\ddot{x}_1 - m\ddot{x}_2 + 3kx_1 - 3kx_2 = 0 \qquad \text{(e)}$$

同样引入一个新的变量 $q_2 = x_1 - x_2$,那么式(e)就变为

$$m\ddot{q}_2 + 3kq_2 = 0$$

其解为

$$q_2(t) = q_2(0)\cos p_2 t + \frac{\dot{q}_2(0)}{p_2}\sin p_2 t \qquad \text{(f)}$$

其中 $p_2 = \sqrt{\frac{3k}{m}}$。

将 $q_1 = x_1 + x_2$ 和 $q_2 = x_1 - x_2$ 联立,可以解出

$$\begin{cases} x_1 = \dfrac{q_1 + q_2}{2} = \dfrac{1}{2}\left[q_1(0)\cos p_1 t + \dfrac{\dot{q}_1(0)}{p_1}\sin p_1 t + q_2(0)\cos p_2 t + \dfrac{\dot{q}_2(0)}{p_2}\sin p_2 t\right] \\ x_2 = \dfrac{q_1 - q_2}{2} = \dfrac{1}{2}\left[q_1(0)\cos p_1 t + \dfrac{\dot{q}_1(0)}{p_1}\sin p_1 t - q_2(0)\cos p_2 t - \dfrac{\dot{q}_2(0)}{p_2}\sin p_2 t\right] \end{cases} \qquad \text{(g)}$$

对于题中给定的初位移 $q_1(0)=x_1(0)+x_2(0)=2, q_2(0)=x_1(0)-x_2(0)=2$，而 $\dot{q}_1(0)=\dot{x}_1(0)+\dot{x}_2(0)=0, \dot{q}_2(0)=\dot{x}_1(0)-\dot{x}_2(0)=0$。将它们代入式(g)得到原方程的解

$$\begin{cases}x_1(t)=\cos p_1 t+\cos p_2 t\\ x_2(t)=\cos p_1 t-\cos p_2 t\end{cases} \tag{h}$$

图 4-2(a)显示了 $x_1(t)$ 和 $x_2(t)$ 随时间的变化。可以看出它们并非周期函数，这是因 p_1 与 p_2 之比为无理数所造成的。式(h)表明振系的自由振动含有两个频率成分。这两个频率，如同单自由度，是振系的固有属性。

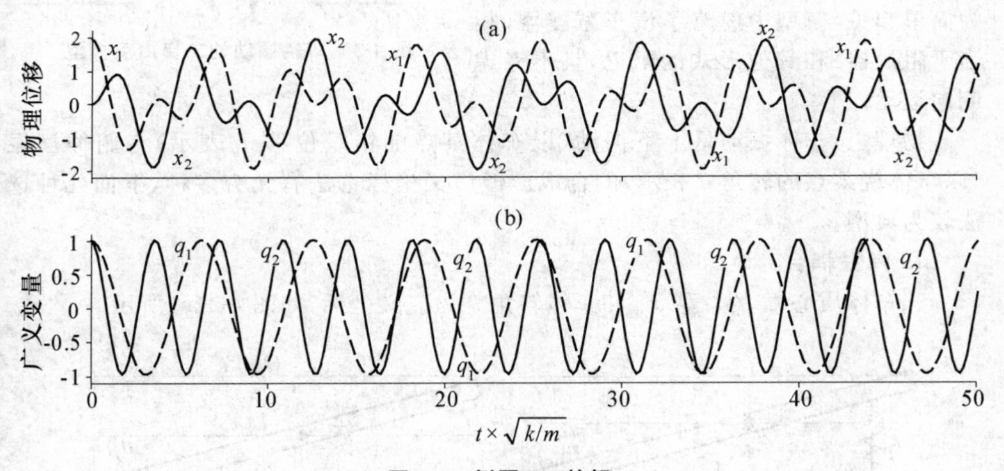

图 4-2　例题 4-1 的解

式(h)和图 4-2 表明，物理坐标系中看起来复杂的振动，可以分解为两个简单的正弦振动(图 4-2(b))，而正弦振动的频率就是固有频率。

这个例题的解能够“凑”出来的原因是：振系简单而且对称。实际情况要比这复杂得多。但是其中的求解思路是共同的，即想办法将方程解耦。一旦实现解耦，每个解耦后的方程相当于单自由度系统的振动，从而可利用第 2 章和 3 章已经建立的方法来求解。

不耦合的数学表现是质量矩阵和刚度矩阵均为对角阵。如果两个矩阵中有一个非对角，那么方程就耦合了，更一般情形是二者全部非对角。

在讨论解耦的通用方法(不是“凑”)之前，下面介绍三种耦合，即弹性耦合、动力耦合、全耦合。

4.1.2 坐标耦合

用以描述振系运动的广义坐标不是唯一的，但选择的广义坐标不同，运动微分方程将不同。

现以图 4-3 的二自由度汽车振动模型为例，阐述耦合类型。在这个模型中，汽车被简化成为一根刚性杆，具有质量 m，质心位于 C 点，刚性杆绕质心的转动惯量为 J_C。前后车轮简化为两个弹簧 k_1 和 k_2。为简单起见，模型中忽略了汽车减震器（相当于阻尼器）和其他形式的阻尼，且不考虑侧向运动。

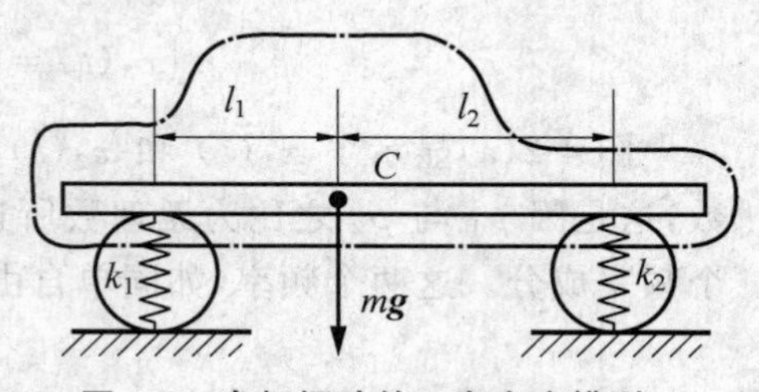

图 4-3 车辆振动的二自由度模型

物理上，车体振动是上下振动（以车体某点的铅垂位移 x 表示）与俯仰摆振（以车体绕某点的转角 θ 表示）的合成。但广义坐标选法有无穷多种，下面几种选法较为典型。

1. 弹性耦合

选车体质心 C 的位移 x_1 和车体转角 θ 为广义坐标，如图 4-4(a)所示。

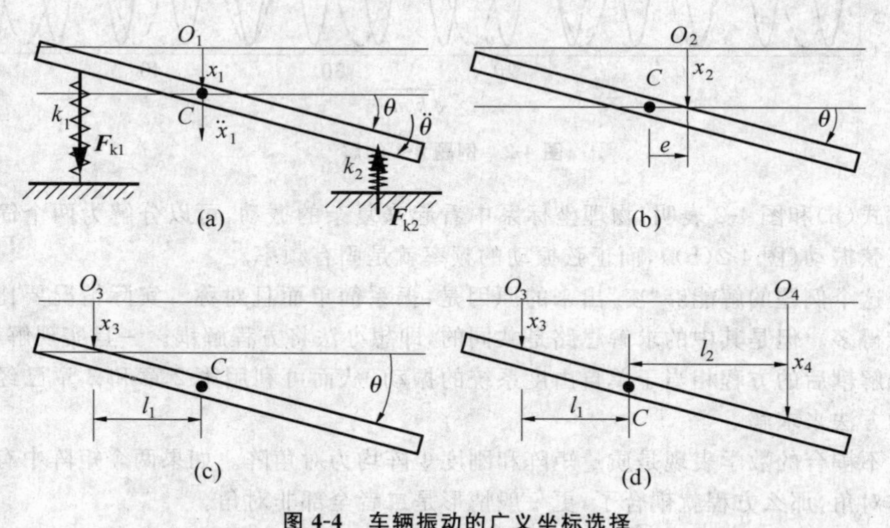

图 4-4 车辆振动的广义坐标选择

由于假定为微幅振动，弹簧 k_2 的总压缩量为 $x_1+l_2\theta$，因此弹簧产生的力

$$F_{k2}=k_2(x_1+l_2\theta)$$

左端弹簧的拉伸是因为转角 θ，而压缩是因为位移 x_1。图 4-4(a)的 $\boldsymbol{F}_{k1}$ 是按照弹簧被拉伸的方向画的，所以

$$F_{k1}=k_1(-x_1+l_1\theta)$$

利用刚体平面运动微分方程有

$$\left.\begin{aligned}m\ddot{x}_1&=F_{k1}-F_{k2}=-k_1x_1+l_1\theta k_1-k_2x_1-l_2\theta k_2\\J_C\ddot{\theta}&=-F_{k1}l_1-F_{k2}l_2=k_1l_1x_1-k_2l_2x_1-k_1l_1^2\theta-k_2l_2^2\theta\end{aligned}\right\}\tag{a}$$

写成矩阵形式为

$$\begin{bmatrix}m & 0\\0 & J_C\end{bmatrix}\begin{Bmatrix}\ddot{x}_1\\\ddot{\theta}\end{Bmatrix}+\begin{bmatrix}k_1+k_2 & l_2k_2-l_1k_1\\l_2k_2-l_1k_1 & l_1^2k_1+l_2^2k_2\end{bmatrix}\begin{Bmatrix}x_1\\\theta\end{Bmatrix}=\begin{Bmatrix}0\\0\end{Bmatrix}\tag{b}$$

在方程(b)中：质量矩阵$[M]$是对角阵，故两坐标的二阶导数 $\ddot{x}_1$ 和 $\ddot{\theta}$ 不会出现在同一个微分方程中；刚度矩阵不是对角阵，故每一微分方程中都包含有两个坐标 x_1 和 θ。这种情况称为静力耦合或弹性耦合。

2. 动力耦合

两个广义坐标中的一个仍然选择为 θ，另一个选为车架上一特殊点的上下位移 x_2，该特殊点离质心 C 的距离 $e=\dfrac{l_2k_2-l_1k_1}{k_1+k_2}$。比较图 4-4(a)和(b)可知(微幅振动)

$$x_1=x_2-e\theta$$

将这个关系代入式(a)有

$$\begin{cases}m\ddot{x}_2-me\ddot{\theta}=-(k_1+k_2)x_2\\J_C\ddot{\theta}=(k_1l_1-k_2l_2)x_2-\dfrac{k_1k_2(l_1+l_2)^2}{k_1+k_2}\theta\end{cases}\tag{c}$$

可以把这个方程也写成矩阵的形式，但是系数矩阵不对称。为了使系数矩阵对称，将式(c)的第一式乘$-e$，再加到式(c)的第二式，得到

$$-em\ddot{x}_2+(me^2+J_C)\ddot{\theta}=-\frac{k_1k_2(l_1+l_2)^2}{k_1+k_2}\theta$$

将该式与式(c)的第一式联立，写成矩阵形式有

$$\begin{bmatrix} m & -me \\ -me & me^2+J_C \end{bmatrix} \begin{Bmatrix} \ddot{x}_2 \\ \ddot{\theta} \end{Bmatrix} + \begin{bmatrix} k_1+k_2 & 0 \\ 0 & \dfrac{k_1k_2(l_1+l_2)^2}{k_1+k_2} \end{bmatrix} \begin{Bmatrix} x_2 \\ \theta \end{Bmatrix} = \begin{Bmatrix} 0 \\ 0 \end{Bmatrix} \tag{d}$$

方程(d)中:每个微分方程中都包含有两个坐标的二阶导数 $\ddot{x}_2$ 和 $\ddot{\theta}$;但刚度矩阵[K]是对角阵,两个坐标 x_2 和 θ 不会同时出现在同一个微分方程中。这种情况称为动力耦合或惯性耦合。

3. **全耦合**

选左端点的纵向位移 x_3 为一个广义坐标,另一个仍为 θ,如图 4-4(c)所示。比较图 4-4(a)和(c)可知

$$x_1 = x_3 + l_1\theta \tag{e}$$

将式(e)代入式(a),并经对称化处理,得到车辆的振动微分方程

$$\begin{bmatrix} m & ml_1 \\ ml_1 & J_C+ml_1^2 \end{bmatrix} \begin{Bmatrix} \ddot{x}_3 \\ \ddot{\theta} \end{Bmatrix} + \begin{bmatrix} k_1+k_2 & k_2(l_2+l_1) \\ k_2(l_2+l_1) & k_2(l_2+l_1)^2 \end{bmatrix} \begin{Bmatrix} x_3 \\ \theta \end{Bmatrix} = \begin{Bmatrix} 0 \\ 0 \end{Bmatrix} \tag{f}$$

方程(f)中:[M]和[K]都不是对角阵,故每一个微分方程中,既包含两个广义坐标的二阶导数,又包含两个广义坐标。这种情况,既有动力耦合,又有静力耦合。

若我们觉得并列使用转角和位移的方程不漂亮,则可选择左右两个端点的位移 x_3 和 x_4 为两个广义坐标,如图 4-4(d)所示。式(e)仍成立,比较图 4-4(a)和(d)可知

$$\theta = \frac{x_4 - x_3}{l_1 + l_2} \tag{g}$$

将式(e)和式(g)代入式(a),并经对称化处理,得到车辆振动的微分方程为

$$\begin{bmatrix} J_C+ml_2^2 & -J_C+ml_1l_2 \\ -J_C+ml_1l_2 & J_C+ml_1^2 \end{bmatrix} \begin{Bmatrix} \ddot{x}_3 \\ \ddot{x}_4 \end{Bmatrix} + \begin{bmatrix} k_1(l_1+l_2)^2 & 0 \\ 0 & k_2(l_1+l_2)^2 \end{bmatrix} \begin{Bmatrix} x_3 \\ x_4 \end{Bmatrix} = \begin{Bmatrix} 0 \\ 0 \end{Bmatrix} \tag{h}$$

此为动力耦合情形。

若能将刚度矩阵化为对角阵,则称为静力解耦;若能将质量矩阵化为对角阵,则称为动力解耦。

4.2　方程解耦与主振动

坐标的不同选择可以改变微分方程的耦合情况，而为了理解振系特性及方便求解，方程组之间最好是不耦合的。通过选择直观的物理坐标来实现方程解耦是十分困难的，我们转而从数学角度试图对耦合方程解耦。

4.2.1　数学解耦

为了探讨解耦方法的可行性和物理意义，我们从激励为{0}的自由振动出发

$$[M]\{\ddot{x}\}+[K]\{x\}=\{0\} \tag{4.5}$$

这里质量矩阵和刚度矩阵

$$[M]=\begin{bmatrix} m_{11} & m_{12} \\ m_{21} & m_{22} \end{bmatrix},[K]=\begin{bmatrix} k_{11} & k_{12} \\ k_{21} & k_{22} \end{bmatrix}$$

均为对称阵。与第 2 章的方程(2.3)相对应，方程(4.5)称为线性齐次常微分方程组。

如果$[M]$和$[K]$均为对角阵，那么方程(4.5)就变成了两个不耦合的单自由度振系方程。但 4.1 节已经指出这样的运气极少，耦合是普遍的。

数学上解方程经常使用变量替换法，能否通过引入变量来将方程(4.5)变成不耦合形式呢？理想的新变量与原有物理坐标之间的变换应该是可逆的，且最好是对原物理坐标的加减或者乘以常数的基本运算，比如这样的线性组合

$$q_1=\mu_{11}x_1+\mu_{12}x_2 \tag{a}$$

式中 μ_{11} 和 μ_{12} 是待定常数。由于振系为两个自由度，仅有一个变量 q_1 无法完全刻画系统的运动，还需要另一个新变量

$$q_2=\mu_{21}x_1+\mu_{22}x_2 \tag{b}$$

将式(a)和式(b)合并成矩阵形式为

$$\{q\}=\begin{bmatrix} \mu_{11} & \mu_{12} \\ \mu_{21} & \mu_{22} \end{bmatrix}\{x\} \tag{c}$$

其中 $\{q\}=\begin{Bmatrix} q_1 \\ q_2 \end{Bmatrix}$。不过在振动分析中，我们更常用式(c)的逆形式

$$\begin{Bmatrix} x_1 \\ x_2 \end{Bmatrix} = \begin{bmatrix} \phi_{11} & \phi_{12} \\ \phi_{21} & \phi_{22} \end{bmatrix} \begin{Bmatrix} q_1 \\ q_2 \end{Bmatrix} = [\Phi]\{q\} \tag{4.6}$$

其中 $[\Phi] = \begin{bmatrix} \phi_{11} & \phi_{12} \\ \phi_{21} & \phi_{22} \end{bmatrix}$ 具有重要的意义。为了保证可逆,它必须是非奇异矩阵。

将式(4.6)代入式(4.5)有

$$[M][\Phi]\{\ddot{q}\} + [K][\Phi]\{q\} = \{0\} \tag{4.7}$$

解耦的充要条件是:$\{\ddot{q}\}$和$\{q\}$前面的系数矩阵均为对角阵。对角阵当然应为对称阵,但方程(4.7)不符合这个必要条件,因为$[M][\Phi]$和$[K][\Phi]$一般都不是对称阵,尽管$[M]$和$[K]$确实是对称阵。

为了满足对称性这个必要条件,将方程(4.7)左乘$[\Phi]^{\mathrm{T}}$有

$$[\Phi]^{\mathrm{T}}[M][\Phi]\{\ddot{q}\} + [\Phi]^{\mathrm{T}}[K][\Phi]\{q\} = \{0\} \tag{4.8}$$

如此处理之后,解耦的充要条件变为

$$[\Phi]^{\mathrm{T}}[M][\Phi] = [M]_{\mathrm{P}} \tag{4.9}$$

$$[\Phi]^{\mathrm{T}}[K][\Phi] = [K]_{\mathrm{P}} \tag{4.10}$$

其中 $[M]_{\mathrm{P}} = \begin{bmatrix} M_1 & 0 \\ 0 & M_2 \end{bmatrix}$ 和 $[K]_{\mathrm{P}} = \begin{bmatrix} K_1 & 0 \\ 0 & K_2 \end{bmatrix}$ 均为对角阵。

如果选择的$[\Phi]$满足了式(4.9),那么就实现了动力解耦,但是未必能够保证$[\Phi]^{\mathrm{T}}[K][\Phi]$也为对角阵。另外一个方面,不管确定$[\Phi]$的难易程度,仅由式(4.9)也无法唯一确定$[\Phi]$,因为$[\Phi]$本身有四个参数,$[M]_{\mathrm{P}}$的对角线上两个元素也未知,总计有6个未知数要待定。但式(4.9)形式上最多能提供三个独立的方程(式(4.9)的左端矩阵的对称减少了一个独立方程)。

同样若$[\Phi]$满足式(4.10),可实现静力解耦,但未必能保证式(4.9)的动力解耦。此外,也无法唯一确定所有的待定参数。

只有式(4.9)和式(4.10)同时得到满足,才能保证既是静力解耦,又是动力解耦。二者联合起来之后,形式上有6个独立的方程,待定未知数有8个。不过回到式(4.9)和式(4.10),$[\Phi]$确实不能完全确定,因为满足了式(4.9)和式(4.10)的$[\Phi]$,则对任意的对角阵$\begin{bmatrix} \mu_1 & 0 \\ 0 & \mu_2 \end{bmatrix}$($\mu_1$和$\mu_2$为任意常数),$[\Phi]\begin{bmatrix} \mu_1 & 0 \\ 0 & \mu_2 \end{bmatrix}$仍然满足式(4.9)和式(4.10)。这个任意对角阵$\begin{bmatrix} \mu_1 & 0 \\ 0 & \mu_2 \end{bmatrix}$表明,不同$[\Phi]$之间相差一个对角

阵。如果不计对角阵的差异，联合式(4.9)和式(4.10)有可能唯一确定$[\Phi]$。

为此将式(4.9)变为$[\Phi]^{\mathrm{T}}=[M]_{\mathrm{P}}[\Phi]^{-1}[M]^{-1}$，代入式(4.10)有

$$[M]_{\mathrm{P}}[\Phi]^{-1}[M]^{-1}[K][\Phi]=[K]_{\mathrm{P}} \tag{4.11}$$

式(4.11)可变为

$$[K][\Phi]=[M][\Phi][M]_{\mathrm{P}}^{-1}[K]_{\mathrm{P}} \tag{4.12}$$

由于$[M]_{\mathrm{P}}$和$[K]_{\mathrm{P}}$均为对角阵，$[M]_{\mathrm{P}}^{-1}[K]_{\mathrm{P}}$可合并为一个对角阵

$$[\Lambda]=\begin{bmatrix}\lambda_1 & 0\\ 0 & \lambda_2\end{bmatrix}=[M]_{\mathrm{P}}^{-1}[K]_{\mathrm{P}}$$

其中对角元素

$$\lambda_i=\frac{K_i}{M_i}\quad(i=1,2) \tag{4.13}$$

这样式(4.12)变为

$$[K][\Phi]=[M][\Phi][\Lambda] \tag{4.14}$$

方程(4.14)就是矩阵理论中的广义特征值问题。如果将矩阵$[\Phi]$按列分开$[\Phi]=[\{\phi\}_1,\{\phi\}_2]$，则方程(4.14)就变为如下的两个关系

$$[K]\{\phi\}_1=\lambda_1[M]\{\phi\}_1,[K]\{\phi\}_2=\lambda_2[M]\{\phi\}_2 \tag{4.15}$$

这是更熟悉的形式。

数学上已经建立了系统的特征值理论，在数值分析和计算力学领域也都发展了很多实用的特征值计算方法，第 6 章将会介绍振动分析常用的方法。

4.2.2　物理意义

暂时跳过特征值问题的复杂性，假定$[\Phi]$已经找到，那么式(4.8)变为彼此不再耦合的两个方程

$$\left.\begin{aligned}M_1\ddot{q}_1+K_1q_1=0\\ M_2\ddot{q}_2+K_2q_2=0\end{aligned}\right\} \tag{4.16}$$

它们都是无阻尼单自由度系统的振动方程。它们的解就是第 2 章的式(2.4)，即

$$\begin{cases}q_1(t)=A_1\sin(p_1t+\alpha_1)\\ q_2(t)=A_2\sin(p_2t+\alpha_2)\end{cases} \tag{4.17}$$

其中 $p_i=\sqrt{\lambda_i}=\sqrt{\dfrac{K_i}{M_i}}\,(i=1,2)$ 是这两个单自由度振系的固有频率，而振幅 A_1 和 A_2，以及初相位 α_1 和 α_2，都与初始条件有关。

根据式(4.6)有

$$\begin{Bmatrix} x_1 \\ x_2 \end{Bmatrix}=A_1\begin{Bmatrix} \phi_{11} \\ \phi_{21} \end{Bmatrix}\sin(p_1 t+\alpha_1)+A_2\begin{Bmatrix} \phi_{12} \\ \phi_{22} \end{Bmatrix}\sin(p_2 t+\alpha_2) \tag{4.18}$$

因此振系的自由振动为频率不同的两个简谐波叠加。如果恰好其中一个谐波为0，比如 $A_2=0$，那么振系运动就只有一个谐波。此时的系统运动具有如下鲜明的特点：

(1)系统中两个点运动完全同步(ϕ_{11} 和 ϕ_{21} 符号相同)或者完全反相(ϕ_{11} 和 ϕ_{21} 符号相反)，两个点 x_1 和 x_2 同时通过0点，同时达到幅值最大，因此具有固定的振动模式。

(2)当 ϕ_{11} 和 ϕ_{21} 符号相反时，两点中间存在一个固定不动的点，其振幅始终为0，我们称之为节点。这个节点因为位置固定不变，所以我们可以用肉眼观察到。如果振动物体表面撒上少量细碎粉末，那么在振动过程中，粉末将向节点处聚集，呈现特定几何图案。

由于上述特征，当系统以某一固有频率 p_i 发生振动时，系统运动有明显的模式，所以称之为模态振动。相应的模式完全由列阵 $\{\phi\}_1=\begin{Bmatrix} \phi_{11} \\ \phi_{21} \end{Bmatrix}$ 和 $\{\phi\}_2=\begin{Bmatrix} \phi_{12} \\ \phi_{22} \end{Bmatrix}$ 所控制，因而称这些列阵为模态向量，又称振型向量(x_1 和 x_2 代表广义坐标，因此这里用抽象的“型”，而非“形”)。

每个模式都对应于式(4.16)的一个解耦方程。在第 i 个解耦方程中，$\ddot{q}_i$ 前系数 M_i 类似于单自由度情形的等效质量，所以称为模态质量或广义质量，而 q_i 前的系数 K_i 相当于等效刚度，称为模态刚度或广义刚度。解耦后的各个单自由度的固有频率 p_i 也称为模态频率。

对于任意初始条件，A_1 和 A_2 可能全都不等于0，那么上述的特点(1)和(2)不复存在，振动就没有固定的模式，如图4-2所示。但是根据式(4.18)，这种没有固定模式的响应却是由两个模态线性叠加起来的结果。任意的自由振动都可以分解成有模式的、简单振动的叠加。

由于这种分解和叠加特性，我们又把模态振动称为主振动(principal vibration)，相应地，上述物理量又称为主质量、主刚度、主振动频率，以及主振型等。

4.2.3　示例

例题 4-2　两个质量分别为 m_1 和 m_2（$m_1=m_2=m$），固结于张力为 F_{T0} 的无质量细弦，如图 4-5(a)所示。质量作横向微振动，但假定弦内张力 F_{T0} 不变。分析在下列初条件下的响应：

(1) $\{x_1(0),x_2(0)\}=\{2,1\}$，

$\{\dot{x}_1(0),\dot{x}_2(0)\}=\dfrac{\sqrt{6}}{2}\sqrt{\dfrac{F_{T0}}{ml}}\{2,1\}$；

(2) $\{x_1(0),x_2(0)\}=\{1,-2\}$，

$\{\dot{x}_1(0),\dot{x}_2(0)\}=\dfrac{\sqrt{7}}{2}\sqrt{\dfrac{F_{T0}}{ml}}\{1,-2\}$

(3) $\{x_1(0),x_2(0)\}=\{1,8\}$，

$\{\dot{x}_1(0),\dot{x}_2(0)\}=\{0,0\}$

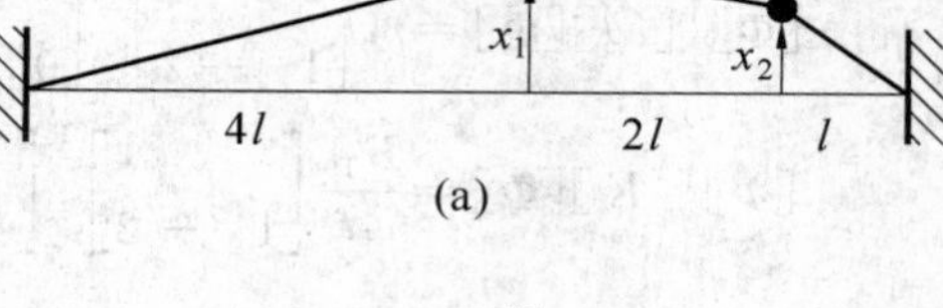

(a)

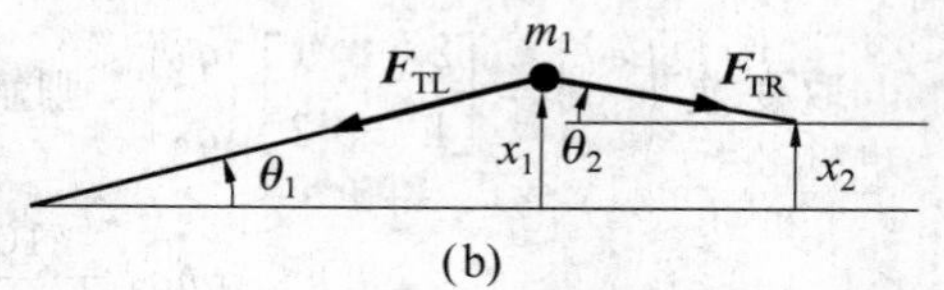

(b)

图 4-5　例题 4-2 两集中质量-弦振系

解：取出 m_1 的分离体，如图 4-5(b)所示。因为是微幅振动，所以 θ_1，θ_2，x_1 和 x_2 均为微量。水平方向因 $F_{TR}\cos\theta_2-F_{TL}\cos\theta_1=F_{T0}(\cos\theta_2-\cos\theta_1)\approx F_{T0}\left(1-\dfrac{\theta_2^2}{2}-1+\dfrac{\theta_1^2}{2}\right)$为高阶微量而无须考虑。沿垂直方向（弦的横向）有

$$m_1\ddot{x}_1=-(F_{TR}\sin\theta_2+F_{TL}\sin\theta_1) \tag{a}$$

根据微幅振动假定有 $\sin\theta_1\approx\dfrac{x_1}{4l}$，$\sin\theta_2\approx\dfrac{x_1-x_2}{2l}$，以及 $F_{TR}=F_{TL}=F_{T0}$ 和 $m_1=m$。将它们代入式(a)有

$$m\ddot{x}_1=-\frac{3F_{T0}}{4l}x_1+\frac{F_{T0}}{2l}x_2 \tag{b}$$

取 m_2 分离体，同样可得

$$m\ddot{x}_2=\frac{F_{T0}}{2l}x_1-\frac{3F_{T0}}{2l}x_2 \tag{c}$$

将式(b)和式(c)合起来，得到质量矩阵和刚度矩阵分别为

$$[M]=m\begin{bmatrix}1 & 0\\ 0 & 1\end{bmatrix},[K]=\frac{F_{T0}}{4l}\begin{bmatrix}3 & -2\\ -2 & 6\end{bmatrix}$$

1. 方程解耦

如果取$[\Phi]=\begin{bmatrix}2 & 1\\1 & -2\end{bmatrix}$(4.2.4 小节将会给出它的一般解法),可以验证它同时对质量矩阵和刚度矩阵正交,即

$$[\Phi]^{\mathrm{T}}[M][\Phi]=m\begin{bmatrix}2 & 1\\1 & -2\end{bmatrix}^{\mathrm{T}}\begin{bmatrix}1 & 0\\0 & 1\end{bmatrix}\begin{bmatrix}2 & 1\\1 & -2\end{bmatrix}=m\begin{bmatrix}5 & 0\\0 & 5\end{bmatrix}$$

$$[\Phi]^{\mathrm{T}}[K][\Phi]=\frac{F_{\mathrm{T0}}}{4l}\begin{bmatrix}2 & 1\\1 & -2\end{bmatrix}^{\mathrm{T}}\begin{bmatrix}3 & -2\\-2 & 6\end{bmatrix}\begin{bmatrix}2 & 1\\1 & -2\end{bmatrix}=\frac{F_{\mathrm{T0}}}{4l}\begin{bmatrix}10 & 0\\0 & 35\end{bmatrix}$$

取变换 $\begin{Bmatrix}x_1\\x_2\end{Bmatrix}=\begin{bmatrix}2 & 1\\1 & -2\end{bmatrix}\begin{Bmatrix}q_1\\q_2\end{Bmatrix}$,则解耦之后的方程为

$$\left.\begin{aligned}5m\ddot{q}_1+\frac{10F_{\mathrm{T0}}}{4l}q_1=0\\5m\ddot{q}_2+\frac{35F_{\mathrm{T0}}}{4l}q_2=0\end{aligned}\right\}$$

2. 第一阶主振动

我们先讨论第一组初条件,它变换到模态坐标上为:

$$\begin{Bmatrix}q_1(0)\\q_2(0)\end{Bmatrix}=\begin{bmatrix}2 & 1\\1 & -2\end{bmatrix}^{-1}\begin{Bmatrix}2\\1\end{Bmatrix}=\begin{Bmatrix}1\\0\end{Bmatrix},\quad\begin{Bmatrix}\dot{q}_1(0)\\\dot{q}_2(0)\end{Bmatrix}=\frac{\sqrt{6}}{2}\sqrt{\frac{F_{\mathrm{T0}}}{ml}}\begin{Bmatrix}1\\0\end{Bmatrix}$$

因此模态坐标解为

$$q_1(t)=q_1(0)\cos p_1t+\frac{\dot{q}_1(0)}{p_1}\sin p_1t=\cos p_1t+\sqrt{3}\sin p_1t=2\cos\left(p_1t-\frac{\pi}{3}\right)$$

$$q_2(t)=0$$

其中 $p_1=\sqrt{\dfrac{F_{\mathrm{T0}}}{2ml}}$。这组初条件比较特别,它使得第二个模态坐标恒为0。

如果回到物理坐标系则有

$$\left\{\begin{aligned}x_1(t)=4\cos\left(p_1t-\frac{\pi}{3}\right)\\x_2(t)=2\cos\left(p_1t-\frac{\pi}{3}\right)\end{aligned}\right.$$

这时在物理坐标系下,两个质点都发生简谐振动,各质点的振动频率都等于系统第

一阶固有频率。两质点同时到达最大，同时过 0，也同时达到负的最大，如图 4-6(a)所示的时间历程曲线$\left(\text{图中 } T_{p1}=\dfrac{2\pi}{p_1}\text{是对应第一阶固有频率的固有周期}\right)$。我们也可以在选定时刻把系统空间位置描记下来，就如同对系统状态拍了一幅“快照”(snapshot)。把多个不同时刻的“快照”叠放在一幅图中，这就是图 4-6(b)，该图直观地显示了主振动的特性：同时到达最大，同时过 0，也同时达到负的最大。本书把这样的图形称为快照叠放图。

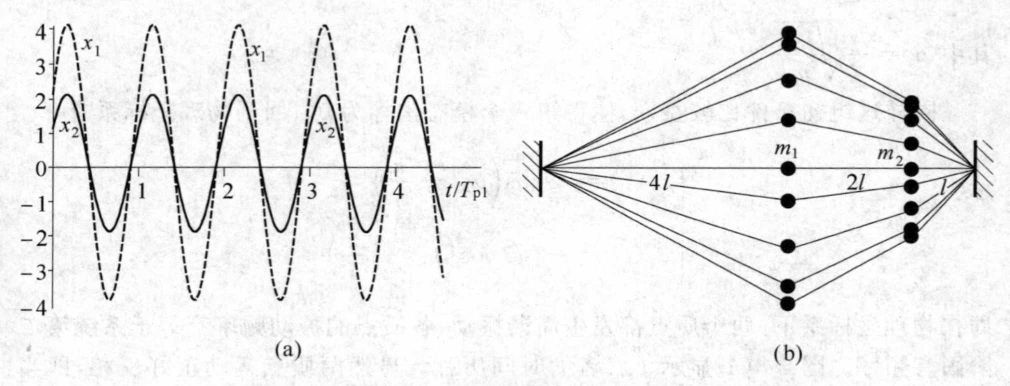

图 4-6　例题 4-2 的第一阶主振动

尽管图 4-6 非常直观，但是不简洁。一方面要绘制很多曲线，而且当系统变得复杂后，很多曲线堆放在一起，干扰理解。如果我们已经认可了主振动的特点，各点都以相同频率作简谐振动，而且各物理点之间相位差要么同相，要么反相，那么我们只要画出振动在各点比值即可，也就是根据图 4-6(b)的一条快照曲线就能想象出主振动的形式，这种画法就是振型图，如图 4-7 所示。图中线段旁标注的数据比值有意义，当乘以相同比例因子后所表示的意义仍然相同，比如 $2\times\{2,1\}=\{4,2\}$。

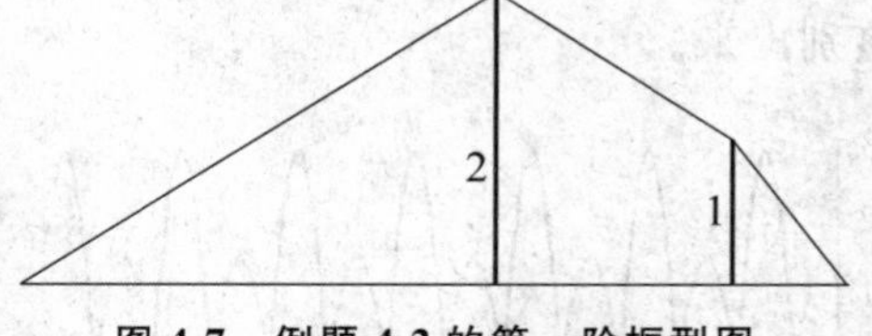

图 4-7　例题 4-2 的第一阶振型图

3. 第二阶主振动

我们再来看第二组初条件。与第一组初条件类似，可以解出

$$\begin{Bmatrix} q_1(0) \\ q_2(0) \end{Bmatrix}=\begin{bmatrix} 2 & 1 \\ 1 & -2 \end{bmatrix}^{-1}\begin{Bmatrix} 1 \\ -2 \end{Bmatrix}=\begin{Bmatrix} 0 \\ 1 \end{Bmatrix}$$

$$\begin{Bmatrix}\dot{q}_1(0)\\ \dot{q}_2(0)\end{Bmatrix}=\frac{\sqrt{7}}{2}\sqrt{\frac{F_{T0}}{ml}}\begin{bmatrix}2 & 1\\ 1 & -2\end{bmatrix}^{-1}\begin{Bmatrix}1\\ -2\end{Bmatrix}=\frac{\sqrt{7}}{2}\sqrt{\frac{F_{T0}}{ml}}\begin{Bmatrix}0\\ 1\end{Bmatrix}$$

因此模态坐标解为

$$q_1(t)=0$$

$$q_2(t)=q_2(0)\cos p_2 t+\frac{\dot{q}_2(0)}{p_2}\sin p_2 t=\cos p_2 t+\sin p_2 t=\sqrt{2}\cos\left(p_2 t-\frac{\pi}{4}\right)$$

其中 $p_2=\frac{\sqrt{7}}{2}\sqrt{\frac{F_{T0}}{ml}}$。

同样这组初条件比较特别，使得第一个模态坐标为 0。回到物理坐标系有

$$\begin{cases}x_1(t)=\sqrt{2}\cos\left(p_2 t-\frac{\pi}{4}\right)\\ x_2(t)=-2\sqrt{2}\cos\left(p_2 t-\frac{\pi}{4}\right)\end{cases}$$

即在物理坐标系下，两个质点都发生简谐振动，各质点的振动频率都等于系统第二阶固有频率。图 4-8(a)显示了二者的时间历程。显然两质点运动正好反相，即当 $x_1(t)$达到最大时，$x_2(t)$最小；而当 $x_1(t)$达到最小时，$x_2(t)$最大。但是同时过 0。

图 4-8(b)描制了快照叠放图。从该图我们可以直观地把握第二阶主振动的形式。特别是在两个质点之间有一个固定不动的节点。当系统振动比较快的时候，其他点看起来是模糊的，但是这些空间位置固定的节点总是静止，所以很容易鉴别出来。

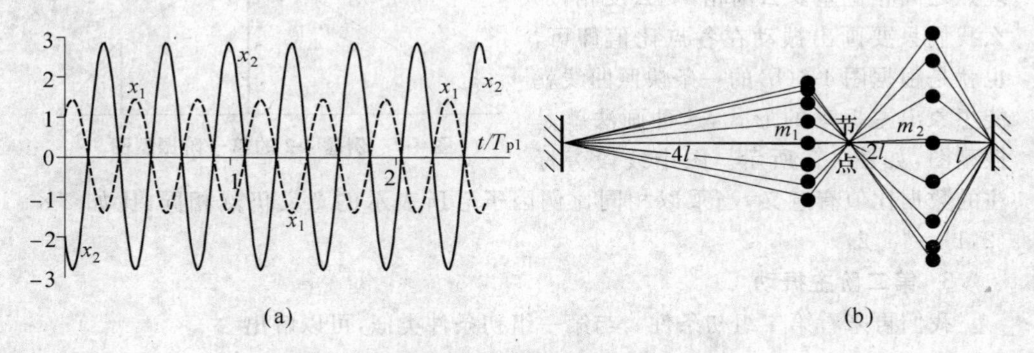

图 4-8　例题 4-2 的第二阶主振动

与图 4-7 相平行，我们可以作出第二阶振型的振型图（图 4-9）。图 4-9 中代表

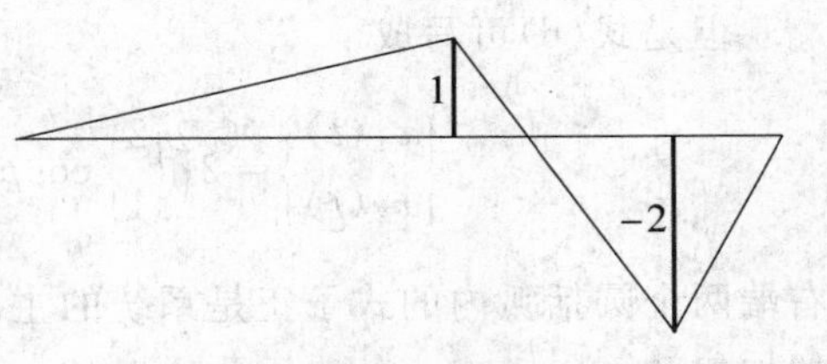

图 4-9　例题 4-2 的第二阶振型

振幅相对大小的竖直线段位于水平参考线的两侧，正好反映了它们的反相关系。而两条竖直线段的端点之间连线与水平参考线的交叉点代表节点。

4. 任意自由振动的模态分解

最后来看第三组初条件。与前两组类似，可以得到广义坐标下的初值

$$\begin{Bmatrix} q_1(0) \\ q_2(0) \end{Bmatrix} = \begin{bmatrix} 2 & 1 \\ 1 & -2 \end{bmatrix}^{-1} \begin{Bmatrix} 1 \\ 8 \end{Bmatrix} = \begin{Bmatrix} 2 \\ -3 \end{Bmatrix}, \begin{Bmatrix} \dot{q}_1(0) \\ \dot{q}_2(0) \end{Bmatrix} = \begin{Bmatrix} 0 \\ 0 \end{Bmatrix}$$

因此模态坐标解为

$$q_1(t) = q_1(0)\cos p_1 t + \frac{\dot{q}_1(0)}{p_1}\sin p_1 t = 2\cos p_1 t$$

$$q_2(t) = q_2(0)\cos p_2 t + \frac{\dot{q}_2(0)}{p_2}\sin p_2 t = -3\cos p_2 t$$

回到物理坐标系有

$$\begin{cases} x_1(t) = 4\cos p_1 t - 3\cos p_2 t \\ x_2(t) = 2\cos p_1 t + 6\cos p_2 t \end{cases} \tag{d}$$

对于这种情况，在物理坐标系下，两个质点的运动不再为简谐振动，如图 4-10(a)所示，时间历程曲线看起来比较复杂，不再像图 4-6(a)和图 4-8(a)那样简单，两个质点运动既不同相，也非反相。图 4-10(b)所示的快照叠放图上已经没有静止点了，直观上振动不再有稳定的模式。

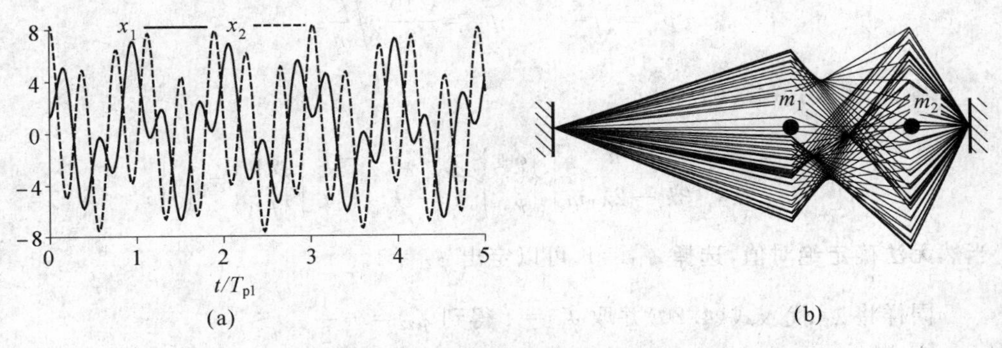

图 4-10　例题 4-2 的自由振动解

但是式(d)可写成

$$\begin{Bmatrix}x_1(t)\\x_2(t)\end{Bmatrix}=2\left(\begin{Bmatrix}2\\1\end{Bmatrix}\cos p_1 t\right)-3\left(\begin{Bmatrix}1\\-2\end{Bmatrix}\cos p_2 t\right)$$

右端两个圆括弧内的式子正是系统的主振动，这说明自由振动可以分解为主振动的加权和。

因此主振动不仅与方程解耦密切相关，而且具有物理意义。

例题 4-3 设图 4-1 中 $m_1=m, m_2=2m$ 和 $k_1=k_2=k, k_3=2k$。求系统的固有频率和振型。

解：将题中数据代入式(4.4)，得到

$$[M]=m\begin{bmatrix}1&0\\0&2\end{bmatrix},[K]=\begin{bmatrix}2k&-k\\-k&3k\end{bmatrix}$$

代入式(4.19)展开得频率方程

$$2m^2\lambda^2-7mk\lambda+5k^2=0$$

解这个方程得到

$$p_1^2=\lambda_1=\left[\frac{7}{4}-\sqrt{\left(\frac{7}{4}\right)^2-\frac{40}{4^2}}\right]\frac{k}{m}=\frac{k}{m}$$

$$p_2^2=\lambda_2=\left[\frac{7}{4}+\sqrt{\left(\frac{7}{4}\right)^2-\frac{40}{4^2}}\right]\frac{k}{m}=\frac{5k}{2m}$$

因此，固有频率为

$$p_1=\sqrt{\frac{k}{m}}\qquad p_2=\frac{\sqrt{10}}{2}\sqrt{\frac{k}{m}}$$

将 λ_1 代入式(4.20)有

$$\begin{bmatrix}2k-\lambda_1 m&-k\\-k&3k-2\lambda_1 m\end{bmatrix}\begin{Bmatrix}\phi_{11}\\\phi_{21}\end{Bmatrix}=\begin{bmatrix}k&-k\\-k&k\end{bmatrix}\begin{Bmatrix}\phi_{11}\\\phi_{21}\end{Bmatrix}=\begin{Bmatrix}0\\0\end{Bmatrix}$$

当然无法确定绝对值，选择 $\phi_{11}=1$，可以定出 $\phi_{21}=1$。

同样将 λ_2 代入式(4.20)并取 $\phi_{12}=1$ 得到 $\phi_{22}=-\dfrac{1}{2}$。

于是两个固有振型为

$$\{\phi\}_1=\begin{Bmatrix}1\\1\end{Bmatrix},\{\phi\}_2=\begin{Bmatrix}1\\-\frac{1}{2}\end{Bmatrix}$$

我们仍然用竖直线表示振型，如图 4-11 所示。物理意义上，它们是刻画弹簧－质量系统沿水平方向的主振动，而非垂直方向，这与图 4-7 和图 4-9 有所不同。

由振型图可看出系统作第一阶主振动时，两个质量位于静平衡参考线的同侧，作同相运动。作第二阶主振动时，两个质量位于静平衡参考线的对侧，因此第二阶主振动的两个质点做反相运动。第二阶振型有一个节点，这意味着发生第二阶主振动时，两个质量块之间的弹簧上存在一个静止不动点，该点为第二阶振型的节点。

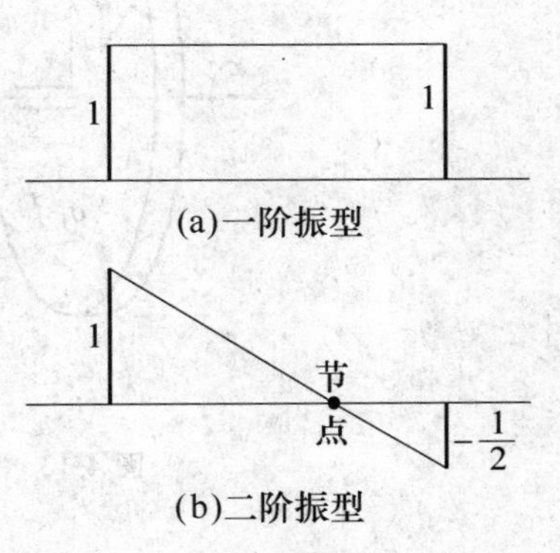

图 4-11　例题 4-3 的振型

例题 4-4　轴上装有两个圆盘，轴的两端固定，如图 4-12 所示。已知两个圆盘的转动惯量 J_1 和 J_2。三个轴段的扭转刚度分别 k_1,k_2,k_3。(1)试建立系统的运动微分方程；(2)假定 $J_1=J_2=J$ 与 $k_1=k_2=k,k_3=3k$，求固有频率和振型。

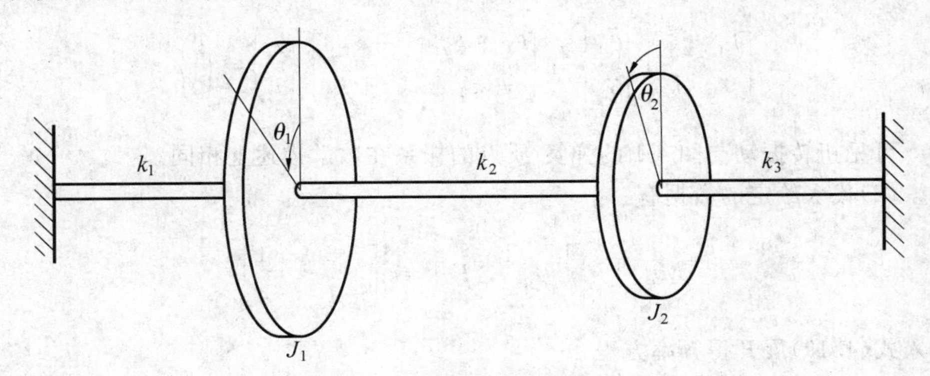

图 4-12　两圆盘扭转振动系统

解：(1)这个扭转振系运动可以用角坐标描述。设某一瞬时，圆盘 J_1 与 J_2 分别有角位移 θ_1 和 θ_2。圆盘 J_1 与 J_2 分离体受力如图 4-13 所示。根据图中的力偶矩转向有

$$M_{t1}=k_1\theta_1,M_{t23}=k_2(\theta_1-\theta_2)=M'_{t23},M_{t3}=k_3\theta_2 \tag{a}$$

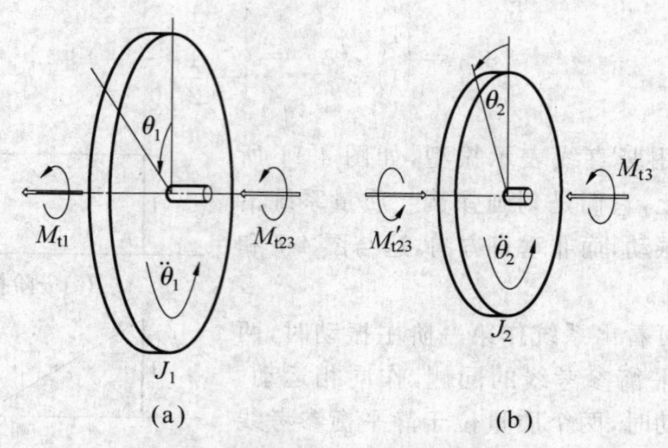

图 4-13　例题 4-4 的两个圆盘受力分析

再由定轴转动微分方程有

$$\begin{cases} J_1\ddot{\theta}_1 = -M_{t1} - M_{t23} \\ J_2\ddot{\theta}_2 = -M_{t3} + M'_{t23} \end{cases} \tag{b}$$

将式(a)代入式(b),并整理成矩阵形式有

$$\begin{bmatrix} J_1 & 0 \\ 0 & J_2 \end{bmatrix}\begin{Bmatrix} \ddot{\theta}_1 \\ \ddot{\theta}_2 \end{Bmatrix} + \begin{bmatrix} k_1+k_2 & -k_2 \\ -k_2 & k_2+k_3 \end{bmatrix}\begin{Bmatrix} \theta_1 \\ \theta_2 \end{Bmatrix} = \begin{Bmatrix} 0 \\ 0 \end{Bmatrix} \tag{c}$$

可见扭转振动与图 4-1 的弹簧-质点的振系在数学描述上相同。

(2)代入给定的数据有

$$[M] = J\begin{bmatrix} 1 & 0 \\ 0 & 1 \end{bmatrix}, [K] = k\begin{bmatrix} 2 & -1 \\ -1 & 4 \end{bmatrix}$$

代入式(4.19)展开得频率方程

$$J^2\lambda^2 - 6Jk\lambda + 7k^2 = 0$$

解这个方程得到

$$p_1^2 = \lambda_1 = (3-\sqrt{2})\,\frac{k}{J}$$

$$p_2^2 = \lambda_2 = (3+\sqrt{2})\,\frac{k}{J}$$

因此固有频率为

$$p_1 = 1.259\sqrt{\frac{k}{J}} \qquad p_2 = 2.101\sqrt{\frac{k}{J}}$$

将 λ_1 和 λ_2 代入式(4.20)，并选择 $\phi_{11}=1$ 和 $\phi_{12}=1$，可确定出振型如下

$$\{\phi\}_1 = \begin{Bmatrix} 1 \\ \sqrt{2}-1 \end{Bmatrix}, \{\phi\}_2 = \begin{Bmatrix} 1 \\ -\sqrt{2}-1 \end{Bmatrix}$$

振型如图 4-14 所示。注意这里主振动的比例关系是转角，而并不是直觉的横向位移。所以叫型而不是“形”。第二阶振型有一个节点，在该处轴的横截面扭转角为 0。

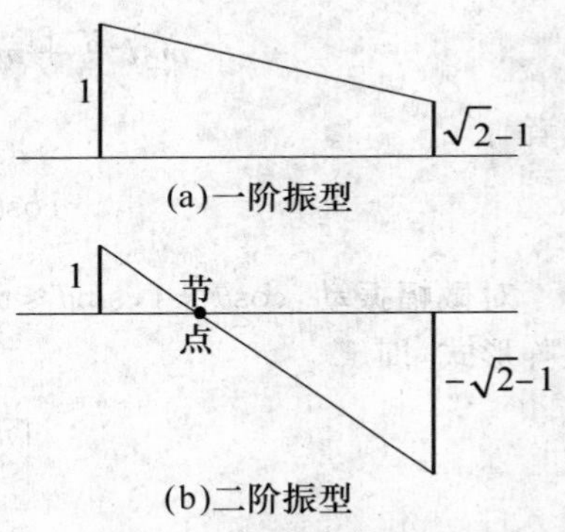

图 4-14　例题 4-4 的振型图

例题 4-5　图 4-15(a)中质量为 m_1 的小车支撑于光滑水平面，左端通过刚度为 k 的弹簧连接到固定面。在小车质心处铰接一质量为 m_2 的单摆，摆长为 l。(1)建立系统的微幅摆振方程；(2)取 $m_1=m_2=1$ kg，$k=20$ N/m，$l=1$ m，分析系统的固有频率和振型。

解：(1)取整体作受力分析，如图 4-15(b)所示。

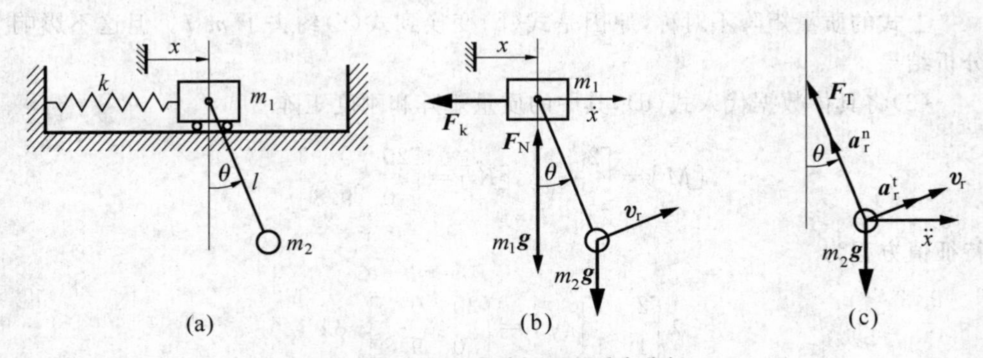

图 4-15　例题 4-5 的振系和受力分析

系统沿水平方向的动量为 $m_1\dot{x}+m_2(\dot{x}+v_r\cos\theta)$，其中 $v_r=l\dot{\theta}$。沿水平方向运用动量定理有

$$\frac{\mathrm{d}[m_1\dot{x}+m_2(\dot{x}+v_r\cos\theta)]}{\mathrm{d}t} = -F_k = -kx$$

即

$$(m_1+m_2)\ddot{x}+m_2 l\ddot{\theta}\cos\theta-lm_2\dot{\theta}^2\sin\theta+kx=0 \tag{a}$$

取 m_2 作受力分析，如图 4-15(c)所示，其中 $\boldsymbol{F}_{\mathrm{T}}$ 是摆杆的内力（因不计摆杆质量，它是二力杆，故受力沿杆方向）。沿 $\boldsymbol{a}_{\mathrm{r}}^{\mathrm{t}}$ 方向运用牛顿第二定律有：

$$m_2(a_{\mathrm{r}}^{\mathrm{t}}+\ddot{x}\cos\theta)=-m_2 g\sin\theta$$

即

$$m_2 l^2\ddot{\theta}+m_2\ddot{x}l\cos\theta+m_2 gl\sin\theta=0 \tag{b}$$

或者

$$\ddot{x}\cos\theta+l\ddot{\theta}+g\sin\theta=0 \tag{c}$$

对微幅振动，$\cos\theta\approx1$，$\sin\theta\approx\theta$，$\dot{\theta}^2\approx0$，(a)和(b)变成线性方程。将它们写成矩阵形式，即

$$\begin{bmatrix} m_1+m_2 & m_2 l \\ 1 & l \end{bmatrix}\begin{Bmatrix}\ddot{x}\\ \ddot{\theta}\end{Bmatrix}+\begin{bmatrix} k & 0 \\ 0 & g \end{bmatrix}\begin{Bmatrix}x\\ \theta\end{Bmatrix}=\begin{Bmatrix}0\\ 0\end{Bmatrix} \tag{d}$$

上式的质量矩阵不对称，原因是式(b)变换到式(c)约去了 $m_2 l$。但这不影响分析结果。

(2)将具体数据代入式(d)，其中的质量矩阵和刚度矩阵

$$[M]=\begin{bmatrix} 2 & 1 \\ 1 & 1 \end{bmatrix},[K]=\begin{bmatrix} 20 & 0 \\ 0 & 9.8 \end{bmatrix}$$

特征值方程为

$$\lambda\begin{bmatrix} 2 & 1 \\ 1 & 1 \end{bmatrix}\{\phi\}=\begin{bmatrix} 20 & 0 \\ 0 & 9.8 \end{bmatrix}\{\phi\}$$

可解出

$$\lambda_1=p_1^2=5.7986,\{\phi\}_1=\begin{Bmatrix}0.3780\\ 0.5478\end{Bmatrix} \tag{e}$$

$$\lambda_2=p_2^2=33.8014,\{\phi\}_2=\begin{Bmatrix}-0.9258\\ 1.3038\end{Bmatrix} \tag{f}$$

用上述特征向量，我们可以作出类似图 4-14 的图形，但是该图形并没有直观物理意义，比如$\{\phi\}_2$线端连线与参考线肯定有交点，但是这个交点并没有节点的意义。原因是两个广义坐标没有可比性，一个是线位移，另一个是角位移。

如果想画出有直观意义的振型图，那么可用绝对线位移。对于本例，若将第二个广义坐标选择成m_2的水平位移x_2，则得到的振型就比较直观。显然

$$x_2 = x + l\sin\theta \approx x + l\theta$$

利用上式可以将式(d)中θ换成x_2，即

$$\begin{bmatrix} m_1 & m_2 \\ 0 & 1 \end{bmatrix} \begin{Bmatrix} \ddot{x} \\ \ddot{x}_2 \end{Bmatrix} + \begin{bmatrix} k & 0 \\ -\dfrac{g}{l} & \dfrac{g}{l} \end{bmatrix} \begin{Bmatrix} x \\ x_2 \end{Bmatrix} = \begin{Bmatrix} 0 \\ 0 \end{Bmatrix}$$

代入具体数据有

$$[M] = \begin{bmatrix} 1 & 1 \\ 0 & 1 \end{bmatrix}, [K] = \begin{bmatrix} 20 & 0 \\ -9.8 & 9.8 \end{bmatrix}$$

可以求出

$$\lambda_1 = p_1^2 = 5.7986, \{\phi\}_1 = \begin{Bmatrix} 0.4083 \\ 1.0000 \end{Bmatrix} \tag{g}$$

$$\lambda_2 = p_2^2 = 33.8014, \{\phi\}_2 = \begin{Bmatrix} 1.0000 \\ -0.4083 \end{Bmatrix} \tag{h}$$

式(g)和式(h)与式(e)和式(f)相比较，可知特征值（固有频率）相同，但特征向量有差异。按照式(g)和式(h)画的振型如图 4-16 所示，其中第二阶振型的节点对应摆杆上的不动点。

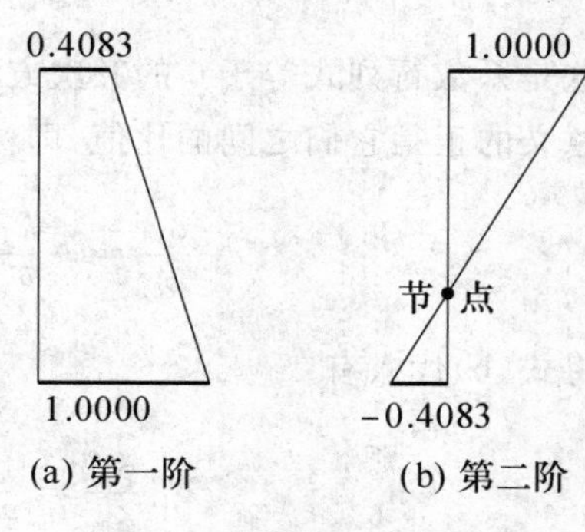

图 4-16　例题 4-5 的振型

4.2.4　一般解法

式(4.14)特征值的特征根方程为

$$|[K] - \lambda[M]| = 0 \tag{4.19}$$

也就是

$$\begin{vmatrix} k_{11} - \lambda m_{11} & k_{12} - \lambda m_{12} \\ k_{21} - \lambda m_{21} & k_{22} - \lambda m_{22} \end{vmatrix} = 0$$

这是二阶行列式，将其展开，并结合刚度和质量矩阵的对称性 $m_{12}=m_{21}$ 和 $k_{12}=k_{21}$，可得

$$(m_{11}m_{22}-m_{12}^2)\lambda^2+(2k_{12}m_{12}-k_{22}m_{11}-k_{11}m_{22})\lambda+k_{11}k_{22}-k_{12}^2=0 \quad \text{(a)}$$

该方程有两个根 λ_1 和 λ_2，可证明 λ_1 和 λ_2 均是非负实根。

方程(a)的两个根为

$$\lambda_1=\frac{1}{2}\frac{k_{22}m_{11}+k_{11}m_{22}-2k_{12}m_{12}-\sqrt{\Delta}}{m_{11}m_{22}-m_{12}^2} \quad \text{(b)}$$

$$\lambda_2=\frac{1}{2}\frac{k_{22}m_{11}+k_{11}m_{22}-2k_{12}m_{12}+\sqrt{\Delta}}{m_{11}m_{22}-m_{12}^2} \quad \text{(c)}$$

式中 $\Delta=(2m_{12}k_{21}-m_{11}k_{22}-m_{22}k_{11})^2-4(m_{11}m_{22}-m_{12}^2)(k_{11}k_{22}-k_{12}^2)$

下面来求特征向量。将特征值 λ_1 代入式(4.15)的第一式有

$$\begin{bmatrix} k_{11}-\lambda_1 m_{11} & k_{12}-\lambda_1 m_{12} \\ k_{21}-\lambda_1 m_{21} & k_{22}-\lambda_1 m_{22} \end{bmatrix}\begin{Bmatrix}\phi_{11}\\ \phi_{21}\end{Bmatrix}=\begin{Bmatrix}0\\0\end{Bmatrix} \quad (4.20)$$

这是系数行列式等于0的齐次方程。如同例题，无法确定 ϕ_{11} 和 ϕ_{12} 的绝对值，但有意义的正是它们之间的比值，即

$$\frac{\phi_{11}}{\phi_{21}}=-\frac{k_{12}-\lambda_1 m_{12}}{k_{11}-\lambda_1 m_{11}}=-\frac{k_{22}-\lambda_1 m_{22}}{k_{21}-\lambda_1 m_{21}} \quad \text{(d)}$$

将式(b)代入有

$$\frac{\phi_{11}}{\phi_{21}}=\frac{1}{2}\frac{k_{11}m_{22}-k_{22}m_{11}-\sqrt{\Delta}}{k_{22}m_{12}-k_{12}m_{22}}$$

同样可得

$$\frac{\phi_{12}}{\phi_{22}}=\frac{1}{2}\frac{k_{11}m_{22}-k_{22}m_{11}+\sqrt{\Delta}}{k_{22}m_{12}-k_{12}m_{22}}$$

这样就得到了振型。由式(4.14)可以看出，λ_1(或 p_1)，λ_2(或 p_2)和 $[\Phi]$ 是由系统参数 $[M]$ 和 $[K]$ 所确定的，与原来物理坐标下的初条件无关，所以称为固有频率和固有振型，也称模态频率和模态振型。

如果 $m_{12}=0$，容易验证 $\frac{\phi_{11}}{\phi_{21}}>0$ 而 $\frac{\phi_{12}}{\phi_{22}}<0$。此时，第二阶振型肯定存在节点。

4.3　双摆——再谈拍现象

第 3 章的 3.1.4 小节的瞬态振动中曾讨论过：当激励频率与固有频率非常接近时，在强迫振动的瞬态阶段会出现拍的现象。本节以双摆为例说明当两自由度系统的两个固有频率接近时，自由振动也会出现拍的现象。

4.3.1　模型

如图 4-17(a)所示双摆，由摆长均为 l，质量均为 m 的两个单摆组成。上端用铰悬挂，两杆之间用刚度为 k 的弹簧连接，连接点距上端悬挂点为 a。当两杆竖直时弹簧不受力，即弹簧处于原长。取两摆离开铅垂平衡位置的角位移 θ_1 和 θ_2 为广义坐标，以逆时针转向为正。任一瞬时位置，两个摆所受的力如图 4-17(b)所示，其中(微幅振动)

$$F'_{\mathrm{k}}=F_{\mathrm{k}}\approx ka(\theta_2-\theta_1)$$

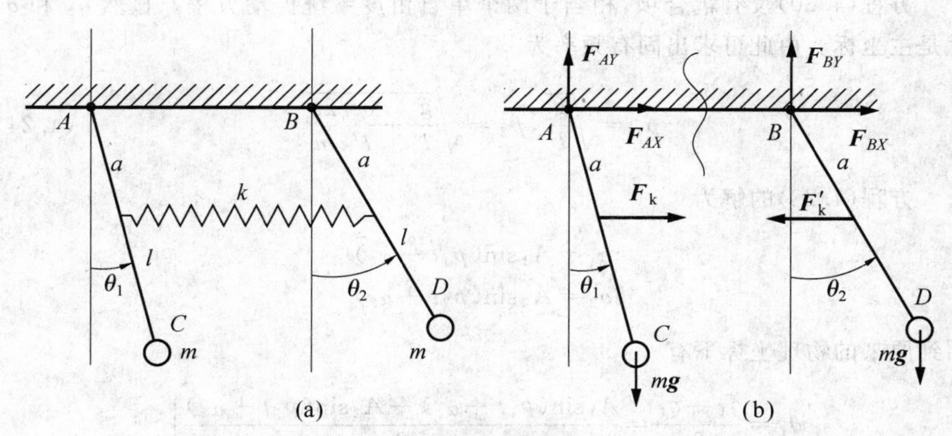

图 4-17　双摆模型

由定轴转动微分方程可列出两个摆的微分方程：

$$\begin{cases}ml^2\ddot{\theta}_1-ka^2(\theta_2-\theta_1)+mgl\sin\theta_1=0\\ ml^2\ddot{\theta}_2+ka^2(\theta_2-\theta_1)+mgl\sin\theta_2=0\end{cases}$$

我们仅讨论微幅摆动，这样 $\sin\theta_1\approx\theta_1$，$\sin\theta_2\approx\theta_2$，上面的方程线性化为

$$\left.\begin{aligned}ml^2\ddot{\theta}_1-ka^2(\theta_2-\theta_1)+mgl\theta_1=0\\ ml^2\ddot{\theta}_2+ka^2(\theta_2-\theta_1)+mgl\theta_2=0\end{aligned}\right\}\tag{4.21}$$

4.3.2 求解

可以用4.2.4小节的特征值方法，机械地对方程(4.21)解耦。但是该方程比较简单而且对称，因此我们像例题4-1那样，用更直观的“凑”法来处理。将方程(4.21)的两个方程分别相加和相减，可得两个新方程

$$\left.\begin{aligned} ml^2(\ddot{\theta}_1+\ddot{\theta}_2)+mgl(\theta_1+\theta_2)=0 \\ ml^2(\ddot{\theta}_1-\ddot{\theta}_2)+(2ka^2+mgl)(\theta_1-\theta_2)=0 \end{aligned}\right\} \tag{4.22}$$

取 $q_1=\theta_1+\theta_2$ 和 $q_2=\theta_1-\theta_2$，方程(4.22)变为

$$\left.\begin{aligned} \ddot{q}_1+\frac{g}{l}q_1=0 \\ \ddot{q}_2+\left(\frac{g}{l}+\frac{a^2}{l^2}\frac{2k}{m}\right)q_2=0 \end{aligned}\right\} \tag{4.23}$$

方程(4.30)没有耦合项，相当于两个单自由度系统振动方程。显然 q_1 和 q_2 就是主坐标。由此可求出固有频率为

$$p_1=\sqrt{\frac{g}{l}},p_2=\sqrt{\frac{g}{l}+\frac{a^2}{l^2}\frac{2k}{m}} \tag{4.24}$$

方程(4.23)的解为

$$\begin{aligned} q_1=A_1\sin(p_1t+\alpha_1) \\ q_2=A_2\sin(p_2t+\alpha_2) \end{aligned}$$

回到原来的物理坐标下有

$$\left.\begin{aligned} \theta_1=\frac{q_1+q_2}{2}=\frac{A_1\sin(p_1t+\alpha_1)+A_2\sin(p_2t+\alpha_2)}{2} \\ \theta_2=\frac{q_1-q_2}{2}=\frac{A_1\sin(p_1t+\alpha_1)-A_2\sin(p_2t+\alpha_2)}{2} \end{aligned}\right\} \tag{4.25}$$

这就是双摆的通解，而式中 A_1,A_2,α_1 和 α_2 四个常数决定于初始条件。

当初始条件 $\theta_1(0)=\theta_2(0)=\theta_0,\dot{\theta}_1(0)=\dot{\theta}_2(0)=0$ 时，计算得到 $A_1=2\theta_0$，$A_2=0,\alpha_1=\pi/2$。系统的响应为

$$\begin{aligned} \theta_1(t)=\theta_0\cos(p_1t) \\ \theta_2(t)=\theta_0\cos(p_1t) \end{aligned}$$

即系统作第一阶主振动，其振幅比为 1∶1，整个振动过程 $\theta_1(t)=\theta_2(t)$。画出的第一阶振型如图 4-18(a)所示。连接弹簧不变形，两根摆杆像单摆一样做同向摆动，而且固有频率也与单摆的一样。

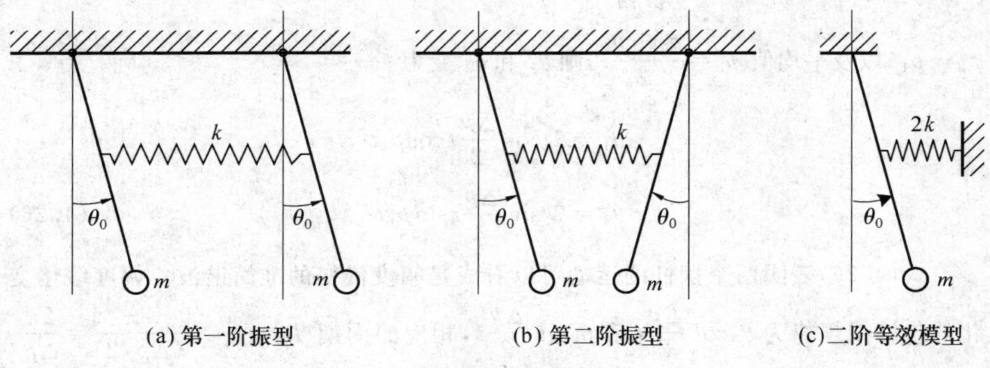

(a) 第一阶振型　　(b) 第二阶振型　　(c)二阶等效模型

图 4-18　双摆的振型模式

当初始条件 $\theta_1(0)=-\theta_2(0)=\theta_0, \dot{\theta}_1(0)=\dot{\theta}_2(0)=0$ 时，计算得到 $A_1=0$，$A_2=2\theta_0, \alpha_2=\dfrac{\pi}{2}$。系统的响应为

$$\theta_1(t)=\theta_0\cos(p_2 t)$$
$$\theta_2(t)=-\theta_0\cos(p_2 t)$$

即系统作第二阶主振动，其振幅比为 1∶−1，整个振动过程 $\theta_1(t)=-\theta_2(t)$。

画出的第二阶振型如图 4-18(b)所示。两根摆杆作同频率反向摆动。弹簧中间有一个不动的节点，因而可以把双摆看作两个彼此独立的单摆，在距悬挂点 a 处连接一刚度为 $2k$ 的弹簧，如图 4-18(c)所示。

4.3.3　拍

在任意初始条件下，系统响应为两个主振动的叠加，不再是简谐运动。例如当初始条件为 $\theta_1(0)=\theta_0, \theta_2(0)=0, \dot{\theta}_1(0)=\dot{\theta}_2(0)=0$ 时，可求出 $A_1=A_2=\theta_0, \alpha_1=\alpha_2=\pi/2$。系统的响应为

$$\theta_1=\frac{1}{2}\theta_0(\cos p_1 t+\cos p_2 t), \theta_2=\frac{1}{2}\theta_0(\cos p_1 t-\cos p_2 t)$$

利用三角函数的和差化积得

$$\theta_1=\theta_0\cos\frac{p_2-p_1}{2}t\cos\frac{p_2+p_1}{2}t$$

$$\theta_2=\theta_0\sin\frac{p_2-p_1}{2}t\sin\frac{p_2+p_1}{2}t$$

当弹簧刚度 k 很小，即$\frac{a^2}{l^2}\frac{2k}{m}$相比$\frac{g}{l}$很小时，$p_1$ 与 p_2 很接近。令频率差为 $\Delta p=p_2-p_1$，以及平均值 $p_a=\frac{p_1+p_2}{2}$，则 θ_1 和 θ_2 变为

$$\theta_1=\theta_0\cos\frac{\Delta p}{2}t\cos p_a t$$

$$\theta_2=\theta_0\sin\frac{\Delta p}{2}t\sin p_a t \tag{4.26}$$

式(4.26)表明两个摆杆的运动可以看成是幅度慢变的准简谐波。幅度缓慢变化的包络线规律为 $\theta_0\cos\frac{\Delta p}{2}t$ 和 $\theta_0\sin\frac{\Delta p}{2}t$，相应的周期 $T_b=\frac{1}{2}\times\frac{2\pi}{(\Delta p/2)}=\frac{2\pi}{\Delta p}$。两个摆杆的响应曲线如图 4-19 所示，可见两个摆杆同时发生了拍现象，而两个拍之间的相位差 $\pi/2$。

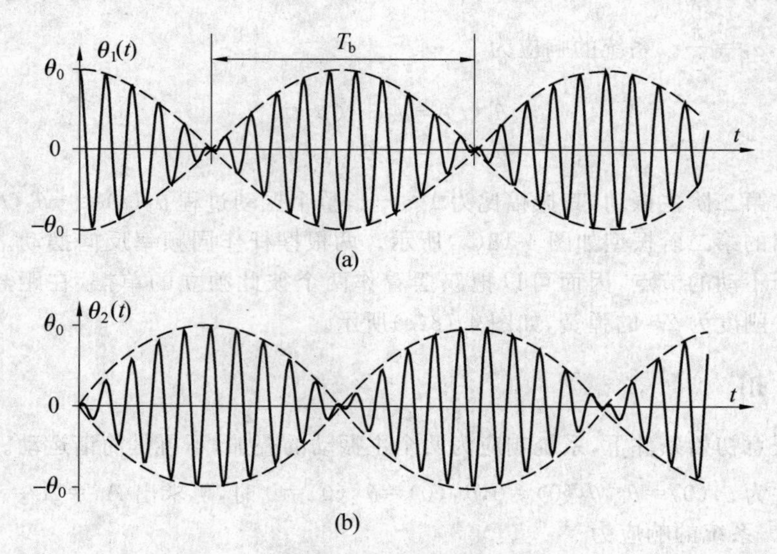

图 4-19　双摆的拍振动

一开始左边的摆杆以 θ_0 角度摆动，右边的摆不动，随后左边摆杆的摆幅逐渐减小，右边的摆杆开始摆动，摆幅先增大，直到 $t=\frac{T_b}{2}=\frac{\pi}{\Delta p}$时，左边摆停止，右

边摆达到 θ_0；再经过 $\frac{T_b}{2}=\frac{\pi}{\Delta p}$，右边的摆杆停止，左边摆又达到 θ_0。以后每隔 T_b 重复一次。同时能量也从一个摆传到另一个摆，交替转换，使两个摆持续地交替摆动。

拍的频率就等于 $\Delta p=p_2-p_1\approx\left(\frac{a}{l}\right)^{\frac{3}{2}}\frac{k}{m}\sqrt{\frac{a}{g}}$，而周期为

$$T_b=\frac{2\pi}{\Delta p}\approx 2\pi\left(\frac{l}{a}\right)^{\frac{3}{2}}\frac{m}{k}\sqrt{\frac{g}{a}}$$

可见中间弹簧的刚度 k 越小，周期越长。

4.4 受迫振动

4.4.1 响应表达式

这里仅考虑激励为简谐情形，即 $\{f(t)\}=\{f\}\sin\omega t=\begin{Bmatrix}f_1\\f_2\end{Bmatrix}\sin\omega t$。方程(4.3)变为

$$[M]\{\ddot{x}\}+[K]\{x\}=\{f\}\sin\omega t \tag{4.27}$$

如同自由响应，需要设法对上述方程解耦。假定已经由 $[M]$ 和 $[K]$ 得到了振型矩阵 $[\varPhi]$，将 $\{x\}=[\varPhi]\{q\}$ 代入方程(4.27)得到

$$[M][\varPhi]\{\ddot{q}\}+[K][\varPhi]\{q\}=\{f\}\sin\omega t$$

左乘一个 $[\varPhi]^{\mathrm{T}}$

$$[\varPhi]^{\mathrm{T}}[M][\varPhi]\{\ddot{q}\}+[\varPhi]^{\mathrm{T}}[K][\varPhi]\{q\}=[\varPhi]^{\mathrm{T}}\{f\}\sin\omega t$$

记广义力(也叫模态力，即某阶模态中力的贡献)幅

$$\{Q\}=\begin{Bmatrix}Q_1\\Q_2\end{Bmatrix}=[\varPhi]^{\mathrm{T}}\{f\} \tag{4.28}$$

这样就将方程(4.27)解耦成

$$M_1\ddot{q}_1+K_1q_1=Q_1\sin\omega t$$
$$M_2\ddot{q}_2+K_2q_2=Q_2\sin\omega t$$

按照第 3 章 3.1 节的单自由度响应公式(3.11),这两个方程的解为

$$\begin{cases} q_1(t)=q_1(0)\cos p_1 t+\dfrac{\dot{q}_1(0)}{p_1}\sin p_1 t+B_1\left(\sin\omega t-\dfrac{\omega}{p_1}\sin p_1 t\right) \\ q_2(t)=q_2(0)\cos p_2 t+\dfrac{\dot{q}_2(0)}{p_2}\sin p_2 t+B_2\left(\sin\omega t-\dfrac{\omega}{p_2}\sin p_2 t\right) \end{cases} \tag{4.29}$$

其中 B_1 和 B_2 与初始条件无关。引入两个频率比 $\nu_1=\dfrac{\omega}{p_1}$ 和 $\nu_2=\dfrac{\omega}{p_2}$,$B_1$ 和 B_2 可写为

$$B_1=\frac{Q_1}{K_1}\frac{1}{1-\nu_1^2},B_2=\frac{Q_2}{K_2}\frac{1}{1-\nu_2^2} \tag{4.30}$$

如果回到物理坐标系有

$$\begin{cases} x_1(t)=\phi_{11}q_1(0)\cos p_1 t+\phi_{11}\dfrac{\dot{q}_1(0)}{p_1}\sin p_1 t+\phi_{12}q_2(0)\cos p_2 t+\phi_{12}\dfrac{\dot{q}_2(0)}{p_2}\sin p_2 t \\ \qquad \phi_{11}B_1\left(\sin\omega t-\dfrac{\omega}{p_1}\sin p_1 t\right)+\phi_{12}B_2\left(\sin\omega t-\dfrac{\omega}{p_2}\sin p_2 t\right) \\ x_2(t)=\phi_{21}q_1(0)\cos p_1 t+\phi_{21}\dfrac{\dot{q}_1(0)}{p_1}\sin p_1 \mathrm{t}+\phi_{22}q_2(0)\cos p_2 t+\phi_{22}\dfrac{\dot{q}_2(0)}{p_2}\sin p_2 t \\ \qquad \phi_{21}B_1\left(\sin\omega t-\dfrac{\omega}{p_1}\sin p_1 t\right)+\phi_{22}B_2\left(\sin\omega t-\dfrac{\omega}{p_2}\sin p_2 t\right) \end{cases} \tag{4.31}$$

由式(4.31)可以看出,受迫响应一般有三个谐波,即两个固有频率 p_1 与 p_2,以及激励的频率 ω。

我们对解(4.31)可能出现无穷大的情形感兴趣。显然 B_1 和 B_2 只要有一个是无穷大就有可能导致 $x_1(t)$ 和 $x_2(t)$ 都是无穷大,即发生共振。当 $\nu_1=\omega/p_1=1$,B_1 为无穷;当 $\nu_2=\omega/p_2=1$,B_2 为无穷。因此两自由度系统有两个共振频率,它们就等于系统的两个固有频率(不考虑 $p_1=p_2$ 的情形)。

4.4.2 稳态响应

第 3 章的式(3.11)表明,若存在阻尼,经过足够长的时间之后,与阻尼固有频率相关的成分将衰减到可忽略不计。仅考虑稳态响应时,为简单计,可将与固有频率 p_1 和 p_2 相关项略去,即

$$\begin{cases} x_1(t) \approx \phi_{11} B_1 \sin\omega t + \phi_{12} B_2 \sin\omega t \\ x_2(t) \approx \phi_{21} B_1 \sin\omega t + \phi_{22} B_2 \sin\omega t \end{cases} \tag{4.32}$$

当 $\nu_1 = \omega / p_1 \to 1$，$B_1$ 将远远大于 B_2，因而 $x_1(t)$ 和 $x_2(t)$ 的第二项可以忽略，即

$$\begin{cases} x_1(t) \approx \phi_{11} B_1 \sin\omega t \\ x_2(t) \approx \phi_{21} B_1 \sin\omega t \end{cases}$$

该式表明 $x_1(t)$ 和 $x_2(t)$ 的比值就是第一阶振型。这就是共振法测量振型的原理。

同样当 $\nu_2 = \omega / p_2 \to 1$，同样有

$$\begin{cases} x_1(t) \approx \phi_{12} B_2 \sin\omega t \\ x_2(t) \approx \phi_{22} B_2 \sin\omega t \end{cases} \tag{4.33}$$

根据它可以得到第二阶振型。

当激励频率 ω 为任意情形时，研究式(4.32)的 $x_1(t)$ 和 $x_2(t)$ 的特性非常重要。该式可重写为

$$\begin{cases} x_1(t) = (\phi_{11} B_1 + \phi_{12} B_2) \sin\omega t \\ x_2(t) = (\phi_{21} B_1 + \phi_{22} B_2) \sin\omega t \end{cases} \tag{4.34}$$

记 $\sin\omega t$ 前系数向量为 $\{X(\omega)\} = \{X_1(\omega), X_2(\omega)\}^{\mathrm{T}}$，即

$$\begin{cases} X_1(\omega) = \phi_{11} B_1 + \phi_{12} B_2 \\ X_2(\omega) = \phi_{21} B_1 + \phi_{22} B_2 \end{cases}$$

下面建立它们与物理坐标系下的参数之间的关系。

$\{X(\omega)\}$ 也可以写成如下矩阵形式

$$\{X(\omega)\} = \begin{Bmatrix} X_1(\omega) \\ X_2(\omega) \end{Bmatrix} = \begin{bmatrix} \phi_{11} & \phi_{12} \\ \phi_{21} & \phi_{22} \end{bmatrix} \begin{Bmatrix} B_1 \\ B_2 \end{Bmatrix} = [\Phi] \begin{Bmatrix} B_1 \\ B_2 \end{Bmatrix} \tag{4.35}$$

将式(4.30)代入式(4.35)有

$$\{X(\omega)\} = [\Phi] \begin{Bmatrix} \dfrac{Q_1}{K_1} \dfrac{1}{1-\nu_1^2} \\ \dfrac{Q_2}{K_2} \dfrac{1}{1-\nu_2^2} \end{Bmatrix} = [\Phi][\Lambda] \begin{Bmatrix} Q_1 \\ Q_2 \end{Bmatrix} \tag{4.36}$$

其中

$$[\Lambda]=\begin{bmatrix}\frac{1}{K_1}\frac{1}{1-\nu_1^2} & 0\\ 0 & \frac{1}{K_2}\frac{1}{1-\nu_2^2}\end{bmatrix} \tag{4.37}$$

$[\Lambda]$的对角元素可变为

$$\frac{1}{K_i}\frac{1}{1-\nu_i^2}=\frac{1}{K_i}\frac{1}{1-(\omega/p_i)^2}=\frac{1}{K_i}\frac{1}{1-M_i\omega^2/K_i}=\frac{1}{K_i-M_i\omega^2}(i=1,2)$$

因此$[\Lambda]$可写为

$$[\Lambda]=\begin{bmatrix}K_1-M_1\omega^2 & 0\\ 0 & K_2-M_2\omega^2\end{bmatrix}^{-1}=([K]_{\mathrm{P}}-\omega^2[M]_{\mathrm{P}})^{-1}$$

其中$[M]_{\mathrm{P}}$和$[K]_{\mathrm{P}}$就是分别由式(4.9)和式(4.10)所定义的主质量和主刚度矩阵。把式(4.9)和式(4.10)代入$[\Lambda]$有

$$\begin{aligned}[\Lambda]&=([\Phi]^{\mathrm{T}}[K][\Phi]-\omega^2[\Phi]^{\mathrm{T}}[M][\Phi])^{-1}\\&=[\Phi]^{-1}([K]-\omega^2[M])^{-1}[\Phi]^{-\mathrm{T}}\end{aligned} \tag{4.38}$$

将上式代入式(4.36)得到(利用(4.28)式：$\{Q\}=\begin{Bmatrix}Q_1\\Q_2\end{Bmatrix}=[\Phi]^{\mathrm{T}}\{f\}$)

$$\{X(\omega)\}=([K]-\omega^2[M])^{-1}\{f\} \tag{4.39}$$

这就是稳态响应与物理参数之间的关系。

显然，如果我们一开始就将响应形式假定为(式(4.34)的变形)：

$$\{x(t)\}=\{X(\omega)\}\sin\omega t \tag{4.40}$$

直接代入方程(4.27)，则立即得到式(4.39)，根本无须兜这么大圈子。但是兜了这个圈子有利于我们理解多自由度振动的特性。

4.4.3 频响函数矩阵

我们引入频响函数矩阵

$$[H(\mathrm{j}\omega)]=([K]+(\mathrm{j}\omega)^2[M])^{-1} \tag{4.41}$$

借助它，受迫响应就可以表示为

$$\{x(t)\}=\{X(\omega)\}\sin\omega t=[H(\mathrm{j}\omega)]\{f\}\sin\omega t$$

因此传递矩阵的 i 行 j 列的元素 $H_{ij}(\mathrm{j}\omega)$ 代表的物理意义就是对第 j 点施加单位幅度的简谐激励，在 i 点引起的简谐响应的大小（含正负号）。

单自由度相当于只有一个位置，系统的频响特性限制于自己到自己，所以频响特性只用一个标量函数即可刻画。两自由度有两个物理坐标，所以系统的频响特性可以是自己到自己，也可以到另外一点，也就是有 1 点到 1 点，1 点到 2 点，2 点到 1 点，2 点到 2 点四种情形，这就对应了 $[H(\mathrm{j}\omega)]$ 的四个元素。

显然我们对 $H_{ij}(\mathrm{j}\omega)$ 的特性比较感兴趣，比如最关心的共振现象应该是对很小的激励，也能激起很强的响应，即 $|H_{ij}(\mathrm{j}\omega)|$ 很大。然而这个特性很难从式(4.41)直接分析出来。但是若把式(4.38)倒回去则有

$$[H(\mathrm{j}\omega)]=([K]+(\mathrm{j}\omega)^2[M])^{-1}=[\Phi][\Lambda][\Phi]^{\mathrm{T}} \tag{4.42}$$

再将式(4.37)代入有

$$[H(\mathrm{j}\omega)]=\begin{bmatrix}\dfrac{\phi_{11}^2}{K_1-M_1\omega^2}+\dfrac{\phi_{12}^2}{K_2-M_2\omega^2} & \dfrac{\phi_{21}\phi_{11}}{K_1-M_1\omega^2}+\dfrac{\phi_{22}\phi_{12}}{K_2-M_2\omega^2}\\ \dfrac{\phi_{21}\phi_{11}}{K_1-M_1\omega^2}+\dfrac{\phi_{22}\phi_{12}}{K_2-M_2\omega^2} & \dfrac{\phi_{21}^2}{K_1-M_1\omega^2}+\dfrac{\phi_{22}^2}{K_2-M_2\omega^2}\end{bmatrix} \tag{4.43}$$

显然 $|H_{ij}(\mathrm{j}\omega)|$ 出现无穷的条件是激振频率等于主振动频率之一。如同单自由度我们也可以绘制出 $|H_{ij}(\mathrm{j}\omega)|$ 随 ω 变化的幅频特性曲线，用来分析振系的特性（见下面的例题 4-6）。

式(4.43)还有另外一种表达形式

$$[H(\mathrm{j}\omega)]=\frac{\{\phi\}_1\{\phi\}_1^{\mathrm{T}}}{K_1-M_1\omega^2}+\frac{\{\phi\}_2\{\phi\}_2^{\mathrm{T}}}{K_2-M_2\omega^2}=\sum_{i=1}^{2}\frac{\{\phi\}_i\{\phi\}_i^{\mathrm{T}}}{K_i-M_i\omega^2} \tag{4.44}$$

这说明系统特性 $[H(\mathrm{j}\omega)]$ 可以按照模态来逐一分解。每阶模态都如同单自由度，它对物理坐标下响应的贡献取决于对应阶的振型。

例题 4-6　设图 4-1 中 $m_1=m$，$m_2=2m$ 和 $k_1=k_2=k$，$k_3=2k$。在质量 m_1 上作用一激励 $f_1(t)=f_1\sin\omega t$，而 $f_2(t)=0$。求：(1)系统的稳态响应；(2)稳态响应的幅频特性曲线。

解：(1)例题 4-3 中已经解出

$$p_1^2=\frac{k}{m},p_2^2=\frac{5k}{2m},[\Phi]=\begin{bmatrix}1 & 1\\ 1 & -1/2\end{bmatrix}$$

模态刚度矩阵和质量矩阵为

$$[K]_{\mathrm{P}}=[\Phi]^{\mathrm{T}}[K][\Phi]=\begin{bmatrix}1 & 1\\1 & -1/2\end{bmatrix}\begin{bmatrix}2k & -k\\-k & 3k\end{bmatrix}\begin{bmatrix}1 & 1\\1 & -1/2\end{bmatrix}=\begin{bmatrix}3k & 0\\0 & 3.75k\end{bmatrix}$$

$$[M]_{\mathrm{P}}=[\Phi]^{\mathrm{T}}[M][\Phi]=\begin{bmatrix}1 & 1\\1 & -1/2\end{bmatrix}\begin{bmatrix}m & 0\\0 & 2m\end{bmatrix}\begin{bmatrix}1 & 1\\1 & -1/2\end{bmatrix}=\begin{bmatrix}3m & 0\\0 & 1.5m\end{bmatrix}$$

广义力为

$$\begin{Bmatrix}Q_1\\Q_2\end{Bmatrix}=[\Phi]^{\mathrm{T}}\{f\}=\begin{bmatrix}1 & 1\\1 & -1/2\end{bmatrix}\begin{Bmatrix}f_1\\0\end{Bmatrix}=f_1\begin{Bmatrix}1\\1\end{Bmatrix}$$

因此

$$B_1=\frac{Q_1}{K_1}\frac{1}{1-\nu_1^2}=\frac{f_1}{3k}\frac{1}{1-\nu_1^2}=\frac{f_1}{3k-3m\omega^2}$$

$$B_2=\frac{Q_2}{K_2}\frac{1}{1-\nu_2^2}=\frac{4f_1}{15k}\frac{1}{1-\nu_2^2}=\frac{f_1}{3.75k-1.5m\omega^2}$$

代入式(4.34)有

$$\begin{cases}x_1(t)=X_1\sin\omega t\\x_2(t)=X_2\sin\omega t\end{cases}$$

其中表征振动大小的 X_1 和 X_2 分别为

$$X_1=\frac{f_1}{k}\left[\frac{1}{3(1-\nu_1^2)}+\frac{4}{15(1-\nu_2^2)}\right]$$

$$X_2=\frac{f_1}{k}\left[\frac{1}{3(1-\nu_1^2)}-\frac{2}{15(1-\nu_2^2)}\right]$$

以 $\nu_1=\omega/p_1$ 为横坐标，X_1 和 X_2 为纵坐标，画出如图 4-20 的响应曲线。由图可见有两阶共振(图中竖直虚线)。共振时，两个质量块的振幅同时趋向无穷。

当激振频率 $\omega=\sqrt{\frac{3k}{2m}}$ 时，m_1 的振幅为 0，这种现象通常称为反共振。当 $\omega<\sqrt{\frac{3k}{2m}}$ 时，两个质量块的运动方向相同；而当 $\omega>\sqrt{\frac{3k}{2m}}$ 时，两个质量块的运动方向相反。

当 $\omega\gg p_2$ 时两个质量块的振幅趋于 0。

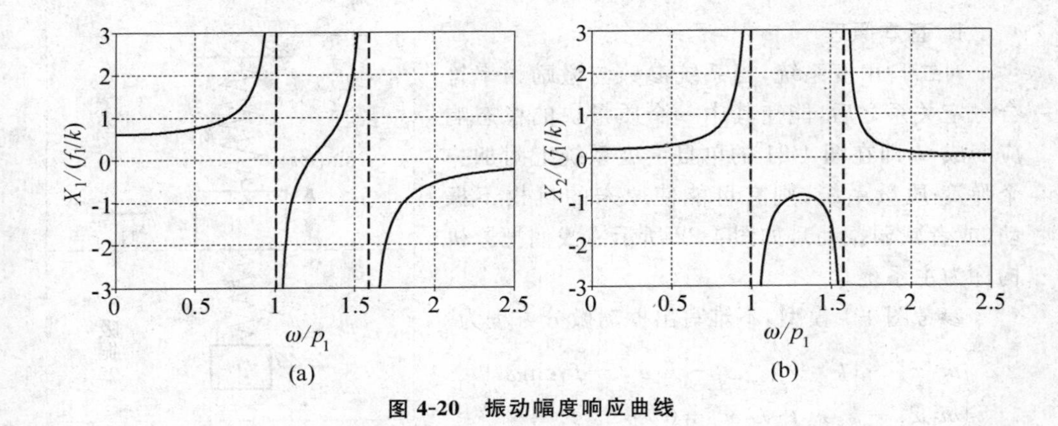

图 4-20　振动幅度响应曲线

4.5　应用

作为强迫振动的应用，本节将介绍 3 种减振器（或称吸振器）的原理。

4.5.1　动力吸振器

图 4-21(a)和(b)所示的旋转机械，它们的单自由度简化模型如图 4-21(c)所示，模型质量 m_1 受到简谐激励 $f_1(t)= f_1\sin\omega t$ 的作用。当 ω 接近系统的固有频率时

$$p_{11}=\sqrt{\frac{k_1}{m_1}}$$

发生共振。条件允许时，可通过改变支撑刚度(k_1)或机构的质量(m_1)等途径来减缓振动。然而有时候并不允许我们改变机构的上述参数（或者允许改变，但成本很高）。

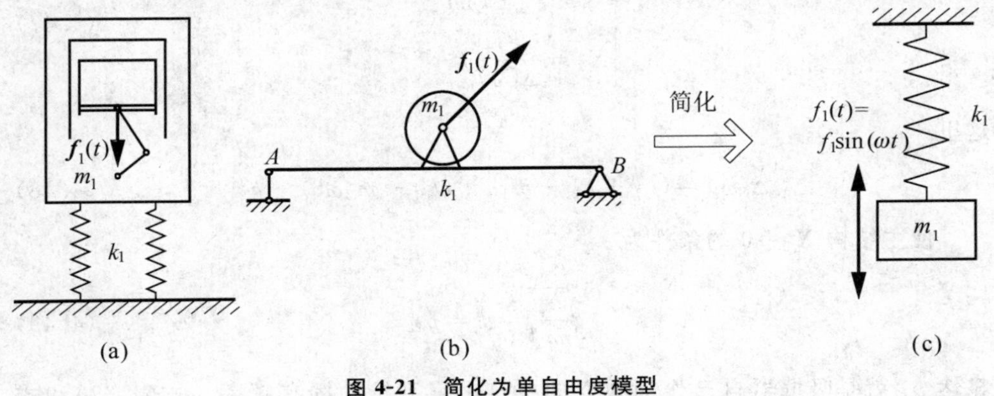

图 4-21　简化为单自由度模型

1. 基本原理

对二自由度系统，当系统参数与激励频率符合一定关系之后，能让其中一个质量块的稳态响应变成0，即在图4-21的单自由度系统上附加一个弹簧-质量系统，则有可能使原来的机构不振动(或者减弱振动)，如图4-22所示。我们把原机构称为主系统。

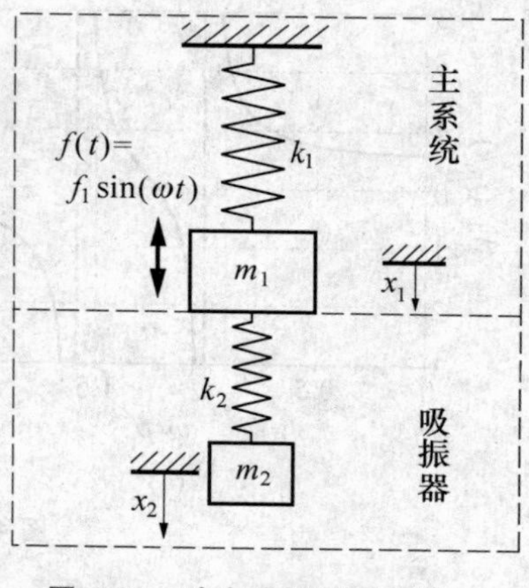

图4-22 动力吸振器原理图

参考图4-1模型，不难写出振动微分方程为

$$\begin{cases}m_1\ddot{x}_1+(k_1+k_2)x_1-k_2x_2=f_1\sin\omega t\\ m_2\ddot{x}_2-k_2x_1+k_2x_2=0\end{cases} \tag{4.45}$$

旋转机械的性能首先要评估机器平稳运转的状态，所以我们对稳态振动尤其感兴趣。由4.4节可得到稳态解

$$\begin{Bmatrix}x_1(t)\\ x_2(t)\end{Bmatrix}=\begin{Bmatrix}X_1\\ X_2\end{Bmatrix}\sin\omega t \tag{4.46}$$

其中稳态振幅为

$$\begin{Bmatrix}X_1\\ X_2\end{Bmatrix}=([K]-\omega^2[M])^{-1}\begin{Bmatrix}f_1\\ 0\end{Bmatrix}$$

展开可得

$$\begin{cases}X_1=\dfrac{k_2-\omega^2m_2}{\Delta(\omega)}f_1\\ X_2=\dfrac{k_2}{\Delta(\omega)}f_1\end{cases} \tag{4.47}$$

这里

$$\Delta(\omega)=(k_1+k_2-m_1\omega^2)(k_2-m_2\omega^2)-k_2^2 \tag{4.48}$$

使主结构 $X_1=0$ 的条件为

$$\sqrt{\frac{k_2}{m_2}}=\omega=p_{22} \tag{4.49}$$

显然 p_{22} 就是吸振器自己作为独立的单自由度系统的固有频率。式(4.47)和式

(4.49)表明:选择附加吸振器自身的固有频率等于激振频率,可使主系统稳态振幅为0。此时减振器按下式做强迫振动

$$x_2=-\frac{f_1}{k_2}\sin\omega t$$

减振器作用在主质量块下端的力 $k_2(x_2-x_1)=-f_1\sin\omega t$ 正好与激励平衡,因此主系统的振动就被吸到吸振器上来。

2. 优化工作参数

根据目标吸振频率,吸振器在设计和调装完毕之后,它的工作频率就固定了。但是主系统受到实际扰动的频率很可能偏离原先目标吸振频率,此时主系统的运动不再为0。为了说明对激励频率漂移的敏感性,根据式(4.47),图4-23绘制了主系统 m_1 的幅频特性。该图的参数为:频率比 $\mu_p=\frac{p_{22}}{p_{11}}=\sqrt{\frac{k_2}{k_1}\frac{m_1}{m_2}}=1.0$;质量比 $\mu_m=\frac{m_2}{m_1}=0.2$。

由图4-23曲线可以看出,当 $\frac{\omega}{p_{22}}=1$ 时,m_1 的振幅 X_1 确实等于0。但是若 ω 偏离 p_{22},则 X_1 不再为0。特别是如果参数选择不当,或者激振频率偏离 p_{22} 较大时,可能引起新的共振,如图中的两条虚线所示。这两条虚线之间的距离 Δp(两个固有频率之差)与 ω 漂移的允许范围密切相关。

令式(4.48)的 $\Delta(\omega)=0$,可以得到两个根

$$p_{1,2}^2=\frac{1+\mu_p^2+\mu_p^2\mu_m\pm\sqrt{(1-\mu_p^2+\mu_p^2\mu_m)^2+4\mu_p^4\mu_m}}{2}\cdot\frac{k_1}{m_1}\tag{4.50}$$

这实际上就是整个系统的两个固有频率(原来只需回避一个固有频率,加上吸振器后变成二自由度系统,现在必须回避两个固有频率了)。

为了定性理解式(4.50),图4-24显示了 $\mu_p=1$ 时,两个固有频率 p_1 和 p_2 与 μ_m 的关系。$\Delta p=p_2-p_1$ 表示两个固有频率相隔的距离。条件式(4.49)对吸振器的质量 m_2 没有要求,但是从图4-24可以看出,若 μ_m 很小,p_1 和 p_2 很接近,吸振器的可用频带将很窄。因此必须要求有足够的质量比,即减振器的质量不能过小,这样才能有效避免再次共振的可能性。为了可靠地工作,吸振器的弹簧强度也必须要得到保证。加大质量和提高弹簧的强度当然都会增大吸振器的体积和重量。

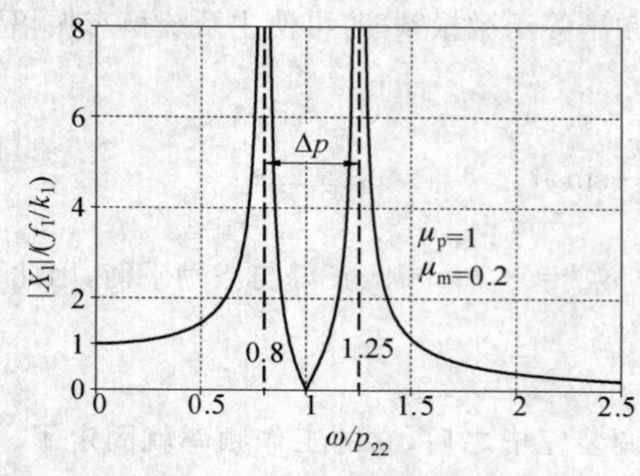

图 4-23 主系统的幅频特性

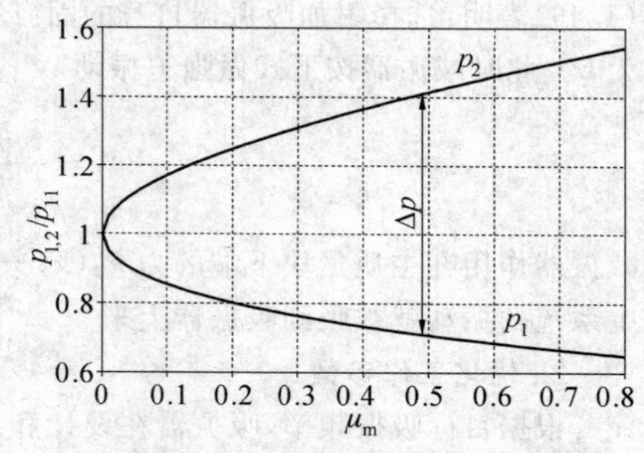

图 4-24 两个固有频率距离随质量比的变化

4.5.2 离心摆式吸振器

4.5.1 小节所讨论的动力吸振器可用于激励频率基本不变的强迫振动情形，例如由转速恒定的机器不平衡力所激发的振动。吸振器的吸振频率是固定参数，一旦确定，不再变化，除非另行人工调整。因此这种减振器很难适用于激振频率变化范围较大的场合。例如变转速运行的发动机，其激励频率肯定会随转速在一定范围内波动。要能实现减振效果，吸振器的固有频率应能跟踪转速的自动变化。离心摆式减振器可自动调节固有频率，实现这种目的。

图 4-25 是离心摆式吸振器的原理图。圆盘绕定轴 O 转动，设计工作转速为 Ω，但是由于轴和结构弹性，实际的转速有幅度为 θ_0、频率为 ω 的扭转干扰，因此更符合实际的圆盘角速度为

$$\dot{\theta}=\Omega+\theta_0\omega\cos\omega t \tag{4.51}$$

其中干扰频率 ω 随转速 Ω 成比例变化。

为了消除干扰分量，在 O' 点悬挂一单摆，该摆可以在圆盘平面内绕悬挂点 O' 自由摆动。单摆长度为 l，质量为 m。悬挂点到转轴轴心 O 距离为 R。

我们运用牛顿第二定律来分析这个问题。首先求出摆锤 m 的绝对加速度 a_a。为此选择一平动系 $x'O'y'$，其原点固定在 O' 处，随 O' 做圆周运动，如图 4-26 所示。单摆摆杆的摆动角度 θ_p 是相对于径向 OO' 的，在平动系 $x'O'y'$ 中观察到的摆杆角度是 $(\theta_p+\theta)$。在动系中摆锤的相对轨迹是圆周，相对加速度包括切向加速度 $\boldsymbol{a}_r^t$ 和法向加速度 $\boldsymbol{a}_r^n$，方向如图 4-26 所示。动系中摆杆的角速度和角加速度分别为 $(\dot{\theta}_p+\dot{\theta})$ 和 $(\ddot{\theta}_p+\ddot{\theta})$，因此

$$a_r^n=l(\dot{\theta}+\dot{\theta}_p)^2,\quad a_r^t=l(\ddot{\theta}+\ddot{\theta}_p) \tag{a}$$

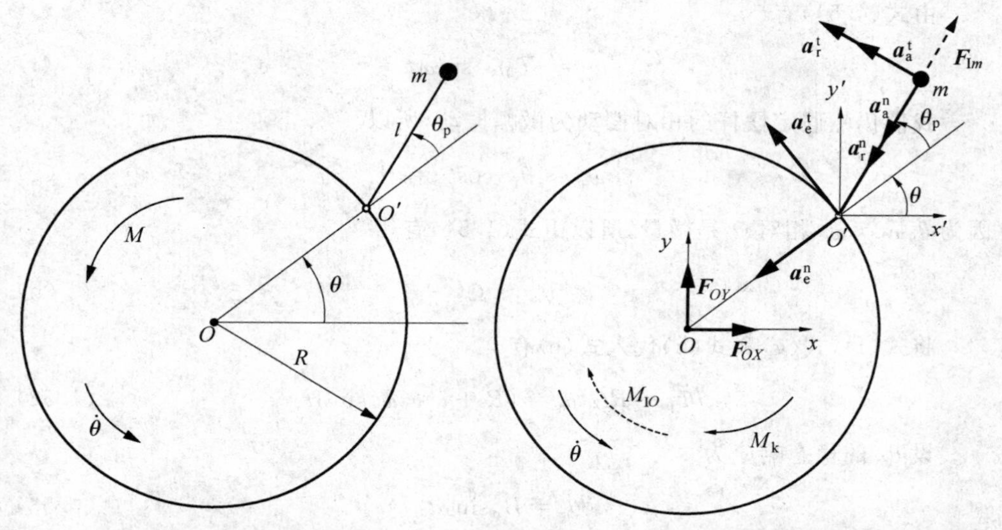

图 4-25　离心摆式吸振器示意图　　**图 4-26　离心摆式吸振器运动分析和受力分析**

牵连点随动系做圆周运动，牵连加速度 $\boldsymbol{a}_e^t$ 和法向加速度 $\boldsymbol{a}_e^n$ 方向如图 4-26 所示，大小为

$$a_e^n = R\dot{\theta}^2, a_e^t = R\ddot{\theta} \tag{b}$$

小球的绝对加速度是上述四个加速度的向量和

$$\boldsymbol{a}_a^t + \boldsymbol{a}_a^n = \boldsymbol{a}_e^t + \boldsymbol{a}_e^n + \boldsymbol{a}_r^t + \boldsymbol{a}_r^n$$

沿 $\boldsymbol{a}_a^t$ 投影得到

$$a_a^t = a_r^t + a_e^n \sin\theta_p + a_e^t \cos\theta_p \tag{c}$$

摆杆相当于二力杆，质量 m 的受力只能沿摆杆方向(转速非常快，不计重力的影响)，因此它的加速度在摆杆垂直方向的投影 a_a^t 必为 0，即

$$a_r^t + a_e^n \sin\theta_p + a_e^t \cos\theta_p = 0 \tag{d}$$

将式(a)和式(b)代入式(d)可得

$$l(\ddot{\theta} + \ddot{\theta}_p) + R\dot{\theta}^2 \sin\theta_p + R\ddot{\theta}\cos\theta_p = 0 \tag{e}$$

这样得到了一个方程。

图 4-25 的模型在本质上是两个自由度，应该有两个控制方程，但是另一个方程不影响吸振条件的分析，所以不用列出。

由式(4.51)有

$$\ddot{\theta} = -\theta_0 \omega^2 \sin\omega t \tag{f}$$

我们仍然假定摆杆的相对摆动为微幅振动,所以

$$\sin\theta_p \approx \theta_p, \cos\theta_p \approx 1 \tag{g}$$

因为 $\theta_0 \omega \cos\omega t$ 相对 Ω 是微量,所以由式(4.51)有

$$\dot{\theta}^2 \approx \Omega^2 \tag{h}$$

将式(f),式(g)和式(h)代入式(e)有

$$l\ddot{\theta}_p + R\Omega^2 \theta_p = (R + l)\theta_0 \omega^2 \sin\omega t \tag{4.52}$$

设 θ_p 的稳态响应为

$$\theta_p = B_p \sin\omega t \tag{4.53}$$

代入式(4.52)可得

$$B_p = \frac{(R + l)\omega^2}{R\Omega^2 - l\omega^2}\theta_0 \tag{4.54}$$

要使式(4.51)的第二项干扰成分为0,就只有 $\theta_0 = 0$。这要求

$$R\Omega^2 - l\omega^2 = 0$$

即

$$\Omega = \omega\sqrt{\frac{l}{R}} \tag{4.55}$$

即通过选择满足式(4.55)条件的摆可将轴的振动转移到摆上。

式(4.52)仍是单自由度强迫振动的模型,相应的固有频率是

$$p = \Omega\sqrt{\frac{R}{l}}$$

这相当于固有频率 p 随转速 Ω 变化,从而能够像4.5.1小节的动力吸振器那样始终起到消振的作用。

干扰激励一般包含多阶转速倍频的谐波。对于第 i 阶谐波,选择 $\sqrt{\frac{R}{l}} = \frac{\omega}{\Omega} = i$,就消除了该阶。利用多个不同长度的摆就可以消除目标频段内的主要干扰谐波。

4.5.3　阻尼减振器

前面介绍过了动力吸振器和离心摆式吸振器，这两种吸振器通过抵消激励力来减弱主系统的振动。与这两种吸振器不同，阻尼减振器是通过阻尼消耗能量来达到减振的目的。因其依靠阻尼消耗主系统的能量，故而在很宽的频率范围内有效。

下面以 Houdailee 阻尼器为例进行分析。

图 4-27 是安装于发动机曲轴一端的 Houdailee 阻尼减振器。设轴的刚度为 k，轮轴的转动惯量为 J。我们只考虑稳态特性，所以假定作用于阻尼器的激励扭矩 $M_t(t)=M_0\exp(\mathrm{j}\omega t)$。阻尼器的圆盘在轮腔内可自由转动，其转动惯量为 J_d。圆盘与轮腔之间充满粘性液体，粘性液体施加给圆盘的扭矩，与轮-盘间的相对转速成正比，比例系数为 c。这是两自由度振系，其运动微分方程为

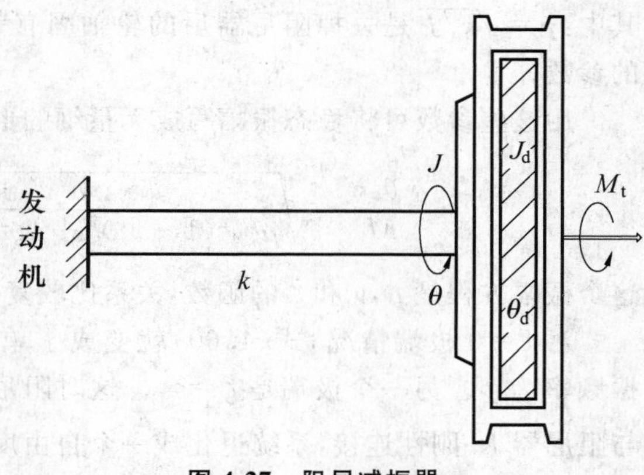

图 4-27　阻尼减振器

$$\left.\begin{aligned}&J\ddot{\theta}+c(\dot{\theta}-\dot{\theta}_d)+k\theta=M_0\exp(\mathrm{j}\omega t)\\&J_d\ddot{\theta}_d-c(\dot{\theta}-\dot{\theta}_d)=0\end{aligned}\right\}\tag{4.56}$$

多自由度阻尼系统的响应比无阻尼情形复杂得多，这将在第 5 章系统介绍。但是若仅着眼于目前的稳态振动，则可以像单自由度那样用复数法求解，即直接假定稳态响应为

$$\begin{Bmatrix}\theta\\\theta_d\end{Bmatrix}=\begin{Bmatrix}\theta_0\\\theta_{d0}\end{Bmatrix}\exp(\mathrm{j}\omega t)\tag{4.57}$$

将其代入式(4.56)得

$$\left[\left(\frac{k}{J}-\omega^2\right)+\mathrm{j}\frac{c\omega}{J}\right]\theta_0-\mathrm{j}\frac{c\omega}{J}\theta_{d0}=\frac{M_0}{J}$$

$$\left(-\omega^2+\mathrm{j}\frac{c\omega}{J_d}\right)\theta_{d0}-\mathrm{j}\frac{c\omega}{J_d}\theta_0=0$$

消去不关心的 θ_{d0}，得到轮轴的振幅 θ_0 为

$$\frac{\theta_0}{M_0}=\frac{J_d\omega^2-jc\omega}{J_d\omega^2(k-J\omega^2)+jc\omega[J_d\omega^2-(k-J\omega^2)]} \tag{4.58}$$

引入无量纲参数

$$\mu=\frac{J_d}{J},\nu=\frac{\omega}{p},\zeta=\frac{c}{2Jp} \tag{4.59}$$

其中：$p=\sqrt{k/J}$ 是去掉阻尼器后的轮轴固有频率；ζ 是与附加阻尼器的阻尼相关的参数。

用这些参数可将稳态振幅写成无量纲的形式

$$\frac{\theta_0 k}{M_0}=\sqrt{\frac{\mu^2\nu^2+4\zeta^2}{\mu^2\nu^2(1-\nu^2)^2+4\zeta^2[\mu\nu^2-(1-\nu^2)]^2}} \tag{4.60}$$

这个振幅方程是 μ，ν 和 ζ 的函数，关系比较复杂。其中最重要的参数是 ζ。

对 $\zeta=0$ 极端情况，式(4.60)就变成了单自由度无阻尼系统的幅频特性，共振频率为 p。另一个极端是 $\zeta=\infty$。这时阻尼也无法发挥作用，轴的转动惯量 J 与阻尼器 J_d 刚性连接，系统退化成一个自由度，相应共振频率为$\sqrt{k/(J+J_d)}$。

图 4-28 显示了一组典型 ζ 值的轮轴幅频特性，图中的 $\mu=1$。我们关心的焦点是轮轴振幅应尽可能小，也就是幅频特性峰应尽可能低。但是图示的 4 条曲线都穿过 P 点，而且可以证明不论 ζ 取何值，幅频特性曲线都穿过 P 点。因此幅频特性峰的极值不可能低于 P 点，且最好的结果应该是幅频特性峰恰好位于 P 点的情形。为了确定该情形的阻尼比，我们先确定 P 的位置。

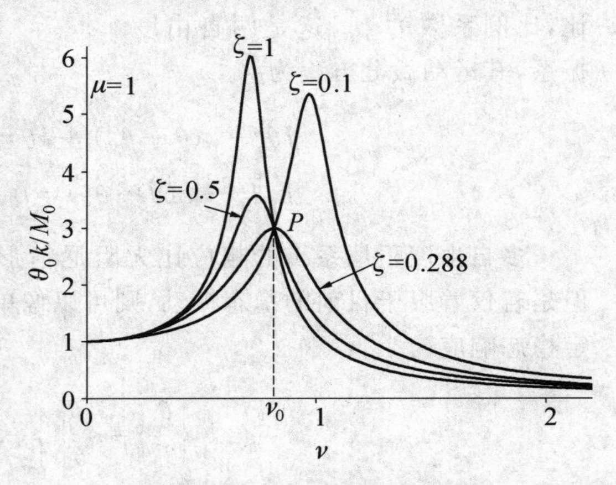

图 4-28　阻尼对轴幅频特性的影响

为了找到 P 点，取 $\zeta=0$ 和 $\zeta=\infty$ 两种退化情形，显然 P 必须满足

$$\left.\frac{\theta_0 k}{M_0}\right|_{\zeta=0}=\left.\frac{\theta_0 k}{M_0}\right|_{\zeta=\infty}$$

也就是

$$\frac{1}{|1-\nu^2|}=\frac{1}{|\mu\nu^2-(1-\nu^2)|}$$

可以解出 P 的横坐标为

$$\nu_0=\sqrt{\frac{2}{2+\mu}} \tag{4.61}$$

将式(4.61)代入式(4.60)得到 P 的纵坐标为

$$\left.\frac{\theta_0 k}{M_0}\right|_{\nu=\nu_0}=\frac{2+\mu}{\mu} \tag{4.62}$$

这样就确定了 P 的位置。

P 的纵坐标式(4.62)与 ζ 无关,这就表明了轮轴的幅频特性曲线全部穿过 P 点。

为了确定优化 ζ_o,记 $\lambda=\nu^2$,然后将 $\left(\frac{\theta_0 k}{M_0}\right)^2$ 对 λ 求导有

$$\begin{aligned}\frac{\mathrm{d}}{\mathrm{d}\lambda}\left[\left(\frac{\theta_0 k}{M_0}\right)^2\right]=&\frac{1}{\{\mu^2\lambda(1-\lambda)^2+4\zeta^2[\mu\lambda-(1-\lambda)]^2\}^2}\times\\&[\mu^2\{\mu^2\lambda(1-\lambda)^2+4\zeta^2[\mu\lambda-(1-\lambda)]^2\}-\\&(\mu^2\lambda+4\zeta^2)\{(1-4\lambda+3\lambda^2)\mu^2+4\zeta^2 2(\mu+1)(\mu\lambda+\lambda-1)\}]=0\end{aligned}$$

可解出

$$\zeta^2=\frac{-\lambda\mu^2[-4+\lambda(4+2\mu+\mu^2)]\pm\sqrt{\lambda^2\mu^5[-16+\lambda(4+\mu)(8-4\lambda+\lambda\mu^2)]}}{16(1+\mu)(-1+\lambda+\lambda\mu)}$$

将 $\lambda=\nu_0^2=\frac{2}{2+\mu}$ 代入上式,就得到了优化的阻尼比

$$\zeta_o^2=-\frac{\mu^3}{4(2+3\mu+\mu^2)}\pm\frac{\mu^2}{4(1+\mu)}$$

显然只能取+号解,即

$$\begin{aligned}\zeta_o^2&=-\frac{\mu^3}{4(2+3\mu+\mu^2)}+\frac{\mu^2}{4(1+\mu)}\\&=\frac{\mu^2}{2(2+3\mu+\mu^2)}\end{aligned}$$

也就是

$$\zeta_{\circ}=\frac{\mu}{\sqrt{2(1+\mu)(2+\mu)}}$$

第4章习题

4.1 设图4.1系统的 $m_1=m_2=m$，$k_1=k_3=0$，$k_2=k$。初始位移分别为 $x_{10}=5\ \mathrm{mm}$，$x_{20}=-5\ \mathrm{mm}$，初始速度 $\dot{x}_{10}=0$，$\dot{x}_{20}=0$。写出两个质量块的运动方程。

4.2 质量 m_1 的拖车上装有质量 m_2 的圆柱体，拖车与右侧牵引车之间的连接刚度为 k_1，圆柱体用刚度为 k_2 的钢索与拖车架联系，并可在拖车上作纯滚动；车轮质量和摩擦阻力都不计。求牵引车急停之后，该系统的自由振动微分方程。

4.3 图T4.3所示的均匀刚性杆质量为 m_1，建立系统的微幅振动方程。

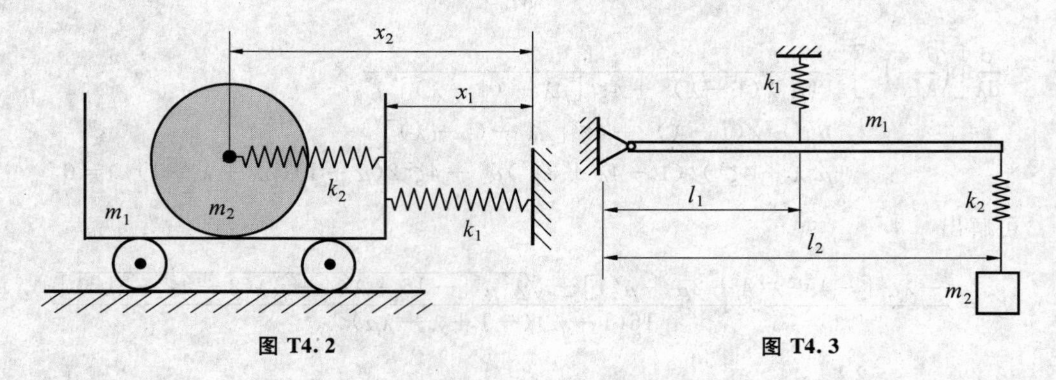

图 T4.2　　　　图 T4.3

4.4 图T4.4所示为机翼在风洞中简化模型。机翼简化成平面刚体，并由刚度为 k 的弹簧和刚度为 k_T 的扭簧所支持。已知翼段的质量为 m，绕质心 C 的转动惯量为 J_C，质心与支持点的距离为 e。试列出系统微幅振动方程。

4.5 图T4.5的刚性杆支承于可移动支座，刚杆上下两端受水平弹簧的约束，质心 C 上有水平力 f_C 和扭矩 M_C 的作用。设杆长、横截面积和密度分别为 l，S 和 ρ，以质心 C 的微小位移 x_C 与杆转动 θ_C 为坐标，写出运动微分方程。

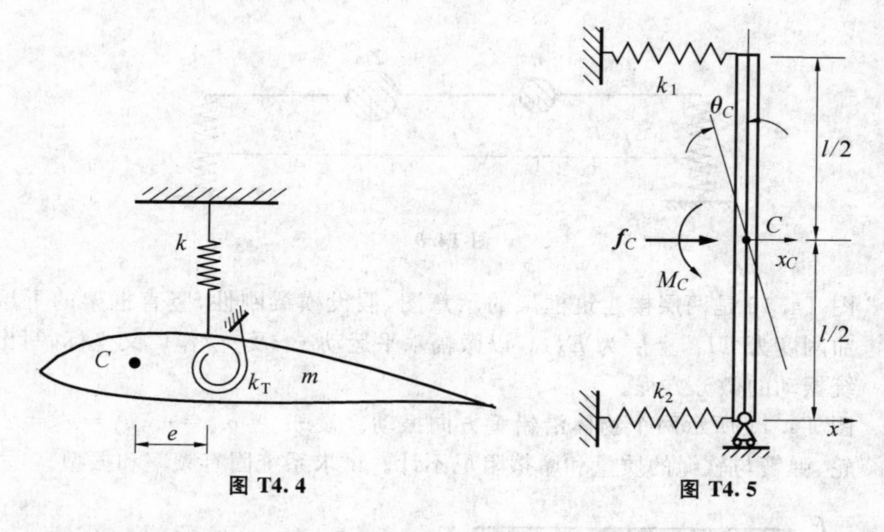

图 T4.4　　　　图 T4.5

4.6 两个质量 m_1 和 m_2，固结于张力为 F_T 的无质量弦。假如质量作横向微幅振动时，弦中的张力 F_T 不变。试列出振动的微分方程，并对 $m_1 = m_2 = m$ 求出系统的固有圆频率和振型。

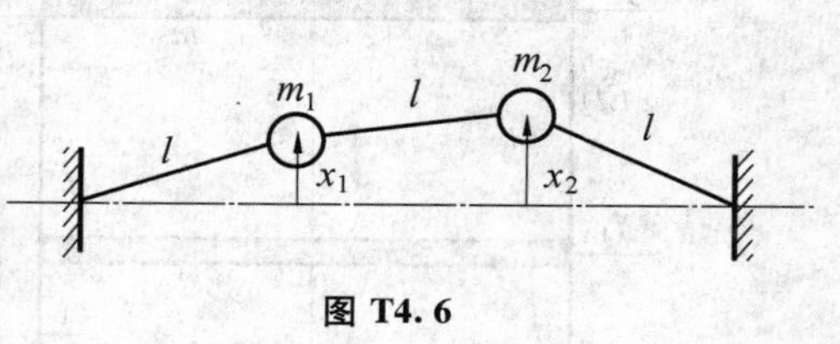

图 T4.6

4.7 图 T4.7 所示扭振系统由无质量的轴和两个圆盘所组成。已知轴的扭转刚度 $k_1 = k_2 = k$，圆盘的转动惯量 $J_1 = 2J_2 = J$。求系统的扭转振动固有圆频率和主振型。

4.8 写出图 T4.8 所示系统的扭振方程和固有频率，并绘制振型示意图（以 $J_2 = 2J_1 = 2J$ 为例）。

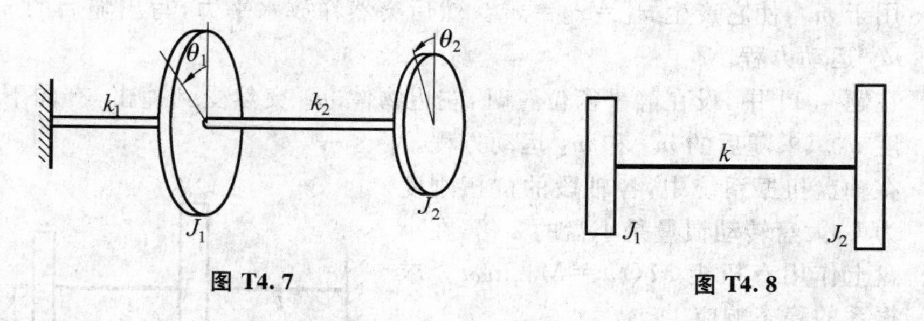

图 T4.7　　　　图 T4.8

4.9 车辆的简化力学模型如图 T4.9 所示，杆重不计。集中质量 m 和弹簧刚度 k 为已知。求振系的各阶固有频率和相应的主振型，并画出其振型图。

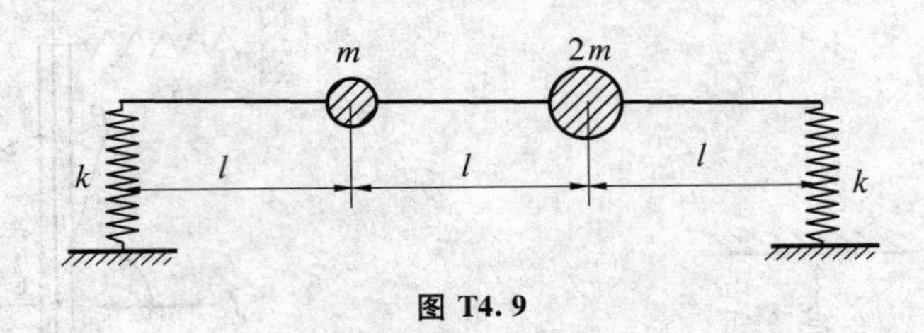

图 T4.9

4.10 图 T4.10 是两层楼建筑框架的示意图，假设横梁刚性，竖直框架的下层弯曲刚度为 EI_1，上层为 EI_2。以微幅水平运动 x_1 及 x_2 作广义坐标，写出系统振动的微分方程。

4.11 图 T4.11 所示两个物体沿铅垂方向振动。设 $m_1=m_2=m$，$k_1=k_2=k$，滑轮、弹簧与软绳的质量和摩擦阻尼不计。试求系统固有频率和振型。

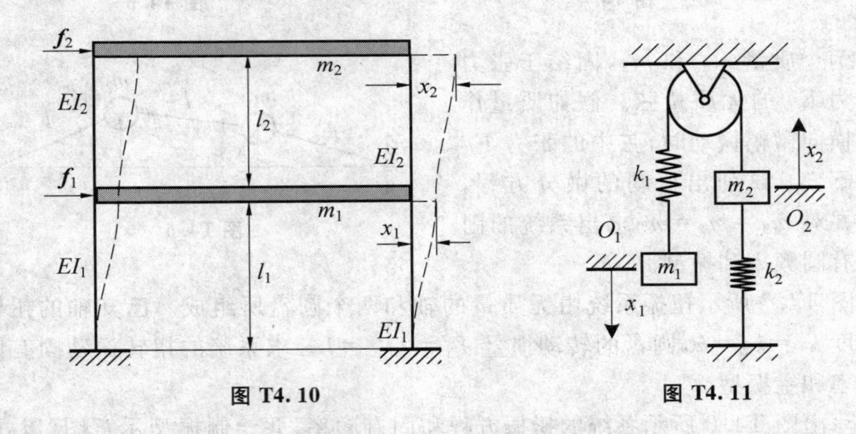

图 T4.10　　　　图 T4.11

4.12 题 4.10 中，设 $EI_1=EI_2=EI$，$l_1=l_2=l$，$m_1=m_2=m$。初始有水平力作用于 m_1，使它产生 $x_1=x_2=x_0$。然后突然释放水平力，写出随后的 m_1 和 m_2 运动方程。

4.13 在题 4.11 中，设在静平衡位置时，左边物体 m_1 突然受到撞击，有向下的速度 v_0。求随后的 m_1 和 m_2 运动方程。

4.14 在轴盘扭振系统中，各轴段的抗扭刚度为 k，大盘转动惯量是小盘的 2 倍，在小盘上作用有扭矩 $M(t)=M_0\sin\omega t$。求振系的稳态响应。

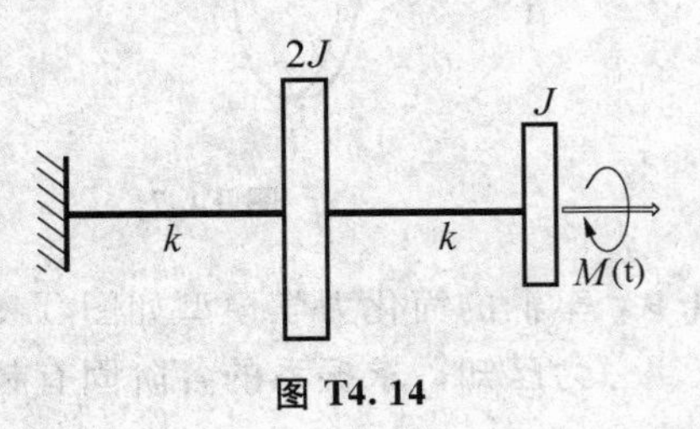

图 T4.14

4.15 某振动筛简化模型如图 T4.15 所示。已知：减振器质量 $m_1=6700$ kg，槽体质

量 $m_2=18700$ kg。减振弹簧刚度 $k_1=7244$ kN/m，$k_2=5557$ kN/m。若在槽体上作用一激振力 $f(t)=f_0\sin\frac{2\pi n}{60}t$，其中 $f_0=490$ kN 和 $n=735$ r/min。求传到地基力的最大值是多少？

4.16　某机器系统如图 T4.16 所示。已知机器重 $m_1=90$ kg，减振器重 $m_2=2.25$ kg。若机器有一偏心块 m 重 0.5 kg，偏心距 $e=1$ cm，机器转速 $n=1800$ r/min。试求：

(1)减振器的弹簧刚度 k_2 多大，才能使机器振幅为零？

(2)此时减振器的振幅 B_2 为多大？

(3)若使减振器的振幅 B_2 不超过 2 mm，应如何改变减振器的参数。

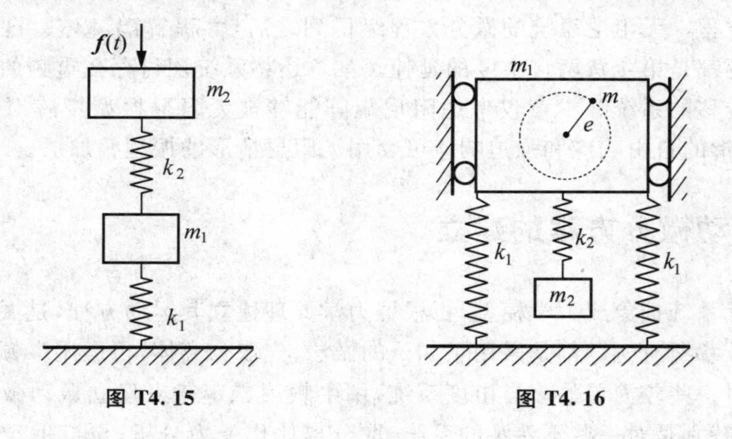

图 T4.15　　　　图 T4.16

4.17　某汽车曲轴阻尼减振器，若 $\mu=\frac{J_d}{J}=0.25$。求粘性阻尼器的最佳阻尼比 ζ_0 和频率比 ν_0。

第5章 多自由度系统的振动

本章是对第4章两自由度系统的扩展。复杂机械和结构的特性要用更多的自由度来描述。多自由度系统的振动方程是二阶常微分方程组。建立该方程组是振动分析的必需步骤,但随着自由度增多,前述对分离体运用牛顿第二定律的方式变得很繁琐,为此发展了柔度系数法和刚度系数法。而拉格朗日方程法是建立系统控制方程的最通用方法,它使用功、能和广义力等物理量,得到了能够完全刻画系统的最少方程。无阻尼系统的微分方程组得到之后,方程解耦、模态、自由振动和强迫振动等都是第4章两自由度的延伸。本章还将系统探讨存在重频的系统和可发生刚体位移的系统。本章仅考虑阻尼矩阵能够被无阻尼振型矩阵对角化的情形,求此情形的自由响应和强迫响应可套用无阻尼情形的振型叠加法。

5.1 振动微分方程的建立

将实际系统抽象成力学模型,再根据力学原理建立其运动方程,是振动分析的前提。第4章所有例题都是采用了如下的做法:先取分离体,再运用牛顿第二定律列方程。对一些较简单的多自由度系统,用牛顿第二定律来建立振动微分方程也还算简便,特别是对一些不熟悉的系统,取分离体作受力分析,更有助于加深对问题中各种因素的把握。但对工程上一些常见结构,也建立了更有效的方法,如柔度系数法和刚度系数法。

5.1.1 柔度系数法

对弹簧质量和集中质量梁这类系统,下面介绍的柔度系数法比较方便。它先找到系统的柔度矩阵,再结合动静法来建立振动微分方程。

1. 柔度矩阵

柔度矩阵$[\delta]$的元素δ_{ij}定义为:仅在j点加一单位力,在i点引起的位移。

例题5-1 图5-1所示的三自由度系统,各质量分别为m_1,m_2和m_3,各弹簧的刚度分别为$k_1=k_2=k_3=k$。试写出系统的柔度矩阵$[\delta]$。

解:仅在m_1上作用一单位力时(图5-2(b)),弹簧k_1被拉长$1/k$,m_1移动$1/k$。弹簧k_2和弹簧k_3无变形,因此m_2和m_3分别向右移动$1/k$。这样各质点的位移为

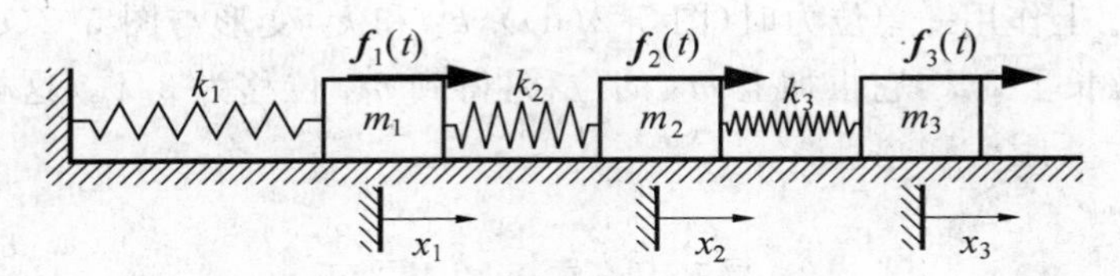

图 5-1　三自由度弹簧-质量系统

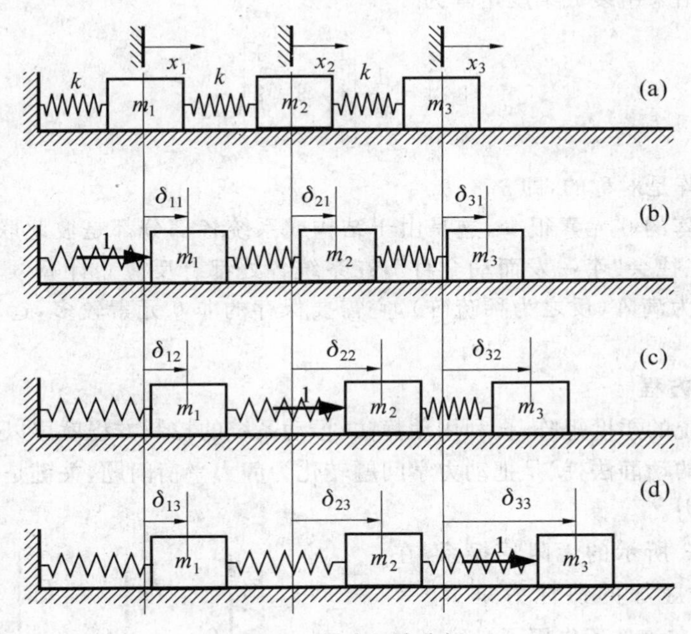

图 5-2　柔度矩阵分析

$$\delta_{11}=\frac{1}{k},\delta_{21}=\frac{1}{k},\delta_{31}=\frac{1}{k}$$

仅在 m_2 上作用一单位力(图 5-2(c)),这首先引起弹簧 k_2 的伸长,伸长量为 $1/k$,但这不是 m_2 的位移,因为弹簧 k_1 也伸长了,它导致了 k_2 的左端向右移动。计算柔度系数时假定整个系统处于静止状态,所以 m_1 左端 k_1 受到的拉力和右端 k_2 受到的拉力相同,即大小也等于 1,故 k_1 被拉长 $1/k$,也就是 m_1 向右移动 $1/k$。这样弹簧 k_2 左端因 m_1 已经向右移动了 $1/k$,所以 m_2 的总位移是 $2/k$。k_3 无变形,m_3 移动与 m_2 相同,等于 $2/k$。综上所述,各质点的位移为

$$\delta_{12}=\frac{1}{k},\delta_{22}=\frac{2}{k},\delta_{32}=\frac{2}{k}$$

仅在 m_3 上作用一单位力时(图 5-2(d)),k_1 和 k_2 变形与图 5-2(c)相同。弹簧 k_3 也被拉长了 $2/k$,它再加上 m_2 的位移,得到 m_3 位移为 $3/k$。这样各质点的位移为

$$\delta_{13}=\frac{1}{k},\delta_{23}=\frac{2}{k},\delta_{33}=\frac{3}{k}$$

将上述结果组装成柔度矩阵为

$$[\delta]=\frac{1}{k}\begin{bmatrix}1 & 1 & 1\\1 & 2 & 2\\1 & 2 & 3\end{bmatrix} \tag{a}$$

柔度矩阵是对称的,即 $\delta_{ij}=\delta_{ji}$。

柔度矩阵的 0 元素很少,这是由于结构或系统各部分都是彼此联系的,在一点施加力,往往会“牵一发而动全身”,在系统各处都有反应。计算领域称 0 元素很少的矩阵为满阵(反之为稀疏阵),它需要保存的非 0 元素较多,运算工作量也比较大。

2. 振动方程

求出系统的柔度矩阵,再利用动静法,振动系统的控制方程就可以很方便地写出了。所谓的动静法,就是把动力学问题转化为静力平衡问题,关键是在各点加上虚拟的惯性力。

如图 5-3 所示的无阻尼振系,在第 j 个位置虚加的惯性力是 $F_{Ij}=m_j\ddot{x}_j$。假定在该处还作用了激励 f_j,这两个力合起来在第 i 个位置引起的位移是 $(f_j-m_j\ddot{x}_j)\times\delta_{ij}$。逐一考虑各点的惯性力和激励,那么第 i 个位置的总位移就是 $\sum_{j=1}^{N}(f_j-m_j\ddot{x}_j)\times\delta_{ij}$。这个总位移就是实际所发生的位移 x_i,即

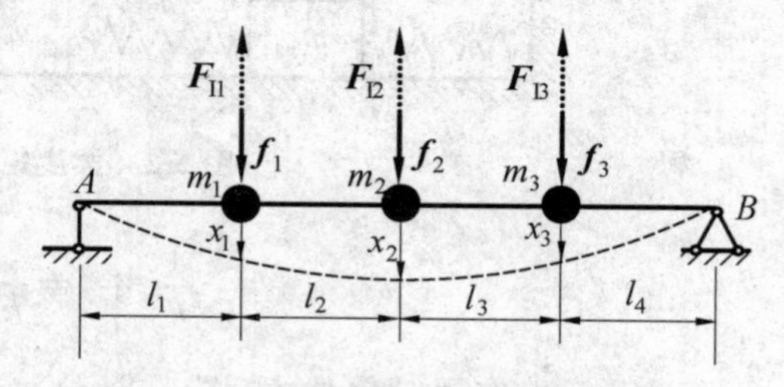

图 5-3 柔度法建立微分方程示意

$$x_i=\sum_{j=1}^{N}(f_j-m_j\ddot{x}_j)\times\delta_{ij} \tag{5.1}$$

考虑系统中的所有质点,式(5.1)有 N 个($i=1\sim N$)。写成矩阵形式有

$$\begin{Bmatrix} x_1 \\ x_2 \\ \vdots \\ x_N \end{Bmatrix} = \begin{bmatrix} \delta_{11} & \delta_{12} & \cdots & \delta_{1N} \\ \delta_{21} & \delta_{22} & \cdots & \delta_{2N} \\ \vdots & \vdots & \ddots & \vdots \\ \delta_{N1} & \delta_{N2} & \cdots & \delta_{NN} \end{bmatrix} \left(\begin{Bmatrix} f_1 \\ f_2 \\ \vdots \\ f_N \end{Bmatrix} - \begin{bmatrix} m_1 & 0 & \cdots & 0 \\ 0 & m_2 & \cdots & 0 \\ \vdots & \vdots & \ddots & \vdots \\ 0 & 0 & \cdots & m_N \end{bmatrix} \begin{Bmatrix} \ddot{x}_1 \\ \ddot{x}_2 \\ \vdots \\ \ddot{x}_N \end{Bmatrix} \right) \tag{5.2}$$

上式就是用柔度法建立的振动微分方程，其中的关键是写出柔度矩阵。

式(5.2)也可写成

$$[\delta][M]\{\ddot{x}\} + \{x\} = [\delta]\{f\} \tag{5.3}$$

其中

$$\{x\} = \begin{Bmatrix} x_1 \\ x_2 \\ \vdots \\ x_N \end{Bmatrix}, [M] = \begin{bmatrix} m_1 & 0 & \cdots & 0 \\ 0 & m_2 & \cdots & 0 \\ \vdots & \vdots & \ddots & \vdots \\ 0 & 0 & \cdots & m_N \end{bmatrix}$$

$$\{f\} = \begin{Bmatrix} f_1 \\ f_2 \\ \vdots \\ f_N \end{Bmatrix}, [\delta] = \begin{bmatrix} \delta_{11} & \delta_{12} & \cdots & \delta_{1N} \\ \delta_{21} & \delta_{22} & \cdots & \delta_{2N} \\ \vdots & \vdots & \ddots & \vdots \\ \delta_{N1} & \delta_{N2} & \cdots & \delta_{NN} \end{bmatrix}$$

例题 5-2　写出图 5-4(a)的两自由度简支梁作横向振动的微分方程。已知集中质量为 m_1 和 m_2，它们与两端距离都是 $l/3$，并且分别作用有激励 $f_1(t)$ 和 $f_2(t)$，梁的截面抗弯刚度为 EI。

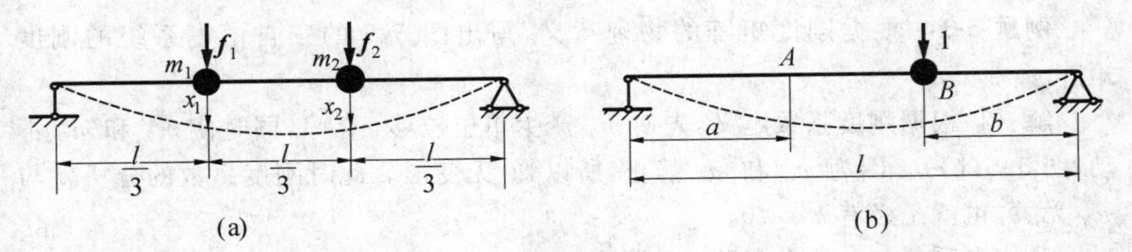

图 5-4　两集中质量梁的微幅振动

解：由材料力学知道，对图 5-4(b)简支梁，当 B 点作用单位力时，A 点的挠度为

$$w_{AB} = \frac{ab}{6EIl}(l^2 - a^2 - b^2)$$

由上式计算出图 5-4(a)的柔度系数为

$$\delta_{11}=\delta_{22}=8\delta_0, \delta_{21}=\delta_{12}=7\delta_0$$

这里 $\delta_0=\dfrac{l^3}{486EI}$。于是柔度矩阵为

$$[\delta]=\delta_0\begin{bmatrix}8 & 7\\7 & 8\end{bmatrix}$$

由式(5.3),梁作横向振动的微分方程为

$$\delta_0\begin{bmatrix}8 & 7\\7 & 8\end{bmatrix}\begin{bmatrix}m_1 & 0\\0 & m_2\end{bmatrix}\begin{Bmatrix}\ddot{x}_1\\\ddot{x}_2\end{Bmatrix}+\begin{Bmatrix}x_1\\x_2\end{Bmatrix}=\delta_0\begin{bmatrix}8 & 7\\7 & 8\end{bmatrix}\begin{Bmatrix}f_1(t)\\f_2(t)\end{Bmatrix}$$

5.1.2 刚度系数法

$[\delta]^{-1}$就是刚度矩阵$[K]$。采用刚度矩阵,式(5.3)便回到了更为熟悉的形式

$$[M]\{\ddot{x}\}+[K]\{x\}=\{f\} \tag{5.4}$$

1. 刚度矩阵

有些工程系统的刚度矩阵比较容易写出,这时就可用式(5.4)来建立微分方程。

刚度矩阵的第 i 行第 j 列的元素 k_{ij} 的物理意义是:实现这样的状态——j 点发生单位位移,其余点发生 0 位移——需在 i 点加的力。利用这个物理意义我们可建立具体系统的刚度矩阵。

例题 5-3 根据刚度矩阵的物理意义,写出图 5-5 的三自由度系统的刚度矩阵。

解:(1)根据刚度系数定义,先使 m_1 产生单位位移 $x_1=1$,同时使 m_2 和 m_3 不动(图 5-5(b))。因为 m_2 和 m_3 静止,所以 k_3 无变形。此时刚度系数的分析就与 m_3 无关,也就是必有 $k_{31}=0$。

我们来看 m_2。m_1 向右移动 1 单位,而 m_2 不动,所以 k_2 被压缩了 1 单位长度。那么它会对 m_2 产生向右的推力 $\boldsymbol{F}'_{k2}$,大小为 $F'_{k2}=F_{k2}=k_2\times1=k_2$。为了保证 m_2 的平衡,必须对 m_2 施加外力,如图中空心箭头 $\boldsymbol{F}_{21}$ 所示。如同前面一再强调的速度和加速度的方向,我们把 $\boldsymbol{F}_{21}$ 方向画成与 x_2 同向。由 m_2 平衡可以得到

$$F_{21}+F'_{k2}=0\Rightarrow F_{21}=-k_2$$

按照定义

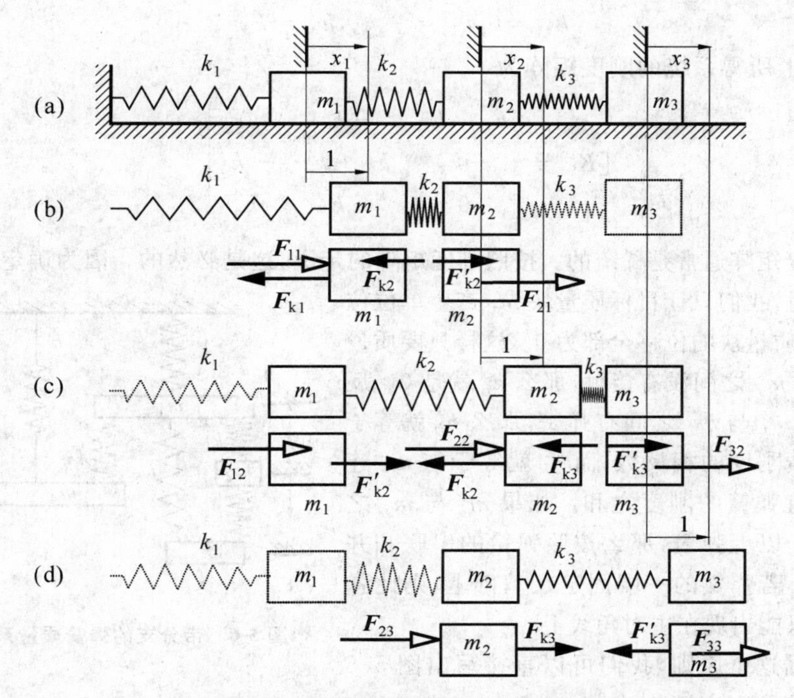

图 5-5　刚度系数法分析刚度矩阵的各元素

$$k_{21}=F_{21}=-k_2$$

我们再来看 m_1，它受到相当于 $\boldsymbol{F}'_{k2}$ 的反作用力 $\boldsymbol{F}_{k2}$ 的作用。左边的弹簧 k_1 的伸长导致了 m_1 受到向左的拉力 $\boldsymbol{F}_{k1}$，大小 $F_{k1}=k_1$。必须对 m_1 施加外力，如图中空心箭头 $\boldsymbol{F}_{11}$ 所示。m_1 的平衡要求

$$F_{11}-F_{k2}-F_{k1}=0\Rightarrow F_{11}=F_{k2}+F_{k1}=k_1+k_2$$

按照定义

$$k_{11}=k_1+k_2$$

这时对 m_1 沿位移方向所需施加的力等于弹性力之和，即 $k_{11}=k_1+k_2$；在 m_2 上需加的力大小为 k_2，方向与 x_1 位移反向，即 $k_{21}=-k_2$；在 m_3 上不需加力，即 $k_{31}=0$。

(2)再使 m_2 产生单位位移 $x_2=1$，同时使 m_1 和 m_3 不动，则可得

$$k_{12}=-k_2,k_{22}=k_2+k_3,k_{32}=-k_3$$

(3)使 m_3 产生单位位移 $x_3=1$，同时使 m_1 和 m_2 不动，可得

$$k_{13}=0, k_{23}=-k_3, k_{33}=k_3$$

综上所得系统的刚度矩阵为

$$[K]=\begin{bmatrix} k_1+k_2 & -k_2 & 0 \\ -k_2 & k_2+k_3 & -k_3 \\ 0 & -k_3 & k_3 \end{bmatrix}$$

刚度矩阵通常是稀疏的。按照刚度矩阵的定义,这是必然的。因为确定刚度矩阵元素时,我们只让目标质量块 m_i 产生单位位移,其他质量块的位移全部为 0。这样只要质量块 m_i 与 m_j 之间没有接触,那么 k_{ij} 就是 0。反之,如果 m_i 与 m_j 之间有弹簧,那么 k_{ij} 就等于连接弹簧刚度的相反数,而 k_{ii} 就等于与 m_i 连接的所有弹簧的刚度之和。如果 m_i 与 m_j 之间有两个以上弹簧,那么按照弹簧的串联和并联折算。若弹簧的一端固定在基础上,则此弹簧刚度只能出现在主对角线上。

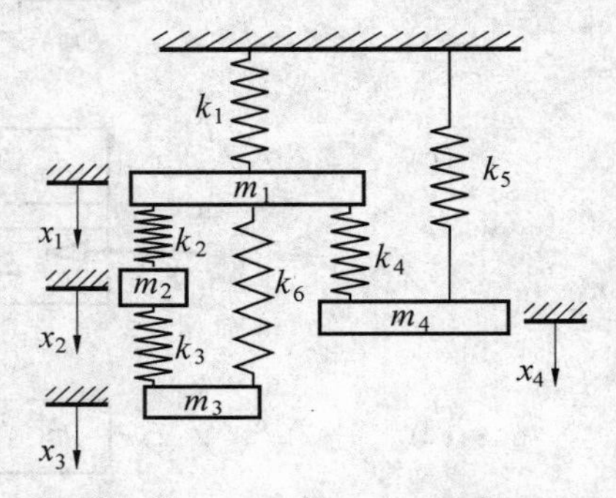

图 5-6　带分支的弹簧质量系统

根据这个原则,我们可以直接写出图 5-6 所示系统的刚度矩阵。

$$[K]=\begin{bmatrix} k_1+k_2+k_4+k_6 & -k_2 & -k_6 & -k_4 \\ -k_2 & k_2+k_3 & -k_3 & 0 \\ -k_6 & -k_3 & k_3+k_6 & 0 \\ -k_4 & 0 & 0 & k_4+k_5 \end{bmatrix}$$

2. 刚度法对柔度法

柔度法与刚度法几乎是等价的,写出其中一个,通过数学求逆就可以得到另外一个,而无须再回到物理系统上来。虽然柔度法与刚度法几乎是等价的,但如图 5-7所示的系统则另当别论。很容易写出它的刚度矩阵为

$$[K]=k\begin{bmatrix} 1 & -1 \\ -1 & 1 \end{bmatrix}$$

但是这个矩阵奇异,即行列式等于 0,因而不存在逆,也就是不存在柔度矩阵。这种情形只能用刚度法。实际上,如果假想在系统上施加单位力,那么系统就会一直运动不停,从而无法

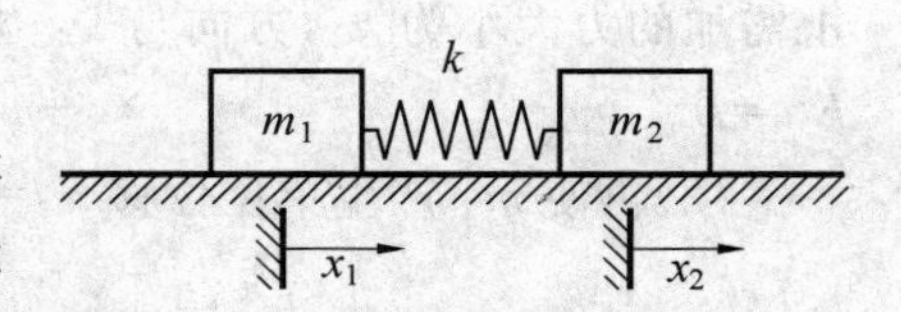

图 5-7　可发生刚性位移的系统

找到有限的柔度系数。

显然该系统可发生这样的运动：两个质量块同步水平运动，而中间的弹簧不变形。我们把这种运动称为刚性位移，此时系统的势能为 0。

5.2　拉格朗日方程

对于复杂的单自由度系统，利用能量法建立方程有独特优势。但对于多自由度系统，能量方程只有一个，求导操作只能得到一个方程。对多自由度，能量法必须拓展。这就是下面介绍的拉格朗日方程法，它特别适用于复杂多自由度系统的情形。该方法从系统的总体出发，用动能、势能和功等标量来导出运动与广义力之间的关系，不涉及分离体和向量方向判断。

5.2.1　广义量

1. 自由度、广义坐标

自由度数就是确定系统状态所需要的独立参数个数。比如一个在空间运动的质点，需要三个独立坐标（如笛卡儿坐标系下 x，y 和 z）来确定其位置，因而这个质点的自由度数为 3（图 5-8(a)）。如果我们已经知道这个质点在平面内运动，那么只需要两个参数便能唯一确定它的位置，这样质点剩下 2 个自由度（图 5-8(b)）。进一步，如果已经知道质点的运动轨迹，那么用一个参数，比如一个自然弧坐标，便能确定质点的位置，相应地这个质点就具有 1 个自由度（图 5-8(c)）。更进一步，如果质点固定在某处不动，那么它的自由度就是 0。

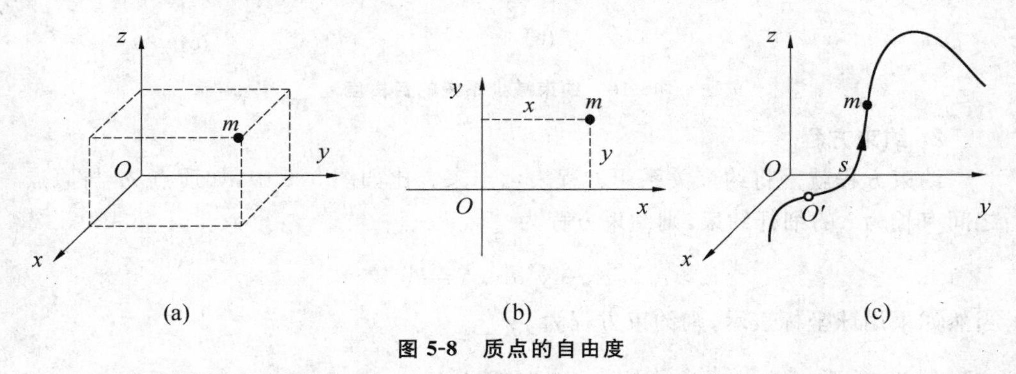

图 5-8　质点的自由度

广义坐标就是用来确定系统运动状态的独立参数（或坐标）。它们的选择不唯一，但必须相互独立，并且应能够把关心的运动状态唯一地表示出来。比如图 5-9 的质点，既可以用直角坐标的 x，y 和 z 来表示，也可用球坐标系三个坐标 r，ψ 和

ϕ 来表示。这三个坐标是独立的，其中一个无法由另外两个表示出来。图 5-8(c)的三个坐标就不是独立的。再比如图 4-3 的模型是两个自由度，可以像图 4-4(d)那样选两端的 x_3 和 x_4 为广义坐标，但不可以选择刚性杆绕两端转角为广义坐标，因为这两个转角总是相等，根本就不是两个独立量。

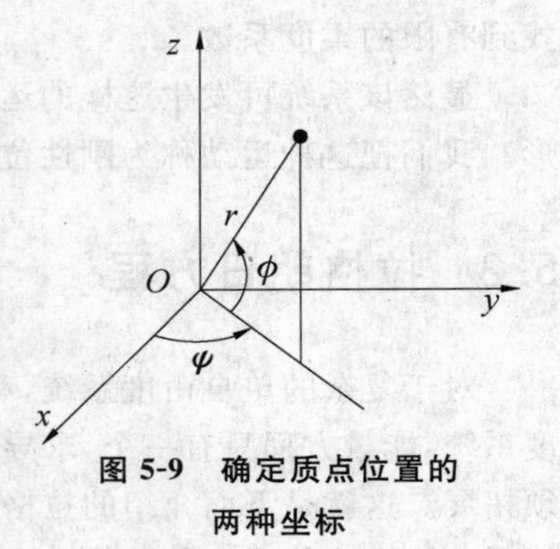

图 5-9　确定质点位置的两种坐标

约束就是对自由的限制，它会减少系统的自由度。N 个质点在空间自由运动就有 $3N$ 个自由度(图 5-10(a))。如果某些质点之间有约束，那么自由度数就减少了(图 5-10(b))。一个刚体有无穷多个质点，但是这无穷多个质点之间也有无穷多个约束，使得空间运动的刚体只剩下 6 个自由度。即，只要给定刚体上任意一点位置(三个坐标)和三个方位角(三个角坐标)，刚体位置就能完全确定(图 5-10(c))。

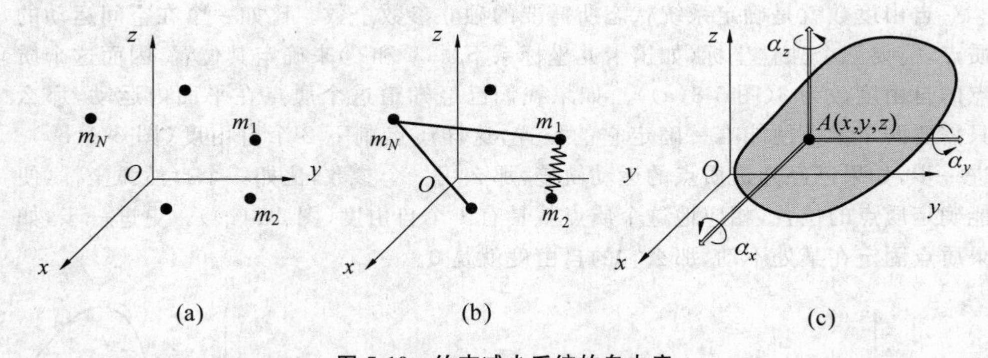

图 5-10　约束减少系统的自由度

2. **约束方程**

约束方程就是将约束关系用方程表示出来。比如图 5-9 中，如质点 m 与原点之间有长为 l 的细杆约束，则约束方程为

$$x^2+y^2+z^2=l^2$$

当然如果用球坐标表示，则约束方程为

$$r=l$$

对于 N 个空间运动的质点，如果有 N_C 个独立约束，那么系统的自由度数将剩下 $3N-N_C$ 个。如果所有质点都在水平面内运动，那么我们默认了每个质点的 $z_i=$

0,这相当于 N 个独立约束,因此系统就剩下了 $2N$ 个自由度。

只在平面内运动的刚体,默认了 $z_i=0$ 和两个转角等于 0,这样 6 个自由度就剩下了 3 个,即用刚体上一点的坐标 x 和 y,以及转角 θ 三个独立参数即可确定刚体的运动状态。

图 5-11 为竖直面内的双杆摆。如果 OA 和 AB 可自由运动,那么有 6 个自由度,但是这里有 4 个独立约束,它们的方程为

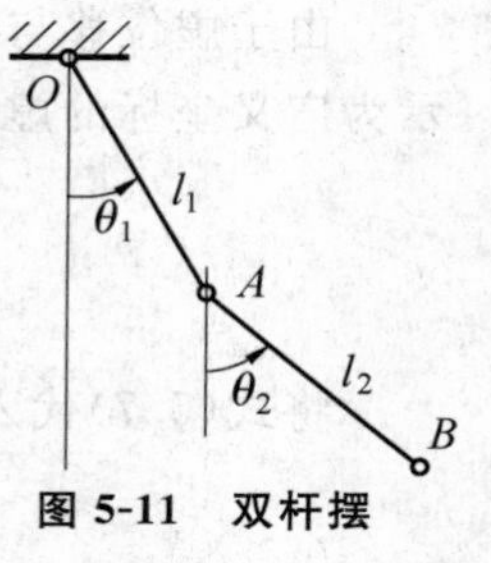

图 5-11　双杆摆

$$x_O=0$$

$$y_O=0$$

$$x_A^2+y_A^2=l_1^2$$

$$(x_A-x_B)^2+(y_A-y_B)^2=l_2^2$$

因此系统只剩下 2 个自由度,故图中的两个参数 θ_1 和 θ_2 就完全确定了整个系统的状态。

定常约束指约束方程式与时间无关。如果约束方程式中还显含时间,则称为非定常约束。

若约束方程中包含有无法消除的速度项,则称为不完整约束。反之则为完整约束。

3. 虚位移

虚位移是指人为假设的,但却是系统约束所允许的无穷小的位移。它只是约束所许可的,而并非实际发生的真实位移,因此它与时间 t 的变化无关。为了强调虚位移是假想的,我们用符号 δ(正体,柔度系数用斜体 δ)来表示,如 δx(图 5-12),以区别于真实微增量 $\mathrm{d}x$。

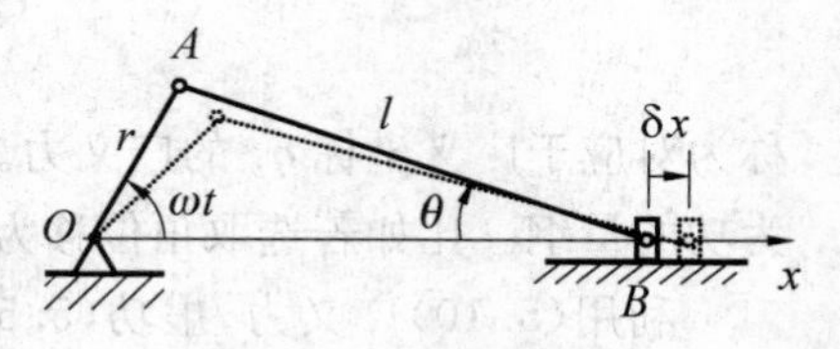

图 5-12　虚位移示意图

如果系统只有一个自由度,那么约束所允许的虚位移方向要么与实位移相同,要么相反。若系统的自由度多于一个,那么真实发生的位移方向只能是一个,而在约束条件允许下,虚位移可任意假设,因此它的方向与真实位移方向没有关系。

4. 虚功与广义力

力在虚位移上的元功称为虚功。质点系所有力的虚功总和为:

$$\delta W=\sum_i \boldsymbol{f}_i\cdot\delta\boldsymbol{r}_i \tag{5.5}$$

下面把它用广义坐标和广义力来表示。

若系统有 N 个自由度，则任意一点 i 的坐标向量 $\boldsymbol{r}_i$ 可用 N 个广义坐标 q_1，q_2，…，q_N 和时间 t 来表示，即

$$\boldsymbol{r}_i=\boldsymbol{r}_i(q_1,q_2,\cdots,q_N,t) \tag{5.6}$$

由于虚位移与时间 t 无关，它只是坐标的微变量，因此各点的虚位移 $\delta\boldsymbol{r}_i$ 可表示为广义坐标的虚位移 δq_j 的线性组合，即

$$\delta\boldsymbol{r}_i=\sum_{j=1}^{N}\frac{\delta\boldsymbol{r}_i}{\partial q_j}\delta q_j \tag{5.7}$$

将式(5.7)代入虚功方程(5.3)得

$$\delta W=\sum_i\boldsymbol{f}_i\cdot\sum_{j=1}^{N}\frac{\partial\boldsymbol{r}_i}{\partial q_j}\delta q_j \tag{5.8}$$

交换上式的两个求和次序，得

$$\delta W=\sum_{j=1}^{N}\left(\sum^{i}\boldsymbol{f}_i\cdot\frac{\partial\boldsymbol{r}_i}{\partial q_j}\right)\delta q_j=\sum_{j=1}^{N}Q_j\delta q_j \tag{5.9}$$

其中

$$Q_j=\sum_i\boldsymbol{f}_i\cdot\frac{\partial\boldsymbol{r}_i}{\partial q_j} \tag{5.10}$$

称为对应于广义坐标 q_j 的广义力。广义力 Q_j 的量纲与 q_j 量纲有关，以保证 $Q_j\delta q_j$ 为功的量纲。比如若选取角位移为广义坐标，那么对应的广义力就是力偶矩。

利用(5.10)广义力，虚功(5.5)最终可表示为

$$\delta W=\sum_{j=1}^{N}Q_j\delta q_j \tag{5.11}$$

5.2.2 动能与势能

系统的动能、势能和功是建立拉格朗日方程的基础。本小节将研究如何利用广义坐标来表示动能 T 和势能 U。

1. 动能

式(5.7)已经表示 N 个自由度系统的运动完全可以用 N 个广义坐标和时间 t 的函数描述出来。但本书只涉及与时间 t 无关的定常系统和定常约束。这样各质点的坐标 $\boldsymbol{r}_i$ 不再显含 t，而仅是广义坐标 q_i 的函数，即式(5.6)退化为

$$\boldsymbol{r}_i = \boldsymbol{r}_i(q_1, q_2, \cdots, q_N) \tag{5.12}$$

将上式对时间 t 求一阶导数，可得速度

$$\frac{\mathrm{d}\boldsymbol{r}_i}{\mathrm{d}t} = \dot{\boldsymbol{r}}_i = \sum_{j=1}^{N} \frac{\partial \boldsymbol{r}_i}{\partial q_j} \dot{q}_j \tag{5.13}$$

式中广义坐标 q_j 对时间 t 的导数 $\dot{q}_j$ 称为广义速度。式(5.13)表明物理速度 $\dot{\boldsymbol{r}}_i$ 是广义速度的线性组合。

质点 m_i 的动能为

$$T_i = \frac{1}{2} m_i \dot{\boldsymbol{r}}_i \cdot \dot{\boldsymbol{r}}_i$$

系统总动能等于各质点动能之和，即

$$T = \sum_i T_i = \frac{1}{2} \sum_i m_i \dot{\boldsymbol{r}}_i \cdot \dot{\boldsymbol{r}}_i \tag{5.14}$$

其中 $\sum_i$ 表示对所有质点求和。

利用速度式(5.13)可以得到

$$\dot{\boldsymbol{r}}_i \cdot \dot{\boldsymbol{r}}_i = \sum_{j_1=1}^{N} \sum_{j_2=1}^{N} \frac{\partial \boldsymbol{r}_i}{\partial q_{j_1}} \cdot \frac{\partial \boldsymbol{r}_i}{\partial q_{j_2}} \dot{q}_{j_1} \dot{q}_{j_2}$$

将上式代入动能表达式(5.14)得

$$T = \frac{1}{2} \sum_i m_i \sum_{j_1=1}^{N} \sum_{j_2=1}^{N} \frac{\partial \boldsymbol{r}_i}{\partial q_{j_1}} \cdot \frac{\partial \boldsymbol{r}_i}{\partial q_{j_2}} \dot{q}_{j_1} \dot{q}_{j_2} \tag{5.15}$$

交换求和次序，式(5.15)成为

$$T = \frac{1}{2} \sum_{j_1=1}^{N} \sum_{j_2=1}^{N} \left(\sum_i m_i \frac{\partial \boldsymbol{r}_i}{\partial q_{j_1}} \cdot \frac{\partial \boldsymbol{r}_i}{\partial q_{j_2}} \right) \dot{q}_{j_1} \dot{q}_{j_2} \tag{5.16}$$

式中，圆括号内是与质量有关的系数，称为广义质量。它是广义坐标 q_j 的函数。

2. 广义质量

引入广义质量符号

$$m_{j_1 j_2} = \sum_i m_i \frac{\partial \boldsymbol{r}_i}{\partial q_{j_1}} \cdot \frac{\partial \boldsymbol{r}_i}{\partial q_{j_2}} \tag{5.17}$$

则式(5.16)写成

$$T=\frac{1}{2}\sum_{j_1=1}^{N}\sum_{j_2=1}^{N}m_{j_1j_2}\dot{q}_{j_1}\dot{q}_{j_2}\tag{5.18}$$

记广义质量矩阵为

$$[M]=\begin{bmatrix}m_{11} & m_{12} & \cdots & m_{1N}\\ m_{21} & m_{22} & \cdots & m_{2N}\\ \vdots & \vdots & \ddots & \vdots\\ m_{N1} & m_{N2} & \cdots & m_{NN}\end{bmatrix}\tag{5.19}$$

它也简称为质量矩阵。由式(5.17)知 $m_{j1j2}=m_{j2j1}$，所以$[M]$是对称矩阵。

引入广义速度的列阵$\{\dot{q}\}$及其转置矩阵$\{\dot{q}\}^{\mathrm{T}}$，

$$\{\dot{q}\}=\begin{Bmatrix}\dot{q}_1\\ \dot{q}_2\\ \vdots\\ \dot{q}_N\end{Bmatrix},\{\dot{q}\}^{\mathrm{T}}=\{\dot{q}_1,\dot{q}_2,\cdots,\dot{q}_N\}\tag{5.20}$$

则动能 T 可写成

$$T=\frac{1}{2}\{\dot{q}\}^{\mathrm{T}}[M]\{\dot{q}\}\tag{5.21}$$

即在定常约束情况下，动能 T 是广义速度 $\dot{q}_j$ 的二次齐次函数(或者叫二次型)。

通常，系统的功能 T 总是大于 0，除非广义速度 $\dot{q}_j$ 全等于 0。线性代数理论中称这样的函数为正定二次型，相应地称它的系数矩阵$[M]$为正定矩阵。

3. 势能

第 2 章就单自由度系统介绍了势能的概念及计算方法，下面讨论更一般的情况。

如果作用在物体上的力所做之功仅与力作用点的起始和终了位置有关，而与其作用点经过的路径无关，这种力称为有势力，又称保守力。

从选定的参考(基准)状态经任一途径到达某状态过程中，有势力所做功的相反数即为该有势力所具有的势能。工程上最常见的势能有重力势能和弹性势能。势能是位置的单值函数，故可表示成 N 个独立的广义坐标 q_i 的函数，即：

$$U=-W=U(q_1,q_2,\cdots,q_N)\tag{5.22}$$

势能是坐标的单值函数，它只取决于系统的相对状态，因此有势力沿闭合路线的功等于 0。

若 q_i 有微变 $\mathrm{d}q_i$，则势能具有全微分的性质，即

$$\mathrm{d}U=-\mathrm{d}W=\sum_{i=1}^{N}\frac{\partial U}{\partial q_i}\mathrm{d}q_i \tag{5.23}$$

若用虚位移 δq_i 取代式(5.23)中 $\mathrm{d}q_i$，则该式也就代表了有势力的虚功 $-\delta W$。与虚功表达式(5.8)相比较，可得

$$Q_i=-\frac{\partial U}{\partial q_i} \tag{5.24}$$

这表明对应于有势力的广义力等于势能对广义坐标求偏导结果的相反数。

如果系统所受到的做功力全部为有势力，那么系统的能量既不增加也不消耗，具有守恒的性质。特别地称这样的系统为保守系统。该系统平衡条件可表示为

$$Q_i=\frac{\partial U}{\partial q_i}=0 \quad (i=1,2,\cdots,N) \tag{5.25}$$

即系统处于平衡位置时，势能 U 取得驻值。

4. 广义刚度

在振动分析中，一般取平衡状态为 q_i 的原点。微幅振动的 q_i 是微量，因而可将势能在平衡状态附近按泰勒级数展开

$$U=U_0+\sum_{i=1}^{N}\left(\frac{\partial U}{\partial q_i}\right)_0 q_i+\frac{1}{2}\sum_{i=1}^{N}\sum_{j=1}^{N}\left(\frac{\partial^2 U}{\partial q_i\partial q_j}\right)_0 q_iq_j+\cdots \tag{5.26}$$

在展开式(5.26)中，右端第一项 U_0 表示势能在平衡状态的取值，它是一个任选的常数，可简单取成 0。第二项是 q_i 的一次项。由于偏导数 $(\partial U/\partial q_i)_0$ 表示广义力 Q_i 在平衡状态取值，因此它等于 0。式(5.26)的第三项最为重要，它是 q_i 的二次项。对微幅振动，相对于 q_i 的二次项，三次以上的项可全部略去（作线性振动分析也必须略去）。因此式(5.26)就变成

$$U\approx\frac{1}{2}\sum_{i=1}^{N}\sum_{j=1}^{N}\left(\frac{\partial^2 U}{\partial q_i\partial q_j}\right)_0 q_iq_j=\frac{1}{2}\sum_{i=1}^{N}\sum_{j=1}^{N}k_{ij}q_iq_j \tag{5.27}$$

其中

$$k_{ij}=\left(\frac{\partial^2 U}{\partial q_i\partial q_j}\right)_0 \tag{5.28}$$

为刚度系数。它是势能 U 对广义坐标的二阶偏导数在平衡状态处的取值。刚度系数具有对称性，$k_{ij}=k_{ji}$。

式(5.27)表明线性(微幅振动)系统的势能 U 是广义坐标的二次型,可用矩阵形式表达为

$$U=\frac{1}{2}\{q\}^{\mathrm{T}}[K]\{q\} \tag{5.29}$$

其中 $\{q\}$ 和 $\{q\}^{\mathrm{T}}$ 表示广义坐标 q_i 的列阵及其转置行阵。$[K]$ 是如下的广义刚度矩阵

$$[K]=\begin{bmatrix} k_{11} & k_{12} & \cdots & k_{1N} \\ k_{21} & k_{22} & \cdots & k_{2N} \\ \vdots & \vdots & \ddots & \vdots \\ k_{N1} & k_{N2} & \cdots & k_{NN} \end{bmatrix} \tag{5.30}$$

例题 5-4 图 5-11 所示质量为 m_1 和 m_2 组成的双摆。写出系统的势能和动能,并求在微幅振动时,系统的刚度矩阵和质量矩阵。

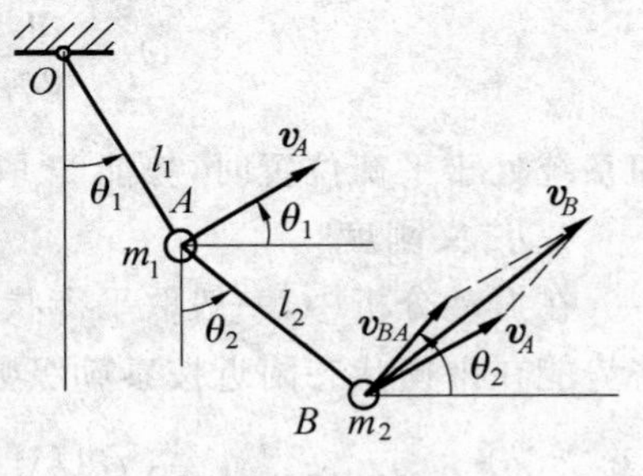

图 5-13 双杆摆

解: 取 θ_1 和 θ_2 为广义坐标,以平衡位置 $\theta_1=\theta_2=0$ 作为零势能点,在任意位置 θ_1 和 θ_2(图 5-13),根据 A 和 B 两点的竖向位置,即可计算出势能

$$U=m_1gl_1(1-\cos\theta_1)+m_2g[l_1(1-\cos\theta_1)+l_2(1-\cos\theta_2)]$$

由图 5-13 可得 A 和 B 两点速度大小为

$$v_A=l_1\dot{\theta}_1$$

$$v_B=\sqrt{(l_1\dot{\theta}_1)^2+(l_2\dot{\theta}_2)^2+2l_1l_2\dot{\theta}_1\dot{\theta}_2\cos(\theta_2-\theta_1)}$$

故得动能

$$\begin{aligned} T&=\frac{1}{2}m_1(l_1\dot{\theta}_1)^2+\frac{1}{2}m_2[(l_1\dot{\theta}_1)^2+(l_2\dot{\theta}_2)^2+2l_1l_2\dot{\theta}_1\dot{\theta}_2\cos(\theta_2-\theta_1)] \\ &=\frac{1}{2}(m_1+m_2)(l_1\dot{\theta}_1)^2+m_2l_1l_2\dot{\theta}_1\dot{\theta}_2\cos(\theta_2-\theta_1)+\frac{1}{2}m_2(l_2\dot{\theta}_2)^2 \end{aligned}$$

通常系数 m_{ij} 不是常数,如这里的 $m_{12}=m_{21}=m_2l_1l_2\cos(\theta_2-\theta_1)$ 随广义坐标而变化。但对微幅振动,θ_1 和 θ_2 是微量,这使得 $m_{ij}\approx(m_{ij})_{\theta_1=\theta_2=0}$,因而动能就变为

$$T=\frac{1}{2}(m_1+m_2)(l_1\dot{\theta}_1)^2+m_2l_1l_2\dot{\theta}_1\dot{\theta}_2+\frac{1}{2}m_2(l_2\dot{\theta}_2)^2$$

同理可将势能 U 在平衡位置附近展开，只保留到 θ_1 和 θ_2 的二次项有

$$U=\frac{1}{2}(m_1+m_2)gl_1\theta_1^2+\frac{1}{2}m_2gl_2\theta_2^2$$

把 T 和 U 表示成二次型即可得出质量矩阵[M]和刚度矩阵[K]，如下：

$$[M]=\begin{bmatrix}(m_1+m_2)l_1^2 & m_2l_1l_2\\ m_2l_1l_2 & m_2l_2^2\end{bmatrix},[K]=\mathrm{g}\begin{bmatrix}(m_1+m_2)l_1 & 0\\ 0 & m_2l_2\end{bmatrix}$$

5. 刚度矩阵的正定性与平衡分类

若振系中只有弹簧（无倒立的摆之类），则因弹性变形而储藏的势能 U 不可能为负，所以 U 是半正定二次型，相应的刚度矩阵[K]也是半正定的。之所以强调"半"，因为像图 5-7 的系统，若 $x_2=x_1$，则势能 $U=k(x_2-x_1)^2/2$ 确实等于 0。显然，只要系统能发生刚体位移，那么肯定存在一组非 0 的位移，在这种位移模式下系统内的弹簧无变形，从而势能 U 为 0。该系统固有频率至少有一个为 0。

在第 2 章中，我们曾提到系统等效刚度可能小于 0。多自由度系统也存在这种情形，此时平衡状态是不稳定的。相应的刚度矩阵不再保持半正定性。

本书主要讨论 U 是正定的或半正定的系统。式(5.25)表明系统势能在平衡位置处取驻值。进一步，若 U 正定，则偏离平衡状态的 U 肯定大于 0，所以 U 在平衡状态具有极小值。我们称势能在平衡状态具有极小值情形为稳定平衡。若 U 为半正定，则系统存在刚体位移，此时的平衡状态不再是个孤立的点，而是一个子空间。比如图 5-7 的系统，只要满足 $x_2=x_1$，系统就会平衡。这种平衡通常称为中性平衡。

5.2.3　拉格朗日方程

由于拉格朗日方程的关键是用功和能的概念，因此我们按照约束力是否做功来对约束分类。例如光滑面约束，光滑铰连接，或者像刚体内部的成对内力，这些约束反力都不做功。这样不做功的约束称为理想约束。

理想约束在虚位移上同样不做虚功。

除理想约束之外，所有对系统做功的力都归为另一类，包括外力和非理想约束力。经常遇到的动滑动摩擦力会做功，因而不属于理想约束。

1. 动力学普遍方程

质点 m_i 的动静法可以表示为

$$\boldsymbol{F}_{\mathrm{R}i}+(-m_i\ddot{\boldsymbol{r}}_i)=\boldsymbol{0}\tag{5.31}$$

其中 $\boldsymbol{F}_{Ri}$ 可以分解为两个部分：①理想约束反力的合力 $\boldsymbol{F}_{ci}$；②理想约束反力之外其他力的合力 $\boldsymbol{F}_{ai}$，包括外力、有势力和动滑动摩擦力等。

形式上，式(5.31)只是对牛顿第二定律 $\boldsymbol{F}_{Ri}=m_i\ddot{\boldsymbol{r}}_i$ 的移项操作，但它却是导出拉格朗日方程的关键一步。将式(5.31)左端 $\boldsymbol{F}_{Ri}+(-m_i\ddot{\boldsymbol{r}}_i)$ 看成合力，计算全部质点的虚功得

$$\sum_i(\boldsymbol{F}_{ai}+\boldsymbol{F}_{ci}-m_i\ddot{\boldsymbol{r}}_i)\cdot\delta\boldsymbol{r}_i=0$$

因为理想约束反力的虚功之和 $\sum_i\boldsymbol{F}_{ci}\cdot\delta\boldsymbol{r}_i=0$，虚功方程变为

$$\delta W=\sum_i(\boldsymbol{F}_{ai}-m_i\ddot{\boldsymbol{r}}_i)\cdot\delta\boldsymbol{r}_i=0 \tag{5.32}$$

方程(5.32)称为动力学普遍方程。它表明：在任意瞬时，作用于系统上所有的非理想约束力与惯性力在虚位移上所做的虚功之和等于0。

2. 建立拉格朗日方程

方程(5.32)可以展开为

$$\sum_i\boldsymbol{F}_{ai}\cdot\delta\boldsymbol{r}_i-\sum_i m_i\ddot{\boldsymbol{r}}_i\cdot\delta\boldsymbol{r}_i=0 \tag{5.33}$$

利用式(5.7)，上式的第一项可写为

$$\sum_i\boldsymbol{F}_{ai}\cdot\delta\boldsymbol{r}_i=\sum_{j=1}^N\left(\sum_i\boldsymbol{F}_{ai}\cdot\frac{\partial\boldsymbol{r}_i}{\partial q_j}\right)\delta q_j=\sum_{j=1}^N Q_j\delta q_j \tag{a}$$

式(5.33)的第二项可变为

$$\sum_i m_i\ddot{\boldsymbol{r}}_i\cdot\delta\boldsymbol{r}_i=\sum_i m_i\ddot{\boldsymbol{r}}_i\cdot\sum_{j=1}^N\frac{\partial\boldsymbol{r}_i}{\partial q_j}\delta q_j=\sum_{j=1}^N\left(\sum_i m_i\ddot{\boldsymbol{r}}_i\cdot\frac{\partial\boldsymbol{r}_i}{\partial q_j}\right)\delta q_j \tag{5.34}$$

利用乘积函数的导数性质，可将上式中括弧内 $m_i\ddot{\boldsymbol{r}}_i\cdot\dfrac{\partial\boldsymbol{r}_i}{\partial q_j}$ 写为

$$m_i\ddot{\boldsymbol{r}}_i\cdot\frac{\partial\boldsymbol{r}_i}{\partial q_j}=\frac{\mathrm{d}}{\mathrm{d}t}\left(m_i\dot{\boldsymbol{r}}_i\cdot\frac{\partial\boldsymbol{r}_i}{\partial q_j}\right)-m_i\dot{\boldsymbol{r}}_i\cdot\frac{\mathrm{d}}{\mathrm{d}t}\left(\frac{\partial\boldsymbol{r}_i}{\partial q_j}\right) \tag{b}$$

由等式(5.13)可知 $\dot{\boldsymbol{r}}_i$ 只是广义速度 $\dot{q}_j$ 的线性组合，而组合系数$\dfrac{\partial\boldsymbol{r}_i}{\partial q_j}$只是广义坐标 q_j 和时间 t 的显函数(不涉及 $\dot{q}_j$)。若将等式(5.13)对广义速度 $\dot{q}_j$ 求偏导数，必有

$$\frac{\partial \dot{\boldsymbol{r}}_i}{\partial \dot{q}_j}=\frac{\partial \boldsymbol{r}_i}{\partial q_j} \tag{5.35}$$

回到式(b),将第一个括号中$\frac{\partial \boldsymbol{r}_i}{\partial q_j}$用式(5.35)换成$\frac{\partial \dot{\boldsymbol{r}}_i}{\partial \dot{q}_j}$,并交换式(b)右端第二项的求导顺序,可得

$$m_i\ddot{\boldsymbol{r}}_i \cdot \frac{\partial r_i}{\partial q_j}=\frac{\mathrm{d}}{\mathrm{d}t}\left(m_i\dot{\boldsymbol{r}}_i \cdot \frac{\partial \dot{\boldsymbol{r}}_i}{\partial \dot{q}_j}\right)-m_i\dot{\boldsymbol{r}}_i \cdot \frac{\partial \dot{\boldsymbol{r}}_i}{\partial q_j} \tag{c}$$

注意到

$$\frac{\partial}{\partial \dot{q}_j}\left(\frac{1}{2}m_i\dot{\boldsymbol{r}}_i \cdot \dot{\boldsymbol{r}}_i\right)=m_i\dot{\boldsymbol{r}}_i \cdot \frac{\partial \dot{\boldsymbol{r}}_i}{\partial \dot{q}_j},\frac{\partial}{\partial q_j}\left(\frac{1}{2}m_i\dot{\boldsymbol{r}}_i \cdot \dot{\boldsymbol{r}}_i\right)=m_i\dot{\boldsymbol{r}}_i \cdot \frac{\partial \dot{\boldsymbol{r}}_i}{\partial q_j}$$

式(c)可写成

$$m_i\ddot{\boldsymbol{r}}_i \cdot \frac{\partial \boldsymbol{r}_i}{\partial q_j}=\frac{\mathrm{d}}{\mathrm{d}t}\left[\frac{\partial}{\partial \dot{q}_j}\left(\frac{1}{2}m_i\dot{\boldsymbol{r}}_i \cdot \dot{\boldsymbol{r}}_i\right)\right]-\frac{\partial}{\partial q_j}\left(\frac{1}{2}m_i\dot{\boldsymbol{r}}_i \cdot \dot{\boldsymbol{r}}_i\right) \tag{d}$$

终于与质点 m_i 的动能 $T_i=\frac{1}{2}m_i\dot{\boldsymbol{r}}_i \cdot \dot{\boldsymbol{r}}_i$ 联系上了!

将式(d)代入式(5.34)有

$$\sum_i m_i\ddot{\boldsymbol{r}}_i \cdot \delta\boldsymbol{r}_i=\sum_{j=1}^{N}\sum_i\left\{\frac{\mathrm{d}}{\mathrm{d}t}\left[\frac{\partial}{\partial \dot{q}_j}\left(\frac{1}{2}m_i\dot{\boldsymbol{r}}_i \cdot \dot{\boldsymbol{r}}_i\right)\right]-\frac{\partial}{\partial q_j}\left(\frac{1}{2}m_i\dot{\boldsymbol{r}}_i \cdot \dot{\boldsymbol{r}}_i\right)\right\}\delta q_j$$

将上式右端对 i 求和移到圆括弧之内得到

$$\sum_i m_i\ddot{\boldsymbol{r}}_i \cdot \delta\boldsymbol{r}_i=\sum_{j=1}^{N}\left[\frac{\mathrm{d}}{\mathrm{d}t}\left(\frac{\partial T}{\partial \dot{q}_j}\right)-\frac{\partial T}{\partial q_j}\right]\delta q_j \tag{e}$$

其中 T 就是式(5.14)定义的系统总动能。

将式(a)和式(e)代入式(5.33)得到

$$\sum_{j=1}^{N}\left[\frac{\mathrm{d}}{\mathrm{d}t}\left(\frac{\partial T}{\partial \dot{q}_j}\right)-\frac{\partial T}{\partial q_j}-Q_j\right]\delta q_j=0 \tag{5.36}$$

因为虚位移 δq_j 都是独立的,所以可任意选取。若选取只有 δq_j 不等于 0,而其余 $\delta q_i(i\neq j)$全都等于 0,可得 N 个二阶微分方程,称为拉格朗日方程

$$\frac{\mathrm{d}}{\mathrm{d}t}\left(\frac{\partial T}{\partial \dot{q}_j}\right)-\frac{\partial T}{\partial q_j}-Q_j=0 \quad (j=1,2,\cdots,N) \tag{5.37}$$

当系统保守时，即全部做功力都是有势力，将式(5.24)的广义力代入式(5.37)得保守系统的拉格朗日方程为

$$\frac{\mathrm{d}}{\mathrm{d}t}\left(\frac{\partial T}{\partial \dot{q}_j}\right)-\frac{\partial T}{\partial q_j}+\frac{\partial U}{\partial q_j}=0 \quad (j=1,2,\cdots,N) \tag{5.38}$$

引入动势

$$L=T-U \tag{5.39}$$

它表示动能与势能之差。因为 U 与广义速度无关，式(5.38)可简写成

$$\frac{\mathrm{d}}{\mathrm{d}t}\left(\frac{\partial L}{\partial \dot{q}_j}\right)-\frac{\partial L}{\partial q_j}=0 \quad (j=1,2,\cdots,N) \tag{5.40}$$

若系统除了有势力的作用外，还存在其他非有势力的作用，则把这部分力的虚功记作

$$\delta W=\sum_{j=1}^{N} Q_j \delta q_j \tag{5.41}$$

其中 Q_j 是排除有势力以外的其他做功的广义力。现在就可将拉格朗日方程推广到非保守系统

$$\frac{\mathrm{d}}{\mathrm{d}t}\left(\frac{\partial T}{\partial \dot{q}_j}\right)-\frac{\partial T}{\partial q_j}+\frac{\partial U}{\partial q_j}=Q_j \quad (j=1,2,\cdots,N) \tag{5.42}$$

或

$$\frac{\mathrm{d}}{\mathrm{d}t}\left(\frac{\partial L}{\partial \dot{q}_j}\right)-\frac{\partial L}{\partial q_j}=Q_j \quad (j=1,2,\cdots,N) \tag{5.43}$$

3. 示例

利用拉格朗日方程建立系统运动微分方程的主要优点是：①只需对动能和势能这类标量函数求偏导运算，不用判断向量的方向；②无须取分离体；③得到的方程个数与系统的自由度数刚好相等，这组方程是完备且无冗余的。

求解步骤可归纳如下：

(1)首先确定系统的自由度数，选取适当的广义坐标来表示系统的运动状态。

(2)写出系统的动能 T，并表示成广义坐标和广义速度的函数(约束关系要明确，可以使用隐函数的形式)。

(3)若主动力为有势力，则建立用广义坐标表示的势能函数 U。对于非势力则计算对应于各广义坐标 q_j 的广义力 Q_j。具体操作可为：令 $\delta q_j\neq 0$，而其他的 δq_i

$(j \neq i)$全部取 0,计算非势力的虚功 δW,则 δq_j 的系数即是 Q_j。

(4)将 T,U 和 Q_j 代入拉格朗日方程中进行运算,得到系统的运动微分方程。

例题 5-5　试用拉格朗日方程推导例题 5-4 双摆运动微分方程,并写出微幅振动微分方程。

解:在例题 5-4 中已求得双摆的势能和动能,现计算

$$\frac{\partial U}{\partial \theta_1} = (m_1 + m_2) g l_1 \sin\theta_1$$

$$\frac{\partial U}{\partial \theta_2} = m_2 g l_2 \sin\theta_2$$

$$\frac{\partial T}{\partial \dot{\theta}_1} = (m_1 + m_2) l_1^2 \dot{\theta}_1 + m_2 l_1 l_2 \dot{\theta}_2 \cos(\theta_2 - \theta_1)$$

$$\frac{\mathrm{d}}{\mathrm{d}t}\left(\frac{\partial T}{\partial \dot{\theta}_1}\right) = (m_1 + m_2) l_1^2 \ddot{\theta}_1 + m_2 l_1 l_2 \ddot{\theta}_2 \cos(\theta_2 - \theta_1) - m_2 l_1 l_2 \dot{\theta}_2 (\dot{\theta}_2 - \dot{\theta}_1) \sin(\theta_2 - \theta_1)$$

$$\frac{\partial T}{\partial \theta_1} = m_2 l_1 l_2 \dot{\theta}_1 \dot{\theta}_2 \sin(\theta_2 - \theta_1)$$

$$\frac{\partial T}{\partial \dot{\theta}_2} = m_2 l_1 l_2 \dot{\theta}_1 \cos(\theta_2 - \theta_1) + m_2 l_2^2 \dot{\theta}_2$$

$$\frac{\mathrm{d}}{\mathrm{d}t}\left(\frac{\partial T}{\partial \dot{\theta}_2}\right) = -m_2 l_1 l_2 \dot{\theta}_1 (\dot{\theta}_2 - \dot{\theta}_1) \sin(\theta_2 - \theta_1) + m_2 l_1 l_2 \ddot{\theta}_1 \cos(\theta_2 - \theta_1) + m_2 l_2^2 \ddot{\theta}_2$$

$$\frac{\partial T}{\partial \theta_2} = -m_2 l_1 l_2 \dot{\theta}_1 \dot{\theta}_2 \sin(\theta_2 - \theta_1)$$

将以上各式全部代入拉格朗日方程,整理得如下微分方程

$$\begin{cases} (m_1 + m_2) l_1^2 \ddot{\theta}_1 + m_2 l_1 l_2 \ddot{\theta}_2 \cos(\theta_2 - \theta_1) - \\ \quad m_2 l_1 l_2 \dot{\theta}_2^2 \sin(\theta_2 - \theta_1) + (m_1 + \mathrm{m}_2) g l_1 \sin\theta_1 = 0 \\ m_2 l_1 l_2 \ddot{\theta}_1 \cos(\theta_2 - \theta_1) + m_2 l_2^2 \ddot{\theta}_2 + m_2 l_1 l_2 \dot{\theta}_1^2 \sin(\theta_2 - \theta_1) + m_2 g l_2 \sin\theta_2 = 0 \end{cases}$$

上述方程组表明双摆运动方程是非线性的。当双摆作微幅振动时,将 $\sin\theta_j \approx \theta_j (j = 1 \sim 2)$,$\cos(\theta_2 - \theta_1) \approx 1$,$\sin(\theta_2 - \theta_1) \approx \theta_2 - \theta_1$ 代入,可得线性化微分方程

$$\begin{cases} (m_1 + m_2) l_1^2 \ddot{\theta}_1 + m_2 l_1 l_2 \ddot{\theta}_2 + (m_1 + m_2) g l_1 \theta_1 = 0 \\ m_2 l_1 l_2 \ddot{\theta}_1 + m_2 l_2^2 \ddot{\theta}_2 + m_2 g l_2 \theta_2 = 0 \end{cases}$$

如果写成矩阵形式，就是例题 5-4 的质量矩阵$[M]$和刚度矩阵$[K]$。

例题 5-6 试用拉格朗日方程推导图 5-14 振系微分方程，并写出微幅振动方程。$x=0$ 时弹簧处于原长。

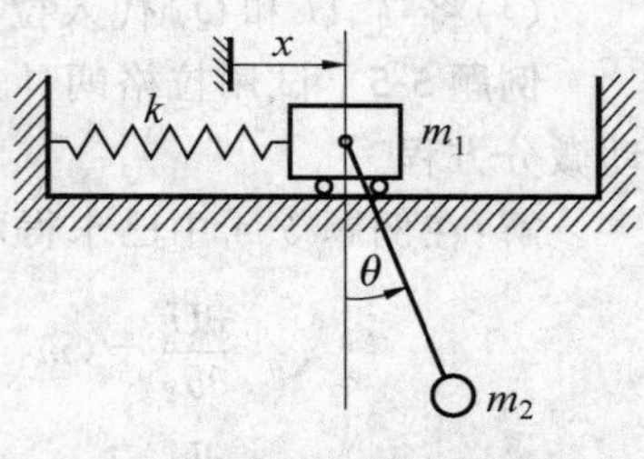

图 5-14 例题 5-6 的振系

解：系统动能为

$$T=T_{m1}+T_{m2}$$
$$=\frac{1}{2}m_1\dot{x}^2+\frac{1}{2}m_2[\dot{x}^2+(l\dot{\theta})^2+2\dot{x}l\dot{\theta}\cos\theta]$$

系统势能为(零势能状态：$x=0;\theta=0$)

$$U=U_{m1}+U_{m2}=\frac{1}{2}kx^2+m_2gl(1-\cos\theta)$$

现计算

$$\frac{\partial U}{\partial x}=kx,\frac{\partial U}{\partial\theta}=m_2gl\sin\theta,$$
$$\frac{\partial T}{\partial x}=0,\frac{\partial T}{\partial\theta}=-m_2\dot{x}l\dot{\theta}\sin\theta$$
$$\frac{\partial T}{\partial\dot{x}}=m_1\dot{x}+m_2\dot{x}+m_2l\dot{\theta}\cos\theta$$
$$\frac{d}{dt}\left(\frac{\partial T}{\partial\dot{x}}\right)=(m_1+m_2)\ddot{x}+m_2l\ddot{\theta}\cos\theta-m_2l\dot{\theta}^2\sin\theta$$
$$\frac{\partial T}{\partial\dot{\theta}}=m_2l^2\dot{\theta}+m_2l\dot{x}\cos\theta$$
$$\frac{d}{dt}\left[\frac{\partial T}{\partial\dot{\theta}}\right]=m_2l^2\ddot{\theta}+m_2l\ddot{x}\cos\theta-m_2l\dot{x}\dot{\theta}\sin\theta$$

将以上各式全部代入拉格朗日方程，整理得如下微分方程

$$\begin{cases}(m_1+m_2)\ddot{x}+m_2l\ddot{\theta}\cos\theta-m_2l\dot{\theta}^2\sin\theta+kx=0\\ m_2l^2\ddot{\theta}+m_2l\ddot{x}\cos\theta+m_2gl\sin\theta=0\end{cases}$$

当摆幅很小时，$\sin\theta\approx\theta$，$\cos\theta=1$，上述方程的线性化为(参考例题 4-5)

$$\begin{cases}(m_1+m_2)\ddot{x}+m_2l\ddot{\theta}+kx=0\\ m_2l\ddot{x}+m_2l^2\ddot{\theta}+m_2gl\theta=0\end{cases}$$

5.3　自由振动方程的解耦

5.3.1　方程解耦

不论采用哪一种方法，对不计阻尼的线性系统（或非线性系统的微幅振动近似），最后都得到了如下的振动微分方程组

$$[M]\{\ddot{x}\}+[K]\{x\}=\{0\} \tag{5.44}$$

其中$[M]$和$[K]$都是对称的 $N\times N$ 矩阵。

下一步就是求解该方程。我们仍设法通过线性变换，将这一耦合的方程组变成 N 个不耦合的微分方程。引入如下的模态坐标$\{q\}$和非奇异变换矩阵$[\Phi]$

$$\{q\}=\begin{Bmatrix} q_1 \\ q_2 \\ \vdots \\ q_N \end{Bmatrix},[\Phi]=\begin{bmatrix} \phi_{11} & \phi_{12} & \cdots & \phi_{1N} \\ \phi_{21} & \phi_{22} & \cdots & \phi_{2N} \\ \vdots & \vdots & \ddots & \vdots \\ \phi_{N1} & \phi_{N2} & \cdots & \phi_{NN} \end{bmatrix}$$

取变换

$$\{x\}=[\Phi]\{q\} \tag{5.45}$$

代入式(5.44)，并为了保持系数矩阵的对称，再左乘$[\Phi]^{\mathrm{T}}$ 有

$$[\Phi]^{\mathrm{T}}[M][\Phi]\{\ddot{q}\}+[\Phi]^{\mathrm{T}}[K][\Phi]\{q\}=\{0\} \tag{5.46}$$

解耦的充要条件变为

$$[\Phi]^{\mathrm{T}}[M][\Phi]=[M]_{\mathrm{P}} \tag{5.47}$$

$$[\Phi]^{\mathrm{T}}[K][\Phi]=[K]_{\mathrm{P}} \tag{5.48}$$

其中$[M]_{\mathrm{P}}$ 和$[K]_{\mathrm{P}}$ 均应为如下的对角阵

$$[M]_{\mathrm{P}}=\begin{bmatrix} M_1 & 0 & \cdots & 0 \\ 0 & M_2 & \cdots & 0 \\ \vdots & \vdots & \ddots & \vdots \\ 0 & 0 & \cdots & M_N \end{bmatrix},[K]_{\mathrm{P}}=\begin{bmatrix} K_1 & 0 & \cdots & 0 \\ 0 & K_2 & \cdots & 0 \\ \vdots & \vdots & \ddots & \vdots \\ 0 & 0 & \cdots & K_N \end{bmatrix} \tag{5.49}$$

如果选择的$[\Phi]$满足了式(5.47)，那么可实现动力解耦，但是未必能保证式(5.48)的静力解耦。另一方面，仅由式(5.47)当然也无法唯一确定$[\Phi]$。因为$[\Phi]$

本身有 N^2 个参数，$[M]_P$ 的对角线还有 N 个参数，总计有 N^2+N 个参数要待定；但式(5.47)形式上最多能提供 $N(N+1)/2$ 个独立的方程，因为该式左端矩阵的对称性减少了 $N(N-1)/2$ 个独立方程。同样若$[\Phi]$满足式(5.48)，可实现静力解耦，未必能实现动力解耦，也无法唯一确定所有的待定参数。

只有把式(5.47)和式(5.48)联合起来，同时满足，静力解耦和动力解耦才能全部实现。二者联合起来之后，形式上有 $N(N+1)$个独立的方程，待定未知数则有 $N(N+2)$。不过回到式(5.47)和式(5.48)，$[\Phi]$确实不能完全确定，因为若已找到一个$[\Phi]$同时满足了式(5.47)和式(5.48)，那么对这个$[\Phi]$乘以任意的对角阵之后也会同时满足关系式(5.47)和式(5.48)。如果不计这个对角阵的差异，联合式(5.47)和式(5.48)则有可能唯一确定$[\Phi]$。

为此，将式(5.47)变为$[\Phi]^{\mathrm{T}}=[M]_P[\Phi]^{-1}[M]^{-1}$，代入式(5.48)得

$$[M]_P[\Phi]^{-1}[M]^{-1}[K][\Phi]=[K]_P \tag{5.50}$$

上式可变为

$$[K][\Phi]=[M][\Phi][M]_P^{-1}[K]_P \tag{5.51}$$

由于$[M]_P$ 和$[K]_P$ 均为对角阵，$[M]_P^{-1}[K]_P$ 可合并为一个对角阵

$$[\Lambda]=[M]_P^{-1}[K]_P=\begin{bmatrix}\lambda_1 & 0 & \cdots & 0\\ 0 & \lambda_2 & \cdots & 0\\ \vdots & \vdots & \ddots & \vdots\\ 0 & 0 & \cdots & \lambda_N\end{bmatrix}$$

其中对角元素

$$\lambda_i=\frac{K_i}{M_i}(i=1,2,\cdots,N) \tag{5.52}$$

这样式(5.51)变为

$$[K][\Phi]=[M][\Phi][\Lambda] \tag{5.53}$$

上式就是矩阵理论的广义特征值问题。如果将矩阵$[\Phi]$按列分开$[\Phi]=[\{\phi\}_1,\{\phi\}_2,\cdots,\{\phi\}_N]$，则式(5.53)就变为如下熟悉的特征值形式

$$\begin{aligned}[K]\{\phi\}_1&=\lambda_1[M]\{\phi\}_1\\ [K]\{\phi\}_2&=\lambda_2[M]\{\phi\}_2\\ &\vdots\\ [K]\{\phi\}_N&=\lambda_N[M]\{\phi\}_N\end{aligned} \tag{5.54}$$

之所以叫“广义”是因为[M]的存在。如果矩阵[M]为单位阵,那就是常规特征值问题。

总之,方程(5.44)的解耦问题最终归结为特征值问题(5.53),相应的特征值方程为

$$|[K]-\lambda[M]|=0 \tag{5.55}$$

一旦求出这个多项式的根 λ 代回式(5.53),便可以确定变换所需要的矩阵[Φ]。

第 6 章将详细介绍特征值的数值解法。

5.3.2　主振动

暂且跳过特征值问题的复杂性,假定[Φ]已经找到,那么式(5.46)变为 N 个解耦的方程

$$\left.\begin{aligned} M_1\ddot{q}_1+K_1q_1&=0\\ M_2\ddot{q}_2+K_2q_2&=0\\ &\vdots\\ M_N\ddot{q}_2+K_Nq_N&=0 \end{aligned}\right\} \tag{5.56}$$

它们都是无阻尼单自由度系统的振动方程。根据第 2 章的式(2.6),它们的解为

$$\begin{cases} q_1(t)=A_1\sin(p_1t+\alpha_1)\\ q_2(t)=A_2\sin(p_2t+\alpha_2)\\ \vdots\\ q_N(t)=A_N\sin(p_Nt+\alpha_N) \end{cases} \tag{5.57}$$

其中 $p_i=\sqrt{\lambda_i}=\sqrt{\dfrac{K_i}{M_i}}\,(i=1,2,\cdots,N)$就是该系统的固有频率。

固有频率决定于系统的质量矩阵和刚度矩阵,但是振幅 $A_1\sim A_N$ 和初相位 $\alpha_1\sim\alpha_N$ 则不同,它们还与初始条件有关。

利用式(5.45)就可以得到原问题的解:

$$\begin{Bmatrix} x_1\\ x_2\\ \vdots\\ x_N \end{Bmatrix}=A_1\begin{Bmatrix} \phi_{11}\\ \phi_{21}\\ \vdots\\ \phi_{N1} \end{Bmatrix}\sin(p_1t+\alpha_1)+A_2\begin{Bmatrix} \phi_{12}\\ \phi_{22}\\ \vdots\\ \phi_{N2} \end{Bmatrix}\sin(p_2t+\alpha_2)+\cdots+$$

$$A_N\begin{Bmatrix}\phi_{1N}\\ \phi_{2N}\\ \vdots\\ \phi_{NN}\end{Bmatrix}\sin(p_Nt+\alpha_N) \tag{5.58}$$

因此原系统的自由振动为频率不同的 N 个简谐运动的叠加。如果恰好只有一个 $A_i\neq0$，而其他的 $A_j(j\neq i)$ 全部为 0，那么整个系统的各点运动都是同一频率的简谐运动。此时的振动具有如下特点：

(1)系统中任意 j_1 和 j_2 两点的运动，要么完全同步(ϕ_{j_1i} 和 ϕ_{j_2i} 符号相同)，要么完全反相(ϕ_{j_1i} 和 ϕ_{j_2i} 符号相反)。x_{j_1} 与 x_{j_2} 同时通过零点，同时达到幅值最大，因此具有固定的振动模式。

(2)当 ϕ_{j_1i} 和 ϕ_{j_2i} 符号相反时，在 j_1 和 j_2 两点之间至少存在一个点，其振幅始终为 0，也就是节点。因为它的位置固定不变，所以我们可以用肉眼观察到。

由于上述特征，若只以一个固有频率 p_i 振动，则整个系统的运动有明显的模式，所以称之为模态振动。相应的振动模式完全由列阵 $\{\phi\}_i$ 所控制，所以称 $\{\phi\}_i$ 为模态向量，又称振型向量。

在解耦方程式(5.56)中，$\ddot{q}_i$ 前的系数 M_i 类似于单自由度情形的等效质量，称为模态质量或广义质量，而 q_i 前的系数 K_i 相当于等效刚度，称为模态刚度或广义刚度。固有频率 p_i 也称为模态频率。

对于任意初条件，可能有不止一个非零的 A_i，那么上述的特点(1)和(2)不复存在，自由振动没有固定模式。但是根据式(5.58)，自由振动仍可以分解为模态振动的叠加，而每个模态的运动都是简谐的。由于存在这样的模态分解，我们又把模态振动称为主振动，相应地上述物理量又称为主质量、主刚度、主振动频率以及主振型等。

例题 5-7　图 5-15 所示的张紧细绳上均匀地分布着五个相同的集中质量，绳子张力 F_{T0} 在微幅振动过程中近似认为是常数。分析系统的主振动频率和振型。

解：利用分离体法可求得系统的质量矩阵和刚度矩阵如下

$$[M]=m\begin{bmatrix}1&0&0&0&0\\0&1&0&0&0\\0&0&1&0&0\\0&0&0&1&0\\0&0&0&0&1\end{bmatrix},[K]=k\begin{bmatrix}2&-1&0&0&0\\-1&2&-1&0&0\\0&-1&2&-1&0\\0&0&-1&2&-1\\0&0&0&-1&2\end{bmatrix}$$

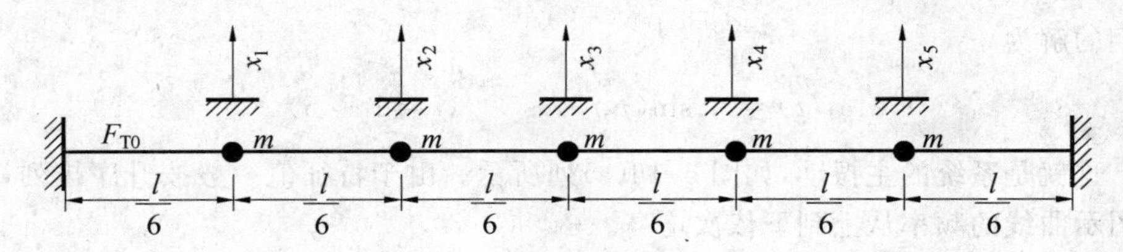

图 5-15　五自由度振系

其中 $k=6F_{T0}/l$。将这两个矩阵代入特征多项式(5.55),展开可得

$$(k-\lambda m)(2k-\lambda m)(3k-\lambda m)(k^2-4km\lambda+m^2\lambda^2)=0$$

可解出五个特征根(按从小到大的顺序排列)

$$\lambda_1=\frac{(2-\sqrt{3})k}{m}=p_1^2,\lambda_2=\frac{k}{m}=p_2^2,\lambda_3=\frac{2k}{m}=p_3^2,$$

$$\lambda_4=\frac{3k}{m}=p_4^2,\lambda_5=\frac{(2+\sqrt{3})k}{m}=p_5^2$$

其中 $p_1\sim p_5$ 就是主振动频率。将这 5 个特征根代入特征方程(5.53),可以解得特征向量矩阵(特征向量的最后一个元素取为 1)

$$[\Phi]=\begin{bmatrix}1 & -1 & 1 & -1 & 1\\ \sqrt{3} & -1 & 0 & 1 & -\sqrt{3}\\ 2 & 0 & -1 & 0 & 2\\ \sqrt{3} & 1 & 0 & -1 & -\sqrt{3}\\ 1 & 1 & 1 & 1 & 1\end{bmatrix}$$

将$[\Phi]$代入式(5.47)和式(5.48),可验证$[\Phi]$确实能将质量矩阵和刚度矩阵对角化,其中的主质量和主刚度分别为

$$M_1=12m,M_2=4m,M_3=3m,M_4=4m,M_5=12m$$

$$K_1=12(2-\sqrt{3})k,K_2=4k,K_3=6k,K_4=12k,K_5=12(2+\sqrt{3})k$$

取$\{x\}=[\Phi]\{q\}$变换,解耦方程为

$$\left.\begin{aligned}m\ddot{q}_1+(2-\sqrt{3})kq_1=0\\ m\ddot{q}_2+kq_2=0\\ m\ddot{q}_3+2kq_3=0\\ m\ddot{q}_4+3kq_4=0\\ m\ddot{q}_5+(2+\sqrt{3})kq_5=0\end{aligned}\right\}$$

它们的解为

$$q_i(t)=A_i\sin(p_it+\alpha_i)\quad (i=1\sim 5)$$

这就是系统的主振动，如图 5-16(a)列所示。由于特征值一般按升序排列，所以图示曲线的频率从上到下依次增高。

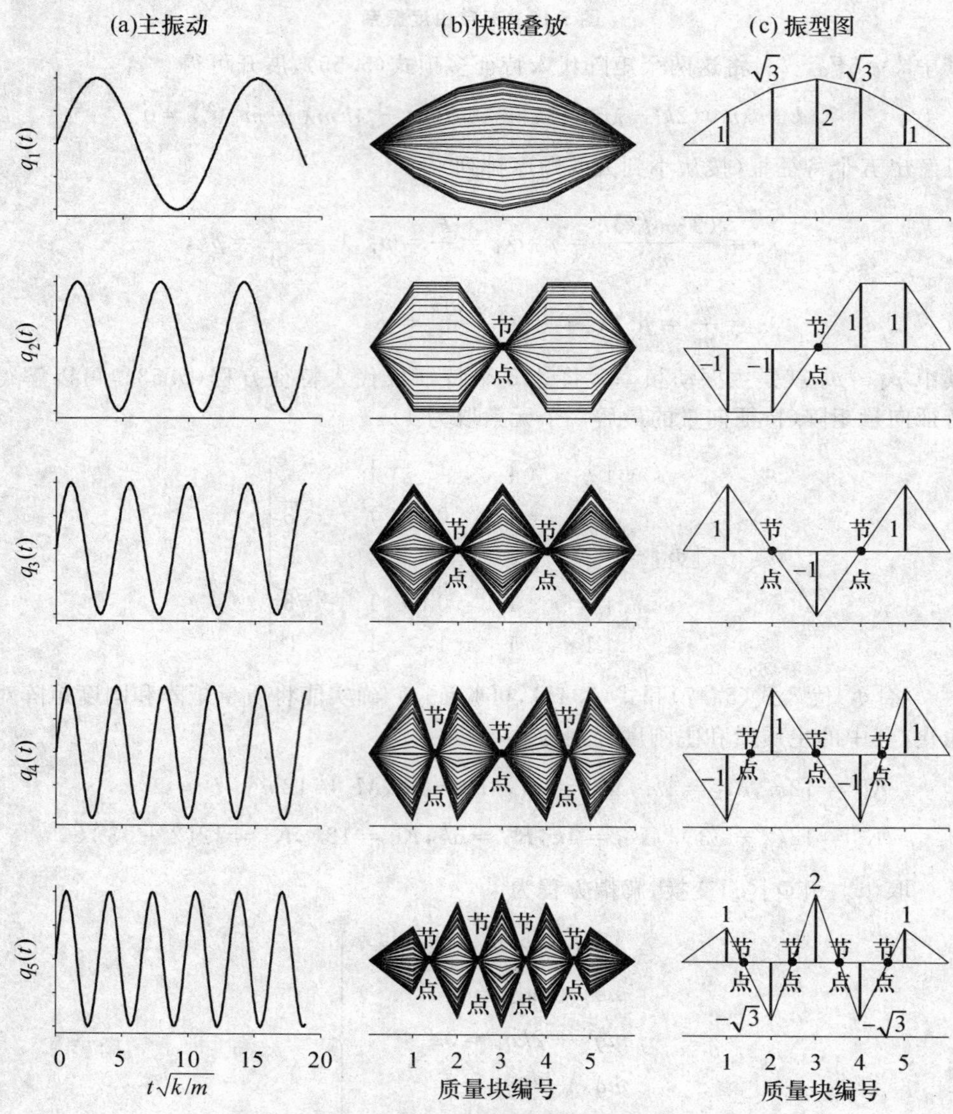

图 5-16　例题 5-7 的五自由度的主振动

图 5-16(b)列为快照叠放图。可以看到主振动有明显的模式,特别是随主振动的阶数增高,节点增多。这些节点在空间和时间上都保持不动,很容易鉴别出来。

图 5-16(c)是容易制作的振型图。从该图很容易把握主振动形态、各处振幅的相对比值以及节点位置等特征。

例题 5-8　图 5-15 所示系统的初条件为 $x_1=5, x_2=-2, x_3=7, x_4=2, x_5=5$; $\dot{x}_1=\dot{x}_2=\dot{x}_3=\dot{x}_4=\dot{x}_5=0$。求微幅振动的自由响应。

解: 根据变换 $\{x\}=[\Phi]\{q\}$ 有 $\{x(0)\}=[\Phi]\{q(0)\}$, $\{\dot{x}(0)\}=[\Phi]\{\dot{q}(0)\}$ 可以解出模态坐标的初条件为

$$\{q(0)\}=\{2,1,1,-1,2\}^{\mathrm{T}}$$
$$\{\dot{q}(0)\}=0$$

因此模态坐标解为

$$q_1(t)=q_1(0)\cos p_1 t+\frac{\dot{q}_1(0)}{p_1}\sin p_1 t=2\cos p_1 t$$
$$q_2(t)=\cos p_2 t$$
$$q_3(t)=\cos p_3 t$$
$$q_4(t)=-\cos p_4 t$$
$$q_5(t)=2\cos p_5 t$$

回到物理坐标系有

$$\{x\}=[\Phi]\{q\}=2\cos p_1 t\begin{Bmatrix}1\\ \sqrt{3}\\ 2\\ \sqrt{3}\\ 1\end{Bmatrix}+\cos p_2 t\begin{Bmatrix}-1\\ -1\\ 0\\ 1\\ 1\end{Bmatrix}+\cos p_3 t\begin{Bmatrix}1\\ 0\\ -1\\ 0\\ 1\end{Bmatrix}-$$
$$\cos p_4 t\begin{Bmatrix}-1\\ 1\\ 0\\ -1\\ 1\end{Bmatrix}+2\cos p_5 t\begin{Bmatrix}1\\ -\sqrt{3}\\ 2\\ -\sqrt{3}\\ 1\end{Bmatrix}\tag{a}$$

或者合起来有

$$\{x(t)\}=\begin{Bmatrix}2\cos p_1t-\cos p_2t+\cos p_3t+\cos p_4t+2\cos p_5t\\2\sqrt{3}\cos p_1t-\cos p_2t-\cos p_4t-2\sqrt{3}\cos p_5t\\4\cos p_1t-\cos p_3t+4\cos p_5t\\2\sqrt{3}\cos p_1t+\cos p_2t+\cos p_4t-2\sqrt{3}\cos p_5t\\2\cos p_1t+\cos p_2t+\cos p_3t-\cos p_4t+2\cos p_5t\end{Bmatrix}$$

5 个质点的时间历程如图 5-17(a)～(e)所示，它们看起来比较复杂。仿照图 5-16(b)列的快照叠放如图 5-17(f)所示。此时的振动不再具有模式，更不具有稳定的节点，明显不同于图 5-16(b)。但是式(a)和式(5-58)表明：如此复杂的曲线仍然是由简单的主振动叠加而成的。正因为如此，这样求解响应的方法又称振型叠加法。

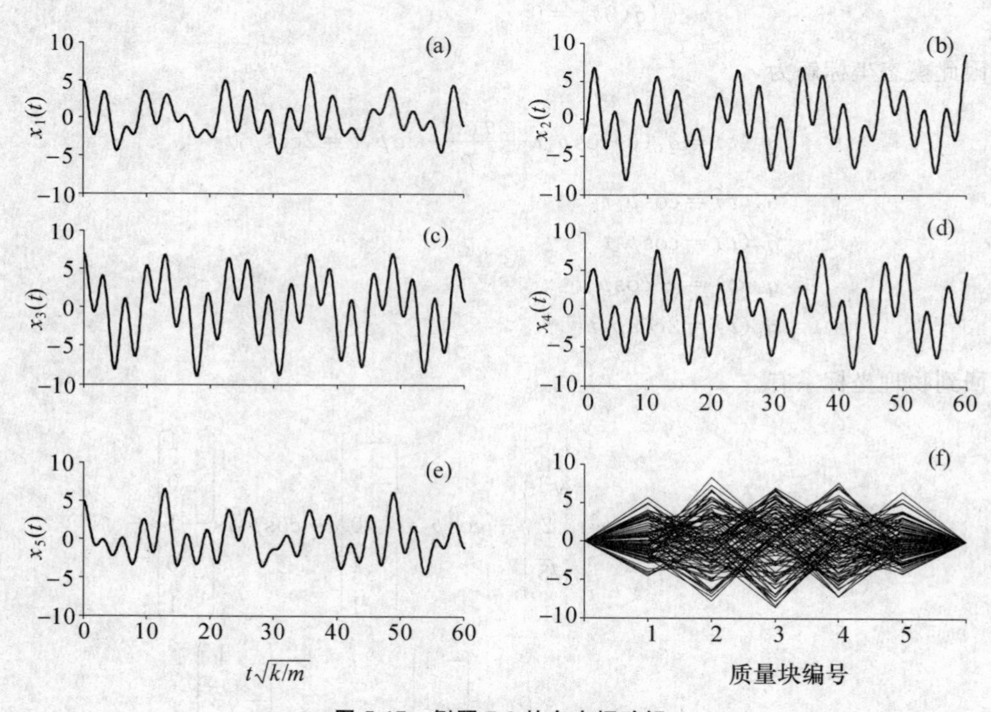

图 5-17　例题 5-8 的自由振动解

5.4　主振动与特征值问题

5.3 节得到的一个重要结论就是：多自由度振系的自由响应是简谐振动的叠

加。本节直接从这个结论出发，返回来进一步深化理解线性系统的主振动，以及它与矩阵特征值之间的关系。

5.4.1　固有频率与振型

直接设式(5.44)的解为

$$\{x\} = \{\phi\}\sin(pt + \alpha) \tag{5.59}$$

式中$\{\phi\}$为振幅，p 为固有频率。将上式代入方程(5.44)得

$$([K] - p^2[M])\{\phi\} = \{0\} \tag{5.60}$$

这是广义特征值问题，可将其转化为标准特征值问题，即用$[M]^{-1}$左乘式(5.60)

$$([S] - p^2[I])\{\phi\} = \{0\} \tag{5.61}$$

式中$[S]=[M]^{-1}[K]$称为系统矩阵。

$\lambda = p^2$ 称为系统矩阵$[S]$的特征值，$\{\phi\}$为相应的特征向量。

1. 固有频率

要使式(5.61)中的振幅$\{\phi\}$不全为 0(全为 0 则不是振动)，$\{\phi\}$的系数行列式须等于 0

$$|[S] - \lambda[I]| = 0 \tag{5.62}$$

上式称为频率方程或特征方程。其展开是 λ 的 N 次多项式方程，方程的 N 个根 $\lambda_i(i=1,2,\cdots,N)$即为系统的特征值。特征值 λ_i 的平方根就是系统的固有频率 p_i。

由于$[M]$是实对称正定阵，$[K]$是正定的或半正定的实对称阵，故从式(5.62)解得的 N 个特征值λ_i 都是正实数，开方即为固有频率。固有频率一般按由小到大的顺序排列为

$$0 \leqslant p_1(=\sqrt{\lambda_1}) \leqslant p_2(=\sqrt{\lambda_2}) \leqslant \cdots \leqslant p_N(=\sqrt{\lambda_N})$$

固有频率是系统的固有属性，与初始条件无关。

2. 振型

将求得的各特征值代入式(5.61)，可得与 λ_i 相应的$\{\phi\}_i$。又因

$$([S] - \lambda_i[I])\{\phi\}_i = \{0\}$$

是齐次方程，其系数行列式为 0 时，各$\{\phi\}_i$ 的绝对大小不能确定。但其相对比值

$$\phi_{1i}:\phi_{2i}:\phi_{3i}:\cdots:\phi_{Ni}$$

可确定。这说明，当系统按某一固有频率 p_i 作谐振时，各点振幅之间有与 p_i 相应的确定比值$\{\phi\}_i$，这一比值为系统矩阵$[S]$的特征向量，也就是主振型、振型向量或固有振型，简称振型。

振型也是振动系统的固有特性，与初条件无关。即使发生强迫振动，振型依然不变，更不受激振位置的影响。

对于 N 自由度的振系，总能找到 N 个固有频率（或特征值）以及相应的 N 个振型（或特征向量）。这是有别于单自由度振系的一个重要性质。

3. 主振动

将各 p_i 和 ϕ_{ji}（$i=1,2,\cdots,N$）分别代回所设的式(5.59)，即得 N 个谐振动

$$x_j=\phi_{ji}\sin(p_it+\alpha_i)\quad(j=1,2,\cdots,N)\tag{5.63}$$

上式说明，各质点均以相同的 p_i 和 α_i 作谐振。在每一周期的振动过程中，各点都同时经过各自的平衡位置，又同时达到各自的最大振幅。各点位移之比即前述的第 i 阶振型。

N 个自由度的振系有 N 个振型，能产生 N 个主振动。式(5.63)代表对应的 N 个特解。将它们叠加，就是自由振动的通解

$$x_j=\sum_{i=1}^{N}A_{ji}\phi_{ji}\sin(p_it+\alpha_i)\quad(j=1,2,\cdots,N)$$

其中 A_{ji} 为权重系数。

例题 5-9 求图 5-18 所示的三层剪切型刚架的固有频率和振型，并画出振型图。

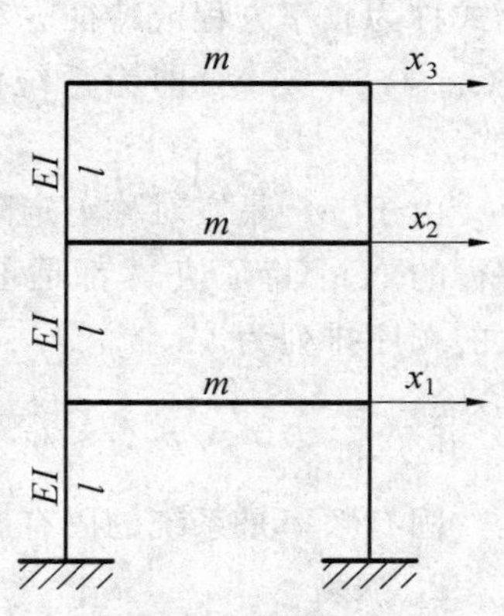

图 5-18 三层剪切刚架

解：本系统有三个自由度。根据例题 2-7，横梁作水平平移，竖直梁的变形相当于上下两端均为固定端情形，其刚度为 $k=2\times\dfrac{12EI}{l^3}$。这样整个系统势能为

$$U=\frac{1}{2}kx_1^2+\frac{1}{2}k(x_2-x_1)^2+\frac{1}{2}k(x_3-x_2)^2$$

系统的动能为

$$T=\frac{1}{2}m\dot{x}_1^2+\frac{1}{2}m\dot{x}_2^2+\frac{1}{2}m\dot{x}_3^2$$

将 T 与 U 代入拉格朗日方程(5.38)，经整理得

$$\begin{bmatrix} m & 0 & 0 \\ 0 & m & 0 \\ 0 & 0 & m \end{bmatrix}\begin{Bmatrix} \ddot{x}_1 \\ \ddot{x}_2 \\ \ddot{x}_3 \end{Bmatrix}+\begin{bmatrix} 2k & -k & 0 \\ -k & 2k & -k \\ 0 & -k & k \end{bmatrix}\begin{Bmatrix} x_1 \\ x_2 \\ x_3 \end{Bmatrix}=\begin{Bmatrix} 0 \\ 0 \\ 0 \end{Bmatrix}$$

即

$$[M]=m[I]\quad [K]=k\begin{bmatrix} 2 & -1 & 0 \\ -1 & 2 & -1 \\ 0 & -1 & 1 \end{bmatrix}$$

故系统矩阵

$$[S]=[M]^{-1}[K]=\frac{k}{m}\begin{bmatrix} 2 & -1 & 0 \\ -1 & 2 & -1 \\ 0 & -1 & 1 \end{bmatrix}$$

将$[S]$代入振型方程(5.62)得

$$\left(\frac{k}{m}\begin{bmatrix} 2 & -1 & 0 \\ -1 & 2 & -1 \\ 0 & -1 & 1 \end{bmatrix}-\lambda[I]\right)\begin{Bmatrix} \phi_1 \\ \phi_2 \\ \phi_3 \end{Bmatrix}=\begin{Bmatrix} 0 \\ 0 \\ 0 \end{Bmatrix} \tag{5.64}$$

故频率方程为

$$\begin{vmatrix} 2k-m\lambda & -k & 0 \\ -k & 2k-m\lambda & -k \\ 0 & -k & k-m\lambda \end{vmatrix}=0$$

由上式解得三个特征值为

$$\lambda_1=0.1981\frac{k}{m},\lambda_2=1.5550\frac{k}{m},\lambda_3=3.2470\frac{k}{m}$$

对应的固有频率为

$$p_1=0.4450\sqrt{\frac{k}{m}},p_2=1.2470\sqrt{\frac{k}{m}},p_3=1.8019\sqrt{\frac{k}{m}}$$

将 λ_1 代入振型方程(5.64)，消去公因子$\frac{k}{m}$，并令 $\phi_{11}=1$（令任一 $\phi_{j1}=1$ 皆可)，则有

$$\begin{bmatrix} 1.8019 & -1.0000 & 0.0000 \\ -1.0000 & 1.8019 & -1.0000 \\ 0.0000 & -1.0000 & 0.8019 \end{bmatrix} \begin{Bmatrix} 1 \\ \phi_{2,1} \\ \phi_{3,1} \end{Bmatrix} = \begin{Bmatrix} 0 \\ 0 \\ 0 \end{Bmatrix}$$

由上式解得

$$\phi_{21} = 1.8019, \phi_{31} = 2.2470$$

于是求得对应于第一阶固有频率 p_1 的振型 $\{\phi\}_1 = \{1.0000, 1.8019, 2.2470\}^T$。

同样，将 λ_2 代入振型方程(5.64)并令 $\phi_{12}=1$，可解得

$$\phi_{22} = 0.4450, \phi_{32} = -0.8019$$

故对应于第二阶固有频率 p_2 的第二阶振型 $\{\phi\}_2 = \{1.0000, 0.4450, -0.8019\}^T$。

同样可求得的第三阶振型 $\{\phi\}_3 = \{1.0000, -1.2470, 0.5550\}^T$。

将振型按比例直观画在原结构上，如图 5-19 所示。

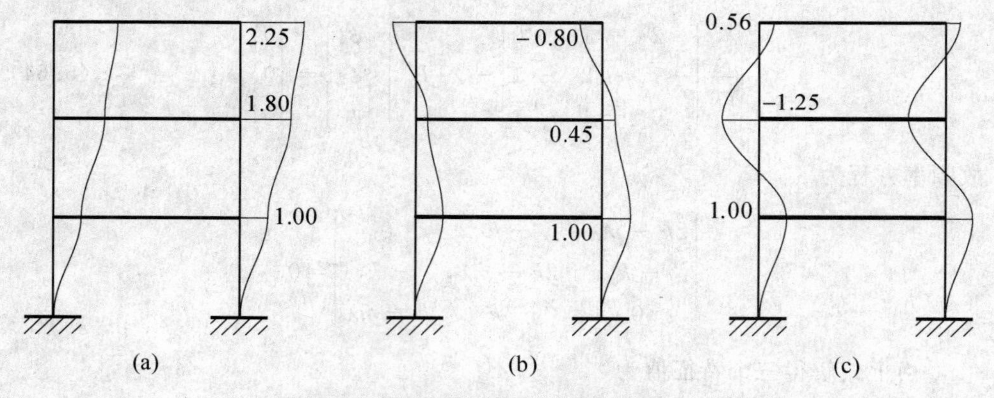

图 5-19　表示在原结构上的振型(例题 5-9)

5.4.2　主振动的特性

1. 振型的正交性

在多自由度系统的振动分析与计算中，振型的正交性是一个很重要的特性。这个特性既是对方程解耦的要求，也是特征值的基本属性。下面从后一个角度来讨论。

设振系的第 i 个与第 j 个振型向量分别为 $\{\phi\}_i$ 和 $\{\phi\}_j$，按照振型方程(5.60)有

$$[K]\{\phi\}_i = \lambda_i [M]\{\phi\}_i \tag{5.65}$$

$$[K]\{\phi\}_j = \lambda_j [M]\{\phi\}_j \tag{5.66}$$

用$\{\phi\}_j^{\mathrm{T}}$左乘式(5.65)，有

$$\{\phi\}_j^{\mathrm{T}}[K]\{\phi\}_i = \lambda_i \{\phi\}_j^{\mathrm{T}}[M]\{\phi\}_i \tag{5.67}$$

用$\{\phi\}_i^{\mathrm{T}}$左乘式(5.66)，有

$$\{\phi\}_i^{\mathrm{T}}[K]\{\phi\}_j = \lambda_j \{\phi\}_i^{\mathrm{T}}[M]\{\phi\}_j$$

因$[M]$和$[K]$都是对称阵，故将上式转置后为

$$\{\phi\}_j^{\mathrm{T}}[K]\{\phi\}_i = \lambda_j \{\phi\}_j^{\mathrm{T}}[M]\{\phi\}_i \tag{5.68}$$

式(5.67)－式(5.68)，得

$$(\lambda_i - \lambda_j)\{\phi\}_j^{\mathrm{T}}[M]\{\phi\}_i = 0 \tag{5.69}$$

若$\lambda_i \neq \lambda_j$，由上式可得正交关系

$$\{\phi\}_j^{\mathrm{T}}[M]\{\phi\}_i = 0 \tag{5.70}$$

将其代入式(5.67)，得正交关系

$$\{\phi\}_j^{\mathrm{T}}[K]\{\phi\}_i = 0 \tag{5.71}$$

以上两式表示：任意两个振型之间，既有对$[M]$的正交性，又有对$[K]$的正交性，它们统称为振型的正交性。这意味着，任何两个主振动在多维空间都是沿着相互垂直的方向振动，如图 5-20 所示。从能量的观点看，就是各阶主振动之间是相互独立的，不会发生能量传递。

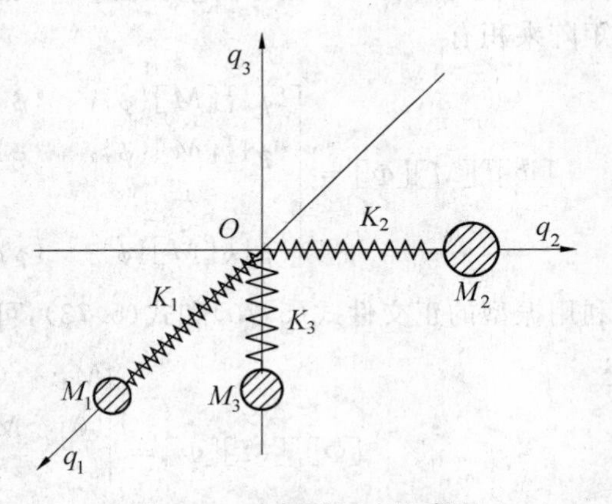

图 5-20　主振动正交示意图

2. 主质量与主刚度

如果$i=j$，则式(5.69)恒成立。将式(5.65)左乘$\{\phi\}_i^{\mathrm{T}}$有

$$\lambda_i \{\phi\}_i^{\mathrm{T}}[M]\{\phi\}_i = \{\phi\}_i^{\mathrm{T}}[K]\{\phi\}_i$$

因而可解出

$$\lambda_i = p_i^2 = \frac{\{\phi\}_i^{\mathrm{T}}[K]\{\phi\}_i}{\{\phi\}_i^{\mathrm{T}}[M]\{\phi\}_i} \tag{5.72}$$

上式与单自由度的 $p^2=\dfrac{k}{m}$ 相比，我们引入

$$M_i=\{\phi\}_i^{\mathrm{T}}[M]\{\phi\}_i,K_i=\{\phi\}_i^{\mathrm{T}}[K]\{\phi\}_i \tag{5.73}$$

并称 M_i 为第 i 阶主质量或广义质量，K_i 为第 i 阶主刚度或广义刚度。当然 $[M]$ 的正定和 $[K]$ 的半正定也保证了 $M_i>0$ 和 $K_i\geqslant 0$。

式(5.72)和式(5.73)说明：类似单自由度振系，多自由度振系的固有频率决定于系统的主刚度和主质量。

3. 主质量矩阵与主刚度矩阵

把相互正交的各振型列阵 $\{\phi\}_i$ 汇集到一个方阵内，构成一个 $N\times N$ 阶的振型矩阵 $[\Phi]$

$$[\Phi]=[\{\phi\}_1,\{\phi\}_2,\cdots,\{\phi\}_N]=\begin{bmatrix}\phi_{11} & \phi_{12} & \cdots & \phi_{1N}\\ \phi_{21} & \phi_{22} & \cdots & \phi_{2N}\\ \phi_{31} & \phi_{22} & \cdots & \phi_{3N}\\ \vdots & \vdots & \cdots & \vdots\end{bmatrix}$$

其中每一列代表一个振型向量。而 $[\Phi]^{\mathrm{T}}$ 的每一行代表一个振型向量。展开下面矩阵乘积有

$$[\Phi]^{\mathrm{T}}[M][\Phi]=\begin{bmatrix}\{\phi\}_1^{\mathrm{T}}[M]\{\phi\}_1 & \{\phi\}_1^{\mathrm{T}}[M]\{\phi\}_2 & \cdots & \{\phi\}_1^{\mathrm{T}}[M]\{\phi\}_N\\ \{\phi\}_2^{\mathrm{T}}[M]\{\phi\}_1 & \{\phi\}_2^{\mathrm{T}}[M]\{\phi\}_2 & \cdots & \{\phi\}_2^{\mathrm{T}}[M]\{\phi\}_N\\ \vdots & \vdots & \ddots & \vdots\\ \{\phi\}_N^{\mathrm{T}}[M]\{\phi\}_1 & \{\phi\}_N^{\mathrm{T}}[M]\{\phi\}_2 & \cdots & \{\phi\}_N^{\mathrm{T}}[M]\{\phi\}_N\end{bmatrix}$$

利用振型的正交性式(5.70)和式(5.73)，可得

$$[\Phi]^{\mathrm{T}}[M][\Phi]=\begin{bmatrix}M_1 & 0 & \cdots & 0\\ 0 & M_2 & \cdots & 0\\ \vdots & \vdots & \ddots & \vdots\\ 0 & 0 & \cdots & M_N\end{bmatrix}=[M]_{\mathrm{P}} \tag{5.74}$$

式中 $[M]_{\mathrm{P}}$ 为主质量(或广义质量)矩阵，它是对角阵。

同理，对刚度矩阵 $[K]$ 也有

$$[\Phi]^{\mathrm{T}}[K][\Phi]=\begin{bmatrix}K_1 & 0 & \cdots & 0\\ 0 & K_2 & \cdots & 0\\ \vdots & \vdots & \ddots & \vdots\\ 0 & 0 & \cdots & K_N\end{bmatrix}=[K]_{\mathrm{P}}$$

式中$[K]_{\mathrm{P}}$为主刚度(或广义刚度)矩阵,它也是对角阵。

4. 正则振型矩阵与正则坐标

前已指出,组成振型矩阵的向量$\{\phi\}_i$中各元素只表示一种相对比值。因此,若$\{\phi\}_i$除以相应的主质量平方根$\sqrt{M_i}$,再由其构成新的振型矩阵$[\Phi]_{\mathrm{N}}$①,仍可对$[M]$和$[K]$进行对角化。

$[\Phi]_{\mathrm{N}}$的任一列为

$$\{\phi\}_{\mathrm{N}i}=\frac{1}{\sqrt{M_i}}\{\phi\}_i \tag{5.75}$$

被称为正则振型。根据式(5.73)和式(5.72),对正则振型有

$$\{\phi\}_{\mathrm{N}i}^{\mathrm{T}}[M]\{\phi\}_{\mathrm{N}i}=\frac{1}{\sqrt{M_i}}\{\phi\}_i^{\mathrm{T}}[M]\frac{1}{\sqrt{M_i}}\{\phi\}_i=\frac{1}{M_i}\{\phi\}_i^{\mathrm{T}}[M]\{\phi\}_i=1$$

$$\{\phi\}_{\mathrm{N}i}^{\mathrm{T}}[K]\{\phi\}_{\mathrm{N}i}=\frac{1}{\sqrt{M_i}}\{\phi\}_i^{\mathrm{T}}[K]\frac{1}{\sqrt{M_i}}\{\phi\}_i=\frac{K_i}{M_i}=\lambda_i=p_i^2$$

相应的矩阵形式为

$$[M]_{\mathrm{N}}=[\Phi]_{\mathrm{N}}^{\mathrm{T}}[M][\Phi]_{\mathrm{N}}=[I] \tag{5.76}$$

$$[K]_{\mathrm{N}}=[\Phi]_{\mathrm{N}}^{\mathrm{T}}[K][\Phi]_{\mathrm{N}}=[\Lambda]=\begin{bmatrix}\lambda_1 & 0 & \cdots & 0\\ 0 & \lambda_2 & \cdots & 0\\ \vdots & \vdots & \ddots & \vdots\\ 0 & 0 & \cdots & \lambda_N\end{bmatrix} \tag{5.77}$$

式中$[\Phi]_{\mathrm{N}}$称为正则振型矩阵(或标准振型矩阵);$[\Lambda]$为特征值矩阵,它是由固有频率平方p_i^2构成的对角阵;$[M]_{\mathrm{N}}$称为正则质量矩阵,它是单位阵;$[K]_{\mathrm{N}}$称为正则刚度矩阵,它等于系统的特征值矩阵。

利用$[\Phi]_{\mathrm{N}}$对原坐标进行如下线性变换

$$\{x\}=[\Phi]_{\mathrm{N}}\{q\}_{\mathrm{N}} \tag{5.78}$$

将上式代入式(5.44),并左乘$[\Phi]_{\mathrm{N}}^{\mathrm{T}}$,得

$$[\Phi]_{\mathrm{N}}^{\mathrm{T}}[M][\Phi]_{\mathrm{N}}\{\ddot{q}\}_{\mathrm{N}}+[\Phi]_{\mathrm{N}}^{\mathrm{T}}[K][\Phi]_{\mathrm{N}}\{q\}_{\mathrm{N}}=\{0\}$$

---

① 正体脚标 N 表示正则(Normalization),斜体 N 为系统的自由度数。

由式(5.76)和式(5.77)得解耦的振动微分方程

$$\{\ddot{q}\}_N + [\Lambda]\{q\}_N = 0 \tag{5.79}$$

其中$\{q\}_N$称为正则坐标或标准坐标。

用正则坐标求解比非正则情形更为简便一些,如由式(5.79)可直接得各阶固有频率 $p_i = \sqrt{\lambda_i}$。

5.5 固有频率为零和相等的情况

本节讨论具有零固有频率和重复固有频率振系,以及相应处理办法。

5.5.1 特征方程有零根

半正定系统一定会有等于0的固有频率,比如图5-7所示的系统。为了加深理解,再来看一个例子。

1. 示例

例题 5-10 在图5-21(a)的轮系中,三个轮盘的转动惯量均为J,两段轴的扭转刚度均为k。求该振系的固有频率及振型。

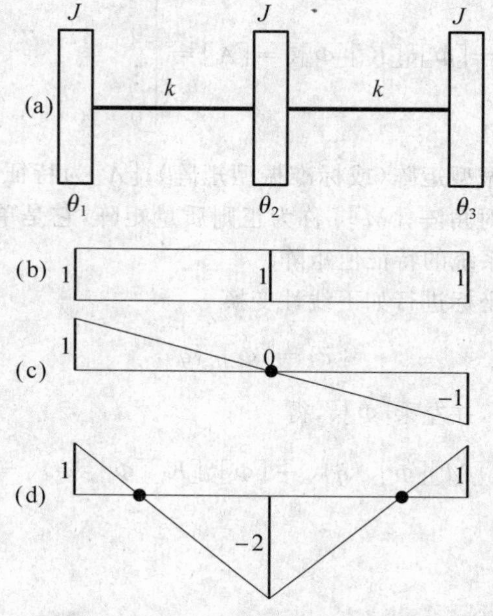

图 5-21 有刚体位移的扭转振系及其振型

解:振系的动能和势能分别为

$$T=\frac{J}{2}(\dot{\theta}_1^2+\dot{\theta}_2^2+\dot{\theta}_3^2)$$

$$U=\frac{k}{2}[(\theta_2-\theta_1)^2+(\theta_3-\theta_2)^2]$$

将它们代入拉格朗日方程,可得扭振微分方程

$$\begin{bmatrix} J & 0 & 0 \\ 0 & J & 0 \\ 0 & 0 & J \end{bmatrix}\begin{Bmatrix} \ddot{\theta}_1 \\ \ddot{\theta}_2 \\ \ddot{\theta}_3 \end{Bmatrix}+\begin{bmatrix} k & -k & 0 \\ -k & 2k & -k \\ 0 & -k & k \end{bmatrix}\begin{Bmatrix} \theta_1 \\ \theta_2 \\ \theta_3 \end{Bmatrix}=\begin{Bmatrix} 0 \\ 0 \\ 0 \end{Bmatrix}$$

由频率方程(5.60)有

$$|[K]-\lambda[M]|=0$$

展开后求得

$$\lambda_1=0,\lambda_2=\frac{k}{J},\lambda_3=\frac{3k}{J}$$

固有频率为

$$p_1=0,p_2=\sqrt{\frac{k}{J}},p_3=\sqrt{\frac{3k}{J}}$$

将各 p_i 依次代入振型方程(5.61),可求得对应于三个固有频率 p_1,p_2 和 p_3 的振型分别为

$$\{\phi\}_1=\begin{Bmatrix} 1 \\ 1 \\ 1 \end{Bmatrix},\{\phi\}_2=\begin{Bmatrix} 1 \\ 0 \\ -1 \end{Bmatrix},\{\phi\}_3=\begin{Bmatrix} 1 \\ -2 \\ 1 \end{Bmatrix}$$

它们分别如图 5-21(b),(c)和(d)所示。

我们来考察 $p_1=0$ 的主振动,将其代入式(5.79)的第一式有

$$\ddot{q}_{N1}=0$$

可解得

$$q_{N1}(t)=\dot{q}_{N1}(0)\times t+q_{N1}(0)$$

可以看出该阶模态的运动规律不再是围绕$\{0,0,0\}^{\mathrm{T}}$振动，而是要么静止不动，要么远离$\{0,0,0\}^{\mathrm{T}}$。检查图 5-21(a)的物理系统，只要保持$\theta_1=\theta_2=\theta_3$，振系就可以处于平衡状态，此时扭转弹簧没有任何变形，也就是系统势能等于 0。这样的模态为刚体模态。

2. 消除刚体模态

5.1.2 小节提到，首先如果存在刚体运动，则无法使用柔度法。其次，有的算法用到刚度矩阵的逆阵，如果不事先处置刚体模态，就会出现数值奇异这个问题。因此有时需要将刚体模态预先去掉。此外，如果能预先把刚体模态去掉，则矩阵阶数降低，可略略减少分析的工作量。

比如例题 5-10，假定我们已经得到了刚体模态$\{\phi\}_1=\{1,1,1\}^{\mathrm{T}}$，它与其他的非刚体运动状态$\{\theta_1,\theta_2,\theta_3\}^{\mathrm{T}}$应该正交，即

$$\{1,1,1\}\begin{bmatrix}J&0&0\\0&J&0\\0&0&J\end{bmatrix}\begin{Bmatrix}\theta_1\\\theta_2\\\theta_3\end{Bmatrix}=0$$

也就是

$$\theta_1+\theta_2+\theta_3=0 \tag{a}$$

利用上式可把系统缩减为两个自由度，比如把θ_2缩减掉(缩减哪个坐标是任意的)，即利用$\theta_2=-\theta_1-\theta_3$消去坐标$\theta_2$。这时系统的动能和势能分别为

$$T=\frac{1}{2}J(2\dot{\theta}_1^2+2\dot{\theta}_1\dot{\theta}_3+2\dot{\theta}_3^2)$$

$$U=\frac{1}{2}k(5\theta_1^2+8\theta_1\theta_3+5\theta_3^2)$$

根据拉格朗日方程式，缩减坐标后的自由振动微分方程为

$$J\begin{bmatrix}2&1\\1&2\end{bmatrix}\begin{Bmatrix}\ddot{\theta}_1\\\ddot{\theta}_3\end{Bmatrix}+k\begin{bmatrix}5&4\\4&5\end{bmatrix}\begin{Bmatrix}\theta_1\\\theta_3\end{Bmatrix}=\begin{Bmatrix}0\\0\end{Bmatrix}$$

其特征方程为

$$\left|-\lambda J\begin{bmatrix}2&1\\1&2\end{bmatrix}+k\begin{bmatrix}5&4\\4&5\end{bmatrix}\right|=0$$

展开后可求得两个特征值为

$$\lambda_1=\frac{k}{J},\lambda_2=\frac{3k}{J}$$

与前面的第 2 阶和第 3 阶特征值完全相同。相应的特征向量为

$$\{\tilde{\phi}\}_1=\begin{Bmatrix}1\\-1\end{Bmatrix},\{\tilde{\phi}\}_2=\begin{Bmatrix}1\\1\end{Bmatrix} \tag{b}$$

利用式(a)可以将 θ_2 表示出来，然后再与式(b)合并在一起，有

$$\{\phi\}_2=\begin{Bmatrix}1\\0\\-1\end{Bmatrix},\{\phi\}_3=\begin{Bmatrix}1\\-2\\1\end{Bmatrix}$$

这与前面的第 2 阶和第 3 阶振型完全对应。

在第 4 章的 4.3.1 小节曾指出，两自由度的弹簧-质量系统的第一阶振型的两个分量符号相同，第二阶的相反(存在节点)。但是这里式(b)的第一阶特征值两个分量符号相反，第二阶符号相同。这种差异原因是式(b)的两个特征向量是两自由度“数学系统”的，而并非原来的三自由度物理系统的。

5.5.2　特征方程有重根时

利用振型解耦的前提是已经有了全部的振型向量，所给的例子也确实都找到了相应的振型矩阵。根据线性代数知识，如果所有特征值互异，那么每个特征值都有对应的特征向量，从而构成一个特征向量方阵。该方阵对刚度矩阵和质量矩阵正交。

1. 重频特征向量的非唯一性

如果特征方程有两个根 $\lambda_1=\lambda_2$，那么数学上可证明确实存在 $\{\phi\}_1$ 和 $\{\phi\}_2$ 两个特征向量(至少就对称的刚度矩阵和质量矩阵，这是成立的)。但是正交性却无法自动保证(因为式(5.69)的左端自动为 0)。我们先证明这两个振型向量 $\{\phi\}_1$ 和 $\{\phi\}_2$ 无法唯一确定。证明如下

设 $\lambda_1=\lambda_2=\lambda$，按式(5.61)有

$$[S]\{\phi\}_1=\lambda\{\phi\}_1$$
$$[S]\{\phi\}_2=\lambda\{\phi\}_2$$

而 $\{\phi\}_1$ 与 $\{\phi\}_2$ 的线性组合 $\mu_1\{\phi\}_1+\mu_2\{\phi\}_2$ 也满足

$$[S](\mu_1\{\phi\}_1+\mu_2\{\phi\}_2)=\mu_1[S]\{\phi\}_1+\mu_2[S]\{\phi\}_2=\lambda(\mu_1\{\phi\}_1+\mu_2\{\phi\}_2)$$

即$\{\phi\}_1$和$\{\phi\}_2$的线性组合都能满足特征方程。由于μ_1和μ_2是任意常数，故对应于λ有无穷多振型向量。

例题 5-11 图 5-22 中有两个相同的弹簧质量系统，在两质量之间连接一根质量可以忽略不计的刚性杆。求系统的固有频率及振型。

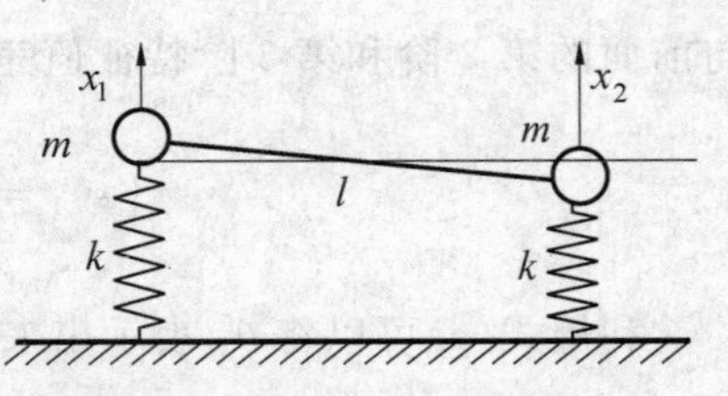

图 5-22 有重频的二自由度系统

解：取两质量偏离其平衡状态的位移x_1和x_2为广义坐标，则动能T和势能U分别为

$$T=\frac{1}{2}m\dot{x}_1^2+\frac{1}{2}m\dot{x}_2^2$$

$$U=\frac{1}{2}kx_1^2+\frac{1}{2}kx_2^2$$

由拉格朗日方程式，得系统自由振动方程为

$$m\begin{bmatrix}1 & 0\\0 & 1\end{bmatrix}\begin{Bmatrix}\ddot{x}_1\\\ddot{x}_2\end{Bmatrix}+k\begin{bmatrix}1 & 0\\0 & 1\end{bmatrix}\begin{Bmatrix}x_1\\x_2\end{Bmatrix}=\begin{Bmatrix}0\\0\end{Bmatrix}$$

它的特征值方程为

$$(k-mp^2)^2=0$$

故

$$p_1=p_2=\sqrt{\frac{k}{m}}$$

这时特征向量的方程为

$$\begin{bmatrix}-p^2m+k & 0\\0 & -p^2m+k\end{bmatrix}\begin{Bmatrix}\phi_1\\\phi_2\end{Bmatrix}=\begin{bmatrix}0 & 0\\0 & 0\end{bmatrix}\begin{Bmatrix}\phi_1\\\phi_2\end{Bmatrix}=\begin{Bmatrix}0\\0\end{Bmatrix}$$

显然任意ϕ_1和ϕ_2都能满足上式。这时系数矩阵的秩为 0，它就等于系统自由度数 2 减掉固有频率重数。虽然任意ϕ_1和ϕ_2都满足特征方程，但是不管如何组合，独立的向量只能有两个。两个独立的特征向量可选择为

$$\{\phi\}_1=\begin{Bmatrix}1\\0\end{Bmatrix},\{\phi\}_2=\begin{Bmatrix}0\\1\end{Bmatrix}$$

这两个振型相互正交，如图 5-23 所示。但是取下面的向量也满足特征值方程(见图 5-24)

$$\{\phi\}_1=\begin{Bmatrix}1\\1\end{Bmatrix},\{\phi\}_2=\begin{Bmatrix}0\\1\end{Bmatrix}$$

但它们不正交，无法用来对原方程解耦。

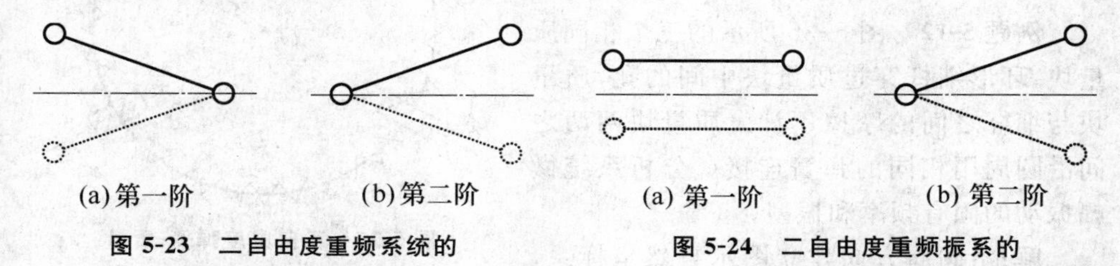

图 5-23　二自由度重频系统的两个正交振型

图 5-24　二自由度重频振系的两个独立但不正交振型

2. 重频特征向量的正交化

如果已经知道了重频所对应的两个独立振型向量，则总可以可通过线性代数中的格拉姆一施密特正交化过程找到两个正交向量。比如有两个独立振型 $\{\phi\}_1$ 和 $\{\phi\}_2$，那么先保留 $\{\phi\}_1$，而第二个向量假定为 $\{\tilde{\phi}\}_2=\{\phi\}_2+\mu\{\phi\}_1$，根据上述论证，它肯定也是对应同一频率的特征向量。现在目标是要调整 μ，使得 $\{\tilde{\phi}\}_2$ 与已经选定的 $\{\phi\}_1$ 正交，也就是

$$(\{\phi\}_2+\mu\{\phi\}_1)^{\mathrm{T}}[M]\{\phi\}_1=0$$

即

$$\{\phi\}_2^{\mathrm{T}}[M]\{\phi\}_1+\mu\{\phi\}_1^{\mathrm{T}}[M]\{\phi\}_1=0$$

因为质量矩阵总是正定的，所以 $\{\phi\}_1^{\mathrm{T}}[M]\{\phi\}_1$ 肯定非 0，故可以解出

$$\mu=-\frac{\{\phi\}_2^{\mathrm{T}}[M]\{\phi\}_1}{\{\phi\}_1^{\mathrm{T}}[M]\{\phi\}_1}\tag{5.80}$$

这样就保证了 $\{\tilde{\phi}\}_2=\{\phi\}_2+\mu\{\phi\}_1$ 与 $\{\phi\}_1$ 正交。

例如图 5-24 的两个振型不正交。通过上述方式可将它们正交化。第一个向量不变，为求与之正交的第二个向量，先计算

$$\mu=-\frac{\{0,1\}\begin{bmatrix}m&0\\0&m\end{bmatrix}\begin{Bmatrix}1\\1\end{Bmatrix}}{\{1,1\}\begin{bmatrix}m&0\\0&m\end{bmatrix}\begin{Bmatrix}1\\1\end{Bmatrix}}=-\frac{1}{2}$$

因此符合正交化的第二个向量为

$$\{\bar{\phi}\}_2=\begin{Bmatrix}0\\1\end{Bmatrix}-\frac{1}{2}\begin{Bmatrix}1\\1\end{Bmatrix}=\frac{1}{2}\begin{Bmatrix}-1\\1\end{Bmatrix}$$

它不仅对质量矩阵正交，而且对刚度矩阵正交。

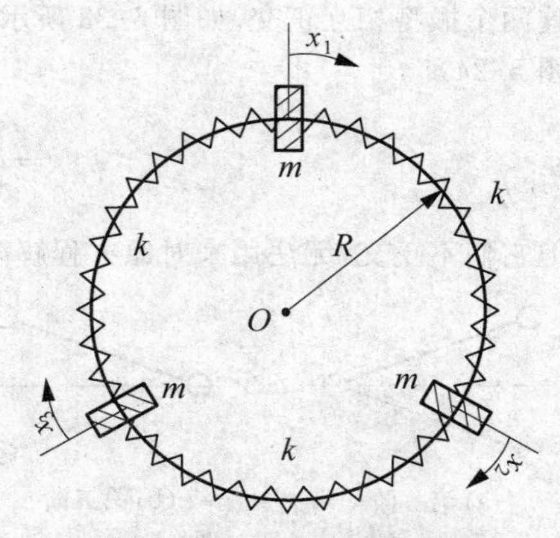

图 5-25　三自由度弹簧-质量块沿环振动系统

例题 5-12　图 5-25 所示的三个相同质量块，环形细杆穿过质量块中间的孔，质量块与细杆之间的摩擦不计。质量块两两之间沿圆周用相同的弹簧连接。分析系统微幅振动的固有频率和振型。

解:沿圆周方向建立图示自然坐标系，系统的动能和势能分别为

$$T=\frac{m}{2}(\dot{x}_1^2+\dot{x}_2^2+\dot{x}_3^2)$$

$$U=\frac{k}{2}[(x_2-x_1)^2+(x_3-x_2)^2+(x_1-x_3)^2]$$

代入拉格朗日方程得到

$$\begin{bmatrix}m&0&0\\0&m&0\\0&0&m\end{bmatrix}\begin{Bmatrix}\ddot{x}_1\\\ddot{x}_2\\\ddot{x}_3\end{Bmatrix}+k\begin{bmatrix}2&-1&-1\\-1&2&-1\\-1&-1&2\end{bmatrix}\begin{Bmatrix}x_1\\x_2\\x_3\end{Bmatrix}=\begin{Bmatrix}0\\0\\0\end{Bmatrix}$$

代入特征值方程 $|[K]-\lambda[M]|=0$ 可解得

$$\lambda_1=0,\lambda_2=3\frac{k}{m},\lambda_3=3\frac{k}{m}$$

$\lambda_1=0$ 为前面所说的 0 频，对应特征向量方程为

$$[K]\{\phi\}_1=0\times\{\phi\}_1\Rightarrow\begin{bmatrix}2&-1&-1\\-1&2&-1\\-1&-1&2\end{bmatrix}\begin{Bmatrix}1\\1\\1\end{Bmatrix}=0\begin{Bmatrix}1\\1\\1\end{Bmatrix}$$

即特征向量 $\{\phi\}_1=\{1,1,1\}^{\mathrm{T}}$。

$\lambda_2=\lambda_3=3\dfrac{k}{m}$ 对应的特征方程为

$$\begin{bmatrix} -1 & -1 & -1 \\ -1 & -1 & -1 \\ -1 & -1 & -1 \end{bmatrix}\begin{Bmatrix} \phi_{1i} \\ \phi_{2i} \\ \phi_{3i} \end{Bmatrix}=\begin{Bmatrix} 0 \\ 0 \\ 0 \end{Bmatrix} \quad (i=2,3)$$

我们可选择

$$\{\phi\}_2=\begin{Bmatrix} \phi_{12} \\ \phi_{22} \\ \phi_{32} \end{Bmatrix}=\begin{Bmatrix} 1 \\ 1 \\ -2 \end{Bmatrix},\{\phi\}_3=\begin{Bmatrix} \phi_{13} \\ \phi_{23} \\ \phi_{33} \end{Bmatrix}=\begin{Bmatrix} 1 \\ -2 \\ 1 \end{Bmatrix}$$

可以验证$\{\phi\}_2$和$\{\phi\}_3$确实与$\{\phi\}_1$正交，但是$\{\phi\}_2$与$\{\phi\}_3$并不正交，因此不能用来对原方程解耦。

为了实现正交，将$\{\phi\}_2$和$\{\phi\}_3$分别取代式(5.80)的$\{\phi\}_1$和$\{\phi\}_2$得到

$$\mu=-\frac{\{\phi\}_3^{\mathrm{T}}[M]\{\phi\}_2}{\{\phi\}_2^{\mathrm{T}}[M]\{\phi\}_2}=\frac{1}{2}$$

这样

$$\{\widetilde{\phi}\}_3=\{\phi\}_3+\mu\{\phi\}_2=\begin{Bmatrix} 1 \\ -2 \\ 1 \end{Bmatrix}+\frac{1}{2}\begin{Bmatrix} 1 \\ 1 \\ -2 \end{Bmatrix}=\frac{3}{2}\begin{Bmatrix} 1 \\ -1 \\ 0 \end{Bmatrix}$$

容易验证$\{\widetilde{\phi}\}_3$与$\{\phi\}_1$和$\{\phi\}_2$正交。这种正交不仅对质量矩阵正交，对刚度矩阵也正交。

5.6　有阻尼振动

当分析弱阻尼系统的固有频率和振型时，阻尼可以忽略，但工程对振动幅值尤为关心，而如同单自由度，共振区的强迫振动幅值受阻尼影响极大，因此不得不考虑系统的阻尼因素。实际的阻尼机理非常复杂，这在第 3 章里已经强调了。对多自由度系统，还需要解决阻尼测量、计算复杂性和结果解释等技术层面的问题，因此多自由度系统阻尼牵涉的因素更为复杂。

5.6.1　控制方程

各种阻尼的机理非常复杂，如材料阻尼、结构阻尼、介质粘性阻尼等。为了能保证方程为易于分析的线性方程，一般将各种阻尼力都简化为与速度成正比的粘

性阻尼力(图 5-26(a),$F_c=c\dot{x}$),当然这里的速度是起阻尼作用的器件所经历的速度。如果阻尼器一端与固定端相接,则 $\dot{x}$ 就是绝对速度。若阻尼器处于两个运动元件之间,那么 $\dot{x}$ 就应是相对速度(图 5-26(b),$F_c=c(\dot{x}_1-\dot{x}_2)$)。另外,这里的速度是广义的,包括扭转角速度。

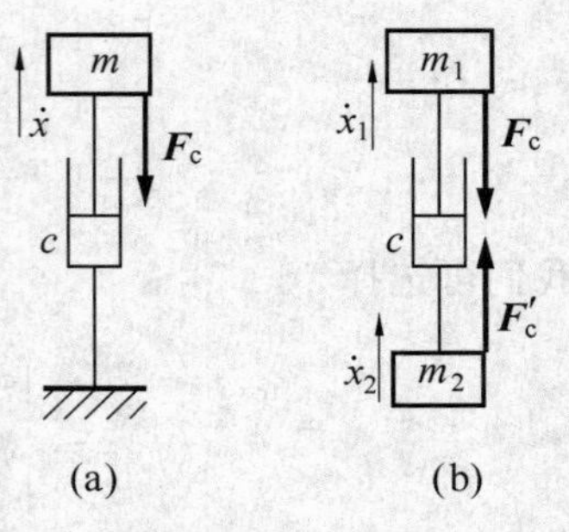

图 5-26 阻尼器示意

阻尼系数 c 理论上很难计算,一般由工程经验公式确定,准确数据必需通过实验确定。比如工程上往往用实验模态分析确定阻尼系数 c。

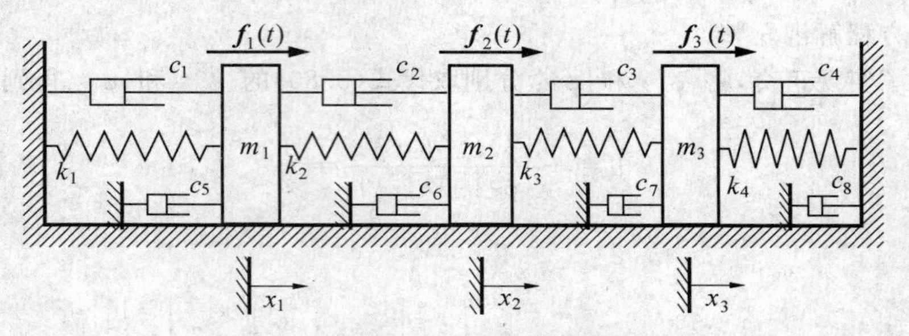

图 5-27 有阻尼多自由度弹簧-质量系统

对于图 5-27 所示的带阻尼三自由度弹簧-质量系统,在激励和阻尼作用下,对每个质量块运用牛顿第二定律得到

$$m_1\ddot{x}_1=-k_1x_1-k_2(x_1-x_2)-c_1\dot{x}_1-c_5\dot{x}_1-c_2(\dot{x}_1-\dot{x}_2)+f_1(t)$$

$$\begin{aligned}m_2\ddot{x}_2=&+k_2(x_1-x_2)-k_3(x_2-x_3)+c_2(\dot{x}_1-\dot{x}_2)\\&-c_3(\dot{x}_2-\dot{x}_3)-c_6\dot{x}_2+f_2(t)\end{aligned}$$

$$m_3\ddot{x}_3=+k_3(x_2-x_3)-k_4x_3+c_3(\dot{x}_2-\dot{x}_3)-c_4\dot{x}_3-c_7\dot{x}_3+f_3(t)$$

它们可整理成更简洁的矩阵形式

$$[M]\{\ddot{x}\}+[C]\{\dot{x}\}+[K]\{x\}=\{f(t)\} \tag{5.81}$$

其中

$$[M]=\begin{bmatrix}m_1&0&0\\0&m_2&0\\0&0&m_3\end{bmatrix},[K]=\begin{bmatrix}k_1+k_2&-k_2&0\\-k_2&k_2+k_3&-k_3\\0&-k_3&k_3+k_4\end{bmatrix}$$

$$[C]=\begin{bmatrix} c_1+c_2+c_5 & -c_2 & 0 \\ -c_2 & c_2+c_3+c_6 & -c_3 \\ 0 & -c_3 & c_3+c_4+c_7 \end{bmatrix}$$

这里$[C]$为阻尼矩阵。它的一般形式为

$$[C]=\begin{bmatrix} c_{11} & c_{12} & \cdots & c_{1N} \\ c_{21} & c_{22} & \cdots & c_{2N} \\ \vdots & \vdots & \ddots & \vdots \\ c_{N1} & c_{N2} & \cdots & c_{NN} \end{bmatrix} \tag{5.82}$$

阻尼消耗了系统的能量,因此阻尼矩阵一般是正定或半正定矩阵(前述无阻尼是极端退化情形)。仿照动能和势能函数,也有所谓的瑞利耗散函数

$$D=\frac{1}{2}\{\dot{x}\}^{\mathrm{T}}[C]\{\dot{x}\}=\frac{1}{2}\sum_{i=1,j=1}^{N}c_{ij}\dot{x}_i\dot{x}_j \tag{5.83}$$

对任一带有粘性阻尼的多自由度系统,在激励作用下,方程的通式都可写成式(5.81),差别仅在于质量矩阵$[M]$,阻尼矩阵$[C]$和刚度矩阵$[K]$和激励列阵$\{f(t)\}$的具体形式。

例题 5-13　图 5-28 为电磁式振动台,台面支承弹簧的刚度为k,台面与支承面间有阻尼系数为c的粘性阻尼器。台面下方固定有激励动线圈,它可在磁感应强度为B的均匀定磁场中运动。台面可动部分的质量为m。设激励动线圈的电阻为R,自感系数为L,加于线圈两端的交流电压$u=u_0\sin\omega t$。建立系统的控制方程。

解:这是两自由度的机电系统。取台面的铅垂位移x和动线圈中流过的电量q为广义坐标。则系统的动能和磁能之和为

$$T=\frac{1}{2}m\dot{x}^2+\frac{1}{2}L\dot{q}^2 \tag{a}$$

系统的总势能为(取台面处于静平衡位置为系统势能零点)

$$U=\frac{1}{2}kx^2 \tag{b}$$

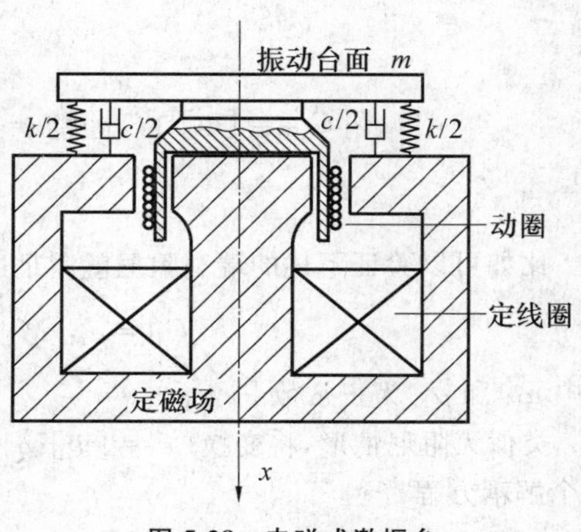

图 5-28　电磁式激振台

系统的耗散函数为

$$D=\frac{1}{2}c\dot{x}^2+\frac{1}{2}R\dot{q}^2 \tag{c}$$

当动线圈沿 x 轴以速度 $\dot{x}$ 运动时,对应于广义坐标 q 的广义力为

$$Q_q=\frac{\delta W}{\delta q}=u_0\sin\omega t-2\pi nrB\dot{x} \tag{d}$$

式中 n 为动线圈匝数;r 为动线圈半径。

当动线圈有电流 $\dot{q}$ 流动时,对应于广义坐标 x 的广义力为

$$Q_x=2\pi nrB\dot{q} \tag{e}$$

将式(a)至式(e)代入方程(5.43)得

$$\left.\begin{aligned}m\ddot{x}+c\dot{x}+kx-2\pi nrB\dot{q}=0\\ L\ddot{q}+R\dot{q}+2\pi nrB\dot{x}=u_0\sin\omega t\end{aligned}\right\}$$

这就是振动台面位移 x 和动线圈电流 $\dot{q}$ 的控制微分方程。

5.6.2 阻尼可对角化

与无阻尼方程(5.44)相比较,方程(5.81)仅多出阻尼一项,而且为了简单,这一项已经简化为粘性阻尼模型。但即使这样,它的求解难度也远远超过了无阻尼情形。为了仍能够运用无阻尼情形的解耦思想,我们假定忽略阻尼后,由$[M]$和$[K]$所确定的振型矩阵$[\Phi]$也对$[C]$正交,即

$$[C]_{\mathrm{P}}=[\Phi]^{\mathrm{T}}[C][\Phi]=\begin{bmatrix}C_1 & 0 & \cdots & 0\\ 0 & C_2 & \cdots & 0\\ \vdots & \vdots & \ddots & \vdots\\ 0 & 0 & \cdots & C_N\end{bmatrix} \tag{5.84}$$

比如可以验证下述的瑞利阻尼就满足这个假定

$$[C]=\mu_{\mathrm{M}}[M]+\mu_{\mathrm{K}}[K] \tag{5.85}$$

其中 μ_{M} 和 μ_{K} 为正常数。

类似无阻尼情形,将变换$\{x\}=[\Phi]\{q\}$代入式(5.81),并左乘$[\Phi]^{\mathrm{T}}$,就得到了 N 个解耦方程

$$[M]_{\mathrm{P}}\{\ddot{q}\}+[C]_{\mathrm{P}}\{\dot{q}\}+[K]_{\mathrm{P}}\{q\}=\{Q(t)\} \tag{5.86}$$

比照模态质量矩阵和模态刚度矩阵，将$[C]_P$称为模态阻尼矩阵。C_i称为第i阶模态的阻尼系数。$\{Q(t)\}=[\Phi]^T\{f(t)\}$为广义力。

式(5.86)的分量形式为

$$M_i\ddot{q}_i+C_i\dot{q}_i+K_iq_i=Q_i(t)\quad(i=1,2,\cdots,N)\tag{5.87}$$

这是一组不耦合的二阶常系数线性微分方程组，每个方程可以独立求解。这样，我们就把有阻尼多自由度系统的振动问题，简化成N个模态坐标的单自由度系统的振动问题。仿照单自由度情形，可定义第i阶模态的阻尼比(或者叫相对阻尼系数)

$$\zeta_i=\frac{C_i}{2M_ip_i}=\frac{C_i}{2\sqrt{M_iK_i}}\quad(i=1,2,\cdots,N)\tag{5.88}$$

一般通过实验来测定它的值。

5.6.3 稳态响应

工程中大量机械属于旋转类机械，对它们最重要的是稳态响应，这是因为当系统受到周期激励时，初条件引起的瞬态响应因阻尼的作用而很快衰减。下面通过具体例题来说明。

1. 示例

例题5-14 图5-29所示系统的阻尼器参数为$c_1=0.11\sqrt{mk}$，$c_2=0.01\sqrt{mk}$，$c_3=0.19\sqrt{mk}$。分析系统对如下两组激励的稳态响应：

(1)$f_1(t)=f_{01}\sin\omega t$，$f_2(t)=0$；

(2)$f_1(t)=0$，$f_2(t)=f_{02}\sin\omega t$。

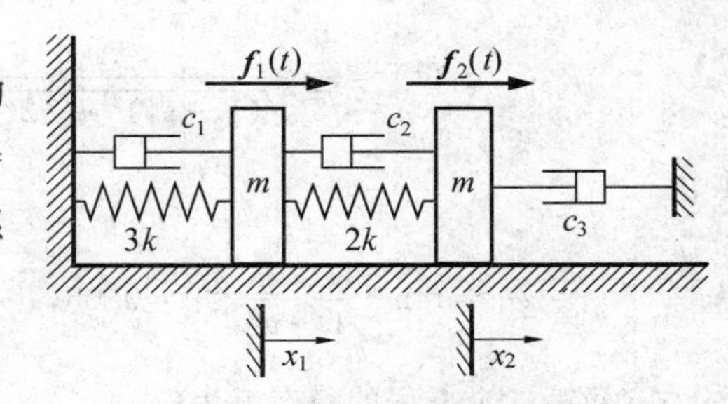

图5-29 例题5-14的振动系统

解：系统的质量、刚度矩阵分别为

$$[M]=m\begin{bmatrix}1&0\\0&1\end{bmatrix},[K]=k\begin{bmatrix}5&-2\\-2&2\end{bmatrix}$$

阻尼矩阵为

$$[C]=\begin{bmatrix}c_1+c_2&-c_2\\-c_2&c_2+c_3\end{bmatrix}=\frac{\sqrt{mk}}{200}\begin{bmatrix}24&-2\\-2&21\end{bmatrix}$$

可以验证$[C]=(0.005\sqrt{m/k}[K]+0.0085\sqrt{k/m}[K])$，因而属于比例阻尼。无

阻尼的解耦振型阵为$[\Phi]=\frac{1}{\sqrt{5}}\begin{bmatrix}1 & -2\\2 & 1\end{bmatrix}$。

模态阻尼矩阵为

$$[C]_{\mathrm{P}}=[\Phi]^{\mathrm{T}}[C][\Phi]=\frac{\sqrt{mk}}{40}\begin{bmatrix}4 & 0\\0 & 5\end{bmatrix}$$

确实是对角阵。

对第一组激励有

$$\{Q(t)\}=[\Phi]^{\mathrm{T}}\{f(t)\}=\frac{f_{01}}{\sqrt{5}}\begin{Bmatrix}1\\-2\end{Bmatrix}\sin\omega t$$

因此用振型矩阵解耦得到的两个方程为

$$\left.\begin{aligned}m\ddot{q}_1+0.1\sqrt{mk}\,\dot{q}_1+kq_1&=\frac{f_{01}}{\sqrt{5}}\sin\omega t\\m\ddot{q}_2+0.125\sqrt{mk}\,\dot{q}_2+6kq_2&=-\frac{2f_{01}}{\sqrt{5}}\sin\omega t\end{aligned}\right\}\tag{a}$$

容易写出式(a)的第一个方程的稳态解为

$$q_1(t)=\frac{1}{\sqrt{5}}\frac{1}{\sqrt{(1-\nu_1^2)^2+(2\zeta_1\nu_1)^2}}\delta_1\sin(\omega t-\phi_1)$$

其中

$$\varphi_1=\tan^{-1}\frac{2\zeta_1\nu_1}{1-\nu_1^2},\zeta_1=0.05,\nu_1=\frac{\omega}{p_1}=\omega\sqrt{\frac{m}{k}},\delta_1=\frac{f_{01}}{k}$$

式(a)第二个方程的稳态解为

$$\begin{aligned}q_2(t)&=-\frac{1}{3\sqrt{5}}\frac{1}{\sqrt{(1-\nu_2^2)^2+(2\zeta_2\nu_2)^2}}\delta_1\sin(\omega t-\phi_2)\\&=-\frac{4}{\sqrt{5}}\frac{1}{\sqrt{4(6-\nu_1^2)^2+(5\zeta_1\nu_1)^2}}\delta_1\sin(\omega t-\phi_2)\end{aligned}$$

其中

$$\phi_2=\tan^{-1}\frac{2\zeta_2\nu_2}{1-\nu_2^2}=\tan^{-1}\left(\frac{5}{2}\frac{\zeta_1\nu_1}{6-\nu_1^2}\right),\zeta_2=\frac{5}{4\sqrt{6}}\zeta_1,\nu_2=\frac{\nu_1}{\sqrt{6}}$$

回到物理坐标

$$\begin{Bmatrix} x_1(t) \\ x_2(t) \end{Bmatrix} = [\Phi]\begin{Bmatrix} q_1(t) \\ q_2(t) \end{Bmatrix} = \frac{1}{\sqrt{5}}\begin{Bmatrix} q_1(t) - 2q_2(t) \\ 2q_1(t) + q_2(t) \end{Bmatrix} \tag{b}$$

由于 $q_1(t)$ 和 $q_2(t)$ 都是频率等于激励频率 ω 的简谐振动，所以按上式合成的 $x_1(t)$ 和 $x_2(t)$ 仍然为同一频率的简谐振动。因而式(b)可写成

$$\begin{Bmatrix} x_1(t) \\ x_2(t) \end{Bmatrix} = \begin{Bmatrix} X_1\sin(\omega t + \alpha_1) \\ X_2\sin(\omega t + \alpha_2) \end{Bmatrix}$$

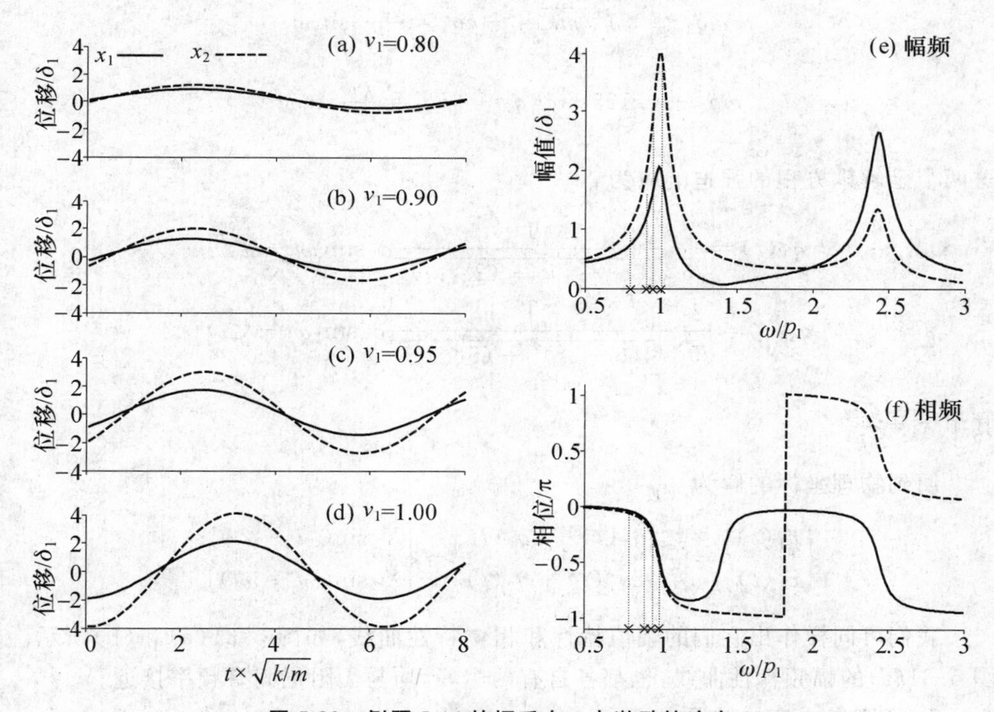

图 5-30　例题 5-14 的振系在 1 点激励的响应

图 5-30(a)～(d)给出了 $\nu_1=0.80, 0.90, 0.95, 1.00$ 四组稳态响应曲线。可以发现两个振幅随激励频率 ω 趋近于固有频率 $p_1(\nu_1=\omega/p_1\to 1)$ 而增大。研究振动的基本任务之一就是掌握系统发生共振的条件。为此研究响应幅值 X_1 和 X_2 与激励力幅 f_{01} 之比这个量，以及这个比值随激励频率 ω 的变化特性，它就是系统的幅频特性，如图 5-30(e)所示。横轴上四个×号对应左边四组曲线。

幅频特性表征了系统对激励的放大能力，图 5-30(e)的幅频曲线各自都有两

个峰。峰表示对激励放大到了极值，此时系统发生共振（或谐振）。x_1 的两个共振峰的频率分别与 x_2 的两个接近，它们都接近相应的两个无阻尼固有频率。

图 5-30(f)中同时还显示了相位信息。

我们再来看第二组激励，

$$\{Q(t)\}=[\Phi]^{\mathrm{T}}\{f(t)\}=\frac{f_{02}}{\sqrt{5}}\begin{Bmatrix}2\\1\end{Bmatrix}\sin\omega t$$

用模态坐标表示的两个解耦方程为

$$m\ddot{q}_1+0.1\sqrt{mk}\,\dot{q}_1+kq_1=\frac{2f_{02}}{\sqrt{5}}\sin\omega t$$

$$m\ddot{q}_2+0.125\sqrt{mk}\,\dot{q}_2+6kq_2=\frac{f_{02}}{\sqrt{5}}\sin\omega t$$

这两个已解耦方程的强迫响应为

$$q_1(t)=\frac{2}{\sqrt{5}}\frac{1}{\sqrt{(1-\nu_1^2)^2+(2\zeta_1\nu_1)^2}}\delta_2\sin(\omega t-\phi_1)$$

$$q_2(t)=\frac{2}{\sqrt{5}}\frac{1}{\sqrt{4(6-\nu_1^2)^2+(5\zeta_1\nu_1)^2}}\delta_2\sin(\omega t-\phi_2)$$

其中 $\delta_2=\dfrac{f_{02}}{k}$。

回到物理坐标的解为

$$\begin{Bmatrix}x_1(t)\\x_2(t)\end{Bmatrix}=\frac{1}{\sqrt{5}}\begin{Bmatrix}q_1(t)-2q_2(t)\\2q_1(t)+q_2(t)\end{Bmatrix}=\begin{Bmatrix}X_1\sin(\omega t+\alpha_1)\\X_2\sin(\omega t+\alpha_2)\end{Bmatrix}$$

我们可同样作出它们的幅值特性和相位特性曲线，如图 5-31(a)和(b)所示。图 5-31(a)的幅频特性曲线，也都各自有两个峰，均与无阻尼固有频率接近。

2. 任意自由度的扩展

下面考虑任意 N 自由度情形，并将例题 5-14 的求解规范化。

我们假定各坐标受到同一频率的简谐激励，即

$$\{f(t)\}=\begin{Bmatrix}f_{01}\sin(\omega t+\alpha_1)\\f_{02}\sin(\omega t+\alpha_2)\\\vdots\\f_{0N}\sin(\omega t+\alpha_N)\end{Bmatrix}\tag{5.89}$$

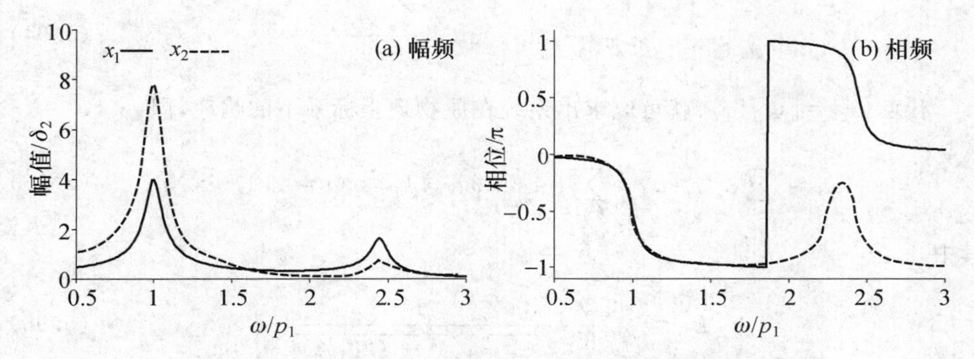

图 5-31　例题 5-14 的振系在 2 点激励的幅频特性

上式还可以写为

$$\{f(t)\}=\begin{Bmatrix} f_{01}\cos\alpha_1 \\ f_{02}\cos\alpha_2 \\ \vdots \\ f_{0N}\cos\alpha_N \end{Bmatrix}\sin\omega t+\begin{Bmatrix} f_{01}\sin\alpha_1 \\ f_{02}\sin\alpha_2 \\ \vdots \\ f_{0N}\sin\alpha_N \end{Bmatrix}\cos\omega t \tag{5.90}$$

由于正弦和余弦之间可以转换，而线性系统又具有叠加性质，所以我们只需要考虑式(5.90)右边两项中的任意一项即可。不失一般性，取

$$\{f(t)\}=\{f\}_0\sin\omega t \tag{5.91}$$

其中力幅向量$\{f\}_0=\{f_{01},f_{02},\cdots,f_{0N}\}^{\mathrm{T}}$。

这样式(5.86)中的广义力向量变为

$$\{Q(t)\}=\{Q\}\sin\omega t$$

其中$\{Q\}=[\Phi]^{\mathrm{T}}\{f\}_0$。式(5.86)的分量形式就是如下受正弦激励的强迫振动方程

$$M_i\ddot{q}_i+C_i\dot{q}_i+K_iq_i=Q_i\sin(\omega t)\quad(i=1,2,\cdots,N) \tag{5.92}$$

直接利用单自由度系统强迫振动的结果(第 3 章 3.1 节)，得到每个模态坐标的响应为

$$q_i(t)=\frac{Q_i}{K_i}\frac{1}{\sqrt{(1-\nu_i^2)^2+(2\zeta_i\nu_i)^2}}\sin(\omega t-\phi_i) \tag{5.93}$$

其中

$$\nu_i = \frac{\omega}{p_i}, \phi_i = \tan^{-1}\frac{2\zeta_i\nu_i}{1-\nu_i^2} \tag{5.94}$$

代回$\{x\}=[\Phi]\{q\}$，就可以求出系统在原物理坐标系下的响应，即

$$x_i = \sum_{j=1}^{N}\phi_{ij}q_j(t) = \sum_{j=1}^{N}B_{ij}\sin(\omega t-\phi_j) \quad (i=1,2,\cdots,N) \tag{5.95}$$

其中

$$B_{ij} = \phi_{ij}\frac{Q_j}{K_j}\frac{1}{\sqrt{(1-\nu_j^2)^2+(2\zeta_j\nu_j)^2}} \tag{5.96}$$

由于式(5.95)所有求和的 N 项都是同频率的简谐振动，所以 x_i 仍然是以 ω 为频率的简谐振动。

当激励频率与系统第 j 阶固有频率 p_j 值比较接近时，$\nu_j=\omega/p_j\approx 1$，$B_{ij}$ 会很大(只要 $\phi_{ij}Q_j\neq 0$)，即第 j 阶主振动 q_j 的稳态响应很强。它与单自由度系统的共振现象是完全类似的。对于 N 自由度的系统，一般具有 N 个不相等的固有频率，可以出现 N 阶频率不同的共振。

当发生第 j 阶共振时，由于 B_{ij} 远大于其他各主坐标的振幅，因此在式(5.95)的 N 个求和项中，第 j 项远远超过其他项的贡献(假定 $\phi_{ij}Q_j\neq 0$)。图 5-32 比较了例题 5-14 两项对振动幅值的贡献，可以看出幅频特性的第一阶共振峰可以用第一项来近似，而第二阶共振峰可以用第二项来近似。

假定发生第 j 阶共振，且忽略其他项的贡献，则有

$$x_i = \phi_{ij}\frac{Q_j}{K_j}\frac{1}{\sqrt{(1-\nu_j^2)^2+(2\zeta_j\nu_j)^2}}\sin(\omega t-\phi_j) \quad (i=1,2,\cdots,N) \tag{5.97}$$

或

$$x_i \approx \phi_{ij}\frac{Q_j}{K_j}\frac{1}{2\zeta_j}\sin\left(\omega t-\frac{\pi}{2}\right) \quad (i=1,2,\cdots,N) \tag{5.98}$$

这是因为当 $\nu_j\approx 1$ 时，$\phi_j=\pi/2$。

式(5.98)说明，当激励频率 ω 与第 j 阶固有频率 p_j 接近时，各坐标 x_i 的比值接近于系统第 j 阶振型。根据这一特性，我们可以采用共振实验方法，测量系统的各阶固有频率和振型。

当然若激励力幅 $Q_j=0$，即便 $\omega=p_j$，也不会发生该阶共振。$Q_j=0$ 表示 $Q_j=\{\phi\}_j^{\mathrm{T}}\{f\}_0=0$，这意味着激励力幅度向量与第 j 阶振型正交。若仅在第 i 点有单点激

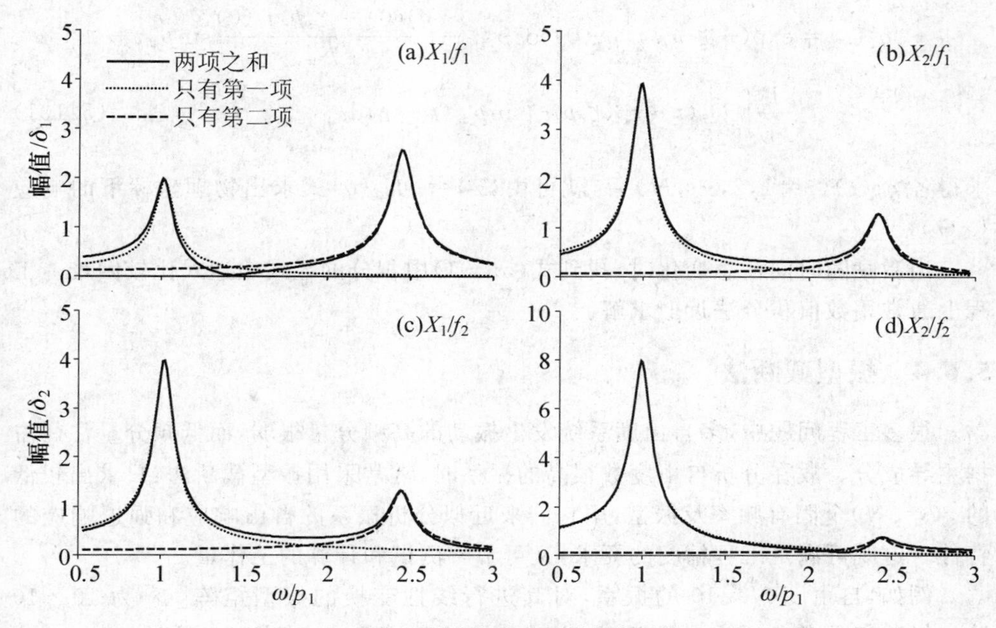

图 5-32　多自由度系统的幅频特性

励，其他点为 0(如例题 5-14 两组激励)，则 $Q_j=\phi_{ij}f_{0i}$。$Q_j=0$ 则意味 $\phi_{ij}=0$。这表明，对单点激励，欲激起第 j 阶振动，那么激振点应该偏离该阶振型的节点(满足 $\phi_{ij}\neq 0$)。

3. 任意激励

如果作用于系统各点的激励是周期的，则可将激励按傅立叶级数展开。先对展开级数的每一谐波分量按前述方法求出系统强迫响应。然后将它们叠加起来，就得到系统在周期力作用下的响应。

对于随时间任意变化的激励 $\{f(t)\}$，用振型叠加法也可写出响应的表达式。事实上，平行于式(5.92)，我们可以得到模态坐标方程为

$$M_i\ddot{q}_i+C_i\dot{q}_i+K_iq_i=Q_i(t)\quad(i=1,2,\cdots,N)\tag{5.99}$$

其中

$$\{Q(t)\}=[\Phi]^{\mathrm{T}}\{f(t)\}\tag{5.100}$$

给定物理坐标下的初条件 $\{x(0)\}$ 及 $\{\dot{x}(0)\}$，可由 $\{x\}=[\Phi]\{q\}$ 式确定模态坐标的初条件 $\{q(0)\}$ 和 $\{\dot{q}(0)\}$ 的值，再参照单自由度系统的结果(第 3 章式(3.78))，可得

$$q_i(t)=\exp(-\zeta_i p_i t)\left[q_i(0)\cos p_{di}t+\frac{\dot{q}_i(0)+\zeta_i p_i q_i(0)}{p_{di}}\sin p_{di}t+\right.$$

$$\left.\frac{1}{p_{di}}\int_0^t Q_i(t)\exp(\zeta_i p_i \tau)\sin p_{di}(t-\tau)\mathrm{d}\tau\right] \quad (5.101)$$

求得各 $q_i(t)(i=1,2,\cdots,N)$后，就可由$\{x\}=[\Phi]\{q\}$式求出物理坐标下的响应$\{x(t)\}$。

当激励随时间任意变化时，找到式(5.101)中积分的显式表达式比较困难。工程上通常用数值积分法近似求解。

5.6.4 振型截断法

很多工程问题中，多自由度系统发生振动的高频分量很弱，而低频分量往往占据主导成分。故在分析自由度数很高的振系时，常常采用振型截断法：只求出较低的 $s(s<N)$个固有频率及振型，用它们来近似分析振系的自由响应和强迫响应的特性。这既可满足工程精度的要求，又可节省测试和计算的工作量。

例如，自由度 $N=10$ 的振系，对其进行线性变换的振型矩阵$[\Phi]$为 10×10 阶。但若仅需考虑到前三阶振型，这时我们就可将$[\Phi]_{10\times10}$截断为$[\Phi]_{10\times3}$。由截断的振型矩阵求出的模态质量矩阵$[M]_{P,3\times3}$为

$$[M]_P=([\Phi]_{10\times3})^T[M]_{10\times10}[\Phi]_{10\times3}=[M]_{P,3\times3}$$

求出的模态刚度矩阵

$$[K]_{3\times3}=([\Phi]_{10\times3})^T[K]_{10\times10}[\Phi]_{10\times3}=\begin{bmatrix}K_1 & 0 & 0\\ 0 & K_2 & 0\\ 0 & 0 & K_3\end{bmatrix}$$

利用截断的振型矩阵$[\Phi]_{10\times3}$，可将原来的 10 个坐标缩减为 3 个坐标

$$\{q\}_{3\times1}=[M]_{P,3\times3}^{-1}([\Phi]_{10\times3})^T[M]_{10\times10}\{x\}_{10\times1}$$

于是，解耦后的微分方程只有三个

$$M_i\ddot{q}_i+C_i\dot{q}_i+K_iq_i=Q_i(t)\quad(i=1,2,3)$$

在求出上述模态坐标的解$\{q(t)\}_{3\times1}$之后，再变回到物理坐标的$\{x(t)\}_{10\times1}$，仍然是 10 阶列阵

$$\{x\}_{10\times1}=[\Phi]_{10\times3}\{q\}_{3\times1}$$

第 5 章习题

5.1　三个单摆用两个弹簧连接，如图 T5.1 所示。令 $m_1=m_2=m_3=m$ 及 $k_1=k_2=k$。用牛顿法建立微幅摆动方程。

5.2　在图 T5.2 的 3 自由度扭振系统中，3 个盘的转动惯量分别为 J_1、J_2 和 J_3，各轴段的扭转刚度均为 k，轴自身质量不计。写出振系的柔度矩阵。

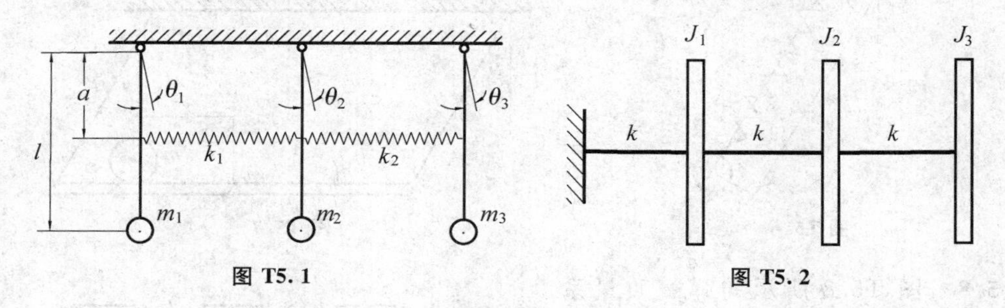

图 T5.1　　　　图 T5.2

5.3　图 T5-3 所示的系统中，两根长度为 l 的均匀刚性杆的质量分别为 m_1 及 m_2，求系统的柔度矩阵。

5.4　用刚度系数法写出题 5.3 的刚度矩阵。

5.5　图 T5.5 的悬臂梁质量不计，抗弯刚度 EI，写出系统运动的微分方程。对 $m_1=m_2=m$，$f_1(t)=0$，试确定突然将作用于自由端的静力载荷 $f_2(t)=f_0$ 撤除所引起的自由振动。

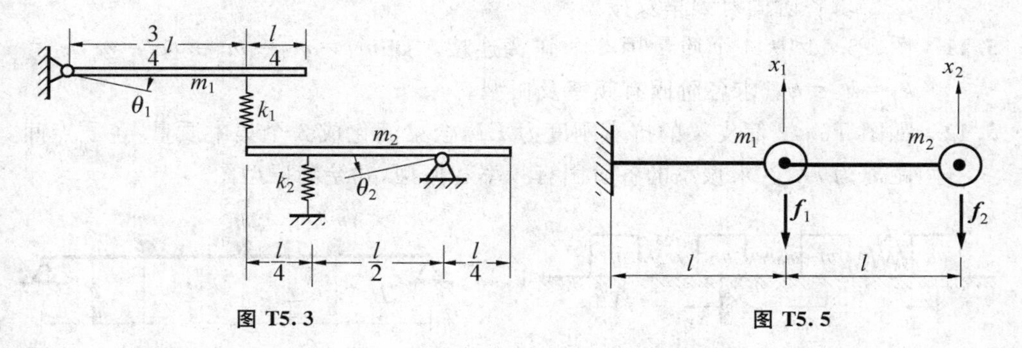

图 T5.3　　　　图 T5.5

5.6　图 T5.6 中，质点 m 悬挂于刚度为 k 的弹簧下端，二者在铅垂平面组成弹簧摆。弹簧原长 l_0，试以 r 和 θ 为广义坐标，用拉格朗日方程写出微幅振动方程。

5.7 图 T5.7 所示，质量 m_1 的平台用长为 l 的两条绳子悬挂起来。小球半径 r，质量 m，沿平台作无滑动的滚动。试以 θ 和 x 为广义坐标，写出系统的运动微分方程。

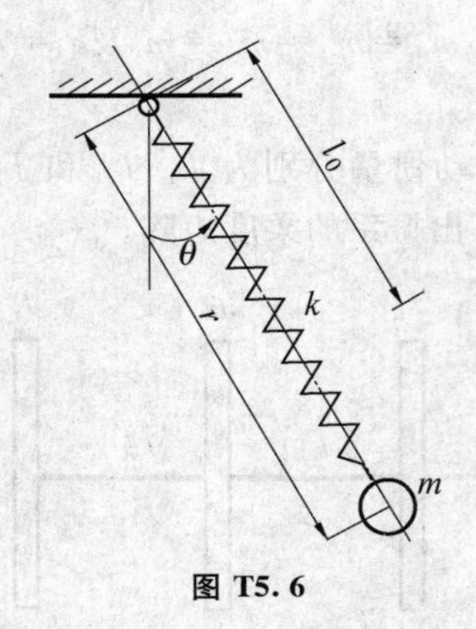

图 T5.6

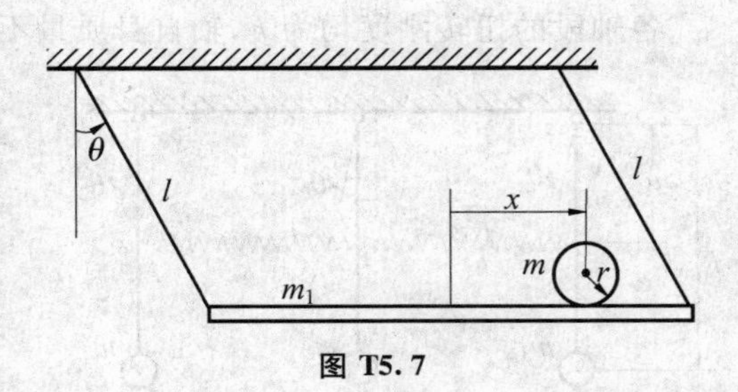

图 T5.7

5.8 图 T5.8 所示的弹簧质量系统。如 $m_1=m_2=m_3=m$，$k_1=k_2=k_3=k$。求各阶固有频率及振型。

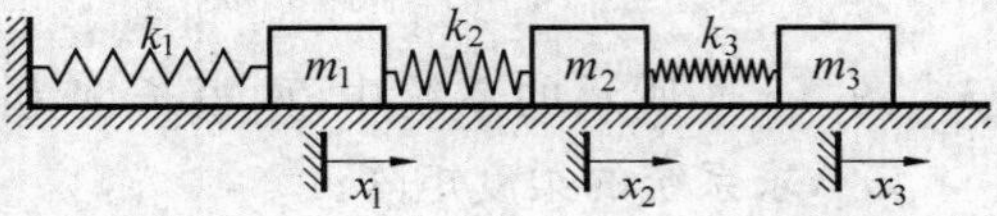

图 T5.8

5.9 图 T5.8 中，如 $m_1=4m$，$m_2=2m$，$m_3=m$，而 $k_1=3k$，$k_2=k_3=k$。求各阶固有频率及振型。

5.10 图 T5.8 所示弹簧质量系统。如 $m_1=m_2=m$，$m_3=2m$，$k_1=k_2=k$，$k_3=2k$。求各阶固有频率及振型。

5.11 图 T5.11 中，4 个质量用 3 个弹簧连接。如 $m_1=m_2=m_3=m_4=m$，$k_1=k_2=k_3=k$。求各阶固有频率及振型。

5.12 如图 T5.12 简支梁的抗弯刚度为 EI，全梁简化成 3 个集中质量，各质点间距离为 $l/4$。求振系的各阶固有频率和振型，并绘制振型图。

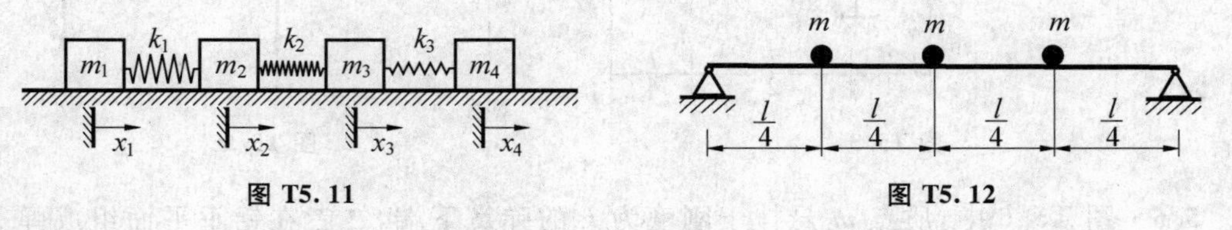

图 T5.11　　图 T5.12

5.13 弹簧三摆杆如图 T5.13 所示。假定：$l_1=l_2=l_3=l$，$m_1=m_2=m_3$；$kl=mg$；三杆垂直时弹簧处于原长。分析振系的各阶固有频率和振型。

5.14　图 T5.14 表示三层剪切型刚架楼结构。设 $m_1=m_2=m_3=m$，$h_1=h_2=h_3=h$，$EI_1=3EI$，$EI_2=2EI$，$EI_3=EI$。用水平微幅运动 x_1、x_2 和 x_3 作坐标，求出系统的固有频率和正则振型矩阵。

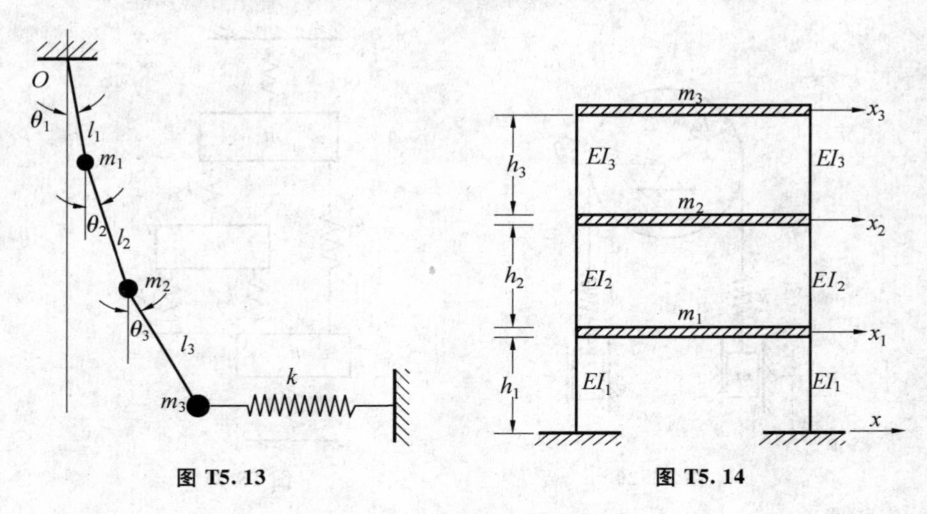

图 T5.13　　　　图 T5.14

5.15　题 5.11 的系统，若 $t=0$ 时的初条件为：

$$\begin{bmatrix} x_{10} \\ x_{20} \\ x_{30} \\ x_{40} \end{bmatrix} = \begin{bmatrix} 0 \\ 0 \\ 0 \\ 0 \end{bmatrix}, \quad \begin{bmatrix} \dot{x}_{10} \\ \dot{x}_{20} \\ \dot{x}_{30} \\ \dot{x}_{40} \end{bmatrix} = \begin{bmatrix} v \\ 0 \\ 0 \\ v \end{bmatrix}$$

求系统的响应。

5.16　试计算题 5.1 的系统对初始条件 $\theta_0=\{0 \quad \alpha \quad 0\}^T$ 和 $\dot{\theta}_0=\{0 \quad 0 \quad 0\}^T$ 的响应。

5.17　题 5.14 中，静载荷 F 沿水平作用于第三层楼。分析突然撤除 F 所引起的响应。

5.18　校核题 5.8 中各阶振型对系统质量矩阵及刚度矩阵的正交性，并求出各阶正则振型。

5.19　校核题 5.11 中各阶振型对系统质量矩阵及刚度矩阵的正交性，并求出各阶正则振型。

5.20　图 T5.20 所示，滑轮半径为 R，绕中心的转动惯量为 $2mR^2$。不计轴承处摩擦，以及绳子的弹性及质量。求系统的固有频率及振型。

5.21 图 T5.21 所示的系统中，各质量块只能沿铅垂方向运动。设 $m_1=m_2=m_3=m$，$k_1=k_2=k_3=k_4=k_5=k_6=k$。试求系统的固有频率及振型矩阵。

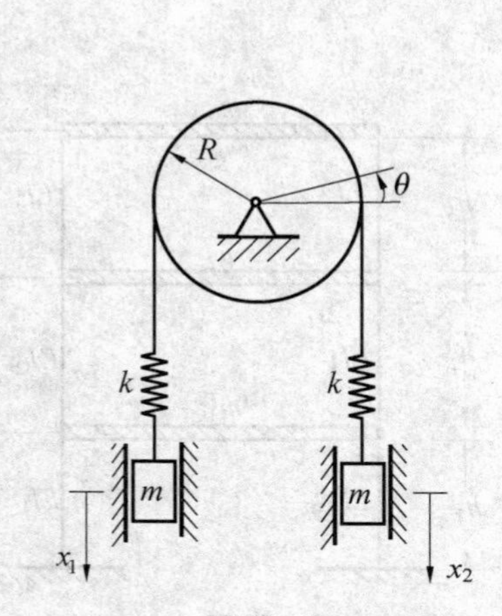

图 T5.20

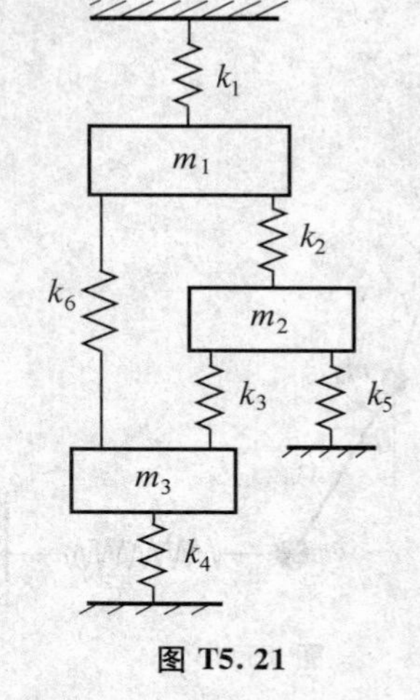

图 T5.21

5.22 图 T5.22 的系统中，各质量只能沿铅垂方向运动。假设 $m_1=m_2=m$，$m_3=2m$，$k_1=k_2=k$，$k_3=2k$，$k_4=k_5=k$。分析系统的重频特征，并写出正交化的振型阵。

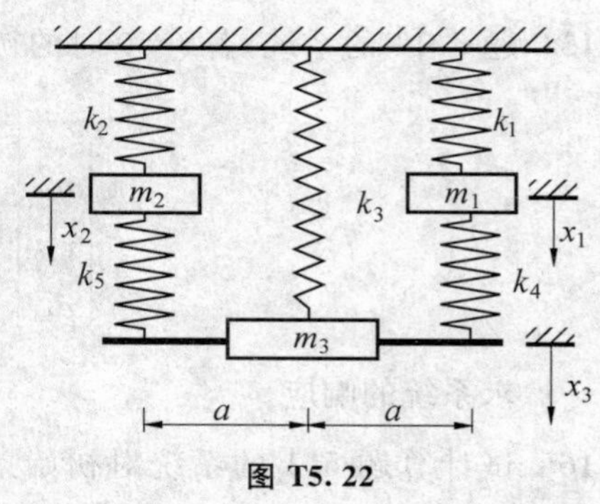

图 T5.22

5.23 图 T5.23 的系统中，各个质量只能沿 x 方向运动，假设 $\dfrac{m_1}{3}=m_2=m_3=m_4=m$，$k_1=k_2=k_3=k$。求系统的固有频率与振型矩阵。

5.24 题 5.8 的系统在质量 m_3 作用有简谐力 $f_0\cos\omega t$。试确定稳态响应。

5.25 图 T5.25 的系统中，各个质量只能沿铅垂方向运动。假设在质量 $4m$ 上作用有铅垂力 $f_0\cos\omega t$。试求：(1)各个质量的强迫振动振幅；(2)系统的共振频率。

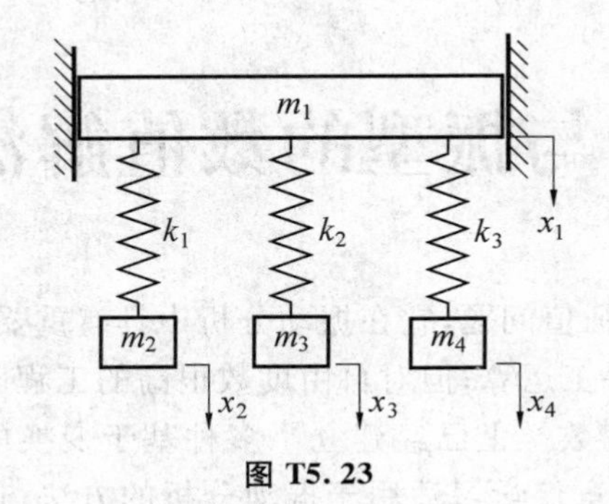

图 T5.23

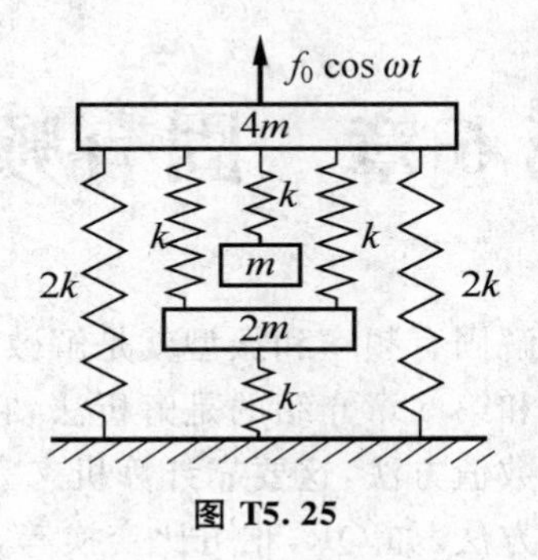

图 T5.25

5.26　图 T5.26 所示系统考虑了阻尼的作用。如 $m_1=m_2=m_3=m$，$k_1=k_2=k_3=k$，各质量上作用有外力 $f_1(t)=f_2(t)=f_3(t)=f_0\sin\omega t$，而 $\omega=1.25\sqrt{k/m}$，各阶模态的阻尼系数 $\zeta_1=\zeta_2=\zeta_3=0.01$。试用振型叠加法求各质量的稳态强迫振动。

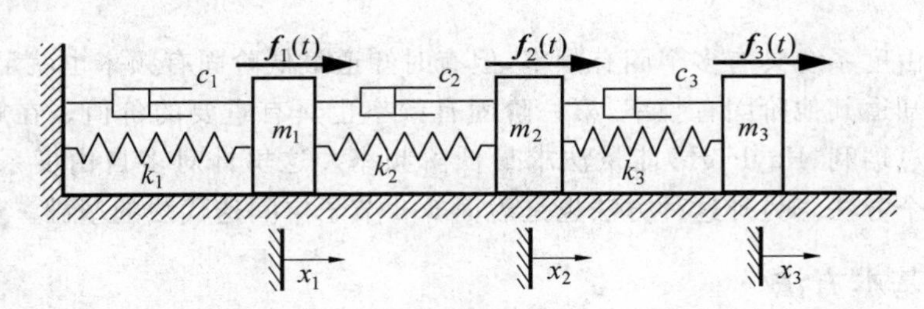

图 T5.26

第 6 章　固有频率与振型的数值解法

求解固有频率和振型就是解数学特征值问题，它在振动分析中具有重要地位。第 4 章和第 5 章介绍的是解析法，它靠手工运算；但对自由度数很高的工程问题只能采用数值方法，这要靠计算机来完成。数学上已经建立了多种基于变换的特征值求解方法，如 QR，雅可比变换等，但本章仅学习适用于振动分析的方法，包括瑞利法、李兹法、矩阵逆迭代法和子空间迭代法等。最后介绍对链状结构特别有效的传递矩阵法。

6.1　瑞利能量法

多自由度系统具有多个固有频率，但有时知道最低阶固有频率也就足够了，或者即使想知道其他阶固有频率，第一阶固有频率也具有重要的价值。在第 2 章我们曾介绍过瑞利(Rayleigh)能量法求最低阶频率。这里针对多自由度系统，进一步学习这个方法。另外这种方法也是后面 6.4 节子空间迭代法的基础。

6.1.1　基本方法

设系统的某一阶主振动可近似表示为

$$\{x\}=\{\psi\}\sin\overline{p}t \tag{6.1}$$

其中$\{\psi\}$和 $\overline{p}$ 是假设的振型及近似固有频率。系统的动能和势能分别为

$$T=\frac{1}{2}\{\dot{x}\}^{\mathrm{T}}[M]\{\dot{x}\}$$

$$U=\frac{1}{2}\{x\}^{\mathrm{T}}[K]\{x\}$$

将式(6.1)代入上面两式，可得振系的最大动能为

$$T_{\max}=\frac{1}{2}\overline{p}^{2}\{\psi\}^{\mathrm{T}}[M]\{\psi\}$$

最大势能为

$$U_{\max}=\frac{1}{2}\{\psi\}^{\mathrm{T}}[K]\{\psi\}$$

因保守系统有 $T_{\max}=U_{\max}$，故

$$R_{\mathrm{I}}(\{\psi\})=\overline{p}^{2}=\frac{\{\psi\}^{\mathrm{T}}[K]\{\psi\}}{\{\psi\}^{\mathrm{T}}[M]\{\psi\}} \tag{6.2}$$

其中 $R_{\mathrm{I}}(\{\psi\})$称为瑞利商。因为后面还会引入另外一个瑞利商，所以这里用下标Ⅰ以示区别，并称为第一瑞利商。

如果$\{\psi\}$恰好选择成第 i 阶振型$\{\phi\}_i$，则瑞利商为

$$R_{\mathrm{I}}(\{\phi\}_i)=\overline{p}^{2}=\frac{\{\phi\}_i^{\mathrm{T}}[K]\{\phi\}_i}{\{\phi\}_i^{\mathrm{T}}[M]\{\phi\}_i}=\frac{K_i}{M_i}=p_i^2 \tag{6.3}$$

即第 i 阶固有频率的平方。

第一阶振型与振系的静位移曲线比较接近，所以瑞利商一般用于求第一阶固有频率，相应的近似振型就假定为系统的静位移向量。虽然原则上可用瑞利商计算任意阶固有频率，但实际上很难做到，因为对高阶的振型作出合理的估计并非易事。

例题 6-1　用瑞利法求图 6-1 所示三自由度系统的基频。

解:系统的质量矩阵和刚度矩阵为

$$[M]=m\begin{bmatrix}2&0&0\\0&1&0\\0&0&1\end{bmatrix},[K]=k\begin{bmatrix}3&-1&0\\-1&2&-1\\0&-1&1\end{bmatrix}$$

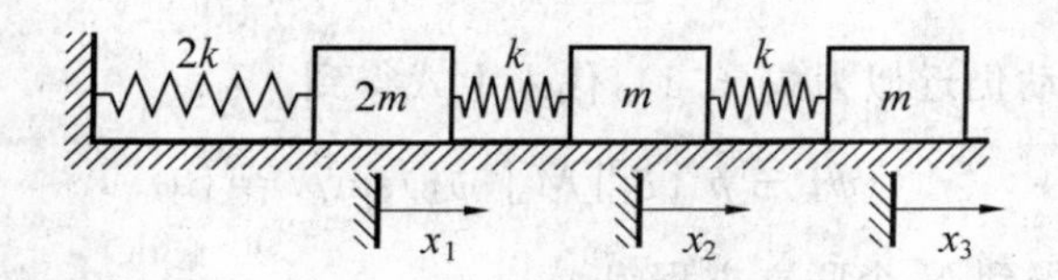

图 6-1　三自由度振系

静位移是指系统在重力作用下的各处位移，但是图 6-1 系统只能沿水平方向振动，重力在垂直方向引起的静位移全部是 0。我们设想将系统悬挂起来，如图 6-2所示，系统的固有频率没有改变。

对于悬挂系统，可求出各质点的静位移

$$\delta_1 = \frac{(2m+m+m)g}{2k} = 2\frac{mg}{k}$$

$$\delta_2 = \delta_1 + \frac{(m+m)g}{k} = 4\frac{mg}{k}$$

$$\delta_3 = \delta_2 + \frac{mg}{k} = 5\frac{mg}{k}$$

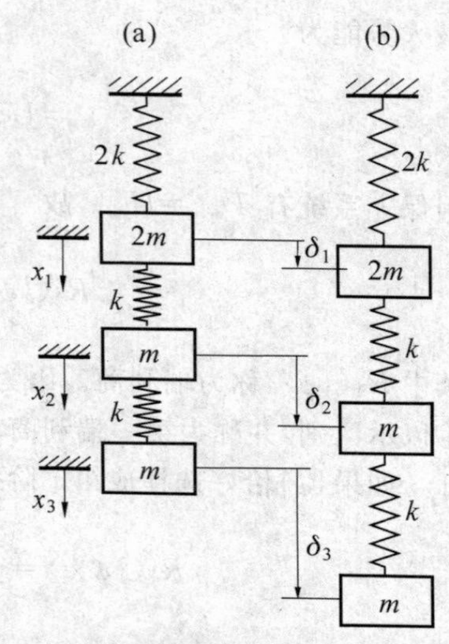

图 6-2　垂直悬挂的三自由度系统

因此选择$\{\psi\}_1=\{2,4,5\}^{\mathrm{T}}$，代入式(6.3)得

$$R_1(\{\psi\}_1) = \bar{p}_1^2 = \frac{k\begin{Bmatrix}2\\4\\5\end{Bmatrix}^{\mathrm{T}}\begin{bmatrix}3 & -1 & 0\\ -1 & 2 & -1\\ 0 & -1 & 1\end{bmatrix}\begin{Bmatrix}2\\4\\5\end{Bmatrix}}{m\begin{Bmatrix}2\\4\\5\end{Bmatrix}^{\mathrm{T}}\begin{bmatrix}2 & 0 & 0\\ 0 & 1 & 0\\ 0 & 0 & 1\end{bmatrix}\begin{Bmatrix}2\\4\\5\end{Bmatrix}} = \frac{13}{49}\frac{k}{m} = 0.2653\frac{k}{m}$$

因本方法使用了$T_{\max}=U_{\max}$，即最大动能等于最大势能，所以该方法又称能量法。

6.1.2　改进方法

若已经知道柔度矩阵，则无须再经求逆操作变成刚度矩阵。可直接将柔度矩阵用于计算基频，而且结果比用刚度矩阵的更好。

用柔度法建立的方程为

$$\{x\} + [\delta][M]\{\ddot{x}\} = \{0\}$$

系统的某阶主振动仍近似为式(6.1)，代入上式得到

$$(\{\psi\} - \bar{p}^2[\delta][M]\{\psi\})\sin\bar{p}t = \{0\}$$

将$\sin\bar{p}t$约去后得到N个联立方程组，

$$\{\psi\} - \bar{p}^2[\delta][M]\{\psi\} = \{0\}$$

为了解出$\bar{p}^2$，将上式左乘$([M]\{\psi\})^{\mathrm{T}}$有

$$\{\psi\}^{\mathrm{T}}[M]\{\psi\} - \bar{p}^2\{\psi\}^{\mathrm{T}}[M][\delta][M]\{\psi\} = 0$$

可解出

$$R_{\mathrm{II}}(\{\psi\})=\overline{p}^2=\frac{\{\psi\}^{\mathrm{T}}[M]\{\psi\}}{\{\psi\}^{\mathrm{T}}[M][\delta][M]\{\psi\}} \tag{6.4}$$

这就是第二瑞利商，相应地式(6.7)所定义的商称为第一瑞利商。

当式(6.4)的$\{\psi\}$恰好取成第 i 阶振型$\{\phi\}_i$

$$R_{\mathrm{II}}(\{\phi\}_i)=\overline{p}^2=\frac{\{\phi\}_i^{\mathrm{T}}[M]\{\phi\}_i}{\{\phi\}_i^{\mathrm{T}}[M][\delta][M]\{\phi\}_i}=p_i^2 \tag{6.5}$$

同样由于高阶振型难以直接估计，所以式(6.4)也一般用于估计基频。

例题 6-2　用瑞利法求图 6-3 振系的基频估算值。设各轮盘的转动惯量皆为 J，各轴段的扭转刚度均为 k。

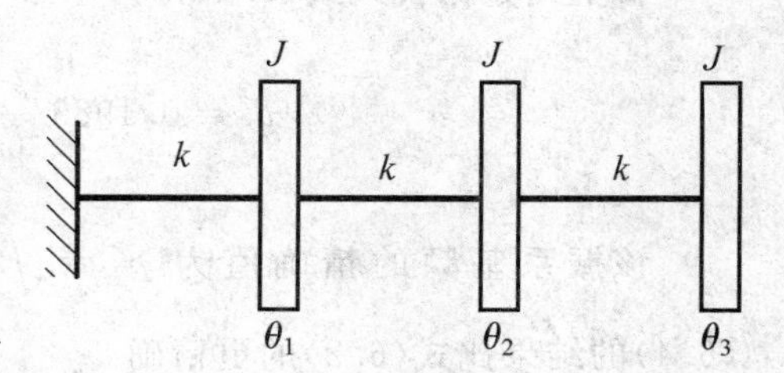

图 6-3　三自由度扭振系统

解：该振系的质量矩阵和刚度矩阵分别为

$$[M]=J\begin{bmatrix}1&0&0\\0&1&0\\0&0&1\end{bmatrix}$$

$$[K]=k\begin{bmatrix}2&-1&0\\-1&2&-1\\0&-1&1\end{bmatrix}$$

由刚度矩阵可计算出柔度矩阵(当然也可以直接写柔度矩阵)

$$[\delta]=\frac{1}{k}\begin{bmatrix}1&1&1\\1&2&2\\1&2&3\end{bmatrix}$$

注意本题是扭转振动，所以静位移应理解为轴扭转模式，而不是横向弯曲的挠度。图 6-3 振系与弹簧-质量系统在本质上完全相同，因此静位移(更确切地应是“静角位移”)应等同于像图 6-2 那样挂起来的弹簧-质量系统的静位移。

不难得到此时三个“质量块”的静位移分别为 3μ，5μ 和 6μ，其中 μ 为一常数。因此第一阶振型假设为$\{\psi\}=\{3,5,6\}^{\mathrm{T}}$。由此得

$$\{\psi\}^{\mathrm{T}}[K]\{\psi\}=14k$$

$$\{\psi\}^{\mathrm{T}}[M]\{\psi\}=70J$$

$$\{\psi\}^{\mathrm{T}}[M][\delta][M]\{\psi\}=353\frac{J^2}{k}$$

将上列数据代入式(6.2),得

$$p^2=0.2000\frac{k}{J},p=0.4472\sqrt{\frac{k}{J}}$$

将上列数据代入式(6.4)得

$$p^2=0.1983\frac{k}{J},p=0.4453\sqrt{\frac{k}{J}}$$

该振系基频的精确值为 $p_1=\sqrt{2\left(1-\cos\frac{\pi}{7}\right)\frac{k}{J}}=0.4450\sqrt{\frac{k}{J}}$。可见,式(6.4)的结果比式(6.2)的更精确。

6.2 李兹法

瑞利能量法可以用来估计基频,但是对复杂系统的分析也不能仅满足于基频。理论上,若能估计出高阶振型,那么瑞利法也可以用来估计高阶频率,然而高阶振型很难直接估计。李兹(Ritz)法将近似振型假定为若干选定向量的加权组合,通过优化权系数满足驻值来近似估计高阶振型和相应的固有频率。

6.2.1 理论基础

1. 振型的驻值特性

设$\{\psi\}$为任一向量,它可以表示为

$$\{\psi\}=q_1\{\phi\}_1+q_2\{\phi\}_2+\cdots+q_N\{\phi\}_N=[\Phi]\{q\} \tag{6.6}$$

其中$\{q\}$是由 $q_1,q_2,\cdots,q_N$ 构成的列阵,将上式代入式(6.2)得

$$\begin{aligned}R_{\mathrm{I}}(\{\psi\})&=\frac{\{q\}^{\mathrm{T}}[\Phi]^{\mathrm{T}}[K][\Phi]\{q\}}{\{q\}^{\mathrm{T}}[\Phi]^{\mathrm{T}}[M][\Phi]\{q\}}\\&=\frac{\{q\}^{\mathrm{T}}[K]_{\mathrm{P}}\{q\}}{\{q\}^{\mathrm{T}}[M]_{\mathrm{P}}\{q\}}=\left(\sum_{i=1}^{N}K_iq_i^2\right)/\left(\sum_{i=1}^{N}M_iq_i^2\right)\end{aligned} \tag{6.7}$$

如果假设的振型$\{\psi\}$比较接近第 i 阶振型$\{\phi\}_i$,也就是式(6.7)中的 $q_j\,(j\neq i)$ 比 q_i 小得多,它们可表示为

$$q_j = \varepsilon_j q_i (j \neq i)$$

其中 $\varepsilon_j \ll 1(j\neq i)$。这样式(6.7)可写成

$$R_{\mathrm{I}}(\{\psi\}) = \Big(\sum_{j=1,j\neq i}^{N} K_j\varepsilon_j^2 + K_i\Big)/\Big(\sum_{j=1,j\neq i}^{N} M_j\varepsilon_j^2 + M_i\Big)$$

根据假定，ε_j 为微量，所以可对上式用泰勒展开，并仅保留到二阶微量有

$$\begin{aligned} R_{\mathrm{I}}(\{\psi\}) &\approx \frac{1}{M_i}\Big(\sum_{j=1,j\neq i}^{N} K_j\varepsilon_j^2 + K_i\Big)\Big(1 - \frac{1}{M_i}\sum_{j=1,j\neq i}^{N} M_j\varepsilon_j^2\Big) \\ &\approx p_i^2 + \frac{1}{M_i}\sum_{j=1,j\neq i}^{N} M_j(p_j^2 - p_i^2)\varepsilon_j^2 \end{aligned} \tag{6.8}$$

式(6.8)不含 ε_j 的一次项，它表明若假定的振型与真实振型接近时，用瑞利商计算的固有频率近似值的偏差是更高阶的微量。

我们再来考察当 $N-1$ 个偏差分量 $\varepsilon_1,\varepsilon_2,\cdots,\varepsilon_{i-1},\varepsilon_{i+1},\cdots,\varepsilon_N$ 只有一个分量 $\varepsilon_j\neq 0$，而其他分量都等于 0 的情形。此时，式(6.8)变为

$$R_{\mathrm{I}}(\{\psi\}) \approx p_i^2 + \frac{M_j}{M_i}(p_j^2 - p_i^2)\varepsilon_j^2$$

不考虑重频的情况下，对给定系统，p_j^2 要么大于 p_i^2，要么小于 p_i^2。若 p_j^2 大于 p_i^2，则上式表明 p_i^2 是 $R_{\mathrm{I}}(\{\psi\})$ 随 ε_j 变化的极小值。而若 p_j^2 小于 p_i^2，则 p_i^2 是 $R_{\mathrm{I}}(\{\psi\})$ 随 ε_j 变化的极大值。不管是极大值还是极小值，它们都是极值。这就说明瑞利商在系统的各个振型 $\{\phi\}_i$ 处取极值，而该极值即为相应阶的固有频率平方 p_i^2。

2. 基本形式

对 N 自由度的振系，如希望获得较准确的前 n 阶固有频率和振型，就取 $s=\min(2n,N)$ 个独立的选定向量 $\{\psi\}_i (i=1,2,\cdots,s)$。用这 s 个向量的线性组合作为假设振型

$$\{\bar{\psi}\} = \mu_1\{\psi\}_1 + \mu_2\{\psi\}_2 + \cdots + \mu_s\{\psi\}_s = \sum_i \mu_i\{\psi\}_i = [\Psi]\{\mu\} \tag{6.9}$$

其中 $[\Psi]=[\{\psi\}_1,\{\psi\}_2,\cdots,\{\psi\}_s]$ 为 $N\times s$ 矩阵，而 $\{\mu\}=\{\mu_1,\mu_2,\cdots,\mu_s\}^{\mathrm{T}}$ 为 $s\times 1$ 待定列阵。

将式(6.9)代入瑞利商式(6.2)可得

$$R_{\mathrm{I}}(\{\bar{\psi}\}) = \frac{\{\mu\}^{\mathrm{T}}[\Psi]^{\mathrm{T}}[K][\Psi]\{\mu\}}{\{\mu\}^{\mathrm{T}}[\Psi]^{\mathrm{T}}[M][\Psi]\{\mu\}} = \frac{\{\mu\}^{\mathrm{T}}[\bar{K}]\{\mu\}}{\{\mu\}^{\mathrm{T}}[\bar{M}]\{\mu\}} = \bar{p}^2 \tag{6.10}$$

式中

$$\left.\begin{array}{l}[\overline{K}]=[\Psi]^{\mathrm{T}}[K][\Psi]\\ [\overline{M}]=[\Psi]^{\mathrm{T}}[M][\Psi]\end{array}\right\} \tag{6.11}$$

因$[K]$和$[M]$都是 $N\times N$ 实对称阵，$[\Psi]$是 $N\times s$ 阵，故$[\overline{K}]$和$[\overline{M}]$都是 $s\times s$ 矩阵。

由于$R_{\mathrm{I}}(\{\overline{\psi}\})$对系统的真实振型取驻值，所以“最佳”$\{\mu\}$的各元素应满足下列方程

$$\frac{\partial R_{\mathrm{I}}(\{\overline{\psi}\})}{\partial \mu_i}=0 \qquad (i=1,2,\cdots,s) \tag{6.12}$$

式(6.10)可写成

$$R_{\mathrm{I}}(\{\overline{\psi}\})\{\mu\}^{\mathrm{T}}[\overline{M}]\{\mu\}=\{\mu\}^{\mathrm{T}}[\overline{K}]\{\mu\}$$

两边对 μ_i 求偏导

$$\frac{\partial R_{\mathrm{I}}(\{\overline{\psi}\})}{\partial \mu_i}\{\mu\}^{\mathrm{T}}[\overline{M}]\{\mu\}+R_{\mathrm{I}}(\{\overline{\psi}\})\frac{\partial(\{\mu\}^{\mathrm{T}}[\overline{M}]\{\mu\})}{\partial \mu_i}=\frac{\partial(\{\mu\}^{\mathrm{T}}[\overline{K}]\{\mu\})}{\partial \mu_i}$$

$$(i=1,2,\cdots,s) \tag{6.13}$$

其中左边第一项因式(6.12)而为0。

式(6.13)左边第二项中的二次型偏导数为

$$\begin{aligned}\frac{\partial}{\partial \mu_i}(\{\mu\}^{\mathrm{T}}[\overline{M}]\{\mu\})&=\frac{\partial\{\mu\}^{\mathrm{T}}}{\partial \mu_i}[\overline{M}]\{\mu\}+\{\mu\}^{\mathrm{T}}[\overline{M}]\frac{\partial\{\mu\}}{\partial \mu_i}\\&=2\frac{\partial\{\mu\}^{\mathrm{T}}}{\partial \mu_i}[\overline{M}]\{\mu\}=2\{I\}_i^{\mathrm{T}}[\overline{M}]\{\mu\}(i=1,2,\cdots,s)\end{aligned}$$

这里$\{I\}_i$ 是 $s\times s$ 单位阵的第 i 列。上面 s 个方程可合写为

$$\frac{\partial(\{\mu\}^{\mathrm{T}}[\overline{M}]\{\mu\})}{\partial\{\mu\}}=2[\overline{M}]\{\mu\} \tag{6.14}$$

其中$\frac{\partial}{\partial\{\mu\}}$表示分别对$\{\mu\}$的各元素依次求偏导，然后再排成列向量。同样可得到

$$\frac{\partial(\{\mu\}^{\mathrm{T}}[\overline{K}]\{\mu\})}{\partial\{\mu\}}=2[\overline{K}]\{\mu\} \tag{6.15}$$

将式(6.14)和式(6.15)代入式(6.13)，并考虑到式(6.12)，可得

$$2R_{\mathrm{I}}(\{\overline{\psi})[\overline{M}]\{\mu\}=2[\overline{K}]\{\mu\}$$

或者写成

$$([\overline{K}]-\overline{p}^2[\overline{M}])\{\mu\}=\{0\} \tag{6.16}$$

这是 s 阶特征值问题。

很多工程问题，自由度 N 可能很高，但我们往往只对其中很少一部分的低频振动模态感兴趣，这时就可选择较小的 s。相应地，式(6.16)的特征值规模就远远小于原系统的规模。求解小规模的特征值问题相对容易得多。

由式(6.16)解得的 s 个特征值 $\overline{p}_1^2,\overline{p}_2^2,\cdots,\overline{p}_s^2$，就是原振系的前 s 阶固有频率平方 p_i^2 的近似值。将求得的 s 个特征值代回式(6.16)，便可求得相应的特征向量 $\{\mu\}_i$。s 个特征向量组成特征向量矩阵 $[\mu]=[\{\mu\}_1,\{\mu\}_2,\cdots,\{\mu\}_s]$。

注意 $\{\mu\}_i$ 并不是所要的振型。将 $\{\mu\}_i$ 代入式(6.9)，即可求得原振系前 s 阶振型的近似，即

$$\{\overline{\phi}\}_i=[\Psi]\{\mu\}_i \quad (i=1,2,\cdots,s) \tag{6.17}$$

可以证明式(6.17)算出的近似振型对矩阵 $[M]$ 和 $[K]$ 加权正交。因为

$$\{\overline{\phi}\}_i^{\mathrm{T}}[K]\{\overline{\phi}\}_j\approx\{\mu\}_i^{\mathrm{T}}[\Psi]^{\mathrm{T}}[K][\Psi]\{\mu\}_j=\{\mu\}_i^{\mathrm{T}}[\overline{K}]\{\mu\}_j$$

而由式(6.16)算出的特征向量对刚度矩阵有正交性：

$$\{\mu\}_i^{\mathrm{T}}[\overline{K}]\{\mu\}_j=0 \quad (i\neq j)$$

所以

$$\{\overline{\phi}\}_i^{\mathrm{T}}[K]\{\overline{\phi}\}_j\approx\{\mu\}_i^{\mathrm{T}}[\overline{K}]\{\mu\}_j=0 \quad (i\neq j)$$

同理有

$$\begin{aligned}\{\overline{\phi}\}_i^{\mathrm{T}}[M]\{\overline{\phi}\}_j&\approx\{\mu\}_i^{\mathrm{T}}[\Psi]^{\mathrm{T}}[M][\Psi]\{\mu\}_j\\&=\{\mu\}_i^{\mathrm{T}}[\overline{M}]\{\mu\}_j=0 \quad (i\neq j)\end{aligned}$$

3. 基于第二瑞利商的形式

利用第二瑞利商，我们也可以得到相应的李兹法。操作方法与第一瑞利商的相同，缩减后的特征值问题为

$$([\overline{M}]-\overline{p}^2[\overline{\delta}])\{\mu\}=\{0\} \tag{6.18}$$

其中

$$\left.\begin{aligned}[\overline{M}]&=[\Psi]^{\mathrm{T}}[M][\Psi]\\[\bar{\delta}]&=[\Psi]^{\mathrm{T}}[M][\delta][M][\Psi]\end{aligned}\right\}\tag{6.19}$$

它的精度比基于第一瑞利商的式(6.16)更精确一些。

6.2.2 示例

例题 6-3 考察图 6-4 所示四自由度的弹簧-质量系统,试用李兹法求该振系的前二阶固有频率与振型。

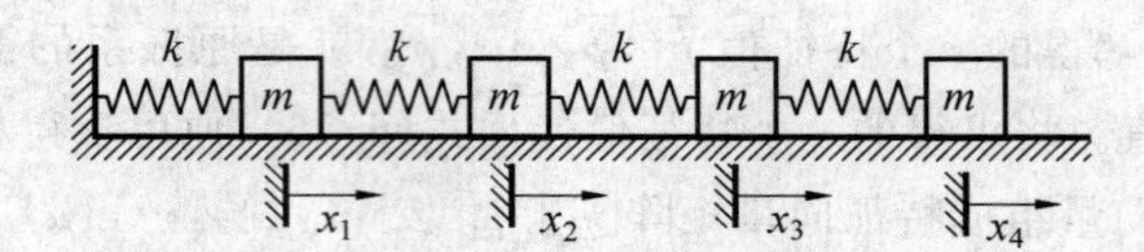

图 6-4 例题 6-3 四自由度弹簧-质量系统

解:取各质点偏离其平衡位置的位移 x_1, x_2, x_3, x_4 为广义坐标,写出振系的动能和势能,从而得到振系的质量矩阵[M]和刚度矩阵[K]

$$[M]=m[I]$$

$$[K]=k\begin{bmatrix}2&-1&0&0\\-1&2&-1&0\\0&-1&2&-1\\0&0&-1&1\end{bmatrix}$$

凭经验选取两个假设模态(即取 $s=2$),并构成矩阵

$$[\Psi]=[\{\psi\}_1,\{\psi\}_2]=\begin{bmatrix}0.2500&0.0000\\0.5000&0.2000\\0.7500&0.6000\\1.0000&1.0000\end{bmatrix}$$

由此可求得

$$[\overline{M}]=[\Psi]^{\mathrm{T}}[M][\Psi]=m\begin{bmatrix}1.8750&1.5500\\1.5500&1.4000\end{bmatrix}$$

$$[\overline{K}]=[\Psi]^{\mathrm{T}}[K][\Psi]=k\begin{bmatrix}0.2500&0.2500\\0.2500&0.3600\end{bmatrix}$$

将$[\overline{M}]$和$[\overline{K}]$代入式(6.16)，得频率方程为

$$\begin{vmatrix} 0.2500k-1.8750p^2m & 0.2500k-1.5500p^2m \\ 0.2500k-1.5500p^2m & 0.3600k-1.4000p^2m \end{vmatrix}=0$$

展开后可解得

$$p_1=0.3516\sqrt{\frac{k}{m}}\quad \{\mu\}_1=\begin{Bmatrix}-3.2000\\ 1.0000\end{Bmatrix}$$

$$p_2=1.0000\sqrt{\frac{k}{m}}\quad \{\mu\}_2=\begin{Bmatrix}-0.8000\\ 1.0000\end{Bmatrix}$$

将求得的特征向量$\{\mu\}_1$和$\{\mu\}_2$代入假设振型式(6.17)，便可求得原振系前二阶近似固有振型(已标准化)为

$$\{\phi\}_1=\begin{Bmatrix}0.3636\\ 0.6364\\ 0.8182\\ 1.0000\end{Bmatrix},\{\phi\}_2=\begin{Bmatrix}-1.0000\\ -1.0000\\ 0.0000\\ 1.0000\end{Bmatrix}$$

若采用第二瑞利商的形式，则将假定的$[\Psi]$代入式(6.19)得到

$$[\overline{\delta}]=[\Psi]^{\mathrm{T}}[M][K]^{-1}[M][\Psi]=\frac{m^2}{k}\begin{bmatrix}15.3750 & 12.3500\\ 12.3500 & 10.0400\end{bmatrix}$$

前面已经计算出了$[\overline{M}]$。将$[\overline{\delta}]$和$[\overline{M}]$代入式(6.18)得

$$\begin{bmatrix}1.8750-15.3750p^2\dfrac{m}{k} & 1.5500-12.3500p^2\dfrac{m}{k}\\ 1.5500-12.3500p^2\dfrac{m}{k} & 1.4000-10.0400p^2\dfrac{m}{k}\end{bmatrix}\begin{Bmatrix}\mu_1\\ \mu_2\end{Bmatrix}=\begin{Bmatrix}0\\ 0\end{Bmatrix}$$

由此解得

$$p_1=0.3475\sqrt{\frac{k}{m}}\quad \{\mu\}_1=\begin{Bmatrix}-3.2000\\ 1.0000\end{Bmatrix}$$

$$p_2=1.0000\sqrt{\frac{k}{m}}\quad \{\mu\}_2=\begin{Bmatrix}-0.8000\\ 1.0000\end{Bmatrix}$$

前两阶的精确解为

$$p_1=\sqrt{2\left(1-\cos\frac{\pi}{9}\right)\frac{k}{m}}=0.3473\sqrt{\frac{k}{m}}$$

$$p_2=\sqrt{2\left(1-\cos\frac{3\pi}{9}\right)\frac{k}{m}}=1.0000\sqrt{\frac{k}{m}}$$

可以看出基于第二瑞利商的结果更精确。

6.3 矩阵逆迭代法

对系统响应有重要贡献的是:较低的前若干阶固有频率及对应振型。下面的矩阵逆迭代法是处理这类问题比较简单实用的方法。它的特点是:①可同时算出固有频率和相应的振型;②有自动纠正的功能;③程序简单,便于计算机实现;④收敛慢,效率较低。

6.3.1 一阶模态

1. 理论基础

特征值问题可写为(暂且假定刚度矩阵$[K]$可逆)

$$\{\phi\}-p^2[K]^{-1}[M]\{\phi\}=\{0\} \tag{6.20}$$

引进动力矩阵$[D]=[K]^{-1}[M]=[\delta][M]$,上式变为

$$\{\phi\}=p^2[D]\{\phi\} \tag{6.21}$$

这种形式立即提示我们可尝试用迭代来求解方程(6.20),即构造迭代过程

$$\{\psi\}^{(i+1)}=[D]\{\psi\}^{(i)}\ (i=0,1,2,3,\cdots) \tag{6.22}$$

若该过程确实收敛,那么$\{\psi\}^{(\infty)}$就是方程(6.20)的解。如果运气好,我们选择的$\{\psi\}^{(0)}$恰好是某阶振型$\{\phi\}$,则有

$$\{\psi\}^{(1)}=[D]\{\psi\}^{(0)}=[D]\{\phi\}=p^{-2}\{\phi\}=p^{-2}\{\psi\}^{(0)}$$

上式表明:对这种特殊情况,$\{\psi\}^{(1)}$和$\{\psi\}^{(0)}$的对应元素之比相等,比值就是p^{-2}。

对任意给定的$\{\psi\}^{(0)}$,结论不再这么简单,但我们可以证明$\{\psi\}^{(1)}$比$\{\psi\}^{(0)}$更接近第一阶振型$\{\phi\}_1$。

证明:任意选定的初始向量$\{\psi\}^{(0)}$由各阶固有振型线性组合而成:

$$\{\psi\}^{(0)}=q_1^{(0)}\{\phi\}_1+q_2^{(0)}\{\phi\}_2+\cdots+q_N^{(0)}\{\phi\}_N \tag{6.23}$$

对上式左乘[D]有

$$[D]\{\psi\}^{(0)}=[D](q_1^{(0)}\{\phi\}_1+q_2^{(0)}\{\phi\}_2+\cdots+q_N^{(0)}\{\phi\}_N)$$

利用式(6.21),上式可变为

$$[D]\{\psi\}^{(0)}=\frac{1}{p_1^2}\left(q_1^{(0)}\{\phi\}_1+q_2^{(0)}\frac{p_1^2}{p_2^2}\{\phi\}_2+\cdots+q_N^{(0)}\frac{p_1^2}{p_N^2}\{\phi\}_N\right) \quad (6.24)$$

因为固有频率按从小到大的顺序排列(不考虑最低阶重频情形),所以有

$$\frac{p_1^2}{p_2^2}<1,\frac{p_1^2}{p_3^2}<1,\cdots,\frac{p_1^2}{p_N^2}<1 \quad (6.25)$$

将式(6.24)的右端括号各项与式(6.23)的对应项比较可知:从第二项开始,表示各阶振型权重的 $q_2^{(0)}\frac{p_1^2}{p_2^2},\cdots,q_N^{(0)}\frac{p_1^2}{p_N^2}$ 等分别小于 $q_2^{(0)},\cdots,q_N^{(0)}$,即用矩阵[$D$]迭代一轮增强了第一阶振型的比重。这就证明了迭代一轮之后,$\{\psi\}^{(1)}$ 比 $\{\psi\}^{(0)}$ 更接近第一阶振型 $\{\phi\}_1$。

同样,经第二轮迭代有

$$\begin{aligned}\{\psi\}^{(2)}&=[D]\{\psi\}^{(1)}=[D](q_1^{(1)}\{\phi\}_1+q_2^{(1)}\{\phi\}_2+\cdots+q_N^{(1)}\{\phi\}_N)\\&=\frac{1}{p_1^4}\left[q_1^{(0)}\{\phi\}_1+q_2^{(0)}\left(\frac{p_1^2}{p_2^2}\right)^2\{\phi\}_2+\cdots+q_N^{(0)}\left(\frac{p_1^2}{p_N^2}\right)^2\{\phi\}_N\right]\end{aligned}$$

经第 i 轮迭代后的结果为

$$\begin{aligned}\{\psi\}^{(i)}&=[D]\{\psi\}^{(i-1)}\\&=\frac{1}{p_1^{2i}}\left[q_1^{(0)}\{\phi\}_1+q_2^{(0)}\left(\frac{p_1^2}{p_2^2}\right)^i\{\phi\}_2+\cdots+q_N^{(0)}\left(\frac{p_1^2}{p_N^2}\right)^i\{\phi\}_N\right]\end{aligned} \quad (6.26)$$

可见,随着迭代轮数 i 的增加,第一项越来越占主导地位。当 i 足够大后近似有 $\{\psi\}^{(i)}\propto\{\psi\}^{(i-1)}$,这时 $\{\psi\}^{(i)}$ 就近似为第一阶振型 $\{\phi\}_1$

$$\{\psi\}^{(i)}=\frac{1}{p_1^{2i}}q_1^{(0)}\{\phi\}_1$$

这时若再迭代一次

$$\{\psi\}^{(i+1)}=[D]\{\psi\}^{(i)}=(p_1^{-2})^i q_1^{(0)}[D]\{\phi\}_1=p_1^{-2}\{\psi\}^{(i)}$$

由此式看到,迭代后的新向量 $\{\psi\}^{(i+1)}$ 与原来向量 $\{\psi\}^{(i)}$ 的各对应元素之间仅相差倍数 p_1^{-2},$\{\psi\}^{(i+1)}$ 或 $\{\psi\}^{(i)}$ 就是对应于 p_1^2 的第一阶振型,而固有频率由 $\{\psi\}^{(i)}$ 与 $\{\psi\}^{(i+1)}$ 的任一对应元素之比计算出来。

仔细检查迭代(6.26)会发现$\{\psi\}^{(i)}$数值大体会按照$(p_1^{-2})^i$的趋势变化。如果$p_1<1$,那么$\{\psi\}^{(i)}$将会按指数趋式增长;反之若$p_1>1$,$\{\psi\}^{(i)}$将会按指数趋式衰减到0。这二者都不利于数值计算。为防止这两种趋势,每轮迭代后需要将向量$\{\psi\}^{(i)}$归一化。

2. 迭代过程

首先要假设一个向量$\{\psi\}^{(0)}$为初始值,将其代入式(6.22)右端进行矩阵运算

$$[D]\{\psi\}^{(0)}=\mu^{(1)}\{\psi\}^{(1)}$$

其中$\mu^{(1)}$是使$\{\psi\}^{(1)}$归一化的常数。特征向量的绝对大小不确定,能确定的是各元素之间的比值。迭代过程中,不仅要消除上面指出的指数趋势,而且为了比较相继两轮解的收敛性态,也必须对每轮的近似特征向量按同一标准归一化。比如,可令$\{\psi\}^{(i)}$某一元素为1,或者最大元素为1,或者向量的模为1等。不管采用哪一个方式,折算的比例系数都可以并入$\mu^{(i)}$。

将按相同准则归一化的$\{\psi\}^{(1)}$与$\{\psi\}^{(0)}$比较,如果$\{\psi\}^{(1)}$和$\{\psi\}^{(0)}$的差异超过指定精度,说明尚未收敛到足够精度,再把$\{\psi\}^{(1)}$代入式(6.22)左端,重新进行运算

$$[D]\{\psi\}^{(1)}=\mu^{(2)}\{\psi\}^{(2)}$$

如果$\{\psi\}^{(2)}$和$\{\psi\}^{(1)}$的差异仍然超过指定精度,则继续重复上述迭代

$$[D]\{\psi\}^{(i-1)}=\mu^{(i)}\{\psi\}^{(i)}\quad(i=2,3,\cdots)\tag{6.27}$$

直到式中$\{\psi\}^{(i-1)}$与$\{\psi\}^{(i)}$的差异小于给定的精度为止。

这时$\mu^{(i)}$就等于p_1^{-2},而相应的列阵$\{\psi\}^{(i)}$即为p_1所对应的振型$\{\phi\}_1$。

从上述迭代过程可知,影响迭代收敛速度的因素有两个。一是假设的初始向量$\{\psi\}^{(0)}$是否接近第一阶振型$\{\phi\}_1$。为了使迭代尽快地收敛于最低阶p_1及$\{\phi\}_1$,应选取$\{\psi\}^{(0)}$接近$\{\phi\}_1$。如同瑞利法,静位移曲线是对$\{\phi\}_1$比较好的近似。

第二个因素是比值$\dfrac{p_1^2}{p_2^2}$的大小。若第一、二阶固有频率很接近,则迭代收敛很慢。更恶劣的,若遇到$p_1=p_2$这种重频情形,则必须特殊处理。

动力矩阵$[D]$等于$[K]^{-1}[M]$,这涉及刚度矩阵求逆。实际问题的$[K]$往往比$[M]$复杂,比如有些情形下$[M]$就是对角阵。也就是求$[M]$的逆比求$[K]$的容易一些。但是若用$[D]^{-1}=[M]^{-1}[K]$来迭代,所得到的将会是最大特征值和相应的振型,而工程上更关心低阶主振动,所以我们总是用$[D]=[K]^{-1}[M]$来迭代。因为迭代矩阵涉及求逆,所以称为逆迭代。

3. 示例

例题 6-4 如图 6-5 所示,简支梁在等跨距处有三个集中质量m,$2m$和m,梁

长 l，抗弯刚度 EI。用迭代法求其基频及相应振型。

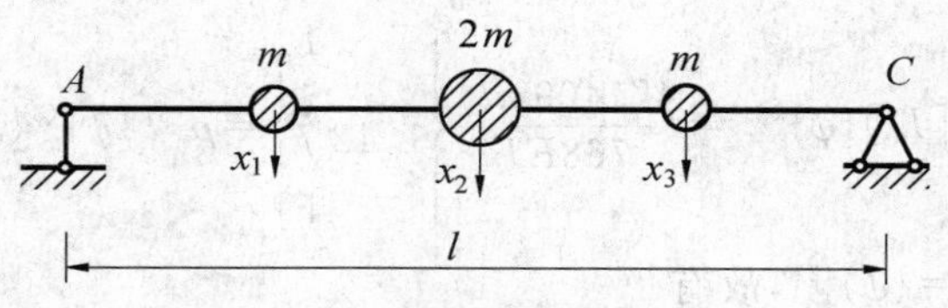

图 6-5　集中质量梁

解：用第 5 章的柔度系数法求得柔度矩阵为

$$[\delta]=\frac{l^3}{768EI}\begin{bmatrix}9 & 11 & 7\\11 & 16 & 11\\7 & 11 & 9\end{bmatrix}$$

质量矩阵为

$$[M]=\begin{bmatrix}m & 0 & 0\\0 & 2m & 0\\0 & 0 & m\end{bmatrix}$$

故动力矩阵为

$$[D]=\frac{ml^3}{768EI}\begin{bmatrix}9 & 22 & 7\\11 & 32 & 11\\7 & 22 & 9\end{bmatrix}$$

凭经验，先假设一初始向量 $\{\psi\}^{(0)}=\{1,2,1\}^{\mathrm{T}}$，代入式(6.27)左端运算，得第一次迭代结果为

$$[D]\{\psi\}^{(0)}=\frac{ml^3}{768EI}\begin{Bmatrix}60\\86\\60\end{Bmatrix}=\frac{60ml^3}{768EI}\begin{Bmatrix}1\\1.4\dot{3}\\1\end{Bmatrix}=\mu^{(1)}\{\psi\}^{(1)}$$

因 $\{\psi\}^{(1)}\neq\{\psi\}^{(0)}$，故需进行第二次迭代

$$[D]\{\psi\}^{(1)}=\frac{ml^3}{768EI}\begin{bmatrix}9 & 22 & 7\\11 & 32 & 11\\7 & 22 & 9\end{bmatrix}\begin{Bmatrix}1\\1.4\dot{3}\\1\end{Bmatrix}$$

$$=\frac{47.5\dot{3}ml^3}{768EI}\begin{Bmatrix}1\\1.42\dot{7}\\1\end{Bmatrix}=\mu^{(2)}\{\psi\}^{(2)}$$

因仍然$\{\psi\}^{(2)} \neq \{\psi\}^{(1)}$，故需进行第三次迭代

$$[D]\{\psi\}^{(2)}=\frac{47.409ml^3}{768EI}\begin{Bmatrix}1\\1.42\dot{7}\\1\end{Bmatrix}=\mu^{(3)}\{\psi\}^{(3)}$$

至此已达到$\{\psi\}^{(3)}=\{\psi\}^{(2)}$，故有

$$p_1^{-2}=\mu^{(3)}$$

即

$$p_1=\sqrt{\frac{768EI}{47.409ml^3}}=4.0249\sqrt{\frac{EI}{ml^3}}$$

相应的一阶振型为

$$\{\phi\}_1=\{1.0000,1.4278,1.0000\}^{\mathrm{T}}$$

本题的精确解是：

$$p_1=8\sqrt{\frac{6}{12+\sqrt{137}}}\sqrt{\frac{EI}{ml^3}}=4.0248\sqrt{\frac{EI}{ml^3}}$$

$$\{\phi\}_1=\{1,\frac{4+\sqrt{137}}{11},1\}^{\mathrm{T}}=\{1,1.4277,1\}^{\mathrm{T}}$$

4. 几点说明

比较瑞利商的两种表达式(6.6)和式(6.4)可以发现，式(6.4)的分母$[\delta][M]\{\psi\}=[D]\{\psi\}$相当于用动力矩阵对$\{\psi\}$迭代了，所以第二瑞利商的精度略高。

对于半正定系统，其刚度矩阵奇异，式(6.21)的动力矩阵不存在。这时可按第5章的方法先剔除刚体模态，得到非奇异的刚度矩阵后再运用逆迭代法。另外一种方法是采用下述的移频措施。

选取一合适的μ，可将振动特征值问题改写为

$$(-p^2-\mu)[M]\{\phi\}+([K]+\mu[M])\{\phi\}=\{0\} \tag{6.28}$$

μ的选取应使得$[K]+\mu[M]$非奇异。这样在形式上可以定义一个动力矩阵

$$[\widetilde{D}]=([K]+\mu[M])^{-1}[M]$$

方程(6.28)就可变为下面的特征值问题

$$\{\phi\}=\lambda[\widetilde{D}]\{\phi\} \tag{6.29}$$

它与式(6.21)形式相同,可以采用相同的迭代法求解。求出的特征向量就是原始问题的振型,而固有频率则调整为

$$p=\sqrt{\lambda-\mu} \tag{6.30}$$

移频除了能解决刚度矩阵奇异这个麻烦以外,式(6.28)还有另外两个用途。第一个用途用于求解特定频率附近的模态。因为移频之后,逆迭代法求出的是$|\lambda|=|p^2+\mu|$最小的那一阶模态。因此若知道某阶频率 p_i 足够好的估计值 $\overline{p}_i$,那么选择 $\mu=-\overline{p}_i^2$,则可使$|p_i^2-\overline{p}_i^2|$变成方程(6.29)的最小特征值。由逆迭代找到 $p_i^2-\overline{p}_i^2$,可求出更精确的近似值及相应的振型。

第二个用途是加速收敛。前面提到逆迭代的收敛速度与 p_1/p_2 关系密切。如果它接近于 0,则收敛很快,而若趋近于 1 则收敛速度很慢。如果已经知道 p_1 和 p_2 大体范围(或近似值),那么取 $0>\mu>-2\dfrac{p_2^2p_1^2}{p_2^2+p_1^2}(>-p_2^2)$,则能保证

$$\left|\frac{p_1^2+\mu}{p_2^2+\mu}\right|<\frac{p_1^2}{p_2^2}$$

从而可加速收敛到 $\lambda=p_1^2+\mu$ 以及对应的振型。

6.3.2　高阶模态

1. 理论基础

如前所述,每轮逆迭代总是扩大迭代向量$\{\psi\}^{(i)}$内第一阶振型$\{\phi\}_1$的比重。但若在每轮的$\{\psi\}^{(i)}$中剔除$\{\phi\}_1$的成分,那么迭代就会收敛到第二阶振型$\{\phi\}_2$及固有频率 p_2^2。我们来审查式(6.23),为了从$\{\psi\}^{(i)}$除去$\{\phi\}_1$(假定$\{\phi\}_1$已经求出),就必须解出$\{\phi\}_1$对$\{\psi\}^{(0)}$的贡献系数 $q_1^{(0)}$。这个系数可由振型的正交性求出来,即对式(6.23)两边左乘$\{\phi\}_1^{\mathrm{T}}[M]$有

$$\begin{aligned}\{\phi\}_1^{\mathrm{T}}[M]\{\psi\}^{(0)}&=q_1^{(0)}\{\phi\}_1^{\mathrm{T}}[M]\{\phi\}_1+q_2^{(0)}\{\phi\}_1^{\mathrm{T}}[M]\{\phi\}_2\\&\quad+\cdots+q_N^{(0)}\{\phi\}_1^{\mathrm{T}}[M]\{\phi\}_N\\&=q_1^{(0)}\{\phi\}_1^{\mathrm{T}}[M]\{\phi\}_1=q_1^{(0)}M_1\end{aligned}$$

即有

$$q_1^{(0)}=\frac{\{\phi\}_1^{\mathrm{T}}[M]\{\psi\}^{(0)}}{M_1} \tag{6.31}$$

如果取

$$\{\overline{\psi}\}^{(0)}=\{\psi\}^{(0)}-\{\phi\}_1\times q_1^{(0)}=\{\psi\}^{(0)}-\{\phi\}_1\times\frac{\{\phi\}_1^{\mathrm{T}}[M]\{\psi\}^{(0)}}{M_1}\quad(6.32)$$

那么$\{\overline{\psi}\}^{(0)}$就不包含$\{\phi\}_1$了。上式还可以写为

$$\{\overline{\psi}\}^{(0)}=\left([I]-\frac{\{\phi\}_1\{\phi\}_1^{\mathrm{T}}[M]}{M_1}\right)\{\psi\}^{(0)}\quad(6.33)$$

按式(6.33)选取的初始向量，理论上迭代可收敛到第二阶主振动。但由于计算舍入误差，$\{\psi\}^{(1)}=[D]\{\overline{\psi}\}^{(0)}$内仍可能有$\{\phi\}_1$的残余分量需要消除。同样，第$i$轮迭代后也有同样的问题。为了彻底解决这个问题，在每轮迭代中都执行类似式(6.32)的消除工作，其公式与式(6.33)平行，即

$$\{\overline{\psi}\}^{(i)}=\left([I]-\frac{\{\phi\}_1\{\phi\}_1^{\mathrm{T}}[M]}{M_1}\right)\{\psi\}^{(i)}\quad(6.34)$$

将上述的$\{\overline{\psi}\}^{(i)}$代替式(6.22)中的$\{\psi\}^{(i)}$有

$$\{\psi\}^{(i+1)}=[D]\left([I]-\frac{\{\phi\}_1\{\phi\}_1^{\mathrm{T}}[M]}{M_1}\right)\{\psi\}^{(i)}\quad(i=0,1,2,3,\cdots)\quad(6.35)$$

利用$[D]\{\phi\}_1=p_1^{-2}\{\phi\}_1$，这个迭代关系也可写为

$$\{\psi\}^{(i+1)}=\left([D]-\frac{\{\phi\}_1\{\phi\}_1^{\mathrm{T}}[M]}{p_1^2M_1}\right)\{\psi\}^{(i)}\quad(i=0,1,2,3,\cdots)\quad(6.36)$$

同样道理，如果已求出前s阶的$p_1^2,p_2^2,\cdots,p_s^2$及相应振型$\{\phi\}_1,\{\phi\}_2,\cdots,\{\phi\}_s$，则构造下列矩阵：

$$[\overline{D}]=[D]-\sum_{i=1}^{s}\frac{\{\phi\}_i\{\phi\}_i^{\mathrm{T}}[M]}{p_i^2M_i}\quad(6.37)$$

用矩阵$[\overline{D}]$迭代，则可得到第$(s+1)$阶振型$\{\phi\}_{s+1}$和固有频率p_{s+1}^2。

构造的矩阵$[\overline{D}]$需用到已算出的低阶固有频率和振型。因计算误差会累积，故矩阵逆迭代法适宜于求低阶固有频率和振型。

2. 示例

例题 6-5 用矩阵逆迭代法求图 6-6 所示振系的固有频率和振型。

解：运用第 5 章的知识，可建立该振系的自由振动微分方程为

$$[M]\{\ddot{x}\}+[K]\{x\}=\{0\}$$

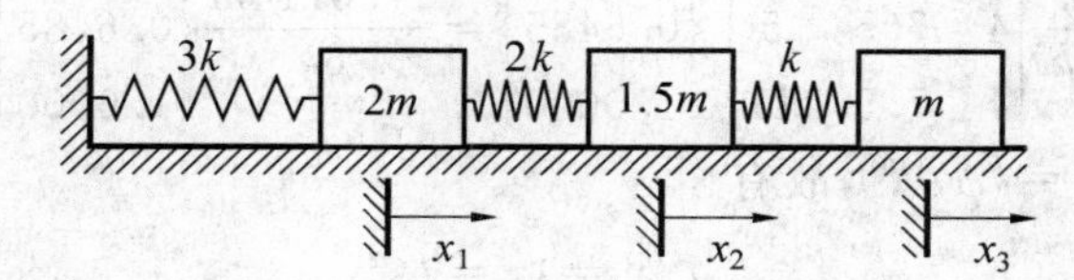

图 6-6　三自由度弹簧-质量系统

其中

$$[M]=\begin{bmatrix}2m & 0 & 0\\ 0 & 1.5m & 0\\ 0 & 0 & m\end{bmatrix},\quad [K]=\begin{bmatrix}5k & -2k & 0\\ -2k & 3k & -k\\ 0 & -k & k\end{bmatrix}$$

柔度矩阵$[\delta]$可由刚度矩阵$[K]$求逆得到

$$[\delta]=[K]^{-1}=\frac{1}{6k}\begin{bmatrix}2 & 2 & 2\\ 2 & 5 & 5\\ 2 & 5 & 11\end{bmatrix}$$

动力矩阵为

$$[D]=[\delta][M]=\frac{m}{12k}\begin{bmatrix}8 & 6 & 4\\ 8 & 15 & 10\\ 8 & 15 & 22\end{bmatrix}$$

设初始近似向量为：$\{\psi\}^{(0)}=\{1,1,1\}^{\mathrm{T}}$，则有

$$[D]\{\psi\}^{(0)}=\frac{m}{6k}\begin{bmatrix}4 & 3 & 2\\ 4 & 7.5 & 5\\ 4 & 7.5 & 11\end{bmatrix}\begin{Bmatrix}1\\ 1\\ 1\end{Bmatrix}=\frac{15m}{4k}\begin{Bmatrix}0.40\\ 0.7\dot{3}\\ 1.00\end{Bmatrix}=\mu^{(1)}\{\psi\}^{(1)}$$

$$[D]\{\psi\}^{(1)}=\frac{m}{6k}\begin{bmatrix}4 & 3 & 2\\ 4 & 7.5 & 5\\ 4 & 7.5 & 11\end{bmatrix}\begin{Bmatrix}0.40\\ 0.7\dot{3}\\ 1.00\end{Bmatrix}=\frac{18.1m}{6k}\begin{Bmatrix}0.3204\\ 0.6685\\ 1.0000\end{Bmatrix}=\mu^{(2)}\{\psi\}^{(2)}$$

$$\vdots$$

$$[D]\{\psi\}^{(9)}=\frac{m}{6k}\begin{bmatrix}4 & 3 & 2\\4 & 7.5 & 5\\4 & 7.5 & 11\end{bmatrix}\begin{Bmatrix}0.3019\\0.6485\\1.0000\end{Bmatrix}=\frac{17.0714m}{6k}\begin{Bmatrix}0.3019\\0.6485\\1.0000\end{Bmatrix}=\mu^{(10)}\{\psi\}^{(10)}$$

至此已达到$\{\psi\}^{(9)}=\{\psi\}^{(10)}$，故有

$$\mu^{(10)}=\lambda_1=p_1^{-2}$$

即

$$p_1=\sqrt{\frac{6k}{17.0714m}}=0.5928\sqrt{\frac{k}{m}}$$

与其对应的第一阶振型为

$$\{\phi\}_1=\{\psi\}^{(10)}=\begin{Bmatrix}0.3019\\0.6485\\1.0000\end{Bmatrix}$$

为求第二阶频率与振型，需先求出第一阶振型的主质量 M_1

$$M_1=\{\phi\}_1^{\mathrm{T}}[M]\{\phi\}_1=1.8131\ m$$

按式(6.37)求得

$$[\overline{D}]=[D]-\frac{\{\phi\}_1\{\phi\}_1^{\mathrm{T}}[M]}{p_1^2M_1}$$

$$=\frac{m}{k}\begin{bmatrix}0.3807 & 0.0392 & -0.1403\\0.0523 & 0.2600 & -0.1844\\-0.2807 & -0.2766 & 0.2641\end{bmatrix}$$

仍设初始近似向量为$\{\psi\}^{(0)}=\{1,1,1\}^{\mathrm{T}}$，按式(6.36)进行迭代运算

$$[\overline{D}]\{\psi\}^{(0)}=-\frac{0.2932m}{k}\begin{Bmatrix}-0.9536\\-0.4362\\1.0000\end{Bmatrix}=\mu^{(1)}\{\psi\}^{(1)}$$

$$[\overline{D}]\{\psi\}^{(1)}=\frac{0.6524\ m}{k}\begin{Bmatrix}-0.7978\\-0.5328\\1.0000\end{Bmatrix}=\mu^{(2)}\{\psi\}^{(2)}$$

$$\vdots$$

$$[\overline{D}]\{\psi\}^{(18)}=\frac{0.6224m}{k}\begin{Bmatrix}-0.6790\\-0.6066\\1.0000\end{Bmatrix}=\mu^{(19)}\{\psi\}^{(19)}$$

现已达到$\{\psi\}^{(18)}=\{\psi\}^{(19)}$,故有$\mu^{(19)}=\lambda_2=p_2^{-2}$。即

$$p_2=\sqrt{\frac{k}{0.6224m}}=1.2676\sqrt{\frac{k}{m}}$$

与其对应的第二阶振型为

$$\{\phi\}_2\approx\{\psi\}^{(19)}=\begin{Bmatrix}-0.6790\\-0.6066\\1.0000\end{Bmatrix}$$

再求第三阶固有频率及振型。为此,需先求出第二阶振型的主质量M_2

$$M_2=\{\phi\}_2^{\mathrm{T}}[M]\{\phi\}_2=2.4740\ m$$

参照式(6.37),可求得清除一、二阶振型后的动力矩阵为

$$[\overline{D}]=[D]-\left(\frac{\{\phi\}_1\{\phi\}_1^{\mathrm{T}}}{p_1^2M_1}+\frac{\{\phi\}_2\{\phi\}_2^{\mathrm{T}}}{p_2^2M_2}\right)[M]$$

$$=\frac{m}{k}\begin{bmatrix}0.1487 & -0.1162 & 0.0305\\-0.1550 & 0.1211 & -0.0318\\0.0610 & -0.0476 & 0.0125\end{bmatrix}$$

仍设初始近似向量为$\{\psi\}^{(0)}=\{1,1,1\}^{\mathrm{T}}$,按式(6.36)进行迭代运算

$$[\overline{D}]\{\psi\}^{(0)}=\frac{0.0258m}{k}\begin{Bmatrix}2.4396\\-2.5420\\1.0000\end{Bmatrix}=\mu^{(1)}\{\psi\}^{(1)}$$

$$[\overline{D}]\{\psi\}^{(1)}=\frac{0.2823\ m}{k}\begin{Bmatrix}2.4400\\-2.5420\\1.0000\end{Bmatrix}=\mu^{(2)}\{\psi\}^{(2)}$$

已达到$\{\psi\}^{(1)}=\{\psi\}^{(2)}$,故有$\mu^{(2)}=\lambda_3=p_3^{-2}$,即

$$p_3=\sqrt{\frac{k}{0.2823m}}=1.8820\sqrt{\frac{k}{m}}$$

6.4　子空间迭代法

我们一再强调,工程人员对结构和系统的低阶模态尤其感兴趣。特别是采用

有限元方法，几万个自由度的分析规模是很常见的，但一般对动力响应有重要贡献的仅是前数十阶。而子空间迭代法正是求解大型系统低阶模态的有效方法，精度高，可靠性好。该方法把李兹法和矩阵逆迭代法结合在一起，发挥各自的优点。迭代法同时对 s 个选定的向量作逆迭代。但为了避免 s 个向量全部趋向第一阶，再将逆迭代后的向量用李兹法正交化。二者结合使得迭代结果可按任意精度逼近于真实振型。

6.4.1 思路

式(6.22)的迭代只对一个列向量 $\{\phi\}^{(0)}$ 执行，现在我们选择 s 个向量 $[\Psi]_{N\times s}^{(0)}=[\{\phi\}_1^{(0)},\{\phi\}_2^{(0)},\cdots,\{\phi\}_s^{(0)}]$ 同时进行迭代

$$[\Psi]_{N\times s}^{(i+1)}=[\{\phi\}_1^{(i+1)},\{\phi\}_2^{(i+1)},\cdots,\{\phi\}_s^{(i+1)}]=[D][\Psi]_{N\times s}^{(i)} \tag{6.38}$$

与 $[\Psi]_{N\times s}^{(0)}$ 相比，$[\Psi]_{N\times s}^{(1)}$ 各列第一阶模态比重加大。如果反复执行式(6.38)，那么各列向量逐渐趋于平行，最后都平行到 $\{\phi\}_1$，这是我们不希望看到的结果。数学上，这相当于各列趋近于相关。

为了避免 $[\Psi]_{N\times s}^{(i+1)}$ 趋近于相关，需要对 $[\Psi]_{N\times s}^{(i+1)}$ 各列作“去”相关处理。这使我们立即联想到格拉姆－施密特正交化方法。但是更具有力学意义的是振型自身就有“加权”正交性，即振型关于质量矩阵和刚度矩阵正交。因此，要让迭代能趋近振型，则应将 $[\Psi]_{N\times s}^{(i+1)}$“修改”成符合振型正交条件。对 $[\Psi]_{N\times s}^{(i+1)}$ 的任何线性“修改”都可表示为 $[\Psi]_{N\times s}^{(i+1)}$ 乘以一个方阵 $[\mu]_{s\times s}$，现在就需要确定这个 $[\mu]$。记

$$[\hat{\Psi}]=[\Psi]_{N\times s}^{(i+1)}[\mu] \tag{6.39}$$

正交要求为

$$\left.\begin{aligned}[\hat{\Psi}]^{\mathrm{T}}[M][\hat{\Psi}]=[\overline{M}]_{\mathrm{P},s\times s}\\ [\hat{\Psi}]^{\mathrm{T}}[K][\hat{\Psi}]=[\overline{K}]_{\mathrm{P},s\times s}\end{aligned}\right\} \tag{6.40}$$

其中 $[\overline{M}]_{\mathrm{P}}$ 和 $[\overline{K}]_{\mathrm{P}}$ 是类似于主质量矩阵和主刚度矩阵的对角阵，但只有 $s\times s$ 阶。

将式(6.39)代入式(6.40)有

$$\left.\begin{aligned}[\mu]^{\mathrm{T}}[\overline{M}][\mu]=[\overline{M}]_{\mathrm{P},s\times s}\\ [\mu]^{\mathrm{T}}[\overline{K}][\mu]=[\overline{K}]_{\mathrm{P},s\times s}\end{aligned}\right\} \tag{6.41}$$

其中 $[\overline{M}]=([\Psi]_{N\times s}^{(i+1)})^{\mathrm{T}}[M][\Psi]_{N\times s}^{(i+1)}$，$[\overline{K}]=([\Psi]_{N\times s}^{(i+1)})^{\mathrm{T}}[K][\Psi]_{N\times s}^{(i+1)}$ 均为已知的对称矩阵。

由式(6.41)求$[\mu]$使我们联想到多自由度系统的特征值问题，它本质上就等于求解

$$[\overline{K}][\mu]=[\overline{M}][\mu][\overline{\Lambda}] \tag{6.42}$$

其中$[\overline{\Lambda}]=[\overline{K}]_{\mathrm{P}}[\overline{M}]_{\mathrm{P}}^{-1}$为特征值组成的对角阵。

虽然式(6.42)也是特征值问题，但是只有 s 阶，规模比原始的 N 阶小得多，因此容易求解。

如果从已知的$[\Psi]_{N\times s}^{(i+1)}$出发，显然式(6.40)和式(6.42)就是前面的李兹法，而式(6.38)就是矩阵逆迭代法。子空间迭代法将这两者结合在一起，通过逆迭代提高李兹法所使用的假设振型精度，而李兹法则起到去相关作用，即把逆迭代所引起的 s 个向量向最低阶模态收敛的趋势消除。

6.4.2 算法步骤

(1)选取初始 $N\times s$ 迭代矩阵

$$[\overline{\Psi}]=[\{\overline{\psi}\}_1,\{\overline{\psi}\}_2,\{\overline{\psi}\}_3,\cdots,\{\overline{\psi}\}_s]$$

(2)计算 $N\times s$ 阶矩阵$[Y]$

$$[Y]=[M][\overline{\Psi}]$$

(3)从下述代数方程组解出 $N\times s$ 阶矩阵$[\Psi]$(此过程称为矩阵逆迭代，实际执行的是$[D][\Psi]=[K]^{-1}[M][\Psi]$)：

$$[K][\Psi]=[Y]$$

(4)计算 $N\times s$ 矩阵

$$[Z]=[M][\Psi]$$

(5)计算自由度数缩减后的刚度矩阵$[\overline{K}]$与质量矩阵$[\overline{M}]$：

$$[\overline{K}]=[\Psi]^{\mathrm{T}}[Y],\qquad [\overline{M}]=[\Psi]^{\mathrm{T}}[Z] \tag{6.43}$$

(这两式的本质是计算$[\overline{K}]=[\Psi]^{\mathrm{T}}[K][\Psi]$，$[\overline{M}]=[\Psi]^{\mathrm{T}}[M][\Psi]$)

(6)求解下列矩阵特征值问题：

$$[\overline{K}]\{\mu\}=\overline{p}^2[\overline{M}]\{\mu\} \tag{6.44}$$

得到全部 s 个特征值$\overline{p}_i^2(i=1,2,\cdots,s)$和相应的特征向量$\{\mu\}_i(i=1,2,\cdots,s)$，记

$$[\overline{\Lambda}]=\begin{bmatrix}\overline{p}_1^2 & 0 & \cdots & 0\\ 0 & \overline{p}_2^2 & \cdots & 0\\ \vdots & \vdots & \ddots & \vdots\\ 0 & 0 & \cdots & \overline{p}_s^2\end{bmatrix},\qquad [\mu]=[\{\mu\}_1,\{\mu\}_2,\cdots,\{\mu\}_s]$$

(7)如果各个特征值 $\overline{p}_i^2$ 已满足精度要求,则取

$$[\Lambda]_{\mathrm{P,L}}=[\overline{\Lambda}],\qquad [\Phi]_{\mathrm{L}}=[\Psi][\mu]$$

其中 $[\Lambda]_{\mathrm{P,L}}=\begin{bmatrix} p_1^2 & 0 & \cdots & 0 \\ 0 & p_2^2 & \cdots & 0 \\ \vdots & \vdots & \ddots & \vdots \\ 0 & 0 & \cdots & p_s^2 \end{bmatrix}$ 是系统特征值对角阵的左上 $s\times s$ 子矩阵,而 $[\Phi]_{N\times s}$ 就是振型矩阵的前 s 列。

(8)如果各个特征值 $\overline{p}_i^2$ 尚未满足精度要求,则计算

$$[Y]=[Z][\mu]$$

并返回步骤(3),继续计算下去。

上述计算步骤可分为两部分,(2)、(3)、(7)和(8)是矩阵逆迭代法,(4)、(5)和(6)是李兹法。不过,这里的矩阵逆迭代没有形成动力矩阵 $[D]=[K]^{-1}[M]$ 后再作迭代。这是因为在结构动力分析中,$[K]$ 与 $[M]$ 一般是对称、稀疏且带状的矩阵,而 $[D]$ 失去了这些有利于计算和存储的特点,所以上式的矩阵逆迭代分成了(2)与(3)两步。

另外,在步骤(8)中,按 $[Y]=[Z][\mu]$ 计算新的矩阵 $[Y]$ 后再返回步骤(3),而并非按 $[\overline{\Psi}]=[\Psi][\mu]$ 计算新的迭代矩阵 $[\overline{\Psi}]$,再返回步骤(2)。因此省去了步骤(2),而直接进入步骤(3)。

6.4.3 收敛性

为了说明子空间迭代法的原理,先考察矩阵 $[\overline{\Psi}]$ 经过本质是矩阵逆迭代法的步骤(2)及(3)后,得到的矩阵 $[\Psi]$ 将发生什么样的变化。迭代初始矩阵 $[\overline{\Psi}]$ 可用振型矩阵表示为

$$[\overline{\Psi}]=[\Phi][Q] \tag{6.45}$$

其中 $[Q]$ 为 $N\times s$ 方阵。我们把 $[\Phi]$ 按列分成两个矩阵 $[\Phi]=[\Phi_{\mathrm{L}},\Phi_{\mathrm{H}}]$,其中 $[\Phi]_{\mathrm{L}}$ 是由 s 个低阶振型组成的矩阵 $[\Phi]_{\mathrm{L}}=[\{\phi\}_1,\{\phi\}_2,\cdots,\{\phi\}_s]$,而 $[\Phi]_{\mathrm{H}}=[\{\phi\}_{s+1},\{\phi\}_{s+2},\cdots,\{\phi\}_N]$ 是由剩余 $N-s$ 个高阶振型组成的矩阵。

$[Q]$ 沿行向分解成两个矩阵 $[Q]=\begin{bmatrix}[Q]_{\mathrm{L}}\\ [Q]_{\mathrm{H}}\end{bmatrix}$,其中 $[Q]_{\mathrm{L}}$ 和 $[Q]_{\mathrm{H}}$ 分别为 $s\times s$ 方阵和 $(N-s)\times s$ 矩阵。利用这些记号,式(6.45)可写为

$$[\overline{\Psi}]=[\Phi_{\mathrm{L}},\Phi_{\mathrm{H}}]\begin{bmatrix}[Q]_{\mathrm{L}}\\ [Q]_{\mathrm{H}}\end{bmatrix}=[\Phi]_{\mathrm{L}}[Q]_{\mathrm{L}}+[\Phi]_{\mathrm{H}}[Q]_{\mathrm{H}} \tag{6.46}$$

经过步骤(2)及(3)得到的矩阵$[\Psi]$为

$$\begin{aligned}[\Psi]&=[K]^{-1}[M]([\Phi]_{\mathrm{L}}[Q]_{\mathrm{L}}+[\Phi]_{\mathrm{H}}[Q]_{\mathrm{H}})\\ &=[D][\Phi]_{\mathrm{L}}[Q]_{\mathrm{L}}+[D][\Phi]_{\mathrm{H}}[Q]_{\mathrm{H}}\end{aligned} \tag{6.47}$$

根据前面的假定有

$$[D][\Phi]_{\mathrm{L}}=[\Phi]_{\mathrm{L}}[\Lambda]_{\mathrm{P,L}}^{-1},[D][\Phi]_{\mathrm{H}}=[\Phi]_{\mathrm{H}}[\Lambda]_{\mathrm{P,H}}^{-1} \tag{6.48}$$

其中$[\Lambda]_{\mathrm{P,L}}$和$[\Lambda]_{\mathrm{P,H}}$分别是由 $p_1^2,p_2^2,\cdots,p_s^2$ 和 $p_{s+1}^2,p_s^2,\cdots,p_N^2$ 组成的对角矩阵。

将式(6.48)代入式(6.47)有

$$\begin{aligned}[\Psi]&=[\Phi]_{\mathrm{L}}[\Lambda]_{\mathrm{P,L}}^{-1}[Q]_{\mathrm{L}}+[\Phi]_{\mathrm{H}}[\Lambda]_{\mathrm{P,H}}^{-1}[Q]_{\mathrm{H}}\\ &=\left[\frac{1}{p_1^2}\{\phi\}_1,\frac{1}{p_2^2}\{\phi\}_2,\cdots,\frac{1}{p_s^2}\{\phi\}_s\right][Q]_{\mathrm{L}}\\ &\quad+\left[\frac{1}{p_{s+1}^2}\{\phi\}_{s+1},\cdots,\frac{1}{p_N^2}\{\phi\}_N\right][Q]_{\mathrm{H}}\end{aligned} \tag{6.49}$$

与式(6.46)相比较，由于 $p_1^2\leqslant p_2^2\leqslant\cdots\leqslant p_N^2$，$[\Psi]$内低阶振型矩阵$[\Phi]_{\mathrm{L}}$ 的比重增加了，当然$\{\phi\}_1$ 的比重增加得最多。利用$[\mu]$阵，得到新一轮$[\overline{\Psi}]$（$=[\Psi][\mu]$）。由式(6.40)知道，$[\overline{\Psi}]$内各列关于质量矩阵$[M]$及刚度矩阵$[K]$正交，即使用李兹法后，$[\overline{\Psi}]$的 s 个列向量不再趋于平行。

随着迭代次数的增加，$[\Psi]$内$[\Phi]_{\mathrm{L}}$ 的比重将越来越大，最后使式(6.49)近似成为

$$[\Psi]\approx[\Phi]_{\mathrm{L}}[\Lambda]_{\mathrm{P,L}}^{-1}[Q]_{\mathrm{L}} \tag{6.50}$$

其中$[\Lambda]_{\mathrm{P,L}}^{-1}[Q]_{\mathrm{L}}$ 是 $s\times s$ 阶矩阵。

式(6.50)可写成$[\Psi]\approx[\Phi]_{\mathrm{L}}([\Lambda]_{\mathrm{P,L}}^{-1}[Q]_{\mathrm{L}})$，这表明以$[\Psi]$的 s 个列作为基所构成的子空间已近似等同于以系统前 s 阶振型作为基构成的子空间，因此再次运用李兹法就能得到精度较高的固有频率与振型。由此可见，子空间迭代法的迭代过程，实际是初始选取的矩阵$[\overline{\Psi}]$内 s 个列构成的子空间逐渐向 s 个低阶振型组成的子空间收敛的过程，这就是“子空间迭代”的名称由来。当然，若一开始选取的$[\overline{\Psi}]$阵内 s 个列构成的子空间已经等于低阶振型子空间，则一轮子空间迭代就能达到目的。

在步骤(6)中，虽然矩阵$[\overline{K}]$及$[\overline{M}]$已失去了原来$[K]$及$[M]$的带状稀疏特

性，并要解出全部 s 个特征值及特征向量，但由于下述两个特点，求解式(6.44)的特征值问题较原始问题容易得多。①$[\overline{K}]$及$[\overline{M}]$的阶数 s 远小于 N。②随着式(6.50)中矩阵$[\Psi]$向$[\Phi]_L[\Lambda]_{P,L}^{-1}[Q]_L$ 接近，$[\overline{K}]=[\Psi]^T[K][\Psi]$和$[\overline{M}]=[\Psi]^T[M][\Psi]$趋近于对角阵。对角占优矩阵的特征值问题的数值性态好，容易求解。

可证明迭代过程中算出的固有频率都由上限一侧向精确值收敛，越是低阶的固有频率，收敛得越快，而最高几阶的模态收敛很慢。因此，若需要前 s 阶模态，那么选择用于计算的阶数 s'要比 s 大一些。这附加的 $s'-s$ 阶模态的作用是为了加快前 s 阶模态的收敛速度(迭代中只需检查前 s 阶的精度)。当然这样做增加了计算量和存储量，所以必须合理地选择附加振型的个数。经验表明 s'取 $\min(2s, s+8, N)$比较合适。

另外，由于子空间迭代法同时对多个模态迭代，所以对系统的重频不敏感。只要把所有的重频模态包含在子空间即可。

6.4.4　示例

例题 6-6　用子空间迭代法求图 6-4 振系的前二阶固有频率与振型。

解：例题 6-3 已经给出系统的质量矩阵和刚度矩阵。

(1)取前两阶振型的近似值为

$$[\overline{\Psi}]=\begin{bmatrix}1 & 2 & 3 & 4\\ 1 & 1 & 0 & -0.9\end{bmatrix}^T$$

(2)计算$[Y]$矩阵

$$[Y]=[M][\overline{\Psi}]=m\begin{bmatrix}1 & 2 & 3 & 4\\ 1 & 1 & 0 & -0.9\end{bmatrix}^T$$

(3)计算$[\Psi]$矩阵

$$[\Psi]=[K]^{-1}[Y]=\frac{m}{k}\begin{bmatrix}10 & 19 & 26 & 30\\ 1.1 & 1.2 & 0.3 & -0.6\end{bmatrix}^T$$

(4)计算$[Z]$矩阵

$$[Z]=[M][\Psi]=\frac{m^2}{k}\begin{bmatrix}10 & 19 & 26 & 30\\ 1.1 & 1.2 & 0.3 & -0.6\end{bmatrix}^T$$

(5)计算自由度数缩减后的刚度矩阵$[\overline{K}]$与质量矩阵$[\overline{M}]$：

$$[\overline{K}]=[\Psi]^T[Y]=\frac{m^2}{k}\begin{bmatrix}246 & 2\\ 2 & 2.84\end{bmatrix}$$

$$[\overline{M}]=[\Psi]^{\mathrm{T}}[Z]=\frac{m^3}{k^2}\begin{bmatrix}2037 & 23.6\\23.6 & 3.1\end{bmatrix}$$

(6)解自由度缩减后的特征值问题：

$$[\overline{K}]\{\mu\}=\overline{p}^2[\overline{M}]\{\mu\}$$

得到

$$\overline{p}_1^2=0.120623\,\frac{k}{m},\quad \overline{p}_2^2=1.000178\,\frac{k}{m}$$

$$\{\mu\}_1=\begin{Bmatrix}1.000000\\0.343342\end{Bmatrix},\{\mu\}_2=\begin{Bmatrix}-0.012060\\1.000000\end{Bmatrix}$$

振型

$$[\Phi]_{\mathrm{L}}=[\Psi][\mu]=\begin{bmatrix}10.377677 & 19.412011 & 26.103003 & 29.793995\\0.979398 & 0.970856 & -0.013565 & -0.961806\end{bmatrix}^{\mathrm{T}}$$

(7)只有一轮计算当然无法判定是否收敛。我们按振型的第一个元素为 1 的标准将$[\Phi]_{\mathrm{L}}$归一化，并记之为$[\overline{\Psi}]$，即

$$[\overline{\Psi}]=\begin{bmatrix}1.000000 & 1.870555 & 2.515303 & 2.870968\\1.000000 & 0.991278 & -0.013851 & -0.982038\end{bmatrix}^{\mathrm{T}}$$

重复(2)～(6)可得新一轮

$$\overline{p}_1^2=0.120614\,\frac{k}{m},\quad \overline{p}_2^2=1.000287\,\frac{k}{m}$$

$$\{\mu\}_1=\begin{Bmatrix}1.000000\\0.000116\end{Bmatrix},\{\mu\}_2=\begin{Bmatrix}-0.000013\\1.000000\end{Bmatrix}$$

以及振型矩阵

$$[\Phi]_{\mathrm{L}}=[\Psi][\mu]=\begin{bmatrix}8.256943 & 15.513770 & 20.899927 & 23.770783\\0.995279 & 0.990572 & -0.005389 & -0.987466\end{bmatrix}^{\mathrm{T}}$$

(8)前两轮的特征值尚有明显差异，所以重新将$[\Phi]_{\mathrm{L}}$归一化，并记为$[\overline{\Psi}]$

$$[\overline{\Psi}]=\begin{bmatrix}1.000000 & 1.878875 & 2.531194 & 2.878884\\1.000000 & 0.995270 & -0.005415 & -0.992149\end{bmatrix}^{\mathrm{T}}$$

重复(2)～(6)可得新一轮

$$\overline{p}_1^2=0.120615\,\frac{k}{m},\quad \overline{p}_2^2=1.000005\,\frac{k}{m}$$

比较相邻两轮的各特征值，可看到差异越来越小。再迭代一轮可得到

$$\overline{p}_1^2=0.120615\,\frac{k}{m},\quad \overline{p}_2^2=1.000000\,\frac{k}{m}$$

(9)因为相邻两轮的差异已经足够小了，结束迭代。这样就得到了两个固有频率的近似值

$$\overline{p}_1=0.347296\sqrt{\frac{k}{m}},\quad \overline{p}_2=1.000000\sqrt{\frac{k}{m}}$$

(10)从最后一轮的

$$\{\mu\}_1=\begin{Bmatrix}1.000000\\0.000000\end{Bmatrix},\{\mu\}_2=\begin{Bmatrix}0.000000\\1.000000\end{Bmatrix}$$

得振型

$$[\Phi]_{\mathrm{L}}=[\Psi][\mu]=\begin{bmatrix}8.290757 & 15.581514 & 20.992913 & 23.872271\\0.998940 & 0.997880 & -0.000879 & -0.997475\end{bmatrix}^{\mathrm{T}}$$

归一化振型为

$$[\Phi]_{\mathrm{L}}=\begin{bmatrix}1.000000 & 1.879384 & 2.532086 & 2.879384\\1.000000 & 0.998939 & -0.000880 & -0.998533\end{bmatrix}^{\mathrm{T}}$$

6.5 传递矩阵法

前面介绍的方法都在得到质量矩阵和刚度矩阵之后，再对这两个矩阵解广义特征值问题。它们是通用的方法，但对自由度比较高的系统，一方面它们需要大量存储开销来存放质量和刚度两个矩阵，另一方面运算量也非常巨大。工程上存在很多机构和结构，如发电机轴系、连续梁、多层多跨剪切型刚架、发动机螺旋桨轴系等，它们可简化为一系列弹性元件和惯性元件组成的链状结构，如图 6-7 所示。对这类链式振系，用传递矩阵法分析很有效。

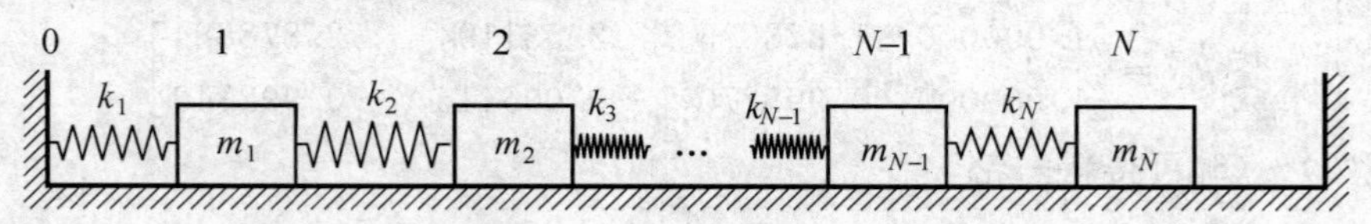

图 6-7 链式振系

6.5.1 弹簧-质量系统

我们先用弹簧-质量系统来阐述传递矩阵法的基本概念与方法，然后再推广到其他振系。

1. 子系统传递关系

现考察图6-7的第i个子系统(图6-8(a))。在第i个质量的右侧，由位移x_i和力F_i^R组成了状态向量①

$$\{Z\}_i^R=\begin{Bmatrix}x\\F\end{Bmatrix}_i^R$$

而左端的状态向量为

$$\{Z\}_i^L=\begin{Bmatrix}x\\F\end{Bmatrix}_i^L$$

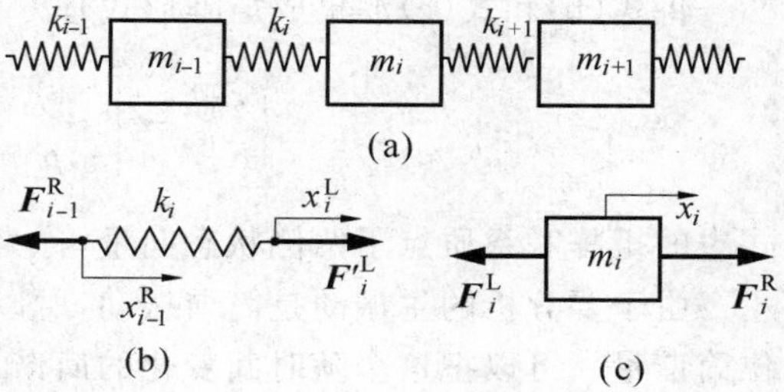

图6-8　第i个子系统

先分析第i个弹簧k_i(图6-8(b))。由弹簧变形特性有

$$x_i^L-x_{i-1}^R=\frac{F_{i-1}^R}{k_i} \tag{6.51}$$

弹簧k_i的平衡方程为

$$F_i^L=F_{i-1}^R \tag{a}$$

将式(6.51)和式(a)汇集成矩阵形式，得

$$\begin{Bmatrix}x\\F\end{Bmatrix}_i^L=\begin{bmatrix}1&k_i^{-1}\\0&1\end{bmatrix}\begin{Bmatrix}x\\F\end{Bmatrix}_{i-1}^R \tag{6.52}$$

式中的矩阵联系了弹簧两端状态向量，称为场矩阵。

再分析第i个质量m_i(图6-8(c))，由牛顿第二定律有

$$m_i\ddot{x}_i=F_i^R-F_i^L$$

主振动是谐振动，故

$$m_i\ddot{x}_i=-m_ip^2x_i$$

这样

① 位移是相对于静坐标系的物理量，所以统一取向右为正。这里力以及6.5.2小节的轴扭矩相当于系统的内力，所以按照材料力学的规则确定正方向，即与作用表面外法向相同为正。

$$F_i^{R} = -m_i p^2 x_i + F_i^{L} \tag{b}$$

注意刚体 m_i 的两侧位移总是相等的，即

$$x_i^{R} = x_i^{L} = x_i \tag{c}$$

将式(b)和式(c)汇集成矩阵形式有

$$\begin{Bmatrix} x \\ F \end{Bmatrix}_i^{R} = \begin{bmatrix} 1 & 0 \\ -p^2 m_i & 1 \end{bmatrix} \begin{Bmatrix} x \\ F \end{Bmatrix}_i^{L} \tag{6.53}$$

式中的矩阵联系质点了两侧状态向量，称为点矩阵。

由于要分析的主振动是简谐振动，所以 x 和 F 都是随时间变化的同频率同相位简谐量。可以把这个随时间变化的简谐量约去而不影响传递关系。因而上述的状态向量也可理解为相应简谐量的幅值。这个理解适用于本节随后的内容。

将式(6.52)代入式(6.53)，得

$$\begin{Bmatrix} x \\ F \end{Bmatrix}_i^{R} = \begin{bmatrix} 1 & k_i^{-1} \\ -p^2 m_i & 1 - p^2 m_i k_i^{-1} \end{bmatrix} \begin{Bmatrix} x \\ F \end{Bmatrix}_{i-1}^{R} \tag{6.54}$$

或简写成

$$\{Z\}_i^{R} = [T]_i \{Z\}_{i-1}^{R} \tag{6.55}$$

式中，联系第 i 个质量 m_i 右端与第 $i-1$ 个质量 m_{i-1} 右端状态向量的方阵 $[T]_i$ 为

$$[T]_i = \begin{bmatrix} 1 & k_i^{-1} \\ -p^2 m_i & 1 - p^2 m_i k_i^{-1} \end{bmatrix}$$

称为第 i 个子系统的传递矩阵。

2. 整体传递关系

对式(6.54)用递推法，可得末端的状态向量 $\{Z\}_N^{R}$ 与起始端状态向量 $\{Z\}_0^{R}$ 之间的关系式

$$\{Z\}_N^{R} = [T]_N [T]_{N-1} \cdots [T]_2 [T]_1 \{Z\}_0^{R} = [T]\{Z\}_0^{R} \tag{6.56}$$

式中 $[T]$ 称为系统的总传递矩阵，它是如下的 2×2 矩阵

$$[T] = \begin{bmatrix} T_{11} & T_{12} \\ T_{21} & T_{22} \end{bmatrix} \tag{6.57}$$

其中每个元素是固有频率 p 的函数。

如给出起始端 0 点及末端 N 点的两个边界条件，则可求出固有频率及振型。

例题 6-7　分析图 6-9 所示的两自由度系统的固有频率和振型。

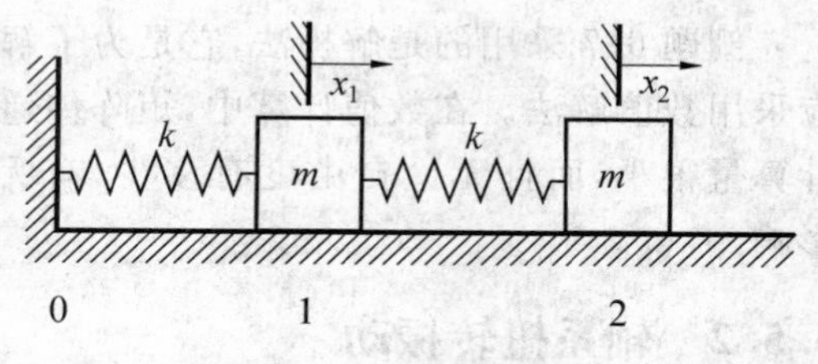

图 6-9　两自由度弹簧-质量系统

解：易知

$$[T]_1=[T]_2=\begin{bmatrix}1 & k^{-1}\\ -mp^2 & 1-mp^2k^{-1}\end{bmatrix}$$

因此

$$[T]=[T]_2[T]_1=\begin{bmatrix}1-mp^2k^{-1} & 2k^{-1}\quad -mp^2k^{-2}\\ -2mp^2+(mp^2)^2k^{-1} & -mp^2k^{-1}+(1-mp^2k^{-1})^2\end{bmatrix}$$

这样 0 端状态与质量块 2 的右端状态之间的关系为

$$\begin{Bmatrix}x\\F\end{Bmatrix}_2^{\mathrm{R}}=\begin{bmatrix}1-mp^2k^{-1} & 2k^{-1}\quad -mp^2k^{-2}\\ -2mp^2+(mp^2)^2k^{-1} & -mp^2k^{-1}+(1-mp^2k^{-1})^2\end{bmatrix}\begin{Bmatrix}x\\F\end{Bmatrix}_0^{\mathrm{R}}$$

该系统的 0 端要求 $x_0^{\mathrm{R}}\equiv 0$，而右端则要求 $F_2^{\mathrm{R}}\equiv 0$，因此上述传递关系变为

$$\begin{Bmatrix}x\\0\end{Bmatrix}_2^{\mathrm{R}}=\begin{bmatrix}1-mp^2k^{-1} & 2k^{-1}\quad -mp^2k^{-2}\\ -2mp^2+(mp^2)^2k^{-1} & -mp^2k^{-1}+(1-mp^2k^{-1})^2\end{bmatrix}\begin{Bmatrix}0\\F\end{Bmatrix}_0^{\mathrm{R}}$$

也就是

$$\begin{cases}x_2^{\mathrm{R}}=(2k^{-1}\quad -mp^2k^{-2})F_0^{\mathrm{R}}\\ 0=[-mp^2k^{-1}+(1-mp^2k^{-1})^2]F_0^{\mathrm{R}}\end{cases}$$

显然第二个方程中的 $F_0^{\mathrm{R}}\neq 0$，否则 0 端状态向量就是$\{0,0\}^{\mathrm{T}}$，经式(6.55)的向右传递使得振系各处位移和受力都为 0，这当然不是主振动。因为 $F_0^{\mathrm{R}}\neq 0$，所以只能有

$$-mp^2k^{-1}+(1-mp^2k^{-1})^2=0$$

可解出

$$p_{1,2}=\sqrt{\frac{3\pm\sqrt{5}}{2}\,\frac{k}{m}}$$

它们就是系统的两个主振动的频率。

例题 6-7 采用的是解析法，它是为了解释概念。对自由度数超过三个的系统，应采用数值解法。在数值计算中，矩阵传递法只需计算低阶的传递矩阵和行列式，计算量很小，而且无论自由度有多少，有无中间支座，对传递矩阵的阶数都没有影响。

6.5.2 轴系扭转振动

传递矩阵法是分析扭振的高效方法。设图 6-10 中轴的本身质量可略去不计，各扭转刚度为 k_i，各圆盘的转动惯量为 J_i。

1. 传递关系

从图 6-10 中取出第 i 个子系统，并将其轴段及圆盘的状态向量分别画出，如图 6-11 所示。

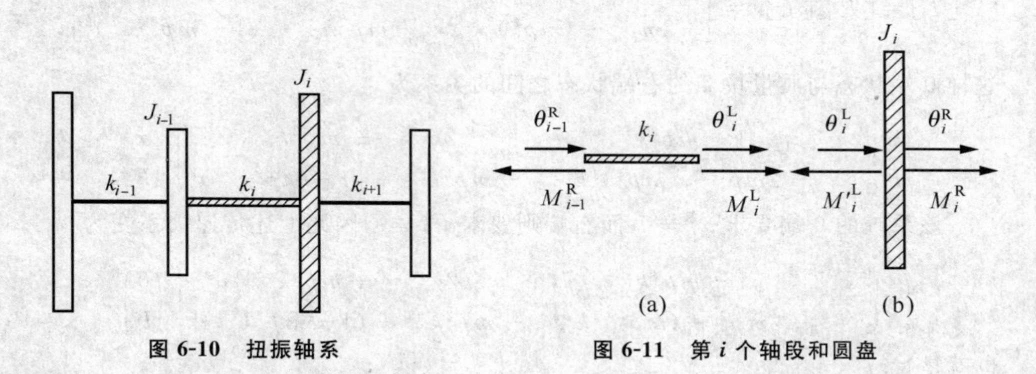

图 6-10　扭振轴系　　**图 6-11　第 i 个轴段和圆盘**

对第 i 个轴段，因两端的扭矩大小相等、转向相反，故其平衡方程为

$$M_i^L = M_{i-1}^R \tag{a}$$

由轴的弹性变形特性知其两端的角位移之差应满足

$$\theta_i^L - \theta_{i-1}^R = \frac{M_{i-1}^R}{k_i} \tag{b}$$

联合式(a)、式(b)，即得第 i 段轴两端以场矩阵表示的传递关系

$$\begin{Bmatrix} \theta \\ M \end{Bmatrix}_i^L = \begin{bmatrix} 1 & k_i^{-1} \\ 0 & 1 \end{bmatrix} \begin{Bmatrix} \theta \\ M \end{Bmatrix}_{i-1}^R \tag{c}$$

对第 i 个圆盘，其动力学方程为：

$$J_i \ddot{\theta}_i = M_i^R - M_i^L$$

对于谐振动，有 $\ddot{\theta}_i = -p^2\theta_i$，故有

$$M_i^{\mathrm{R}} = M_i^{\mathrm{L}} - p^2 J_i \theta_i \tag{d}$$

圆盘为刚体，其左右两侧角位移相同，即

$$\theta_i^{\mathrm{R}} = \theta_i^{\mathrm{L}} = \theta_i \tag{e}$$

将式(e)代入式(d)，得第 i 个圆盘左右两侧以点矩阵表示的动力学方程为

$$\begin{Bmatrix} \theta \\ M \end{Bmatrix}_i^{\mathrm{R}} = \begin{bmatrix} 1 & 0 \\ -p^2 J_i & 1 \end{bmatrix} \begin{Bmatrix} \theta \\ M \end{Bmatrix}_i^{\mathrm{L}} \tag{f}$$

再将式(c)代入式(f)，即可获得第 i 个子系统左右两端状态向量之间的关系式

$$\begin{Bmatrix} \theta \\ M \end{Bmatrix}_i^{\mathrm{R}} = \begin{bmatrix} 1 & k^{-1} \\ -p^2 J & 1 - p^2 J k^{-1} \end{bmatrix}_i \begin{Bmatrix} \theta \\ M \end{Bmatrix}_{i-1}^{\mathrm{R}} \tag{6.58}$$

传递关系(6.56)是由弹簧-质量系统导出的，但它对本小节的轴扭转系统同样适用。

2. 示例

例题 6-8　图 6-12 为一扭振系统：左端固定，右端自由。设各圆盘的转动惯量均为 J，各轴段的扭转刚度均为 k。求自由扭振的各阶固有频率与振型。

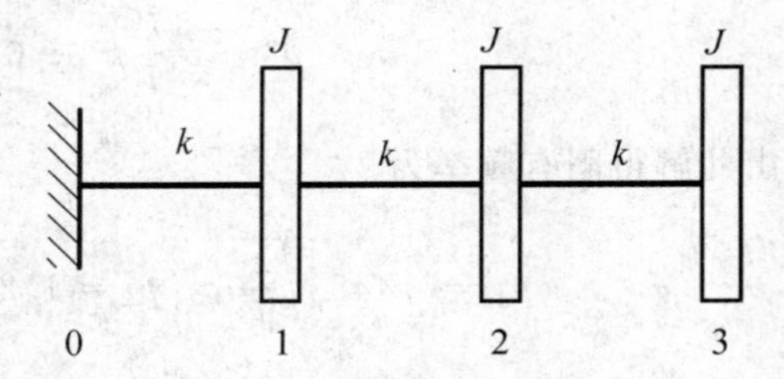

图 6-12　三自由度扭振系统

解：设区段编号从左向右顺序增加，如图 6-12 所示。边界条件为

$$\left.\begin{aligned} \theta_0 &= 0 \\ M_3^{\mathrm{R}} &= 0 \end{aligned}\right\} \tag{a}$$

设固定端的扭矩为 $M_0^{\mathrm{R}} = M_0$，则第一子系统两端状态向量的关系按式(6.58)为

$$\begin{Bmatrix} \theta \\ M \end{Bmatrix}_1^{\mathrm{R}} = \begin{bmatrix} 1 & k^{-1} \\ -p^2 J & 1 - p^2 J k^{-1} \end{bmatrix}_1 \begin{Bmatrix} \theta \\ M \end{Bmatrix}_0^{\mathrm{R}} \tag{b}$$

第二子系统两端状态向量的关系式为

$$\begin{Bmatrix} \theta \\ M \end{Bmatrix}_2^{\mathrm{R}} = \begin{bmatrix} 1 & k^{-1} \\ -p^2 J & 1 - p^2 J k^{-1} \end{bmatrix}_2 \begin{Bmatrix} \theta \\ M \end{Bmatrix}_1^{\mathrm{R}} \tag{c}$$

第三子系统两端状态向量的关系式为

$$\begin{Bmatrix}\theta\\M\end{Bmatrix}_3^{\mathrm{R}}=\begin{bmatrix}1 & k^{-1}\\-p^2J & 1-p^2Jk^{-1}\end{bmatrix}_3\begin{Bmatrix}\theta\\M\end{Bmatrix}_2^{\mathrm{R}} \tag{d}$$

将式(b)代入式(c),式(c)代入式(d),即得

$$\begin{Bmatrix}\theta\\M\end{Bmatrix}_3^{\mathrm{R}}=\begin{bmatrix}1 & k^{-1}\\-p^2J & 1-p^2Jk^{-1}\end{bmatrix}_3\begin{bmatrix}1 & k^{-1}\\-p^2J & 1-p^2Jk^{-1}\end{bmatrix}_2\times\begin{bmatrix}1 & k^{-1}\\-p^2J & 1-p^2Jk^{-1}\end{bmatrix}_1\begin{Bmatrix}\theta\\M\end{Bmatrix}_0^{\mathrm{R}}$$

再将边界条件式(a)代入上式,可得

$$M_3^{\mathrm{R}}=\left(1-\frac{p^6J^3}{k^3}+\frac{5p^4J^2}{k^2}-\frac{6p^2J}{k}\right)M_0=0$$

因 $M_0\neq0$,故有

$$p^6-5\frac{k}{J}p^4+6\frac{k^2}{J^2}p^2-\frac{k^3}{J^3}=0$$

由此解得固有频率为

$$p_1=0.445\sqrt{\frac{k}{J}},\quad p_2=1.247\sqrt{\frac{k}{J}},\quad p_3=1.802\sqrt{\frac{k}{J}}$$

精确解为 $p_i=\sqrt{2\left[1-\cos\frac{(2i-1)\pi}{7}\right]\frac{k}{J}}\,(i=1,2,3)$。

与上述各固有频率相对应的振型,可由各状态向量中的 θ 值确定。将各 p_i 值分别代入式(b)至式(d)得

$$\{\phi\}_1=\begin{Bmatrix}1.000\\1.802\\4.851\end{Bmatrix},\{\phi\}_2=\begin{Bmatrix}1.000\\0.445\\-0.802\end{Bmatrix},\{\phi\}_2=\begin{Bmatrix}1.000\\-1.247\\0.555\end{Bmatrix}$$

振型如图 6-13 所示。

若系统的自由度数较多,则需采用数值计算,就如同弹簧质量系统那样。

6.5.3 梁的横向振动

连续梁经离散化后,也可用传递矩阵法计算其固有频率及振型。此时,梁的状态向量共有四个元素:挠度 w、转角 θ、弯矩 M 和剪力 F_{Q}。

图 6-14(a)是带多个集中质量的弹性梁。取有弹性支座的第 i 个子系统分析。

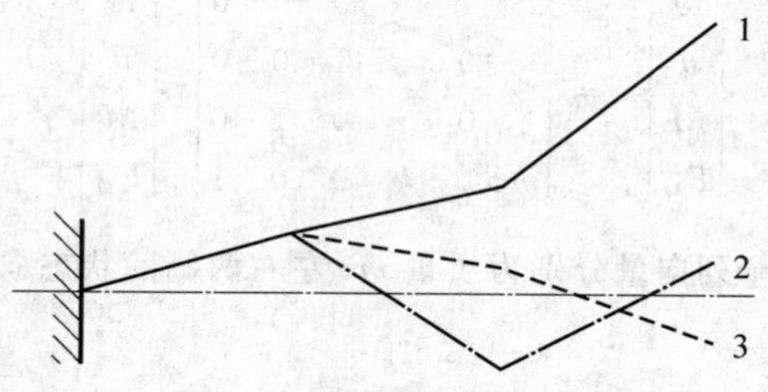

图 6-13　例题 6-8 的振型

1. 点矩阵

先研究质量 m_i，其受力情况如图 6-14(b)所示。忽略其转动惯量，并假定质量 m_i 只作横向谐振 w。由位移连续条件，有

$$w_i^{\mathrm{R}}=w_i^{\mathrm{L}},\theta_i^{\mathrm{R}}=\theta_i^{\mathrm{L}} \tag{6.59}$$

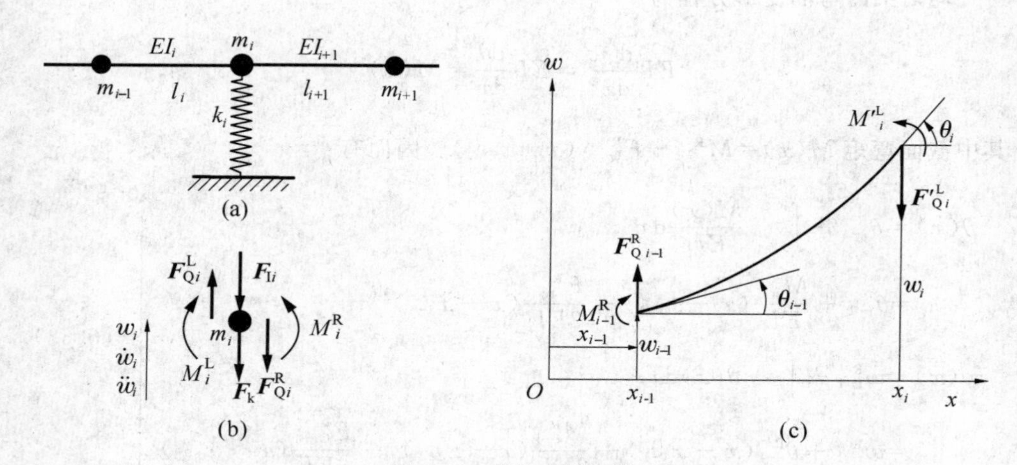

图 6-14　带集中质量梁

由动力学方程有

$$M_i^{\mathrm{R}}=M_i^{\mathrm{L}},F_{\mathrm{Q}i}^{\mathrm{R}}=F_{\mathrm{Q}i}^{\mathrm{L}}-F_{\mathrm{I}i}-k_iw_i=F_{\mathrm{Q}i}^{\mathrm{L}}+p^2m_iw_i-k_iw_i \tag{6.60}$$

最后一个等号利用了 $F_{\mathrm{I}i}=m_i\ddot{w}_i=-m_ip^2\ \ddot{x}_i$

联合式(6.59)和式(6.60)，写成矩阵形式

$$\begin{Bmatrix} w \\ \theta \\ M \\ F_{\mathrm{Q}} \end{Bmatrix}_i^{\mathrm{R}} = \begin{bmatrix} 1 & 0 & 0 & 0 \\ 0 & 1 & 0 & 0 \\ 0 & 0 & 1 & 0 \\ mp^2-k & 0 & 0 & 1 \end{bmatrix}_i \begin{Bmatrix} w \\ \theta \\ M \\ F_{\mathrm{Q}} \end{Bmatrix}_i^{\mathrm{L}} \tag{6.61}$$

式中等号两侧的两个列向量分别为质量 m_i 左右两侧的状态向量，而右侧中的方阵为点矩阵。

2. **场矩阵**

再研究第 i 段弹性梁，其左右两边的变形与受力关系，如图 6-14(c)所示。

因梁自身质量不计，故有

$$\left.\begin{aligned} F_{\mathrm{Q}i}^{\mathrm{L}} &= F_{\mathrm{Q}i-1}^{\mathrm{R}} \\ M_i^{\mathrm{L}} &= M_{i-1}^{\mathrm{R}} + F_{\mathrm{Q}i-1}^{\mathrm{R}} l_i \end{aligned}\right\} \tag{6.62}$$

均匀梁的弯曲变形方程为

$$EI\,\frac{\mathrm{d}^2 w}{\mathrm{d}x^2} = EI\,\frac{\mathrm{d}\theta}{\mathrm{d}x} = M(x)$$

其中截面弯矩 $M(x)=M_{i-1}^{\mathrm{R}}+F_{\mathrm{Q}i-1}^{\mathrm{R}}(x-x_{i-1})$。因而有

$$\left.\begin{aligned} \theta(x) &= \theta_{i-1}^{\mathrm{R}} + \int_{x_{i-1}}^{x} \frac{M(x)}{EI_i}\mathrm{d}x \\ &= \theta_{i-1}^{\mathrm{R}} + \frac{M_{i-1}^{\mathrm{R}}}{EI_i}(x-x_{i-1}) + \frac{F_{\mathrm{Q}i-1}^{\mathrm{R}}}{2EI_i}(x-x_{i-1})^2 \\ w(x) &= w_{i-1}^{\mathrm{R}} + \int_{x_{i-1}}^{x} \theta(x)\mathrm{d}x \\ &= w_{i-1}^{\mathrm{R}} + \theta_{i-1}^{\mathrm{R}}(x-x_{i-1}) + \frac{M_{i-1}^{\mathrm{R}}}{2EI_i}(x-x_{i-1})^2 + \frac{F_{\mathrm{Q}i-1}^{\mathrm{R}}}{6EI_i}(x-x_{i-1})^3 \end{aligned}\right\} \tag{6.63}$$

式(6.63)取 $x=x_i$ 得到 x_i 处的位移和挠度，从而可找到梁两端挠度和转角关系

$$\left.\begin{aligned} w_i^{\mathrm{L}} &= w_{i-1} + \theta_{i-1} l_i + \frac{M_{i-1}^{\mathrm{R}} l_i^2}{2EI_i} + \frac{F_{\mathrm{Q}i-1}^{\mathrm{R}} l_i^3}{6EI_i} \\ \theta_i^{\mathrm{L}} &= \theta_{i-1} + \frac{M_{i-1}^{\mathrm{R}} l_i}{EI_i} + \frac{F_{\mathrm{Q}i-1}^{\mathrm{R}} l_i^2}{2EI_i} \end{aligned}\right\} \tag{6.64}$$

联合式(6.64)与式(6.62)，并写成矩阵形式

$$\begin{Bmatrix} w \\ \theta \\ M \\ F_Q \end{Bmatrix}_i^L = \begin{bmatrix} 1 & l & \dfrac{l^2}{2EI} & \dfrac{l^3}{6EI} \\ 0 & 1 & \dfrac{l}{EI} & \dfrac{l^2}{2EI} \\ 0 & 0 & 1 & l \\ 0 & 0 & 0 & 1 \end{bmatrix}_i \begin{Bmatrix} w \\ \theta \\ M \\ F_Q \end{Bmatrix}_{i-1}^R \tag{6.65}$$

式中等号两侧的两个列阵分别是第 i 段梁两端的状态向量，而方阵为场矩阵。

3. **传递关系**

将式(6.65)代入式(6.61)，便得到联系第 i 个和第 $i-1$ 个质量右侧的两个状态向量的关系式

$$\begin{Bmatrix} w \\ \theta \\ M \\ F_Q \end{Bmatrix}_i^R = [T]_i \begin{Bmatrix} w \\ \theta \\ M \\ F_Q \end{Bmatrix}_{i-1}^R \tag{6.66}$$

其中传递矩阵

$$[T]_i = \begin{bmatrix} 1 & l & \dfrac{l^2}{2EI} & \dfrac{l^3}{6EI} \\ 0 & 1 & \dfrac{l}{EI} & \dfrac{l^2}{2EI} \\ 0 & 0 & 1 & l \\ mp^2-k & (mp^2-k)l & \dfrac{(mp^2-k)l^2}{2EI} & 1+\dfrac{(mp^2-k)l^3}{6EI} \end{bmatrix}_i$$

对 N 段梁，只要求出各段的传递矩阵，即可建立梁上各点状态向量之间的关系，最后得到总传递关系

$$\{Z\}_N^R = [T]_N [T]_{N-1} \cdots [T]_2 [T]_1 \{Z\}_0^R = [T]\{Z\}_0^R \tag{6.67}$$

其中$[T]$是如下的 4×4 整体传递矩阵

$$[T] = \begin{bmatrix} T_{11} & T_{12} & T_{13} & T_{14} \\ T_{21} & T_{22} & T_{23} & T_{24} \\ T_{31} & T_{32} & T_{33} & T_{34} \\ T_{41} & T_{42} & T_{43} & T_{44} \end{bmatrix}$$

4. **典型边界条件**

梁两端的边界条件总是可知的。满足这些边界条件的频率值，就是梁的固有

频率。

图 6-15 简支梁的边界条件为 $w_0^{\mathrm{L}}=w_N^{\mathrm{R}}=0, M_0^{\mathrm{L}}=M_N^{\mathrm{L}}=0$，因此有

$$\begin{Bmatrix} 0 \\ \theta \\ 0 \\ F_{\mathrm{Q}} \end{Bmatrix}_N^{\mathrm{R}} = \begin{bmatrix} T_{11} & T_{12} & T_{13} & T_{14} \\ T_{21} & T_{22} & T_{23} & T_{24} \\ T_{31} & T_{32} & T_{33} & T_{34} \\ T_{41} & T_{42} & T_{43} & T_{44} \end{bmatrix} \begin{Bmatrix} 0 \\ \theta \\ 0 \\ F_{\mathrm{Q}} \end{Bmatrix}_0^{\mathrm{R}}$$

由第一行和第三行得到

$$\begin{bmatrix} T_{12} & T_{14} \\ T_{32} & T_{34} \end{bmatrix} \begin{Bmatrix} \theta \\ F_{\mathrm{Q}} \end{Bmatrix}_0^{\mathrm{R}} = \begin{Bmatrix} 0 \\ 0 \end{Bmatrix} \qquad (6.68)$$

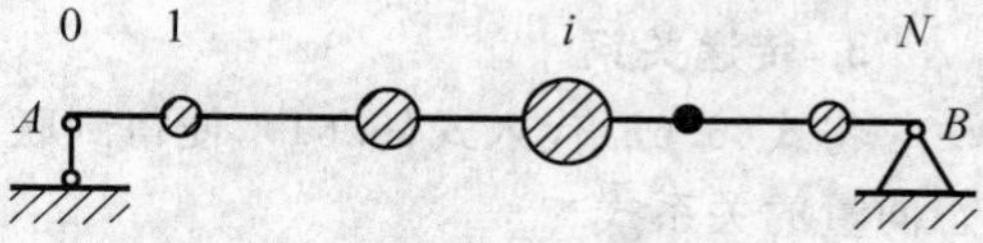

0 1 i N A B

图 6-15 带集中质量的两端简支梁

这是齐次方程，θ_0^{R} 和 $F_{\mathrm{Q0}}^{\mathrm{R}}$ 不能全为 0（否则各点的振幅全为 0，不再是主振动了），所以其系数行列式应为 0，即

$$\begin{vmatrix} T_{12} & T_{14} \\ T_{32} & T_{34} \end{vmatrix} = 0 \qquad (6.69)$$

它是关于 p^2 的多项式方程。求该方程的根可以得到固有频率。

求出固有频率之后，就可以求振型。当选择一个非 0 的 θ_0^{R}，由方程(6.68)可确定 $F_{\mathrm{Q0}}^{\mathrm{R}}$ 为

$$F_{\mathrm{Q0}}^{\mathrm{R}} = -\frac{T_{12}}{T_{14}}\theta_0^{\mathrm{R}} = -\frac{T_{32}}{T_{34}}\theta_0^{\mathrm{R}}$$

再补上 $w_0^{\mathrm{R}}=0, M_0^{\mathrm{R}}=0$ 的边界条件，那么 0 点右侧状态向量 $\{Z\}_0^{\mathrm{R}}$ 就确定了。然后执行式(6.66)的传递关系，最后将得到的 $w_i^{\mathrm{R}}(i=0\sim N)$ 归一化就得到了振型向量。

为了避免 T_{14} 或 T_{34} 接近 0 的奇异，也可以选择 $\theta_0^{\mathrm{R}}=T_{14}$，这样 $F_{\mathrm{Q0}}^{\mathrm{R}}=-T_{12}$。

对应于两端固定梁，其边界条件为 $\theta_0^{\mathrm{L}}=\theta_N^{\mathrm{R}}=0, w_0^{\mathrm{L}}=w_N^{\mathrm{R}}=0$，相应的频率方程为

$$\begin{vmatrix} T_{13} & T_{14} \\ T_{23} & T_{24} \end{vmatrix} = 0$$

对应于悬臂梁，其边界条件为 $\theta_0^{\mathrm{L}}=0, w_0^{\mathrm{L}}=0, M_N^{\mathrm{R}}=0, F_{\mathrm{Q}N}^{\mathrm{R}}=0$，相应的频率方程为

$$\begin{vmatrix} T_{33} & T_{34} \\ T_{43} & T_{44} \end{vmatrix} = 0$$

振型计算与两端简支的类似。

例题 6-9　试求图 6-16 的集中质量系统的固有频率。设 $m_1=m_2=20$ kg，梁的抗弯刚度 $EI=3\text{kN}\cdot\text{m}^2$，$l_2=2l_1=0.5$ m。

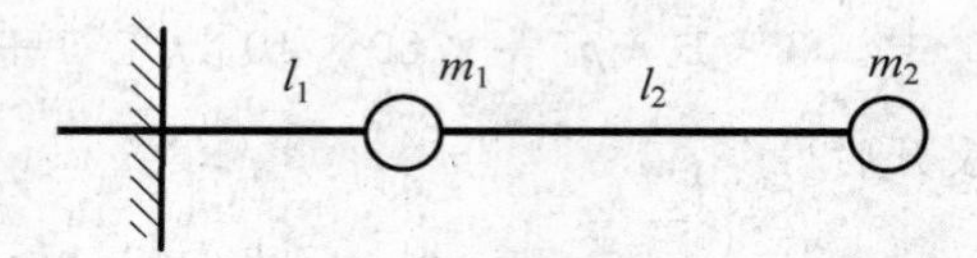

图 6-16　带两集中质量的梁

解：按式(6.66)，并代入各梁段的边界条件，可得

$$\begin{Bmatrix} w \\ \theta \\ M \\ F_Q \end{Bmatrix}_1^R = \begin{bmatrix} 1 & 0.25 & 10.4\times10^{-6} & 0.87\times10^{-6} \\ 0 & 1 & 83.3\times10^{-6} & 10.42\times10^{-6} \\ 0 & 0 & 1 & 0.25 \\ 20p^2 & 5p^2 & 208.3\times10^{-6}p^2 & 1+17.36\times10^{-6}p^2 \end{bmatrix} \begin{Bmatrix} w \\ \theta \\ M \\ F_Q \end{Bmatrix}_0^R \tag{a}$$

$$\begin{Bmatrix} w \\ \theta \\ M \\ F_Q \end{Bmatrix}_2^R = \begin{bmatrix} 1 & 0.5 & 41.7\times10^{-6} & 6.9\times10^{-6} \\ 0 & 1 & 166.7\times10^{-6} & 41.7\times10^{-6} \\ 0 & 0 & 1 & 0.5 \\ 20p^2 & 10p^2 & 833.3\times10^{-6}p^2 & 1+138.9\times10^{-6}p^2 \end{bmatrix} \begin{Bmatrix} w \\ \theta \\ M \\ F_Q \end{Bmatrix}_1^R \tag{b}$$

将式(a)代入式(b)，并按式(6.56)：$\{Z\}_2^R=[T]\{Z\}_0^R$ 有

$$\begin{Bmatrix} w \\ \theta \\ M \\ F_Q \end{Bmatrix}_2^R = \begin{bmatrix} T_{11} & T_{12} & T_{13} & T_{14} \\ T_{21} & T_{22} & T_{23} & T_{24} \\ T_{31} & T_{32} & T_{33} & T_{34} \\ T_{41} & T_{42} & T_{43} & T_{44} \end{bmatrix} \begin{Bmatrix} w \\ \theta \\ M \\ F_Q \end{Bmatrix}_0^R$$

在梁的固定端有 $\theta_0^L=0, w_0^L=0$，在梁的自由端有 $M_2^R=0, F_{Q2}^R=0$，故得

$$M_2^R=T_{33}M_0+T_{34}F_{Q0}$$
$$F_{Q2}^R=T_{43}M_0+T_{44}F_{Q0}$$

要使 M_0 和 F_{Q0} 有非 0 解，须使其系数行列式为 0

$$\begin{vmatrix} T_{33} & T_{34} \\ T_{43} & T_{44} \end{vmatrix}=0$$

由式(a)和式(b)的数据可得

$$\begin{vmatrix} 1+1.04\times10^{-4}p^2 & 0.75+8.68\times10^{-6}p^2 \\ 2.08\times10^{-3}p^2+2.89\times10^{-8}p^4 & 1+4.86\times10^{-4}p^2+2.41\times10^{-9}p^4 \end{vmatrix}=0$$

展开后得

$$p^4-7.33\times10^4p^2+7.56\times10^7=0$$

解得两个固有频率

$$p_1=32.30\ \text{rad/s}, p_2=268.89\ \text{rad/s}$$

段数比较多的梁，必须采用数值方法通过编程计算，找到满足频率方程的数值根 p。

第6章习题

6.1 用瑞利法求图 T6.1 系统的第一阶固有频率。

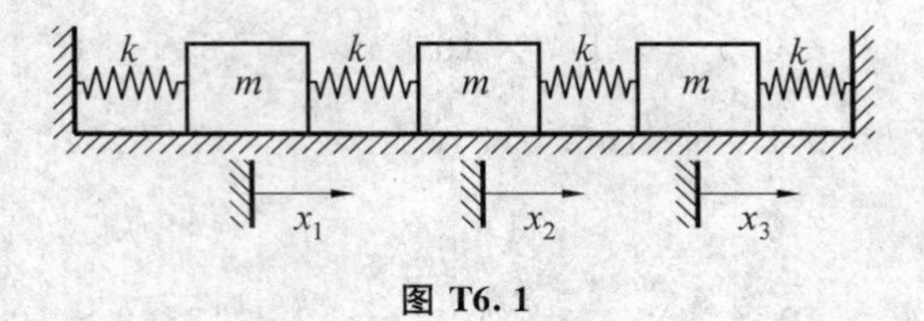

图 T6.1

6.2 用瑞利法求图 T6.2 系统的第一阶固有频率。

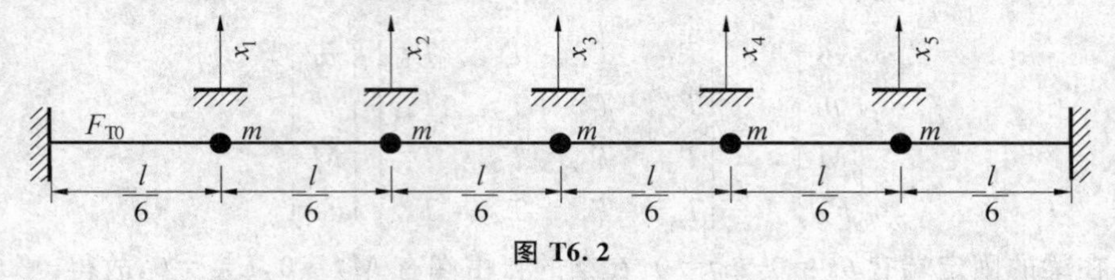

图 T6.2

6.3 在图 T6.3 的弹簧质量系统中，如 $m_1=2m, m_2=1.5m, m_3=m; k_1=3k, k_2=2k, k_3=k$。试用瑞利法求系统的基频。

6.4 带三个集中质量的简支梁发生横向振动(图 T6.4)。取假设振型为 $\{\psi\}=\{1,1,1\}^T$，试分别用瑞利法的两种表达式计算其基频。梁的抗弯刚度为 EI，质量不计。

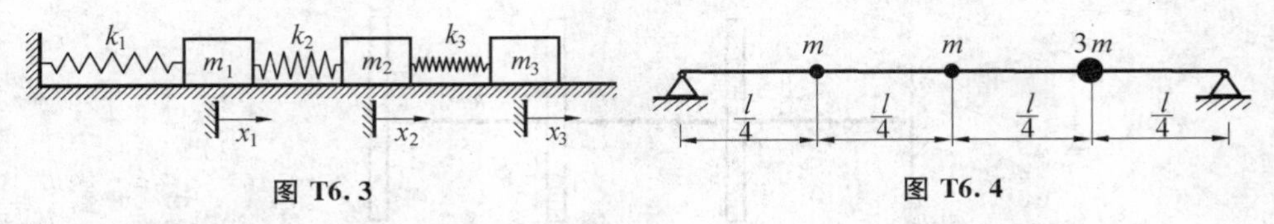

图 T6.3　　　图 T6.4

6.5　利用第二瑞利商计算习题 6.1 的基频。

6.6　在图 T6.3 中，如 $m_1=m_2=m_3=m$，$k_1=k_2=k_3=k$，试用李兹法求系统的第一、二阶固有频率与振型。

6.7　简支梁可简化成具有 3 个集中质量的简支梁，其抗弯刚度为 EI。试用李兹法求其第一、二阶固有频率。

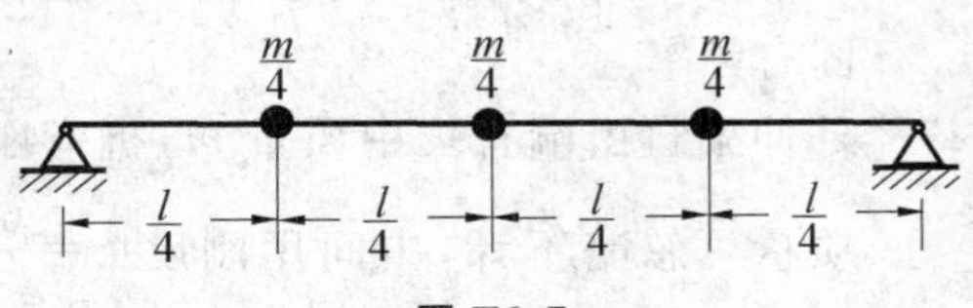

图 T6.7

6.8　用李兹法求图 T6.8 所示扭转系统的前二阶固有频率与振型。取两个假设模态为 $\{\psi\}_1=\{0.25\quad 0.5\quad 0.75\quad 1\}^{\mathrm{T}}$，$\{\psi\}_2=\{0.06\quad 0.25\quad 0.565\quad 1\}^{\mathrm{T}}$。

6.9　在张紧的弦上，等距离地固结 3 个相同的质量 m，相距 l（图 T6.9）。试用矩阵迭代法求系统横向振动的第一阶固有频率与振型。在微幅振动中，弦的张力 F_{T} 视为常数。

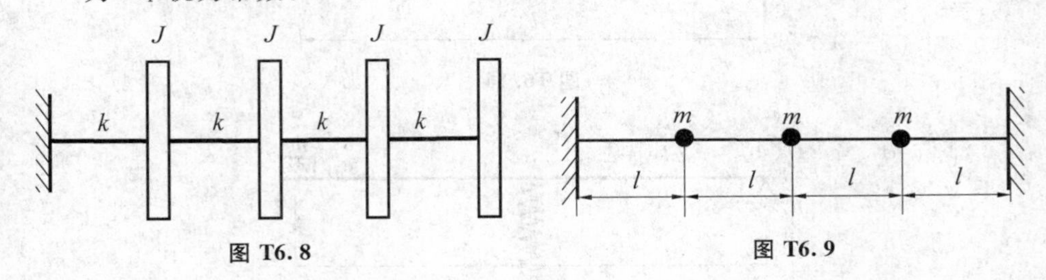

图 T6.8　　　图 T6.9

6.10　在图 T6.10 的三自由度扭振系统中，设各圆盘的转动惯量 $J_1=J_2=J_3=J$，各轴段的扭转刚度均为 k，轴的质量可略去不计。试用矩阵迭代法求系统的第一阶固有频率与振型。

6.11　用矩阵迭代法求习题 6.9 的第二阶固有频率与振型。

6.12　用矩阵迭代法求习题 6.10 的第二阶固有频率与振型。

6.13　用子空间迭代法计算习题 6.10 的第一、二阶固有频率和振型。

6.14　用子空间迭代法计算习题 6.11 的第一、二阶固有频率和振型。

6.15　用传递矩阵法求图 T6.15 的扭振系统的固有频率与振型。

6.16　如图 T6.16 中悬臂梁在自由端有集中质量 m，梁的抗弯刚度为 EI，质量忽

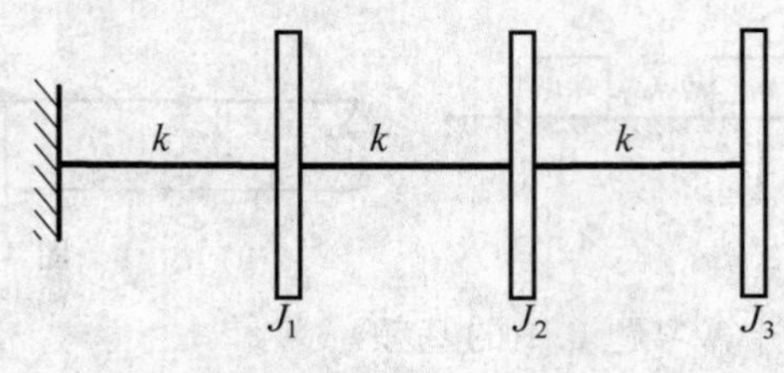

图 T6.10

略不计。试用传递矩阵法求梁作横向振动的固有频率。

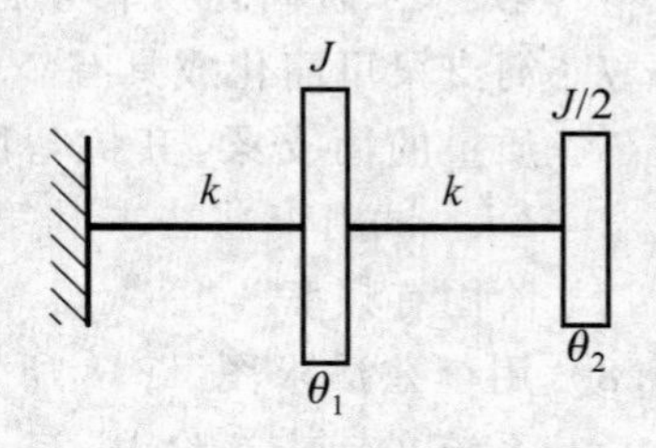

图 T6.15

6.17 外伸梁自由端有集中质量 m，抗弯刚度 EI，质量可忽略不计，中间用刚度 $k=\dfrac{6EI}{l^3}$ 的弹簧支承。试用传递矩阵法求梁横向振动的固有频率。

6.18 用传递矩阵法求习题 6.1 的三个固有频率。

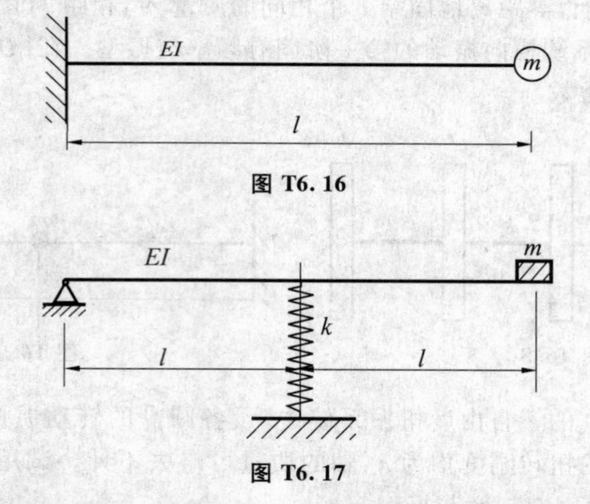

图 T6.16

图 T6.17

6.19 图 T6.19 的悬臂梁质量不计，抗弯刚度 EI。用传递矩阵法求梁横向振动的固有频率。

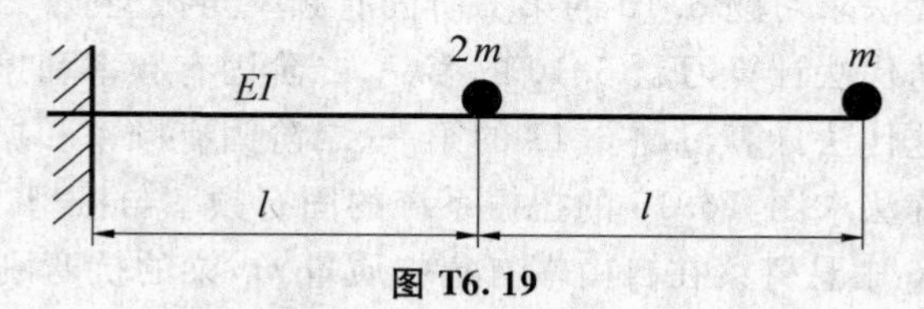

图 T6.19

6.20　悬臂梁上有三个等距离的集中质量 m。梁的抗弯刚度为 EI，质量忽略不计。试用传递矩阵法求系统的固有频率与振型。

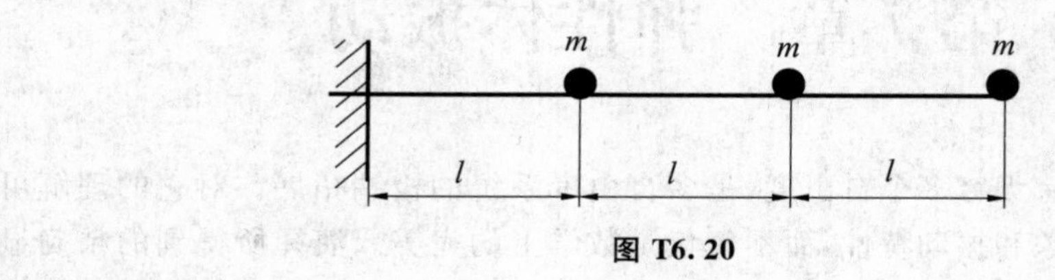

图 T6.20

第 7 章　弹性体振动

弹性体振动有无穷多个自由度，是多自由度系统的极端拓展。对它的理解可深刻揭示振动现象和振动特性，而不仅仅是数学上的完美。演绎所得到的精确显式解，一方面可以直接解决简单的工程问题，另一方面也可用来定性研究复杂结构的振动规律。但更为重要的是：随着现代计算技术和逼近理论的发展，典型问题的精确解成为评价算法和软件必不可少的考题。本章首先介绍直观的弦振动，随后介绍杆的纵向振动和轴的扭转振动。这三类振动现象统一由二阶波动方程所刻画。第四类的梁振动需要使用四阶偏微分方程。四类振动的振型都具有正交性。利用正交性，弹性体问题也被解耦成无穷多个单自由度系统的振动问题。

7.1　弦振动

图 7-1(a)所示的理想细弦（柔软、有初张力、不抗弯、不抗剪）的两端系于支点。取两支点连线为 x 轴。假定只发生横向微幅振动。振动时细弦上任意点的横向位移 w 应该是位置 x 和时间 t 的二元函数 $w(x,t)$。

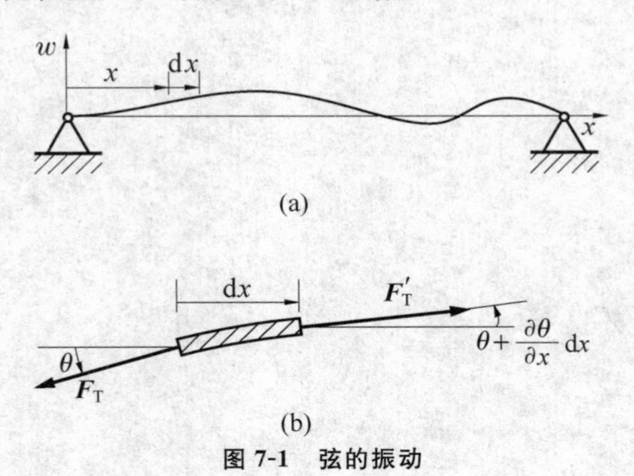

图 7-1　弦的振动

7.1.1　波动方程的建立

取细弦的微元段 $\mathrm{d}x$，其受力如图 7-1(b)所示。根据微幅振动假定，w 和 $\dfrac{\partial w}{\partial x}$

均为微量，细弦的张力 F_T 可视为常数。为了进一步简化，也不考虑重力和阻尼的影响。

设细弦的单位长度质量为 ρ_l，则微元段的质量为 $\rho_l\mathrm{d}x$。由牛顿第二定律得

$$\rho_l\mathrm{d}x\ \frac{\partial^2 w}{\partial t^2}=F_T\sin\left(\theta+\frac{\partial\theta}{\partial x}\mathrm{d}x\right)-F_T\sin\theta \tag{a}$$

又因微幅振动有

$$\sin\theta\approx\theta\approx\tan\theta\approx\frac{\partial w}{\partial x}$$

故式(a)变为

$$\rho_l\mathrm{d}x\ \frac{\partial^2 w}{\partial t^2}=F_T\left(\theta+\frac{\partial\theta}{\partial x}\mathrm{d}x\right)-F_T\theta=F_T\ \frac{\partial^2 w}{\partial x^2}\mathrm{d}x$$

写成

$$\frac{\partial^2 w}{\partial t^2}=c^2\ \frac{\partial^2 w}{\partial x^2} \tag{7.1}$$

式中

$$c=\sqrt{\frac{F_T}{\rho_l}} \tag{7.2}$$

为弹性波沿细弦的传播速度。

7.1.2　波动方程求解

偏微分方程比常微分方程要复杂，而寻求后者的显式解就已很困难了。求解微分方程的最常用方法是待定系数法，更广一点就是半逆法，即根据经验和未知解的大体特性，将完全未知的解假定为部分已知与部分待定的组合形式，然后将假定的解代入原方程，检查：①假定解是否合理；②待定部分能否化为较简单的问题。

我们来定性分析方程(7.1)的特性。首先方程是线性的，解应满足叠加原理。因此，我们可找到该方程最简单的，但又有物理意义的解，再通过叠加得到更复杂的解。其次 w 是 x 和 t 的二元函数，我们设法用简单的单变量函数来作半逆试探。

1. 加法组合

假定 $\phi(x)$和 $q(t)$分别是关于坐标 x 和时间 t 的两个单变量函数。两者组合

成二元函数的最简单形式为 $\phi(x)+q(t)$。如果我们将其假定为方程(7.1)的解 $w(x,t)$,则有

$$\frac{\partial^2[\phi(x)+q(t)]}{\partial t^2}=c^2\frac{\partial^2[\phi(x)+q(t)]}{\partial x^2}$$

即

$$\frac{\mathrm{d}^2 q(t)}{\mathrm{d}t^2}=c^2\frac{\mathrm{d}^2\phi(x)}{\mathrm{d}x^2}$$

由于上式左边仅是时间 t 的函数,而右边仅是 x 的函数。要使两边相等,那么两边必须等于一个与 t 和 x 都无关的常数。假定这个常数为 c_0,则由上式可得

$$q(t)=\frac{1}{2}c_0t^2+c_1t+c_2,\phi(x)=\frac{1}{2}\frac{c_0}{c^2}x^2+c_3x+c_4$$

其中 c_1,c_2,c_3 和 c_4 为积分常数。但无论这组积分常数如何取值,即使为复数,所得到的 $w(x,t)=\phi(x)+q(t)$都无法出现振动,因此加法组合这个简化假设不可能成立。

2. 乘法组合——分离变量法

我们来检查更复杂一点的组合 $w(x,t)=\phi(x)\cdot q(t)$的可行性。将其代入方程(7.1)有

$$\phi(x)\frac{\mathrm{d}^2 q(t)}{\mathrm{d}t^2}=c^2q(t)\frac{\mathrm{d}^2\phi(x)}{\mathrm{d}x^2}$$

上式可变为

$$\frac{c^2}{\phi(x)}\frac{\mathrm{d}^2\phi(x)}{\mathrm{d}x^2}=\frac{1}{q(t)}\frac{\mathrm{d}^2 q(t)}{\mathrm{d}t^2} \tag{7.3}$$

由于式(7.3)左边仅是时间 x 的函数,而右边仅是 t 的函数。要使上式对任意的 x 和 t 都成立,两边都必须等于同一个常数。令此常数为 C,则有

$$\frac{\mathrm{d}^2 q(t)}{\mathrm{d}t^2}=Cq(t) \tag{7.4}$$

$$\frac{\mathrm{d}^2\phi(x)}{\mathrm{d}x^2}=\frac{C}{c^2}\phi(x) \tag{7.5}$$

方程(7.4)和(7.5)的解为

$$
\begin{cases}
q(t)=c_1\exp(-\sqrt{C}t)+c_2\exp(\sqrt{C}t) \\
\phi(x)=c_3\exp\left(-\dfrac{\sqrt{C}x}{c}\right)+c_4\exp\left(\dfrac{\sqrt{C}x}{c}\right)
\end{cases} \tag{7.6}
$$

其中 c_1, c_2, c_3 和 c_4 为积分常数。

欲使上式出现随时间振动的现象,我们自然会想到把指数函数化为正弦或余弦函数,这就要求$\sqrt{C}$为复数。如果$\sqrt{C}$的实部不等于 0,则 $q(t)$将呈指数衰减或指数增长。这与无阻尼假设下的能量守恒相矛盾。因此$\sqrt{C}$应为纯虚数,也就是 C 必须为一负实数。

记 $C=-p^2$,式(7.6)的第一式就成为如下随时间振动的过程

$$
q(t)=A\sin(pt+\alpha) \tag{7.7}
$$

其中振幅 A 和初相位 α 是待定常数。

将 $C=-p^2$ 代入方程(7.5),可解出

$$
\phi(x)=B_1\cos\frac{px}{c}+B_2\sin\frac{px}{c} \tag{7.8}
$$

这是随 x 变化函数,其中 B_1 和 B_2 是待定常数。

解(7.7)和解(7.8)表明组合 $\phi(x)\cdot q(t)$可以出现有物理意义的解。由于线性偏微分方程可以采用这种半逆法求解,它是由丹尼尔·伯努力提出的,拥有独特的名称——分离变量法。名称源于这种组合能够将原问题退化成式(7.3)的变量分离形式。经变量分离,偏微分方程降为常微分方程。

7.1.3　弦的振动

图 7-1(a)所示弦振动的边界条件为

$$
w(0,t)=0, w(l,t)=0 \tag{7.9}
$$

假设的解 $\phi(x)q(t)$也应该满足这个条件,即

$$
\begin{cases}
\phi(0)q(t)=0 \\
\phi(l)q(t)=0
\end{cases} \tag{7.10}
$$

显然式(7.7)的 $A\neq 0$(否则就是无振动的零解),因此要保证式(7.10)成立就必须有

$$
\begin{cases}
\phi(0)=0 \\
\phi(l)=0
\end{cases} \tag{7.11}
$$

将其代入式(7.8)得到

$$B_1 = 0$$

$$B_2 \sin \frac{pl}{c} = 0$$

显然 $B_2=0$ 不是振动解，故有

$$\sin \frac{pl}{c} = 0 \tag{7.12}$$

式(7.12)为弦振动固有频率 p 应满足的方程，它有无穷多个解 $p_i(i=1,2,3,\cdots)$，其显式为

$$\frac{p_i l}{c} = i\pi, \quad i=1,2,3,\cdots$$

或者

$$p_i = \frac{i\pi}{l}c = \frac{i\pi}{l}\sqrt{\frac{F_{\mathrm{T}}}{\rho_l}}, \quad i=1,2,3,\cdots \tag{7.13}$$

相应于每个 p_i，记

$$w_i(x,t) = \phi(x)q(t) = A_i \sin(p_i t + \alpha_i)\sin \frac{p_i}{c}x \tag{7.14}$$

它都是原方程(7.1)的可能解。这里已将式(7.7)中 A 与式(7.8)中 B_2 的乘积 AB_2 合并为一个待定常数 A_i 了，相应地初相角 α 也添加了序号下标 i。

根据叠加原理，原方程的通解应该为所有解(7.14)的组合，即

$$w(x,t) = \sum_{i=1}^{\infty} w_i(x,t) = \sum_{i=1}^{\infty} A_i \sin(p_i t + \alpha_i)\sin \frac{p_i}{c}x \tag{7.15}$$

与多自由度情形相平行，如果式(7.15)的无穷项中只有一项非0，那么此时细弦各点振动的频率相同，各点振动之比与 $\phi(x)=B_2 \sin \frac{p_i}{c}x$ 成比例，呈现特定的模式，所以我们称 $\phi(x)$ 为振型函数或模态函数。弦的前4阶振型函数如图7-2所示。

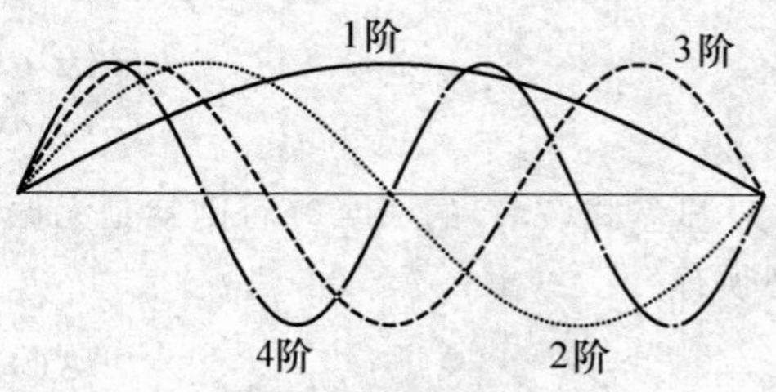

图 7-2　弦的主振动

多自由度系统的振型是用线段连

接各质点振幅的折线。当质点之间的距离趋于 0 时，离散系统就趋近于连续系统，相应地，不光滑的折线变成了光滑的曲线。

如同多自由度系统情形，p_i 与初条件无关，所以称为固有频率。式(7.14)称为主振动。

我们通过一个例子来理解弦的自由振动。

例题 7-1　一根张紧的弦被拨到图 7-3 所示位置，然后无初速地释放。求弦的自由振动。

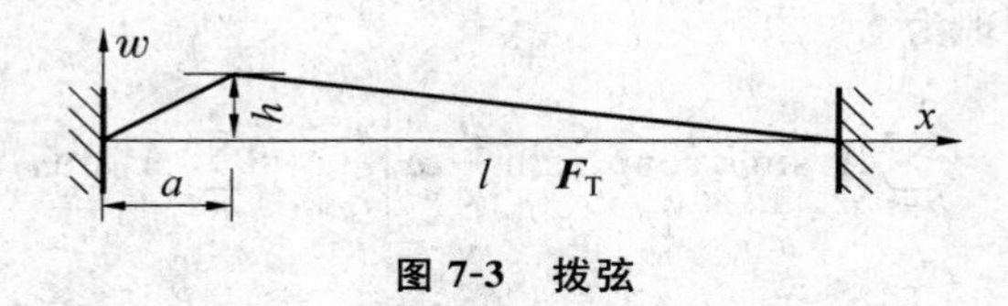

图 7-3　拨弦

解：初位移为

$$w(x,0)=\begin{cases} h\dfrac{x}{a} & 0\leqslant x\leqslant a \\ h\dfrac{l-x}{l-a} & a\leqslant x\leqslant l \end{cases}$$

而初速度为

$$\left.\frac{\partial w}{\partial t}\right|_{t=0}=0$$

因为本题的初速度简单，所以先考虑这个条件。弦响应的通解已由式(7.15)给出，根据该式有

$$\left.\frac{\partial w}{\partial t}\right|_{t=0}=\sum_{i=1}^{\infty}A_i p_i\cos(p_i t+\alpha_i)\sin\frac{p_i}{c}x\Bigg|_{t=0}=\sum_{i=1}^{\infty}A_i p_i\cos\alpha_i\sin\frac{p_i}{c}x=0 \quad \text{(a)}$$

对式(a)最后一个等号两边同乘以 $\sin\dfrac{p_j}{c}x$(j 为整数)，并对 x 从 $0\sim l$ 积分有

$$\sum_{i=1}^{\infty}A_i p_i\cos\alpha_i\int_0^l\sin\frac{p_j}{c}x\sin\frac{p_i}{c}x\,\mathrm{d}x=0 \quad \text{(b)}$$

其中的积分(参考 3.5.1 小节)

$$\int_0^l\sin\frac{p_j}{c}x\sin\frac{p_i}{c}x\,\mathrm{d}x=\begin{cases}0 & i\neq j \\ \dfrac{l}{2} & i=j\end{cases}$$

因此，式(b)左边的无穷项求和只余下 $i=j$ 一项，即

$$\frac{l}{2}A_j p_j \cos\alpha_j = 0$$

式(7.13)表明 $p_j \neq 0$，所以有 $A_j \cos\alpha_j = 0$。这样式(7.15)就退化为

$$w(x,t) = \sum_{i=1}^{\infty} A_i \sin\alpha_i \cos p_i t \sin\frac{p_i}{c}x$$

位移初条件表现为

$$w(x,0) = \sum_{i=1}^{\infty} A_i \sin\alpha_i \cos p_i t \sin\frac{p_i}{c}x \bigg|_{t=0} = \sum_{i=1}^{\infty} A_i \sin\alpha_i \sin\frac{p_i}{c}x \tag{c}$$

与处理速度的初条件相似，将式(c)两边同乘以 $\sin\frac{p_j}{c}x$（j 为整数），并对 x 从 $0 \sim l$ 积分，则右边求和项只余下 $i=j$ 一项，即

$$\int_0^l w(x,0)\sin\frac{p_j}{c}x\,\mathrm{d}x = \frac{l}{2}A_j \sin\alpha_j$$

左边的积分为

$$\begin{aligned}\int_0^l w(x,0)\sin\frac{p_j}{c}x\,\mathrm{d}x &= \int_0^a h\,\frac{x}{a}\sin\frac{j\pi x}{l}\mathrm{d}x + \int_a^l h\,\frac{l-x}{l-a}\sin\frac{j\pi x}{l}\mathrm{d}x \\ &= \frac{hl^3}{a(l-a)j^2\pi^2}\sin\left(\frac{a}{l}j\pi\right)\end{aligned}$$

因此，最后的解为

$$w(x,t) = \frac{2}{\pi^2}\,\frac{l^2}{a(l-a)}h\sum_{i=1}^{\infty}\frac{1}{i^2}\sin\frac{i\pi a}{l}\sin\frac{i\pi x}{l}\cos\frac{i\pi ct}{l}$$

7.2 杆的纵向振动

7.2.1 方程的建立

我们研究最简单的均质等截面细直杆，材料为理想弹性。杆密度 ρ，横截面积 S，材料的弹性模量 E。设其横截面在纵向振动时仍保持平面。取杆的纵向（轴向）为 x 轴，振动时各横截面的纵向位移是位置 x 和时间 t 的二元函数，记为 $u(x,t)$。

取杆的微段 dx 研究。自由振动时，它的位移和受力如图 7-4 所示，其中 $F_N(x)$ 为杆的轴向内力。

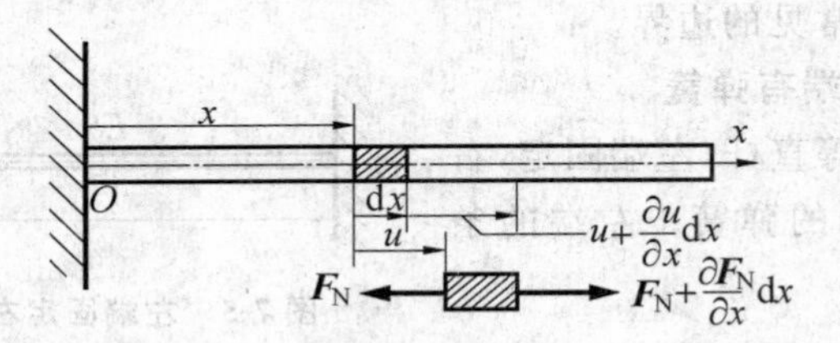

图 7-4　杆的纵向振动分析

由材料力学知，轴向应变 ε_x 为

$$\varepsilon_x = \frac{\partial u}{\partial x}$$

轴向力为(正应力 $\sigma_x = E\varepsilon_x$)

$$F_N = S\sigma_x = SE\varepsilon_x = ES\frac{\partial u}{\partial x} \tag{7.16}$$

微段 dx 的质量为 $\rho S dx$。应用牛顿第二定律，该微段的运动微分方程为

$$S\rho dx \frac{\partial^2 u}{\partial t^2} = \frac{\partial F_N}{\partial x} dx$$

将式(7.16)代入上式得

$$\frac{\partial^2 u}{\partial t^2} = c^2 \frac{\partial^2 u}{\partial x^2} \tag{7.17}$$

式中 $c = \sqrt{\dfrac{E}{\rho}}$ 为弹性纵波沿 x 轴的传播速度。

7.2.2　固有频率和振型

方程(7.17)与方程(7.1)形式完全相同，因此将 w 代以 u，则可直接得到方程(7.17)的解

$$\begin{aligned} u(x,t) &= \phi(x)q(t) \\ &= \left(B_1\cos\frac{px}{c} + B_2\sin\frac{px}{c}\right)\sin(pt+\alpha) \end{aligned} \tag{7.18}$$

式中 B_1, B_2, p 和 α 四个待定常数同样要取决于杆的两个端点边界条件和两个初条件。

下面讨论几种常见的边界。

1. 左端固定右端有弹簧

图 7-5 所示的等直杆，左端固定，右端连接一刚度为 k 的弹簧。左端的条件为

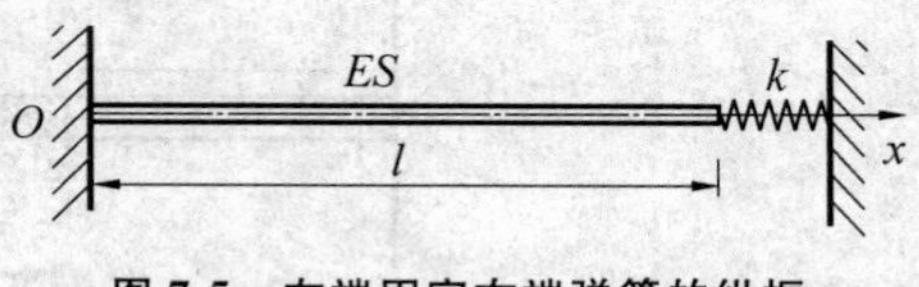

图 7-5　左端固定右端弹簧的纵振

$$x=0, \phi=0 \qquad \text{(a)}$$

这个条件不涉及力。不涉及力的条件称为几何边界条件，它的表示只涉及振型函数 $\phi(x)$。

右端的弹簧边界条件如图 7-6 所示。按照一般假定，右端发生位移为正。因而相较于静止状态(a)图，(b)的弹簧受到压缩。这样(c)图中右端面就受到弹簧压力。再取出右端面的微元，如图(d)所示。同样，按照一般假定，微元受拉应力，因此微元左侧面的应力指向左方。微元平衡条件变为

$$ES\frac{\partial u}{\partial x}=-ku$$

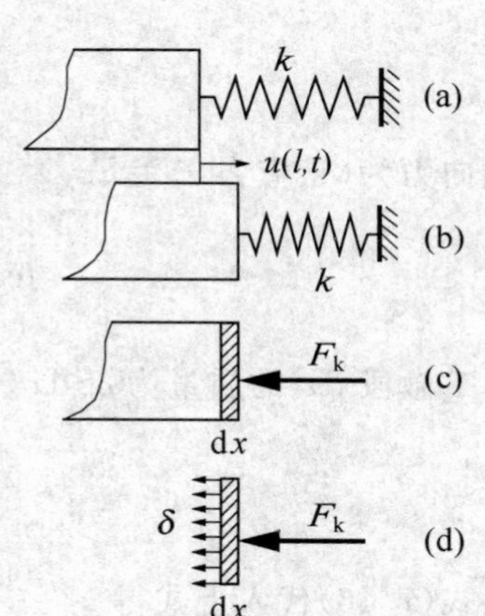

图 7-6　右端弹簧边界条件分析

将式(7-18)代入上式可得右端边界条件

$$x=l, ES\frac{\mathrm{d}\phi}{\mathrm{d}x}=-k\phi \qquad \text{(b)}$$

这个条件涉及力。涉及力的边界条件称为力边界条件。

因
$$\phi(x)=B_1\cos\frac{px}{c}+B_2\sin\frac{px}{c}$$

代入边界条件(a)可得

$$B_1=0$$

再考虑式(b)有

$$\left(ES\frac{p}{c}\cos\frac{pl}{c}+k\sin\frac{pl}{c}\right)B_2=0$$

上式的 B_2 不能再等于 0 了(否则就不是振动了)。这样就得到关于固有频率 p 的

方程

$$ES\frac{p}{c}\cos\frac{pl}{c}+k\sin\frac{pl}{c}=0 \tag{7.19}$$

给出具体 k 值，用数值法可从代数方程(7.19)解出对应的固有频率。

特殊的 $k=0$ 情形相当于自由端，频率方程变为

$$\cos\frac{pl}{c}=0$$

解出

$$p_i=\frac{(2i-1)\pi}{2}\frac{c}{l}=\frac{(2i-1)\pi}{2l}\sqrt{\frac{E}{\rho}}\quad(i=1,2,3,\cdots) \tag{7.20}$$

相应振型为

$$\phi_i(x)=A_i\sin\frac{(2i-1)\pi x}{2l}\quad(i=1,2,3,\cdots) \tag{7.21}$$

前3阶振型如图7-7所示。

$k=\infty$ 相当于固定端情形。频率方程成为

$$\sin\frac{pl}{c}=0$$

显式解为

$$p_i=\frac{i\pi c}{l}=\frac{i\pi}{l}\sqrt{\frac{E}{\rho}},(i=1,2,3,\cdots)$$

相应的振型为

$$\phi_i(x)=A_i\sin\frac{i\pi x}{l},(i=1,2,3,\cdots)$$

前3阶振型如图7-8所示。

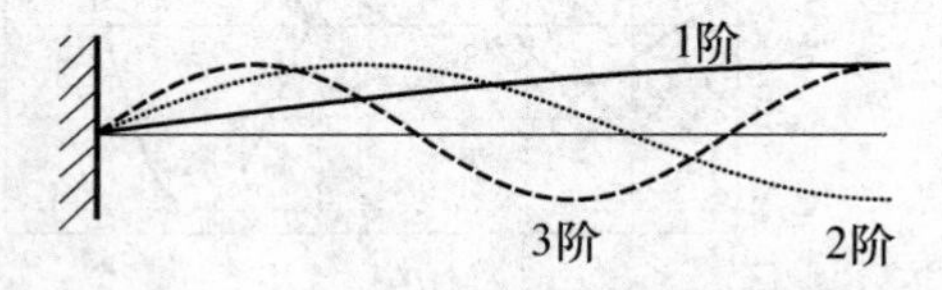

图7-7　左端固定-右端自由杆作纵振的前3阶振型

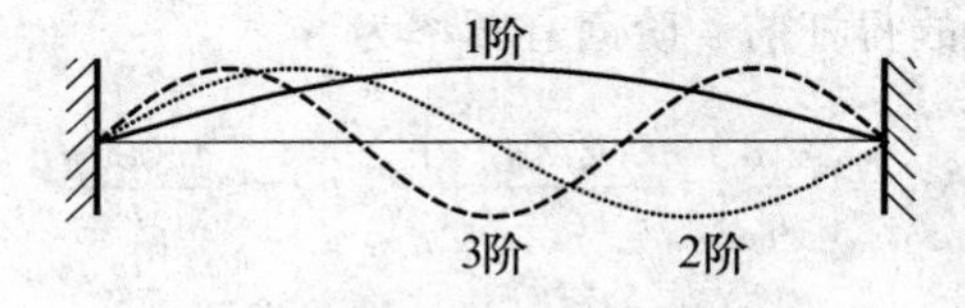

图7-8　两端固定杆作纵振的前3阶振型

右端由自由端变成固定端，系统的刚度增加，致使各阶固有频率都有所提高。

上述结果表明，约束相当于给系统增加了刚度。改变约束相当于系统改变了，相应地，固有频率当然也就变了。

2. 自由端有附加质量

如图 7-9 所示的等直杆，自由端有附加质量。振动时附加质量对杆端产生惯性力 $-m\dfrac{\partial^2 u}{\partial t^2}$，此力由杆端内力 $F_N = ES\dfrac{\partial u}{\partial x}$ 来平衡。

杆的边界条件是

$$\left.\begin{aligned} &x=0, u(0,t)=0 \\ &x=l, ES\frac{\partial u}{\partial x}=-m\frac{\partial^2 u}{\partial t^2} \end{aligned}\right\} \quad (7.22)$$

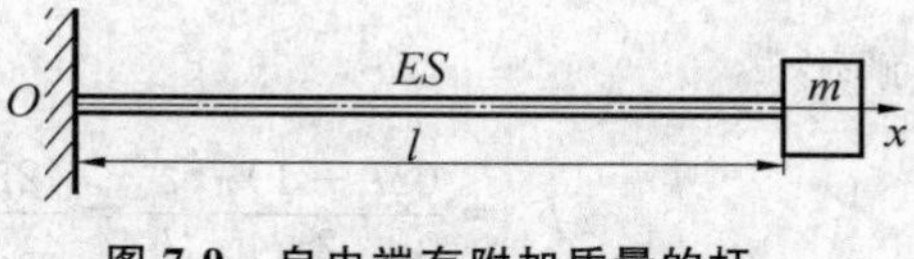

图 7-9　自由端有附加质量的杆

将式(7.18)代入式(7.22)得频率方程

$$ES\frac{p}{c}\cos\frac{pl}{c}=mp^2\sin\frac{pl}{c}$$

此方程可整理成

$$\mu_m\cos\mu=\mu\sin\mu \quad (7.23)$$

其中 $\mu_m=\dfrac{\rho Sl}{m}$ 为杆的质量与附加质量的比值，$\mu=\dfrac{pl}{c}$ 相当于归一化频率。若给出 μ_m 这个比值，可用数值法求出 μ。

下面以 $\mu_m=1$ 为例。此时方程(7.23)为

$$D(\mu)=\cos\mu-\mu\sin\mu=0$$

其示意图见图 7-10。用数值法可得

$$\mu_1=0.274\pi \qquad \mu_2=1.090\pi$$
$$\mu_3=2.049\pi \qquad \mu_4=3.033\pi$$

故得杆前 4 阶固有频率为

$$p_1=\frac{\mu_1 c}{l}=\frac{0.274\pi}{l}\sqrt{\frac{E}{\rho}}, p_2=\frac{1.090\pi}{l}\sqrt{\frac{E}{\rho}},$$
$$p_3=\frac{2.049\pi}{l}\sqrt{\frac{E}{\rho}}, p_4=\frac{3.033\pi}{l}\sqrt{\frac{E}{\rho}}$$

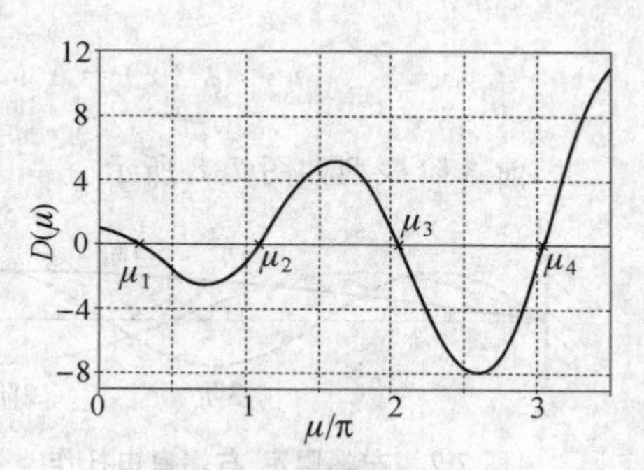

图 7-10　频率方程示意

与式(7.20)相比,固有频率降低了。一般地说,自由端附加质量都会使系统的固有频率降低。

若与杆质量相比,附加质量很小,即$\mu_m=\frac{\rho Sl}{m}\ll 1$,则根据式(7.23)知低阶的 μ 也应很小,因此取 $\cos\mu\approx 1$,$\mu\sin\mu\approx\mu^2$。这样式(7.23)简化为

$$\mu^2\approx\mu_m$$

即

$$\left(\frac{pl}{c}\right)^2\approx\frac{\rho Sl}{m}$$

由此可以计算基频

$$p_1\approx\frac{c}{l}\sqrt{\frac{\rho Sl}{m}}=\sqrt{\frac{ES}{lm}}=\sqrt{\frac{k}{m}}$$

式中 $k=\frac{ES}{l}$ 为杆的抗拉静刚度,m 为附加质量,它与第 2 章 2.1.4 节的不计弹簧质量的单自由度结果相同。

这表明如果杆本身与悬挂质量相比很小,则前者的质量可以忽略。例如 $\mu_m=0.1$ 时,精确解 $p_1=0.311c/l$,而忽略杆的分布质量(按单自由度系统计算)的 $p_1=0.316c/l$,误差仅为 1.6%。

如果杆的质量与悬挂质量相差不多,可以用第 2 章 2.5 节所述瑞利法,将杆的 1/3 质量加到 m 上,再按单自由度系统计算基频。例如杆的质量等于附加质量 m 时

$$p_1=\sqrt{\frac{k}{m+m/3}}=\frac{0.866}{l}\sqrt{\frac{E}{\rho}}=\frac{0.276\pi}{l}\sqrt{\frac{E}{\rho}}$$

与精确解相比,它的误差仅为 0.7%。所以说只要杆质量不超过自由端的附加质量,那么瑞利法得到的近似基频精度是有保证的。

典型的边界条件如表 7-1 所列。

表 7-1 杆的典型边界条件

	左端	右端		左端	右端
固定端	$u(0,t)=0$	$u(l,t)=0$	弹性约束	$\left(ES\dfrac{\partial u}{\partial x}-ku\right)\bigg\vert_{x=0}=0$	$\left(ES\dfrac{\partial u}{\partial x}+ku\right)\bigg\vert_{x=l}=0$
自由端	$\dfrac{\partial u}{\partial x}\bigg\vert_{x=0}=0$	$\dfrac{\partial u}{\partial x}\bigg\vert_{x=l}=0$	惯性载荷	$\left(ES\dfrac{\partial u}{\partial x}-m\dfrac{\partial^2 u}{\partial t^2}\right)\bigg\vert_{x=0}=0$	$\left(ES\dfrac{\partial u}{\partial x}+m\dfrac{\partial^2 u}{\partial t^2}\right)\bigg\vert_{x=l}=0$

7.3 轴的扭转振动

7.3.1 建立方程

我们仅研究理想的均质等截面直圆轴(图 7-11(a))。轴的密度为 ρ,剪切弹性模量为 G,圆截面对其中心的极惯性矩为 I_p。假定在扭转振动中,轴的横截面仍保持平面。取轴心线为 x 轴。振动时,轴上任一截面处的转角是位置 x 和时间 t 的函数,记为 $\theta(x,t)$。

从轴上取一微段 dx 分析(图 7-11(b))。由材料力学可得扭矩 $M_t=\int\tau dA\times r$,其中 τ 是横截面上面积微元 dA 处的切应力,r 为 dA 到轴心的距离。由图中的几何关系可知体积微元 $dA\times dx$ 切应变为 $\dfrac{Rd\theta}{dx}\times\dfrac{r}{R}=r\dfrac{\partial\theta}{\partial x}$,即切应力 $\tau=Gr\dfrac{\partial\theta}{\partial x}$。故有

$$M_t=\int\tau dA\times r=\int Gr\frac{\partial\theta}{\partial x}dA\times r$$

$$=GI_p\frac{\partial\theta}{\partial x}\tag{7.24}$$

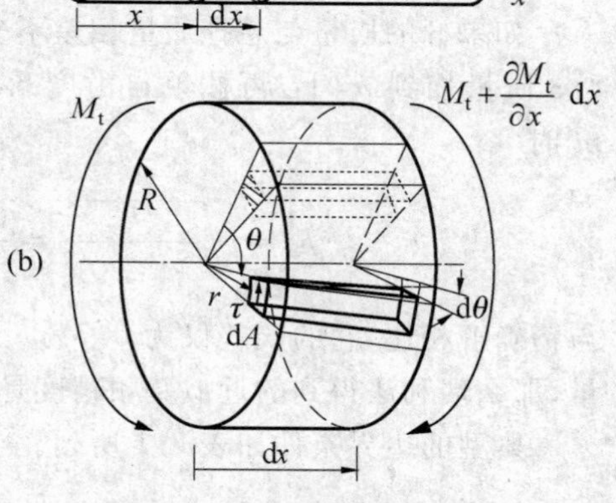

图 7-11 轴的扭转振动分析

微轴段 dx 的受力如图 7-11(b)所示。应用定轴转动微分方程有

$$\rho I_p dx\frac{\partial^2\theta}{\partial t^2}=\frac{\partial M_t}{\partial x}dx$$

将式(7.24)代入上式,并注意到等截面轴的 I_p 是一常数,得

$$\frac{\partial^2\theta}{\partial t^2}=c^2\frac{\partial^2\theta}{\partial x^2} \tag{7.25}$$

式中

$$c=\sqrt{\frac{G}{\rho}} \tag{7.26}$$

为剪切弹性波沿圆轴传播的速度。

7.3.2　主振动

1. 左端固定右端自由

边界条件为

$$x=0,\theta=0 \tag{a}$$

$$x=l,\frac{\partial\theta}{\partial x}=0 \tag{b}$$

因为方程(7.25)与方程(7.1)完全相同,所以假定

$$\theta(x,t)=\phi(x)q(t)=\left(B_1\cos\frac{px}{c}+B_2\sin\frac{px}{c}\right)\sin(pt+\alpha)$$

根据条件(a)立即有

$$B_1=0$$

再根据条件(b)有

$$B_2\frac{p}{c}\cos\frac{px}{c}\sin(pt+\alpha)\Big|_{x=l}=0$$

显然 $B_2\dfrac{p}{c}\sin(pt+\alpha)\neq 0$,得到固有频率方程

$$\cos\frac{pl}{c}=0$$

其显式解为

$$p_i=\frac{(2i-1)\pi}{2l}\sqrt{\frac{G}{\rho}}\quad(i=1,2,3,\cdots) \tag{7.27}$$

相应的振型函数为

$$\phi(x)=\sin\frac{p_i x}{c}=\sin\frac{(2i-1)\pi x}{2l} \tag{7.28}$$

2. 左端固定右端装有圆盘

图 7-12 所示轴系，左端的边界条件是

$$x=0,\theta=0 \tag{a}$$

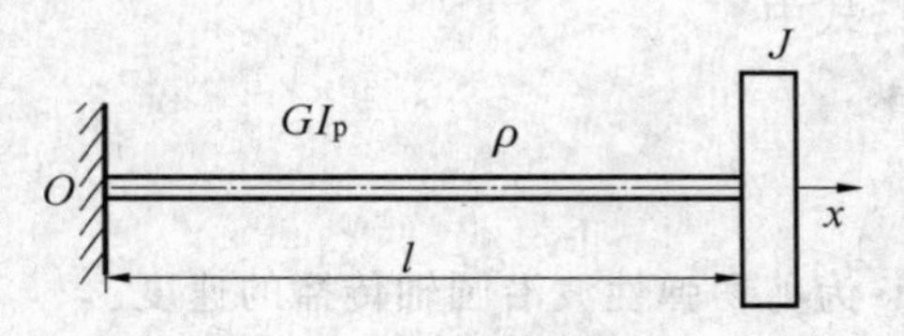

图 7-12　自由端有圆盘的扭振

右端圆盘的转动惯量为 J。轴系发生扭振时，J 上的惯性扭矩为 $-J\dfrac{\partial^2\theta}{\partial t^2}$。该扭矩由轴右端截面的 $GI_{\mathrm{p}}\dfrac{\partial\theta}{\partial x}$所平衡。故而右侧的边界条件为

$$x=l,GI_{\mathrm{p}}\frac{\partial\theta(x,t)}{\partial x}=-J\frac{\partial^2\theta}{\partial t^2} \tag{b}$$

通解仍为 $\theta(x,t)=\phi(x)q(t)=\left(B_1\cos\dfrac{px}{c}+B_2\sin\dfrac{px}{c}\right)\sin(pt+\alpha)$。

由条件(a)可得 $B_1=0$，而由边界条件(b)则得

$$GI_{\mathrm{p}}\frac{p}{c}\cos\frac{pl}{c}\times B_2\sin(pt+\alpha)=Jp^2\sin\frac{pl}{c}\times B_2\sin(pt+\alpha)$$

也就是

$$\frac{I_{\mathrm{p}}l\rho}{J}\cos\frac{pl}{c}=\frac{pl}{c}\sin\frac{pl}{c} \tag{c}$$

而轴的转动惯量 $J_{\mathrm{s}}=I_{\mathrm{p}}l\rho$。因此式(c)可写为

$$\mu\sin\mu-\frac{J_{\mathrm{s}}}{J}\cos\mu=0 \tag{7.29}$$

其中 $\mu=\dfrac{pl}{c}$。

式(7.29)就是图 7-12 所示轴系的频率方程。给定比值$\dfrac{J_{\mathrm{s}}}{J}$，可以用数值方法求出轴系的固有频率。

图 7-13　两段阶梯轴

例题 7-2　求图 7-13 所示阶梯轴扭振

的频率方程。

解:建立图示坐标系。两段 G 和 ρ 相同,因此扭振波速相同。系统作主振动时,两段扭转角位移可表示为

$$\theta_1(x,t)=\left(B_1\cos\frac{px}{c}+B_2\sin\frac{px}{c}\right)\sin(pt+\alpha)\qquad(0\leqslant x<l_1)$$

$$\theta_2(x,t)=\theta_1(x,t)+\left[B_3\cos\frac{p(x-l_1)}{c}+B_4\sin\frac{p(x-l_1)}{c}\right]\sin(pt+\alpha)$$
$$(l_1\leqslant x<l_1+l_2)$$

当 $x=0$ 时,由边界条件

$$\theta_1(0,t)=B_1\cos\frac{p\cdot 0}{c}\sin(pt+\alpha)=0\Rightarrow B_1=0$$

当 $x=l_1$ 时,截面两侧扭转角位移相等,有

$$B_3\cos\frac{p(l_1-l_1)}{c}\sin(pt+\alpha)=0\Rightarrow B_3=0$$

两侧的扭矩也应该相等,即

$$GI_{p1}\left.\frac{\partial\theta_1}{\partial x}\right|_{x=l_1}=GI_{p2}\left.\frac{\partial\theta_2}{\partial x}\right|_{x=l_1}$$

也就是

$$GI_{p1}\frac{p}{c}B_2\cos\frac{pl_1}{c}\sin(pt+\alpha)=GI_{p2}\frac{p}{c}B_2\cos\frac{pl_1}{c}\sin(pt+\alpha)+GI_{p2}\frac{p}{c}B_4\sin(pt+\alpha)$$

化简可得

$$(I_{p1}-I_{p2})\cos\frac{pl_1}{c}B_2-I_{p2}B_4=0\tag{a}$$

$x=l_1+l_2$ 的截面为自由端,所以有

$$\frac{\partial\theta_2}{\partial x}=0=\left[B_2\frac{p}{c}\cos\frac{p(l_1+l_2)}{c}+B_4\frac{p}{c}\cos\frac{pl_2}{c}\right]\sin(pt+\alpha)$$

即

$$B_2\cos\frac{p(l_1+l_2)}{c}+B_4\cos\frac{pl_2}{c}=0\tag{b}$$

联合(a)和(b)得到二元一次方程组,存在非零解$\{B_2,B_4\}^{\mathrm{T}}$的条件是其系数行列式为0,即

$$\begin{vmatrix} (I_{\mathrm{p}1}-I_{\mathrm{p}2})\cos\dfrac{pl_1}{c} & -I_{\mathrm{p}2} \\ \cos\dfrac{p(l_1+l_2)}{c} & \cos\dfrac{pl_2}{c} \end{vmatrix}=0$$

化简后得频率方程

$$\frac{I_{\mathrm{p}1}}{I_{\mathrm{p}2}}=\tan\frac{pl_1}{c}\tan\frac{pl_2}{c}$$

例题 7-3 如图 7-14 所示,弹性轴在自由端受恒定扭矩 M_0 扭转保持静止。在 $t=0$ 时突然去掉 M_0。研究其自由扭振。

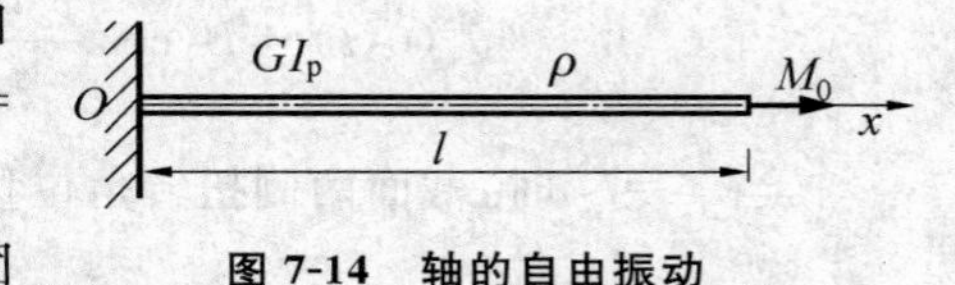

图 7-14 轴的自由振动

解:式(7.27)和式(7.28)已经给出了固有频率和振型。因此将自由响应假设为

$$\theta(x,t)=\sum_{i=1}^{\infty}A_i\sin\frac{(2i-1)\pi x}{2l}\sin(p_it+\alpha_i) \tag{a}$$

初条件为

$$\theta(x,0)=\frac{M_0}{GI_{\mathrm{p}}}x \tag{b}$$

$$\left.\frac{\partial\theta(x,t)}{\partial t}\right|_{t=0}=0 \tag{c}$$

条件(c)相对简单,由它可得到

$$\begin{aligned}\left.\frac{\partial\theta}{\partial t}\right|_{t=0}&=\left.\sum_{i=1}^{\infty}A_ip_i\sin\frac{(2i-1)\pi x}{2l}\cos(p_it+\alpha_i)\right|_{t=0}\\&=\sum_{i=1}^{\infty}A_ip_i\sin\frac{(2i-1)\pi x}{2l}\cos\alpha_i=0\end{aligned}$$

类似例题 7-1,用 $\sin\dfrac{(2j-1)\pi x}{2l}$乘以上式,然后从 $0\sim l$ 积分可得

$$A_j\cos\alpha_j=0$$

利用该式可将式(a)化简,将化简结果再代入式(b)。然后用 $\sin\dfrac{(2j-1)\pi x}{2l}$乘以式

(b)两端，并沿全轴积分得到

$$A_j\sin\alpha_j=\frac{2}{l}\int_0^l\theta(x,0)\sin\frac{(2j-1)\pi x}{2l}\mathrm{d}x=\frac{2}{l}\int_0^l\frac{M_0}{GI_\mathrm{p}}x\sin\frac{(2j-1)\pi x}{2l}\mathrm{d}x$$
$$=\frac{(-1)^{j-1}}{(2j-1)^2}\frac{8l}{\pi^2}\frac{M_0}{GI_\mathrm{p}}$$

这样就得到

$$\theta(x,t)=\frac{8lM_0}{\pi^2GI_\mathrm{p}}\sum_{i=1}^{\infty}\frac{(-1)^{i-1}}{(2i-1)^2}\sin\frac{(2i-1)\pi x}{2l}\cos\frac{(2i-1)\pi ct}{2l}$$

轴的右端转角为

$$\theta(l,t)=\frac{8lM_0}{\pi^2GI_\mathrm{p}}\sum_{i=1}^{\infty}\frac{1}{(2i-1)^2}\cos\frac{(2i-1)\pi ct}{2l}$$

可以证明它是三角锯齿波函数的傅立叶级数。

7.4　波动方程的一般解法

7.4.1　振型正交性

前面研究了三种振动形式的主振动，细弦的横向振动、杆的纵振和轴的扭振。三种主振动的形式都是三角函数。三角函数的正交性在待定系数法确定响应中，起到非常关键的作用。我们自然要问弹性体的主振动是否都具有正交性。答案是肯定的。下面以等截面均质杆的纵向振动为例，进一步加深对振型正交性的理解。

根据假定，纵向振动通解为 $u(x,t)=\phi(x)q(t)$。代入波动方程，可以得到

$$\frac{\mathrm{d}^2\phi}{\mathrm{d}x^2}+\frac{p^2}{c^2}\phi=0$$

不同阶主振动的固有频率 p_i 不同，相应的振型函数也不同。对任意两阶

$$\frac{p_i^2}{c^2}\phi_i=-\phi''_i \tag{a}$$

$$\frac{p_j^2}{c^2}\phi_j=-\phi''_j \tag{b}$$

对式(a)两边同乘以 ϕ_j，并沿杆全长积分，则有

$$\frac{p_i^2}{c^2}\int_0^l \phi_j\phi_i \mathrm{d}x = -\int_0^l \phi_j\phi''_i \mathrm{d}x = -\phi_j\phi'_i\Big|_{x=0}^{l} + \int_0^l \phi'_j\phi'_i \mathrm{d}x \tag{c}$$

其中第二个等号利用了分部积分。对式(b)两边同乘以 ϕ_i，并沿杆全长积分，同样可得

$$\frac{p_j^2}{c^2}\int_0^l \phi_i\phi_j \mathrm{d}x = -\phi_i\phi'_j\Big|_{x=0}^{l} + \int_0^l \phi'_i\phi'_j \mathrm{d}x \tag{d}$$

式(c)与式(d)两边相减有

$$\frac{p_i^2 - p_j^2}{c^2}\int_0^l \phi_i\phi_j \mathrm{d}x = (\phi_i\phi'_j - \phi_j\phi'_i)\Big|_{x=0}^{l}$$

不论边界条件是固定端还是自由端，上式右边均为 0，于是有

$$\frac{p_i^2 - p_j^2}{c^2}\int_0^l \phi_i\phi_j \mathrm{d}x = 0 \tag{e}$$

因为我们假定模态频率 $p_i \neq p_j$，所以必有

$$\int_0^l \phi_i\phi_j \mathrm{d}x = 0 \tag{7.30}$$

这就证明了振型的正交性。将式(7.30)代入式(c)有

$$\int_0^l \phi'_i\phi'_j \mathrm{d}x = 0 \tag{7.31}$$

这就是刚度正交性。

由式(c)还有下述的正交性

$$\int_0^l \phi_j\phi''_i \mathrm{d}x = 0 \tag{7.32}$$

上述论证对另外两种振动模式——轴扭振和细弦横向振动——同样也是成立的。

应指出上述正交性不能简单地用于图 7-5 和图 7-9 那样的边界，对这两者必须将式(7-30)改造成广义正交的形式。本书不作讨论。

7.4.2 正则模态

与第 5 章的多自由度式(5.73)平行，记

$$M_i = \rho S\int_0^l \phi_i^2 \mathrm{d}x, \quad K_i = ES\int_0^l \phi'^2_i \mathrm{d}x \tag{7.33}$$

它们分别为第 i 阶广义质量和第 i 阶广义刚度。

$M_i=1$ 为正则条件。相应地，各正则模态量用下标 N 表示，即 M_{Ni}，K_{Ni} 和 ϕ_{Ni}。这样

$$M_{Ni}=\rho S\int_0^l \phi_{Ni}^2\mathrm{d}x=1$$

$$K_{Ni}=ES\int_0^l \phi'^2_{Ni}\mathrm{d}x=p_i^2$$

利用式(c)还可得到($i=j$)

$$K_{Ni}=-ES\int_0^l \phi_{Ni}\phi''_{Ni}\mathrm{d}x=p_i^2$$

按多自由度用正则变换对方程解耦的思想，对弹性体的波动函数进行坐标变换

$$u(x,t)=\sum_{i=1}^{\infty}\phi_{Ni}(x)q_{Ni}(t) \tag{7.34}$$

将其代入方程(7.17)得

$$\rho\sum_{i=1}^{\infty}\phi_{Ni}\ddot{q}_{Ni}-E\sum_{i=1}^{\infty}\phi''_{Ni}q_{Ni}=0$$

用 $S\phi_{Nj}$ 乘以上式两边，并沿杆全长积分得

$$\sum_{i=1}^{\infty}\ddot{q}_{Ni}\rho S\int_0^l\phi_{Ni}\phi_{Nj}\mathrm{d}x-\sum_{i=1}^{\infty}q_{Ni}ES\int_0^l\phi''_{Ni}\phi_{Nj}\mathrm{d}x=0$$

利用振型的正交关系式(7.30)和式(7.32)，可得

$$\ddot{q}_{Nj}+p_j^2q_{Nj}=0 \tag{7.35}$$

于是，原物理坐标下的偏微分方程就变成正则坐标架下的不耦合二阶常微分方程组了，从而可按单自由度系统的问题来处理。

方程(7.35)的通解为

$$q_{Nj}(t)=q_{Nj}(0)\cos p_jt+\frac{\dot{q}_{Nj}(0)}{p_j}\sin p_jt \tag{7.36}$$

其中 $q_{Nj}(0)$和 $\dot{q}_{Nj}(0)$是正则坐标下的初位移和初速度。

根据式(7.34)有

$$u(x,0)=\sum_{i=1}^{\infty}\phi_{Ni}(x)q_{Ni}(0)$$

为了确定 $q_{Ni}(0)$，将上式两边同乘以 $\phi_{Nj}\rho S$，并沿全杆长积分得到

$$\sum_{i=1}^{\infty} q_{Ni}(0)\rho S\int_0^l \phi_{Nj}(x)\phi_{Ni}(x)\mathrm{d}x=\rho S\int_0^l \phi_{Nj}(x)u(x,0)\mathrm{d}x$$

由正交条件(7.30)可得

$$q_{Nj}(0)=\rho S\int_0^l \phi_{Nj}(x)u(x,0)\mathrm{d}x$$

同理可得

$$\dot{q}_{Nj}(0)=\rho S\int_0^l \phi_{Nj}(x)\left.\frac{\partial u}{\partial t}\right|_{t=0}\mathrm{d}x$$

这样就得到了响应

$$u(x,t)=\sum_{i=1}^{\infty}\phi_{Ni}(x)\left[q_{Ni}(0)\cos p_i t+\frac{\dot{q}_{Ni}(0)}{p_i}\sin p_i t\right] \tag{7.37}$$

7.4.3 强迫响应

等截面杆作强迫纵振的控制方程为

$$\rho S\frac{\partial^2 u}{\partial t^2}=ES\frac{\partial^2 u}{\partial x^2}+f_l(x,t) \tag{7.38}$$

式中 $f_l(x,t)$ 为沿轴线的分布力集度。所谓集度就是作用在单位长度(或面积/体积)上力的大小。

类似地，弦的强迫振动方程为

$$\rho_l\frac{\partial^2 w}{\partial t^2}=F_{\mathrm{T}}\frac{\partial^2 w}{\partial x^2}+f_l(x,t) \tag{7.39}$$

其中 $f_l(x,t)$ 为沿弦的分布力集度。轴的强迫扭振方程为

$$\rho I_{\mathrm{p}}\frac{\partial^2\theta}{\partial t^2}=GI_{\mathrm{p}}\frac{\partial^2 w}{\partial x^2}+M_l(x,t) \tag{7.40}$$

其中 $M_l(x,t)$ 是沿轴线的分布扭矩集度。

下面以纵向振动为例来讨论强迫响应，结论同样适用于另外两种振动形式。

强迫响应可表示为振型函数的级数形式

$$u(x,t)=\sum_{i=1}^{\infty}\phi_{Ni}(x)q_{Ni}(t) \tag{7.41}$$

将上式代入式(7.38)得

$$\rho S\sum_{i=1}^{\infty}\phi_{\mathrm{N}i}(x)\ddot{q}_{\mathrm{N}i}(t)=ES\sum_{i=1}^{\infty}\phi''_{\mathrm{N}i}(x)q_{\mathrm{N}i}(t)+f_l(x,t)$$

将上式两边同乘以 $\phi_{\mathrm{N}j}$,并沿全轴长积分得到

$$\rho S\sum_{i=1}^{\infty}\int_0^l\phi_{\mathrm{N}i}(x)\phi_{\mathrm{N}j}(x)\mathrm{d}x\ddot{q}_{\mathrm{N}i}(t)=ES\sum_{i=1}^{\infty}\int_0^l\phi''_{\mathrm{N}i}(x)\phi_{\mathrm{N}j}(x)\mathrm{d}xq_{\mathrm{N}i}(t)$$
$$+\int_0^l f_l(x,t)\phi_{\mathrm{N}j}(x)\mathrm{d}x$$

利用正交关系式(7.30)和式(7.32),上式简化为

$$\ddot{q}_{\mathrm{N}j}(t)+p_j^2q_{\mathrm{N}j}(t)=Q_{\mathrm{N}j}(t) \tag{7.42}$$

其中

$$Q_{\mathrm{N}j}(t)=\int_0^l f_l(x,t)\phi_{\mathrm{N}j}(x)\mathrm{d}x \tag{7.43}$$

为广义力。

由第 3 章式(3.78)知道方程(7.42)的解为

$$q_{\mathrm{N}j}(t)=q_{\mathrm{N}j}(0)\cos p_jt+\frac{\dot{q}_{\mathrm{N}j}(0)}{p_j}\sin p_jt$$
$$+\frac{1}{p_j}\int_0^l\phi_{\mathrm{N}j}(x)\int_0^t f_l(x,\tau)\sin p_j(t-\tau)\mathrm{d}\tau\mathrm{d}x \tag{7.44}$$

将式(7.44)代入式(7.41)就得到了原物理坐标下的强迫响应。

很多情况下,激励被简化成集中力。在数学上,它在作用点处的集度为无穷大,但是集度跨过作用点的积分是有限的,这个有限值就是所作用集中力的大小。根据这个特性,我们用广义函数——δ 函数表示集中力的集度。比如在 x_0 处作用的集中力 f_0,可以表示为 $f_l(x,t)=f_0\delta(x-x_0)$。利用式(3.86)的 δ 函数取样特性,式(7.43)的广义力变为

$$Q_{\mathrm{N}j}(t)=\int_0^l f_0\delta(x-x_0)\phi_{\mathrm{N}j}(x)\mathrm{d}x=f_0\phi_{\mathrm{N}j}(x_0) \tag{7.45}$$

例题 7-4　图 7-15 所示的等直杆自由端作用有集中力 $f(t)=f_0\sin\omega t$,其中 f_0 为常数。求杆纵向振动的稳态响应。

解:前面已经得到了纵向振动的振型

$$\phi(x)=\sin\frac{p_i x}{c}=\sin\frac{(2i-1)\pi x}{2l}$$

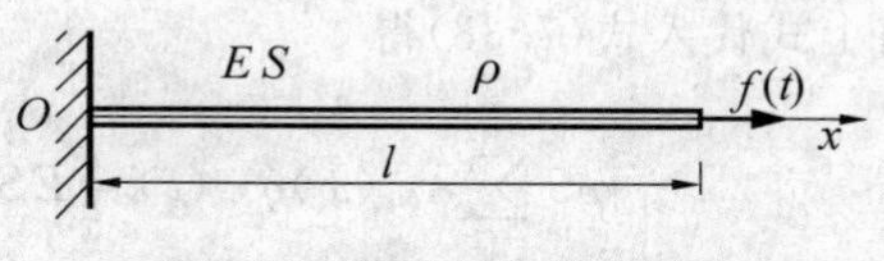

图 7-15 轴的纵向强迫振动

代入式(7.33)得到模态质量为

$$M_i=\rho S\int_0^l \sin^2\frac{(2i-1)\pi x}{2l}\mathrm{d}x=\frac{\rho l S}{2}$$

因此,正则模态振型为

$$\phi_{Ni}(x)=\sqrt{\frac{2}{\rho l S}}\sin\frac{(2i-1)\pi x}{2l}$$

激励力的集度为

$$f_l(x,t)=f_0\delta(x-l)\sin\omega t$$

因此,广义力为

$$Q_{Ni}(t)=f_0\sqrt{\frac{2}{\rho l S}}\sin\frac{(2i-1)\pi}{2}\sin\omega t=(-1)^{i+1}f_0\sqrt{\frac{2}{\rho l S}}\sin\omega t$$

第 i 个正则方程为

$$\ddot{q}_{Ni}(t)+p_i^2 q_{Ni}(t)=(-1)^{i+1}f_0\sqrt{\frac{2}{\rho l S}}\sin\omega t$$

稳态解为

$$q_{Ni}(t)=(-1)^{i+1}f_0\sqrt{\frac{2}{\rho l S}}\frac{1}{p_i^2-\omega^2}\sin\omega t$$

于是纵向振动的稳态响应为

$$u(x,t)=\frac{2f_0}{\rho l S}\sin\omega t\sum_{i=1}^{\infty}(-1)^{i+1}\frac{1}{p_i^2-\omega^2}\sin\frac{(2i-1)\pi x}{2l}$$

由上式可见,当激励频率 ω 等于杆的任一阶固有频率 p_i 时,都会发生共振现象。

例题 7-5 如图 7-16 所示,电车的集电弓以常力 f_0 作用于张紧的导线。当电车运行时,此力以匀速 v 沿导线移动。设初瞬时集电弓在 O 点。求导线的稳态响应。设导线的单位长度质量为 ρ_l,导线的张力 F_T 视为常数。

解:导线的波动方程为式(7.39),其中

$$f_l(x,t)=f_0\delta(x-x_0)$$

式中 $\delta(x)$ 为 δ 函数，$x_0=vt$。

前面已经导出了固有频率和振型，分别为

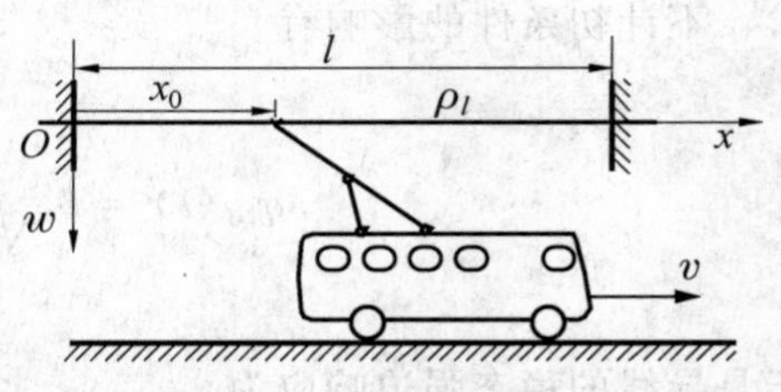

图 7-16　电车的导线振动

$$p_i=\frac{i\pi c}{l}=\frac{i\pi}{l}\sqrt{\frac{F_T}{\rho_l}}$$

$$\phi_i(x)=\sin\frac{i\pi}{l}x$$

主质量为

$$M_i=\rho_l\int_0^l\phi_i^2\mathrm{d}x=\rho_l\int_0^l\sin^2\frac{i\pi}{l}x\,\mathrm{d}x=\frac{\rho_l l}{2}$$

因此，正则化的振型为

$$\phi_{Ni}(x)=\sqrt{\frac{2}{\rho_l l}}\sin\frac{i\pi}{l}x$$

做正则变换

$$w(x,t)=\sum_{i=1}^{\infty}\phi_{Ni}(x)q_{Ni}(t)$$

然后代入方程(7.39)，得

$$\rho_l\sum_{i=1}^{\infty}\phi_{Ni}(x)\ddot{q}_{Ni}(t)-F_T\sum_{i=1}^{\infty}\phi''_{Ni}(x)q_{Ni}(t)=f_0\delta(x-x_0)$$

将上式两边同乘以 ϕ_{Nj}，并沿导线全长积分，再根据振型正交性条件及正则化条件，得

$$\ddot{q}_{Nj}+p_j^2q_{Nj}=f_0\int_0^l\phi_{Nj}(x)\delta(x-x_0)\mathrm{d}x=f_0\phi_{Nj}(x_0)$$

$$=f_0\sqrt{\frac{2}{\rho_l l}}\sin\frac{j\pi v}{l}t$$

其解为

$$q_{Nj}=\frac{\dot{q}_{Nj}(0)}{p_j}\sin p_jt+q_{Nj}(0)\cos p_jt+f_0\sqrt{\frac{2}{\rho_l l}}\,\frac{\sin\frac{j\pi v}{l}}{p_j^2-\left(\frac{j\pi v}{l}\right)^2}$$

不计初条件的影响有

$$q_{Nj}(t)=f_0\sqrt{\frac{2}{\rho_l l}}\frac{\sin\frac{j\pi v}{l}t}{p_j^2-\left(\frac{j\pi v}{l}\right)^2}$$

于是导线的稳态强迫响应为

$$w(x,t)=\frac{2}{\pi^2}\frac{f_0 l}{\rho_l(c^2-v^2)}\sum_{i=1}^{\infty}\frac{1}{i^2}\sin\frac{i\pi x}{l}\sin\frac{i\pi v}{l}t$$

与例题 7-4 不同,本题的稳态响应不是时间的简谐函数。

7.5 梁的振动

现在来考察图 7-17 所示的均质等截面细直梁的振动(也称弯曲振动)。所谓细梁是指梁的长度与截面高度之比很大。且假定横向振动过程中,梁轴线始终保持在其对称平面 xOw 内。为简单计,忽略剪切变形和转动惯量的影响,这种情形叫伯努利—欧拉梁,若不忽略则叫铁摩辛柯梁。

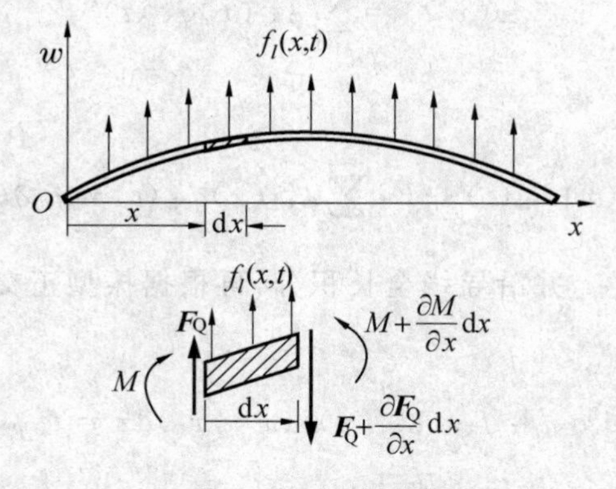

图 7-17　梁的振动

根据上述的简化假定,梁的弯曲振动可用轴线的横向位移 $w(x,t)$ 来描述。梁的单位长度质量 ρS,截面抗弯刚度 EI,以及分布力 $f_l(x,t)$ 均已知。

7.5.1 微分方程的建立

从梁的任意截面 x 处取一微段 dx,其质量为 $\rho S dx$。微段上作用有剪力

$F_Q(x,t)$、弯矩 $M(x,t)$ 和分布外力 $f_l(x,t)\mathrm{d}x$。图 7-17 中的力和弯矩均按正方向标注。根据牛顿第二定律，在 w 方向的动力学方程为

$$\rho S\mathrm{d}x\,\frac{\partial^2 w}{\partial t^2}=-\left(F_Q+\frac{\partial F_Q}{\partial x}\mathrm{d}x\right)+F_Q+f_l(x,t)\mathrm{d}x$$

即

$$\rho S\,\frac{\partial^2 w}{\partial t^2}+\frac{\partial F_Q}{\partial x}=f_l \tag{7.46}$$

由于忽略截面转动惯量(退化为静力平衡)，按动量矩定理，微段的转动方程为(对单元右端取矩方程)

$$\left(M+\frac{\partial M}{\partial x}\mathrm{d}x\right)-(M+F_Q\mathrm{d}x)-f_l\mathrm{d}x\cdot\frac{\mathrm{d}x}{2}=0$$

略去二阶微量得

$$\frac{\partial M}{\partial x}=F_Q$$

将其代入式(7.46)得

$$\rho S\,\frac{\partial^2 w}{\partial t^2}+\frac{\partial^2 M}{\partial x^2}=f_l(x,t) \tag{7.47}$$

利用材料力学中弯矩与挠度的关系式

$$M=EI\,\frac{\partial^2 w}{\partial x^2}$$

则式(7.47)变为

$$\rho S\,\frac{\partial^2 w}{\partial t^2}+\frac{\partial^2}{\partial x^2}\left(EI\,\frac{\partial^2 w}{\partial x^2}\right)=f_l(x,t) \tag{7.48}$$

此即梁横向振动的偏微分方程。

最简单的情形是均质等截面梁的自由振动，方程(7.48)退化为

$$EI\,\frac{\partial^4 w}{\partial x^4}+\rho S\,\frac{\partial^2 w}{\partial t^2}=0$$

若令 $c^2=\dfrac{EI}{\rho S}$，则上式变为

$$c^2 \frac{\partial^4 w}{\partial x^4}+\frac{\partial^2 w}{\partial t^2}=0 \tag{7.49}$$

这个方程通常称为梁的欧拉方程。

7.5.2 分离变量法

式(7.49)是四阶偏微分方程，仍用分离变量法求解。设方程(7.49)的解为

$$w(x,t)=\phi(x)q(t) \tag{7.50}$$

将其代入齐次方程(7.49)，得

$$c^2 \frac{1}{\phi}\frac{\mathrm{d}^4 \phi}{\mathrm{d}x^4}=-\frac{1}{q}\frac{\mathrm{d}^2 q}{\mathrm{d}t^2} \tag{7.51}$$

上式左端仅与 x 有关，而右端仅与 t 有关。要使上式对任意 x 和 t 都成立，等式两端须等于与位置 x 和时间 t 都无关的常数。令此常数为 p^2(之所以为正，是保证 q 为三角函数，而不是指数函数)，则从式(7.51)得两个常微分方程

$$\frac{\mathrm{d}^2 q}{\mathrm{d}t^2}+p^2 q=0 \tag{7.52}$$

$$\frac{\mathrm{d}^4 \phi}{\mathrm{d}x^4}-\mu^4 \phi=0 \tag{7.53}$$

式中 $\mu^4=\frac{p^2}{c^2}=\frac{p^2\rho S}{EI}$。

式(7.52)是单自由度系统的振动微分方程，其通解为

$$q(t)=A\sin(pt+\alpha) \tag{7.54}$$

其中 A 和 α 为待定积分常数。

四阶常微分方程(7.53)的解可设为

$$\phi(x)=\exp(sx)$$

将其代入式(7.53)，得特征方程

$$s^4-\mu^4=0$$

先假定 $\mu\neq0$，则上述方程的四个根为

$$s_1=\mu,\quad s_2=-\mu,\quad s_3=\mathrm{j}\mu,\quad s_4=-\mathrm{j}\mu$$

故方程(7.53)的通解为

$$\phi(x)=c_1\exp(\mu x)+c_2\exp(-\mu x)+c_3\exp(\mathrm{j}\mu x)+c_4\exp(-\mathrm{j}\mu x) \tag{7.55}$$

其中 c_1, c_2, c_3 和 c_4 为常数(c_3, c_4 为共轭复数可保证 $\phi(x)$为实函数)。

因双曲函数

$$\sinh\mu x=\frac{\exp(\mu x)-\exp(-\mu x)}{2},\cosh\mu x=\frac{\exp(\mu x)+\exp(-\mu x)}{2}$$

故

$$\exp(\pm\mu x)=\cosh\mu x\pm\sinh\mu x,\exp(\pm\mathrm{j}\mu x)=\cos\mu x\pm\mathrm{j}\sin\mu x$$

于是式(7.55)可整理成

$$\phi(x)=B_1\cos\mu x+B_2\sin\mu x+B_3\cosh\mu x+B_4\sinh\mu x \tag{7.56}$$

式(7.55)即为梁发生横向振动的振型函数,其中 $B_1\sim B_4$ 由 $c_1\sim c_4$ 变换而来。

将式(7.54)和式(7.56)代入式(7.50),即得欧拉方程(7.49)的通解为

$$w(x,t)=(B'_1\cos\mu x+B'_2\sin\mu x+B'_3\cosh\mu x+B'_4\sinh\mu x)\sin(pt+\alpha) \tag{7.57}$$

式中的 6 个待定常数:$B'_i(=AB_i)(i=1\sim4)$,p 和 α,由 4 个边界条件和 2 个初条件决定。

对自由梁,会出现 $\mu=0$,方程(7.53)有四重根 0。显然通解(7.56)失效。直接解

$$\frac{\mathrm{d}^4\phi}{\mathrm{d}x^4}=0$$

方程的通解为

$$\phi(x)=B_1+B_2x+B_3x^2+B_4x^3 \tag{7.58}$$

$\mu=0$ 导致 p 也为 0,所以与时间有关的方程(7.52)的解为

$$q(t)=A_1+A_2t$$

它所表达的是刚体位移,并不是振动。但数学上仍可以把这个刚体运动当作模态来处理。

7.5.3　典型的边界条件

边界条件大体可分为两类:挠度和转角的限制条件,这为几何边界条件;弯矩

和剪力的限制条件,这为力边界条件。从材料力学知

挠度　$w(x,t)=\phi(x)\sin(pt+\alpha)$

转角　$\theta(x,t)=\dfrac{\partial w}{\partial x}=\phi'(x)\sin(pt+\alpha)$

弯矩　右端　$M_R(x,t)=EI\dfrac{\partial^2 w}{\partial x^2}=EI\phi''(x)\sin(pt+\alpha)$

左端　$M_L(x,t)=-EI\dfrac{\partial^2 w}{\partial x^2}=-EI\phi''(x)\sin(pt+\alpha)$

剪力　右端　$F_{QR}(x,t)=EI\dfrac{\partial^3 w}{\partial x^3}=EI\phi'''(x)\sin(pt+\alpha)$

左端　$F_{QL}(x,t)=-EI\dfrac{\partial^3 w}{\partial x^3}=-EI\phi'''(x)\sin(pt+\alpha)$

当边界条件与时间 t 无关时,它也可用振型函数 $\phi(x)$ 来表示。

1. 固定端

位移为 0、转角为 0(图 7-18 梁的左端)

$$\phi(0)=0$$
$$\phi'(0)=0$$

2. 自由端

弯矩为 0、剪力为 0(图 7-18 梁的右端)

$$\phi''(l)=0$$
$$\phi'''(l)=0$$

3. 简支梁

位移为 0、弯矩为 0(图 7-19)

$$\phi(0)=\phi(l)=0$$
$$\phi''(0)=\phi''(l)=0$$

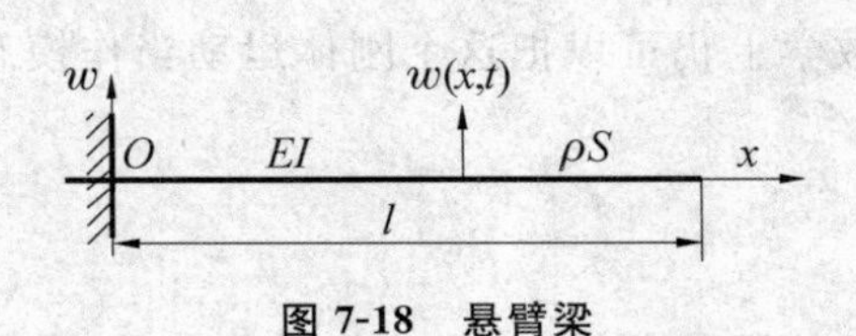

图 7-18　悬臂梁

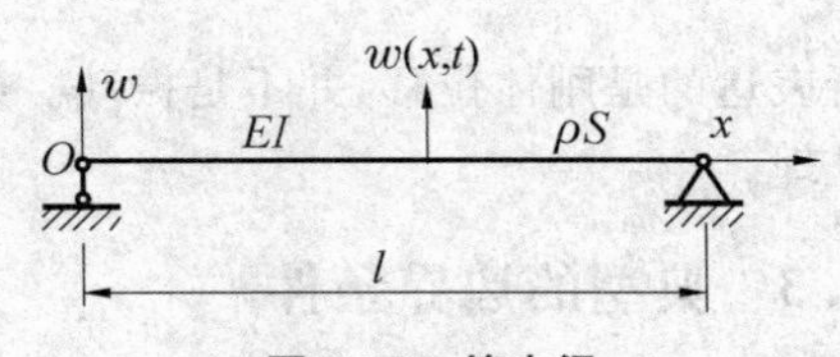

图 7-19　简支梁

4. 弹簧约束端

弯矩为 0、剪力不为 0(图 7-20 梁的右端)

$$\phi''(l)=0$$
$$EI\phi'''(l)=k\phi(l)$$

5. 端点有集中质量

弯矩为 0、剪力不为 0(图 7-21 悬臂梁的右端)

$$\phi''(l)=0$$
$$EI\phi'''(l)=-mp^2\phi(l)$$

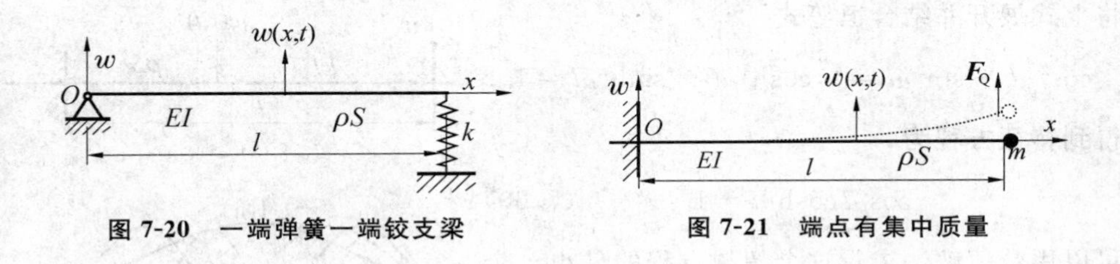

图 7-20　一端弹簧一端铰支梁　　　图 7-21　端点有集中质量

7.5.4　典型梁的横振模态

结合具体的边界条件,可确定梁横振的固有频率和振型函数。

确定梁的固有频率与振型时,要用到 $\phi(x)$ 各阶导数。为方便计,先将其列于下

$$\left.\begin{aligned}\phi'(x)&=\mu(-B_1\sin\mu x+B_2\cos\mu x+B_3\sinh\mu x+B_4\cosh\mu x)\\ \phi''(x)&=\mu^2(-B_1\cos\mu x-B_2\sin\mu x+B_3\cosh\mu x+B_4\sinh\mu x)\\ \phi'''(x)&=\mu^3(B_1\sin\mu x-B_2\cos\mu x+B_3\sinh\mu x+B_4\cosh\mu x)\end{aligned}\right\}\tag{7.59}$$

1. 固支梁

图 7-22(a)固支梁的边界条件为

$$\phi(0)=0\qquad \phi'(0)=0\tag{a}$$
$$\phi(l)=0\qquad \phi'(l)=0\tag{b}$$

由条件(a)有

$$B_1+B_3=0$$
$$B_2+B_4=0$$

故有

$$B_1=-B_3,B_2=-B_4$$

再由条件(b),可得

$$\left.\begin{aligned}(\cos\mu l-\cosh\mu l)B_1+(\sin\mu l-\sinh\mu l)B_2=0\\-(\sin\mu l+\sinh\mu l)B_1+(\cos\mu l-\cosh\mu l)B_2=0\end{aligned}\right\}\tag{c}$$

若该线性方程组存在非零解$\{B_1,B_2\}^T$,其系数行列式必须为0,即

$$\begin{vmatrix}\cos\mu l-\cosh\mu l & \sin\mu l-\sinh\mu l\\-\sin\mu l-\sinh\mu l & \cos\mu l-\cosh\mu l\end{vmatrix}=0$$

将上式展开并结合恒等式

$$\cos^2\mu l+\sin^2\mu l=1,\cosh^2\mu l-\sinh^2\mu l=1$$

得到特征方程为

$$\cos\mu l\cosh\mu l=1\tag{7.60}$$

可以用数值解法求得这个超越方程的最小5个特征根为

$\mu_1 l=1.5056\pi,\mu_2 l=2.4998\pi,\mu_3 l=3.5000\pi$

$\mu_4 l=4.5000\pi,\mu_5 l=5.5000\pi$

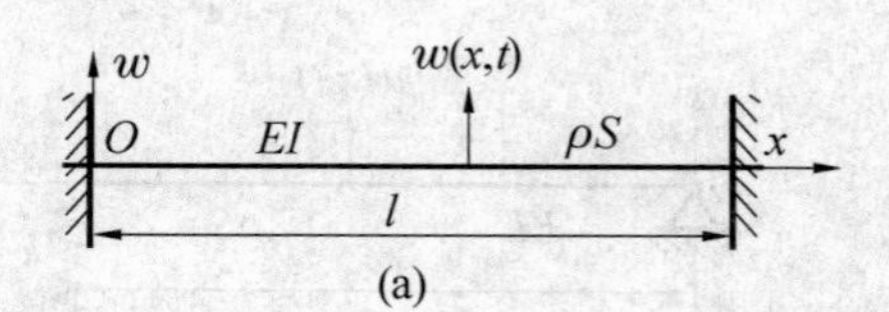

(a)

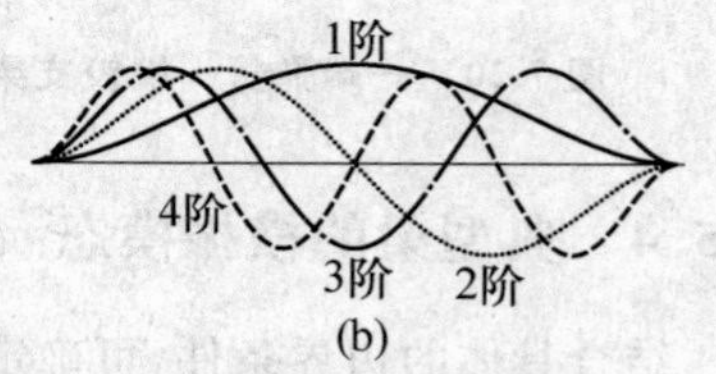

(b)

图 7-22 两端固定端梁

对于$i\geqslant 2$,各特征根用如下的近似表达式就有足够的精度

$$\mu_i l=\left(i+\frac{1}{2}\right)\pi,\quad i=2,3,4,\cdots$$

梁的固有频率为

$$p_i=\mu_i^2\sqrt{\frac{EI}{\rho S}}\quad i=1,2,3,\cdots\tag{7.61}$$

求得各个特征根之后,由式(c)可确定系数B_1,B_2的比值。与p_i对应的振型可取为

$$\phi_i(x)=\cos\mu_i x-\cosh\mu_i x+\frac{B_2}{B_1}(\sin\mu_i x-\sinh\mu_i x)\tag{7.62}$$

其中前4阶的振型函数见图7-22(b)。

2. **自由梁**

图7-23(a)自由梁的边界条件为

$$x=0 \qquad \phi''(0)=0 \quad \phi'''(0)=0 \tag{d}$$

$$x=l \qquad \phi''(l)=0 \quad \phi'''(l)=0 \tag{e}$$

先不考虑 $\mu=0$。根据条件(d)可以得到

$$\left.\begin{array}{l} B_1=B_3 \\ B_2=B_4 \end{array}\right\} \tag{f}$$

将式(f)与条件(e)结合可得到

$$\left.\begin{array}{l} B_1(\cosh\mu l-\cos\mu l)+B_2(\sinh\mu l-\sin\mu l)=0 \\ B_1(\sinh\mu l+\sin\mu l)+B_2(\cosh\mu l-\cos\mu l)=0 \end{array}\right\} \tag{g}$$

由存在非零解的条件同样得到

$$\cos\mu l\cosh\mu l=1 \tag{7.63}$$

它与两端固定的情形相同。可用数值法求出上述方程的根 μ_i。μ_i 代入式(g)的任一式求出 B_1 与 B_2 的比值可得到相应的振型。注意它的振型函数与双端固定的不同。自由梁的低阶模态如图7-23(b)所示。

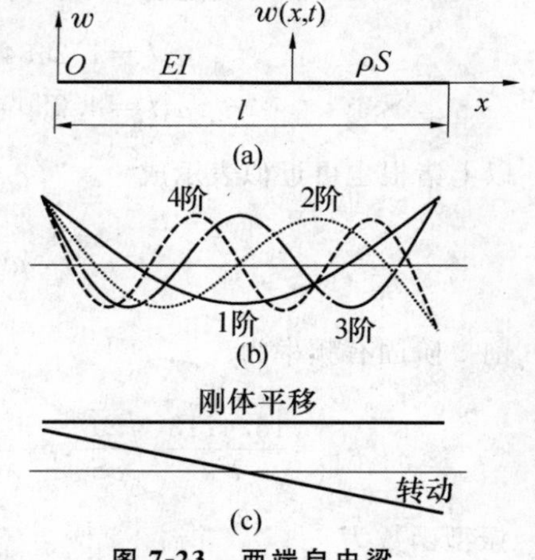

图 7-23　两端自由梁

自由梁还需要考虑 $\mu=0$。此时振型通解为式(7.58),于是边界条件(d)和(e)表现为

$$\phi''(0)=2B_3+6B_4\times 0=0,\phi'''(0)=6B_4=0$$

$$\phi''(l)=2B_3+6B_4\times l=0,\phi'''(l)=6B_4=0$$

即

$$B_3=0,B_4=0$$

从而振型函数退化为

$$\phi(x)=B_1+B_2x \tag{7.64}$$

这正是没有变形的平移和转动的模态组合,它们恰好对应于二重的重频0。一般用随中心平移和绕中心转动两个模态来表示,如图7-23(c)所示。

3. **左端固定右端简支**

其边界条件为

$$x=0 \qquad \phi(0)=0 \quad \phi'(0)=0 \tag{a}$$

$$x=l \qquad \phi(l)=0 \quad \phi''(l)=0 \tag{b}$$

将条件(a)代入式(7.56)和式(7.59)的第一式，得

$$B_1=-B_3, B_2=-B_4 \tag{c}$$

将条件(b)代入式(7.56)和式(7.59)的第二式，并将式(c)代入得

$$\left.\begin{aligned}(\cos\mu l-\cosh\mu l)B_1+(\sin\mu l-\sinh\mu l)B_2=0\\-(\cos\mu l+\cosh\mu l)B_1-(\sin\mu l+\sinh\mu l)B_2=0\end{aligned}\right\}$$

B_1, B_2 具有非零解的条件是

$$\begin{vmatrix}\cos\mu l-\cosh\mu l & \sin\mu l-\sinh\mu l\\-\cos\mu l-\cosh\mu l & -\sin\mu l-\sinh\mu l\end{vmatrix}=0$$

上式展开后，即得频率方程

$$\tanh\mu l=\tan\mu l$$

用数值方法可确定前 5 个根为

$$\mu_1 l=1.2484\pi \qquad \mu_2 l=2.2500\pi \qquad \mu_3 l=3.2506\pi$$

$$\mu_4 l=4.2500\pi \qquad \mu_5 l=5.2499\pi$$

以上诸根也可近似表示成

$$\mu_i l=\left(i+\frac{1}{4}\right)\pi$$

前 3 阶固有频率为

$$p_1=\frac{15.4213}{l^2}\sqrt{\frac{EI}{\rho S}}, p_2=\frac{49.9649}{l^2}\sqrt{\frac{EI}{\rho S}}, p_3=\frac{104.2477}{l^2}\sqrt{\frac{EI}{\rho S}} \tag{7.65}$$

振型函数为

$$\phi_i(x)=\sin\mu_i x-\sinh\mu_i x-\frac{\sin\mu_i l+\sinh\mu_i l}{\cos\mu_i l+\cosh\mu_i l}(\cos\mu_i x-\cosh\mu_i x) \tag{7.66}$$

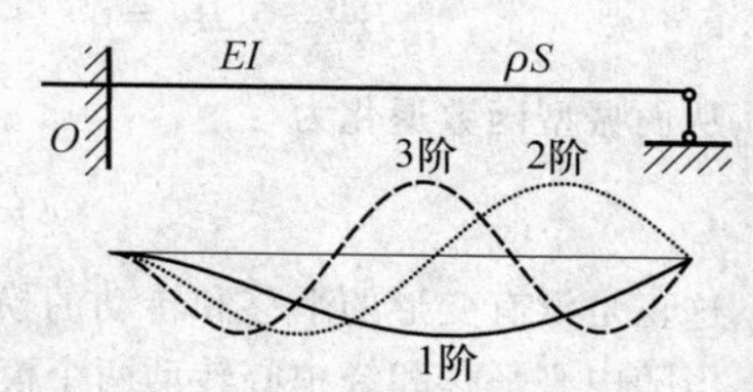

图 7-24　左固定右简支梁

前 3 阶振型如图 7-24 所示。

常见的简单梁固有频率和振型见表 7-2。

表 7-2　简单梁的固有频率和振型

类型	频率方程	低阶固有频率[1]	振型示意图	振型函数
双端简支	$\sin\mu l=0$ 显式解： $\mu_i l=i\pi$	$\mu_i l=i\pi$	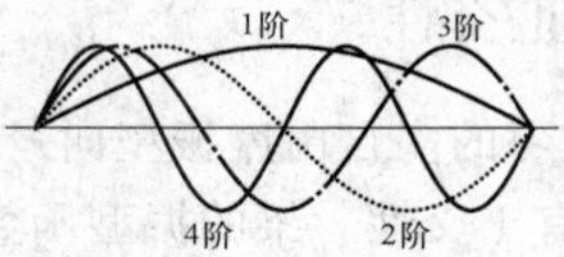 1阶 3阶 4阶 2阶	$\phi_i(x)=\sin\mu_i x=\sin\frac{i\pi}{l}x$
悬臂梁	$\cos\mu l\cosh\mu l+1=0$ 近似根： $\mu_i l\approx\left(i-\frac{1}{2}\right)\pi$ $(i\geqslant5)$	$\mu_1 l=0.5969\pi$ $\mu_2 l=1.4942\pi$ $\mu_3 l=2.5002\pi$ $\mu_4 l=3.5000\pi$	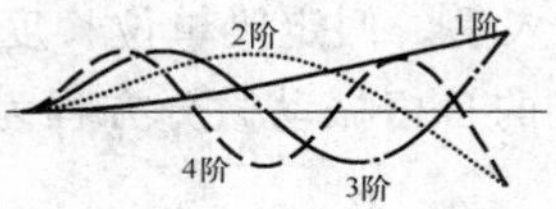 2阶 1阶 4阶 3阶	$\phi_i(x)=\cosh\mu_i x-\cos\mu_i x-\frac{\sinh\mu_i l-\sin\mu_i l}{\cosh\mu_i l+\cos\mu_i l}(\sinh\mu_i x-\sin\mu_i x)$ 注：左端固定
双端固定	$\cos\mu l\cosh\mu l-1=0$ 近似根： $\mu_i l\approx\left(i+\frac{1}{2}\right)\pi$ $(i\geqslant1)$	$\mu_1 l=1.5056\pi$ $\mu_2 l=2.4998\pi$ $\mu_3 l=3.5000\pi$ $\mu_4 l=4.5000\pi$	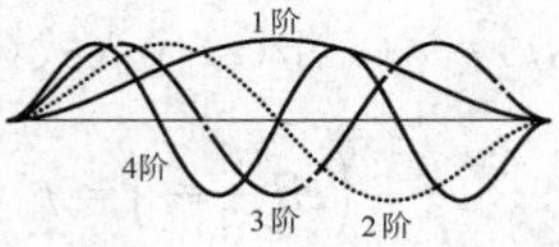 1阶 4阶 3阶 2阶	$\phi_i(x)=\cosh\mu_i x-\cos\mu_i x-\frac{\cosh\mu_i l-\cos\mu_i l}{\sinh\mu_i l-\sin\mu_i l}(\sinh\mu_i x-\sin\mu_i x)$
双端自由	$\cos\mu l\cosh\mu l-1=0$ 近似根： $\mu_i l\approx\left(i+\frac{1}{2}\right)\pi$ $(i\geqslant1)$	两个 0 频除外 $\mu_1 l=1.5056\pi$ $\mu_2 l=2.4998\pi$ $\mu_3 l=3.5000\pi$ $\mu_4 l=4.5000\pi$	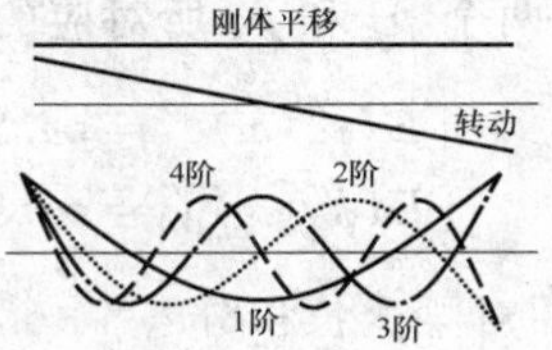 刚体平移 转动 4阶 2阶 1阶 3阶	非刚体： $\phi_i(x)=\cosh\mu_i x+\cos\mu_i x-\frac{\cosh\mu_i l-\cos\mu_i l}{\sinh\mu_i l-\sin\mu_i l}(\sinh\mu_i x+\sin\mu_i x)$
固定简支	$\tanh\mu l-\tan\mu l=0$ 近似根： $\mu_i l\approx\left(i+\frac{1}{4}\right)\pi$ $(i\geqslant1)$	$\mu_1 l=1.2499\pi$ $\mu_2 l=2.2500\pi$ $\mu_3 l=3.2500\pi$ $\mu_4 l=4.2500\pi$	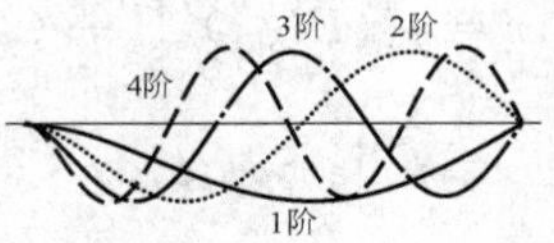 3阶 2阶 4阶 1阶	$\phi_i(x)=\sin\mu_i x-\sinh\mu_i x-\frac{\sin\mu_i l+\sinh\mu_i l}{\cos\mu_i l+\cosh\mu_i l}(\cos\mu_i x-\cosh\mu_i x)$ 注：左固定右简支
简支自由	$\tanh\mu l-\tan\mu l=0$ 近似根： $\mu_i l\approx\left(i+\frac{1}{4}\right)\pi$ $(i\geqslant1)$	$\mu_1 l=1.2499\pi$ $\mu_2 l=2.2500\pi$ $\mu_3 l=3.2500\pi$ $\mu_4 l=4.2500\pi$	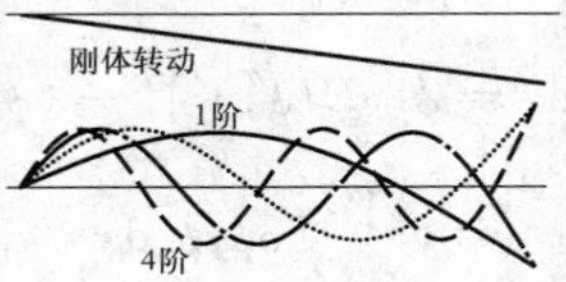 刚体转动 1阶 4阶	非刚体： $\phi_i(x)=\sin\mu_i x+\frac{\sin\mu_i l}{\sinh\mu_i l}\sinh\mu_i x$ 注：左简支右自由

注：[1] 频率计算公式 $p_i=\mu_i^2\sqrt{\frac{EI}{\rho S}}$。

7.6 梁的响应

7.6.1 振型函数的正交性

第 4 章和第 5 章学习的多自由度振型向量，以及本章 7.1 节、7.2 节和 7.3 节讨论的振型函数，都具有正交性。梁的振型函数同样具有正交性或加权正交性(不均匀梁)，尽管其表达式中不仅有三角函数，还有双曲函数。

本节先从变截面梁入手。假定梁单位长度质量 $S(x)\rho(x)$ 和抗弯刚度 $EI(x)$ 都是 x 的已知函数。梁的自由振动微分方程为[从式(7.48)退化]

$$\rho S\,\frac{\partial^2 w}{\partial t^2}+\frac{\partial^2}{\partial x^2}\left(EI\,\frac{\partial^2 w}{\partial x^2}\right)=0 \tag{7.67}$$

用分离变量法，将 $w(x,t)=\phi(x)q(t)$ 代入式(7.67)得

$$\frac{\mathrm{d}^2}{\mathrm{d}x^2}\left(EI\,\frac{\mathrm{d}^2\phi}{\mathrm{d}x^2}\right)=p^2 S\rho\phi(x) \tag{7.68}$$

从上式可解出任意两个 p_i 和 p_j 所对应的振型函数 $\phi_i(x)$ 和 $\phi_j(x)$，即

$$[EI\phi''_i(x)]''=p_i{}^2 S\rho\phi_i(x) \tag{7.69}$$

$$[EI\phi''_j(x)]''=p_j{}^2 S\rho\phi_j(x) \tag{7.70}$$

用 $\phi_j(x)$乘式(7.69)，并对梁全长积分

$$\int_0^l \phi_j(EI\phi''_i)''\mathrm{d}x=\phi_j(EI\phi''_i)'\big|_0^l-(\phi'_jEI\phi''_i)\big|_0^l+\int_0^l EI\phi''_i\phi''_j\mathrm{d}x$$

$$=p_i^2\int_0^l S\rho\phi_i\phi_j\mathrm{d}x \tag{7.71}$$

再取 $\phi_i(x)$乘式(7.70)，并对梁全长积分

$$\int_0^l \phi_i(EI\phi''_j)''\mathrm{d}x=\phi_i(EI\phi''_j)'\big|_0^l-(\phi'_iEI\phi''_j)\big|_0^l+\int_0^l EI\phi''_j\phi''_i\mathrm{d}x$$

$$=p_j^2\int_0^l S\rho\phi_j\phi_i\mathrm{d}x \tag{7.72}$$

式(7.71)－式(7.72)得

$$(p_i^2-p_j^2)\int_0^l S\rho\phi_i\phi_j\mathrm{d}x=\phi_j(EI\phi''_i)'\big|_0^l-(\phi'_jEI\phi''_i)\big|_0^l-$$

$$\phi_i(EI\phi''_j)'\big|_0^l + (\phi'_i EI\phi''_j)\big|_0^l \tag{7.73}$$

1. **简单边界**

简单边界条件有:固定端、铰支端和自由端。这 3 类边界条件在振型函数上的表现为:

固定端

$$\left.\begin{aligned} \phi(x) &= 0 \\ \phi'(x) &= 0 \end{aligned}\right\} \quad x = 0 \text{ 或 } x = l \tag{7.74}$$

铰支端

$$\left.\begin{aligned} \phi(x) &= 0 \\ EI\phi''(x) &= 0 \end{aligned}\right\} \quad x = 0 \text{ 或 } x = l \tag{7.75}$$

自由端

$$\left.\begin{aligned} EI(x)\phi''(x) &= 0 \\ [EI(x)\phi''(x)]' &= 0 \end{aligned}\right\} \quad x = 0 \text{ 或 } x = l \tag{7.76}$$

对上述 3 类简单边界,式(7.73)右端都为 0。故只要 $p_i^2 \neq p_j^2$,便有

$$\int_0^l S\rho\phi_i\phi_j\,\mathrm{d}x = 0 \tag{7.77}$$

即在简单支承条件下,振型 $\phi_i(x)$ 与 $\phi_j(x)$ 关于 $S(x)\rho(x)$ 正交,有时也称以 $S(x)\rho(x)$ 为权的加权正交。

将上式代入式(7.71)或式(7.72),便得

$$\int_0^l EI\phi''_i\phi''_j\,\mathrm{d}x = 0 \tag{7.78}$$

即在简单支承条件下,振型二阶导函数 $\phi''_i(x)$ 与 $\phi''_j(x)$ 对于刚度 $EI(x)$ 也具有正交性。

若为等截面梁,则上述两振型函数的正交性可简化为

$$\left.\begin{aligned} \int_0^l \phi_i\phi_j\,\mathrm{d}x &= 0 \\ \int_0^l \phi''_i\phi''_j\,\mathrm{d}x &= 0 \end{aligned}\right\} \quad (i \neq j) \tag{7.79}$$

振型函数正交性的物理意义是:主振动 $w_i(x,t) = \phi_i(x)q_i(t)$ 不会激发主振动 $w_j(x,t) = \phi_j(x)q_j(t)$,即对应于 w_i 的惯性力与弹性力,在 w_j 上所做的功为

0。这反映了各阶主振动之间,既无惯性耦合作用,也无弹性耦合作用。

2. 端点有集中参数

需要注意的是:正交性与边界条件有关。例如悬臂梁右端有弹簧支撑时(如图 7-20),其边界条件为

$$\left.\begin{aligned} EI\phi''(l)=0 \\ [EI\phi''(l)]'\,|_{x=l}=k\phi(l) \end{aligned}\right\}$$

将其代入式(7.73 和式(7.71),即得一端有弹性支承的振型函数正交性为

$$\left.\begin{aligned} \int_0^l S\rho\phi_i\phi_j\,\mathrm{d}x=0 \\ \int_0^l EI\phi''_i\phi''_j\,\mathrm{d}x+k\phi_i(l)\phi_j(l)=0 \end{aligned}\right\} \tag{7.80}$$

再如悬臂梁右端有集中质量时(图 7-21),其边界条件为

$$\left.\begin{aligned} EI\phi''(l)=0 \\ [EI\phi''(l)]'=-mp^2\phi(l) \end{aligned}\right\}$$

将其代入式(7.73)和式(7.71),即得端点有集中质量的振型函数正交性为

$$\left.\begin{aligned} \int_0^l S\rho\phi_i\phi_j\,\mathrm{d}x+m\phi_i(l)\phi_j(l)=0 \\ \int_0^l EI\phi''_i\phi''_j\,\mathrm{d}x=0 \end{aligned}\right\}$$

3. 正则坐标

对 $i=j$,记式(7.77)的积分结果为 $\int_0^l S\rho\phi_i^2\,\mathrm{d}x=M_i$。$M_i$ 就是第 i 阶模态的广义质量。式(7.78)的积分则变为 $\int_0^l EI\phi''^2_i\,\mathrm{d}x=K_i$。$K_i$ 就是第 i 阶模态的广义刚度。

如振型函数 $\phi_i(x)$满足 $M_i=1$,则称其为正则振型函数,记为 $\phi_{Ni}(x)$。即有

$$\int_0^l S\rho\phi_{Ni}^2\,\mathrm{d}x=1 \tag{7.81}$$

将其代入式(7.71),即得

$$\int_0^l EI\phi''^2_{Ni}\,\mathrm{d}x=p_i^2$$

7.6.2　正则坐标变换

现将梁的挠度 $w(x,t)$ 表示成正则振型函数的级数

$$w(x,t)=\sum_{i=1}^{\infty}\phi_{\mathrm{N}i}(x)q_{\mathrm{N}i}(t) \tag{7.82}$$

其中 $q_{\mathrm{N}i}(t)$ 为系统的第 i 个正则坐标。将上式代入式(7.48)得

$$\rho S\sum_{i=1}^{\infty}\phi_{\mathrm{N}i}(x)\ddot{q}_{\mathrm{N}i}+\sum_{i=1}^{\infty}\left[EI\phi''_{\mathrm{N}i}(x)\right]''q_{\mathrm{N}i}=f_l(x,t)$$

对上式乘以 $\phi_{\mathrm{N}j}(x)\mathrm{d}x$，并沿梁全长积分，得

$$\sum_{i=1}^{\infty}\int_0^l\rho S\phi_{\mathrm{N}i}(x)\phi_{\mathrm{N}j}(x)\mathrm{d}x\ddot{q}_{\mathrm{N}i}+\sum_{i=1}^{\infty}\int_0^l\left[EI\phi''_{\mathrm{N}i}(x)\right]''\phi_{\mathrm{N}j}\mathrm{d}xq_{\mathrm{N}i}$$

$$=\int_0^l f_l(x,t)\phi_{\mathrm{N}j}\mathrm{d}x$$

利用正交关系式(7.77)和式(7.78)，上式中凡 $i\neq j$ 的项均为 0，只剩下 $i=j$ 的项。因而可得到不耦合的常微分方程

$$\ddot{q}_{\mathrm{N}j}+p_j^2q_{\mathrm{N}j}=Q_{\mathrm{N}j}(t)\quad(j=1,2,3,\cdots) \tag{7.83}$$

式中

$$Q_{\mathrm{N}j}=\int_0^l f_l(x,t)\phi_{\mathrm{N}j}(x)\mathrm{d}x \tag{7.84}$$

为对应第 i 阶振型的广义力。

这样就把连续梁的振动问题了变成无穷多个单自由度系统的问题。

7.6.3　初条件引起的响应

下面通过例题学习初激励所引起响应的分析方法。

例题 7-6　如图 7-25 所示均匀简支梁，当 $t=0$ 时，在 $x=x_1$ 处的微小区域 Δl 内受到冲击，微小区域 Δl 获得初速度 v。试分析该梁随后的自由振动。

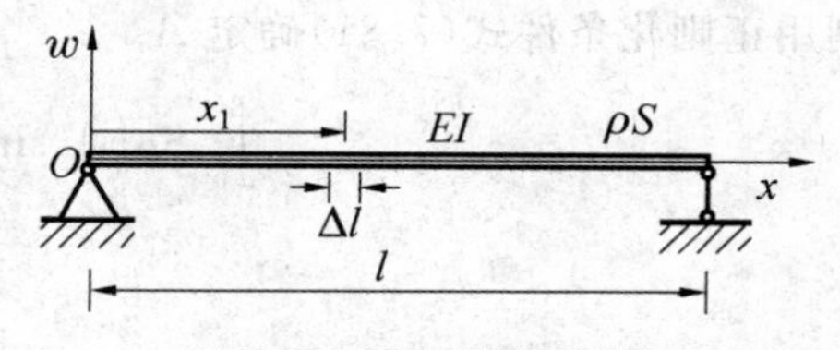

图 7-25　简支梁受到冲击

解：因 $t>0$ 后振动无外激励力，故 $Q_{\mathrm{N}i}=0$，式(7.83)变为

$$\ddot{q}_{Ni} + p_i^2 q_{Ni} = 0 \quad (i = 1,2,3,\cdots)$$

在第 2 章 2.1.2 节已经得到了它的响应

$$q_{Ni}(t) = q_{Ni}(0)\cos p_i t + \frac{\dot{q}_{Ni}(0)}{p_i}\sin p_i t \tag{7.85}$$

现在，需要将物理坐标下的初条件

$$w(x,0) = 0$$

$$\dot{w}(x,0) = v \quad \left(x_1 - \frac{\Delta l}{2} \leqslant x \leqslant x_1 + \frac{\Delta l}{2}\right)\text{，其它 } 0$$

变换到正则坐标 q_{Ni} 上。为此，按式(7.82)写出

$$w(x,0) = \sum_{i=1}^{\infty} \phi_{Ni}(x) q_{Ni}(0)$$

对上式两边同乘以 $S\rho\phi_{Nj}\mathrm{d}x$，并沿梁全长积分。再利用振型的正交性，得

$$q_{Nj}(0) = \int_0^l S\rho\phi_{Nj} w_0(x)\mathrm{d}x \tag{7.86}$$

同理可得

$$\dot{q}_{Nj}(0) = \int_0^l S\rho\phi_{Nj} \dot{w}_0(x)\mathrm{d}x \tag{7.87}$$

由 7.5.4 小节可知，简支梁的固有频率为

$$p_i = \frac{(i\pi)^2}{l^2}\sqrt{\frac{EI}{\rho S}}$$

相应的振型为

$$\phi_i(x) = A_i \sin\frac{i\pi}{l}x$$

利用正则化条件式(7.81)确定 A_i

$$\int_0^l S\rho\left(A_i \sin\frac{i\pi}{l}x\right)^2 \mathrm{d}x = 1$$

故

$$A_i = \sqrt{\frac{2}{S\rho l}}$$

即简支梁的正则振型为

$$\phi_{Ni}(x)=\sqrt{\frac{2}{S\rho l}}\sin\frac{i\pi}{l}x$$

将其代入式(7.86)和式(7.87)得

$$q_{Ni}(0)=0$$

$$\dot{q}_{Ni}(0)=\int_0^l S\rho\dot{w}_0\phi_{Ni}\,\mathrm{d}x=v\sqrt{\frac{2S\rho}{l}}\int_{x_1-\frac{\Delta l}{2}}^{x_1+\frac{\Delta l}{2}}\sin\frac{i\pi}{l}x\,\mathrm{d}x$$

$$=-\left(v\frac{l}{i\pi}\sqrt{\frac{2S\rho}{l}}\cos\frac{i\pi}{l}x\right)\Bigg|_{x_1-\frac{\Delta l}{2}}^{x_1+\frac{\Delta l}{2}}$$

$$=-\frac{vl}{i\pi}\sqrt{\frac{2S\rho}{l}}\left[\cos\frac{i\pi}{l}\left(x_1+\frac{\Delta l}{2}\right)-\cos\frac{i\pi}{l}\left(x_1-\frac{\Delta l}{2}\right)\right]$$

$$=\frac{vl}{i\pi}\sqrt{\frac{2S\rho}{l}}\,2\sin\frac{i\pi x_1}{l}\sin\frac{i\pi\Delta l}{2l}$$

当 $\Delta l\ll l$ 时，有 $\sin\frac{i\pi\Delta l}{2l}\approx\frac{i\pi\Delta l}{2l}$，这样

$$\dot{q}_{Ni}(0)=v\Delta l\sqrt{\frac{2S\rho}{l}}\sin\frac{i\pi}{l}x_1$$

将其代入式(7.85)，得正则坐标下的响应为

$$q_{Ni}(t)=\frac{v\Delta l}{p_i}\sqrt{\frac{2S\rho}{l}}\sin\frac{i\pi}{l}x_1\sin p_i t$$

再将上式代入式(7.82)，就得到物理坐标下的响应

$$w(x,t)=\frac{2v\Delta l}{l}\sum_{i=1}^{\infty}\frac{1}{p_i}\sin\frac{i\pi}{l}x_1\sin\frac{i\pi}{l}x\sin p_i t$$

如果在中点 $x_1=\frac{l}{2}$ 处受到冲击，则有

$$w(x,t)=\frac{2vl\Delta l}{\pi^2 c}\left(\sin\frac{\pi x}{l}\sin p_1 t-\frac{1}{9}\sin\frac{3\pi x}{l}\sin p_3 t+\frac{1}{25}\sin\frac{5\pi x}{l}\sin p_5 t-\cdots\right)$$

式中 $c=\sqrt{\frac{EI}{\rho S}}$。

位于 $x_1=\frac{l}{2}$ 的初始激励是对称的，故只能激出梁的对称模态。

此外，因各阶振型的贡献与 i^2 成反比例下降，故低阶振型在响应中起主导作用。这就是为什么工程实践中总是对低阶模态非常感兴趣的缘由（当然对强迫振动，还应关注接近激励频率的那些模态）。

7.6.4 任意激励的响应

对式(7.83)的 $Q_{Ni}(t)\neq 0$ 情形，由第3章式(3.78)有

$$q_{Ni}(t)=q_{Ni}(0)\cos p_i t+\frac{\dot{q}_{Ni}(0)}{p_i}\sin p_i t+\frac{1}{p_i}\int_0^t Q_{Ni}(\tau)\sin p_i(t-\tau)\mathrm{d}\tau \tag{7.88}$$

利用式(7.88)求解的一般步骤如下：

(1)先根据边界条件求得 p_i 和 $\phi_i(x)$，并由式(7.81)将振型正则化为 $\phi_{Ni}(x)$；

(2)利用式(7.86)和式(7.87)将物理坐标下的初条件变换成正则坐标下的初条件 $q_{Ni}(0)$，$\dot{q}_{Ni}(0)$；

(3)由式(7.84)求广义力 $Q_{Ni}(t)$，并代入式(7.88)的积分项求积，即得正则坐标下的动响应 $q_{Ni}(t)$；

(4)将 $q_{Ni}(t)$ 代入式(7.82)，便得到梁的物理坐标下的动响应 $w(x,t)$。

例题 7-7 求简支梁沿全长突然受到均匀分布载荷 f_0 作用后的响应。

解：例题7-6已经给出了简支梁的固有频率

$$p_i=\frac{(i\pi)^2}{l^2}\sqrt{\frac{EI}{\rho S}}$$

相应的正则振型为

$$\phi_{Ni}(x)=\sqrt{\frac{2}{S\rho l}}\sin\frac{i\pi}{l}x$$

现用式(7.84)求广义力

$$Q_{Ni}(t)=\int_0^l f_0\phi_{Ni}(x)\mathrm{d}x=f_0\sqrt{\frac{2}{S\rho l}}\int_0^l\sin\frac{i\pi x}{l}\mathrm{d}x$$

$$=f_0\sqrt{\frac{2}{S\rho l}}\,\frac{l}{i\pi}[1-(-1)^i]$$

将其代入式(7.88),得

$$
\begin{aligned}
q_{\mathrm{N}i}(t) &= \frac{1}{p_i}\int_0^t Q_{\mathrm{N}i}(\tau)\sin p_i(t-\tau)\mathrm{d}\tau \\
&= f_0\sqrt{\frac{2}{S\rho l}}\frac{l}{i\pi}[1-(-1)^i]\frac{1}{p_i}\int_0^t \sin p_i(t-\tau)\mathrm{d}\tau \\
&= f_0\sqrt{\frac{2l}{S\rho}}\frac{1-(-1)^i}{i\pi p_i^2}(1-\cos p_i t)
\end{aligned}
$$

将 $q_{\mathrm{N}i}(t)$ 代入式(7.82),即得物理坐标下梁的响应

$$
w(x,t)=\frac{4f_0 l^4}{\pi^5 EI}\sum_{i=1,3,5,\dots}^{\infty}\frac{1-\cos p_i t}{i^5}\sin\frac{i\pi}{l}x
$$

可按与时间是否有关,将上式分解为

$$
w(x,t)=\frac{4f_0 l^4}{\pi^5 EI}\sum_{i=1,3,5,\dots}\frac{1}{i^5}\sin\frac{i\pi x}{l}+\frac{4f_0 l^4}{\pi^5 EI}\sum_{i=1,3,5,\dots}\left(-\frac{1}{i^5}\sin\frac{i\pi x}{l}\cos p_i t\right)
$$

其中第一项表示分布载荷 f_0 引起的静位移,第二项是自由振动。由于级数项与 i^5 成反比,所以收敛很快,即使仅取第一项,所得结果就与精确解十分接近了。

例题 7-8　振动压路机停在桥上某处工作,可简化成如图 7-26 所示的模型,即均匀简支梁在 $x=x_1$ 处受集中简谐激励 $f_0\sin\omega t$。设梁的单位长度质量为 ρS。分析梁的稳态响应。

解:已知简支梁的固有频率为

$$
p_i=\frac{(i\pi)^2}{l^2}\sqrt{\frac{EI}{\rho S}}
$$

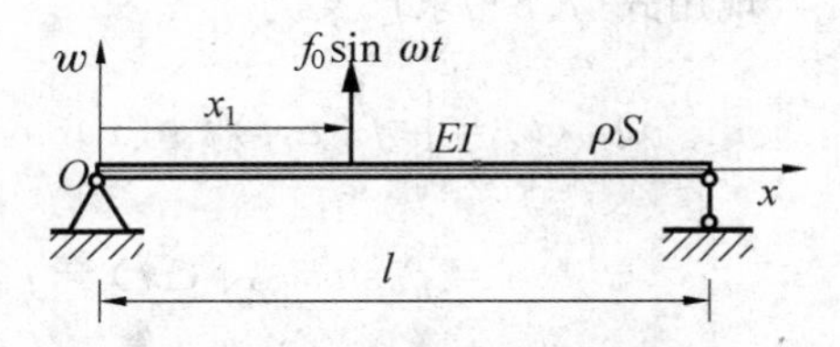

图 7-26　振动压路机模型

相应的正则振型为

$$
\phi_{\mathrm{N}i}(x)=\sqrt{\frac{2}{S\rho l}}\sin\frac{i\pi}{l}x
$$

设 $t=0$ 时,$w_0(x)=0,\dot{w}_0(x)=0$,故 $q_{\mathrm{N}i}(0)=0,\dot{q}_{\mathrm{N}i}(0)=0$。

本题的载荷为集中力。按照 7.4.3 节的处理方法,集中力的分布要使用 δ 函数。这里为 $f_l(x,t)=f_0\sin\omega t\times\delta(x-x_1)$,相应地,广义力 $Q_{\mathrm{N}i}(t)$ 为

$$
Q_{\mathrm{N}i}=f_0\sin\omega t\,\phi_{\mathrm{N}i}(x_1)=f_0\sqrt{\frac{2}{S\rho l}}\sin\frac{i\pi x_1}{l}\sin\omega t
$$

将其代入式(7.88)进行积分,得

$$q_{Ni}(t)=\sqrt{\frac{2}{S\rho l}}\ \frac{f_0}{p_i^2-\omega^2}\sin\frac{i\pi}{l}x_1\left(\sin\omega t-\frac{\omega}{p_i}\sin p_i t\right)$$

将 $q_{Ni}(t)$代入式(7.82),便得在物理坐标下的响应

$$w(x,t)=\frac{2f_0}{S\rho l}\sum_{i=1}^{\infty}\frac{1}{p_i^2-\omega^2}\sin\frac{i\pi}{l}x_1\sin\frac{i\pi}{l}x\left(\sin\omega t-\frac{\omega}{p_i}\sin p_i t\right)$$

从上式可以看出:当激励频率 ω 趋近任一阶固有频率 p_i 时,即 $\omega\to p_i$,$w(x,t)$将按 $\phi_{Ni}(x)$的形态发生共振,故弹性体有无限多个共振频率。但若 $\sin\frac{i\pi}{l}x_1=0$(这意味着 x_1 正好处于 $\phi_{Ni}(x)$的节点,激励在振型节点上不做功),则系统不会发生共振。在模态实验中,如果激振位置恰好位于某阶振型的节点,那么该阶模态激不出来,因而它的参数便无法可靠地测量出来。

若激励是非简谐周期力,则可按第 3 章 3.5 节的方法将其展成傅立叶级数来处理。

例题 7-9 在例 7-8 中,如振动压路机匀速过桥,则可简化为正弦力以匀速 v 移动,即 $x_1=vt$。求梁的响应。

解:梁的固有频率和相应的正则振型如上例。初条件仍为:$q_{Ni}(0)=0$,$\dot{q}_{Ni}(0)=0$。

现用式(7.84)求广义力

$$Q_{Ni}(t)=\int_0^l f(x,t)\phi_{Ni}(x)\mathrm{d}x=\int_0^l f_0\sin\omega t\delta(x-vt)\phi_{Ni}(x)\mathrm{d}x$$

$$=f_0\sin\omega t\phi_{Ni}(vt)=f_0\sqrt{\frac{2}{S\rho l}}\sin\frac{i\pi vt}{l}\sin\omega t$$

式中 $\delta(x-vt)$是 δ 函数。如令 $\omega_i=\frac{i\pi v}{l}$,则上式可写为

$$Q_{Ni}(t)=f_0\sqrt{\frac{1}{2S\rho l}}[\cos(\omega_i-\omega)t-\cos(\omega_i+\omega)t]$$

将其代入式(7.83),积分后得

$$q_{Ni}(t)=f_0\sqrt{\frac{1}{2S\rho l}}\left\{\frac{1}{p_i^2-(\omega_i-\omega)^2}[\cos(\omega_i-\omega)t-\cos p_i t]-\right.$$

$$\left.\frac{1}{p_i^2-(\omega_i+\omega)^2}\left[\cos(\omega_i+\omega)t-\cos p_i t\right]\right\}$$

将 $q_{Ni}(t)$ 代入式(7.88)，即得梁在物理坐标下的响应

$$w(x,t)=\frac{f_0}{S\rho l}\sum_{i=1}^{\infty}\sin\frac{i\pi x}{l}\left[\frac{\cos(\omega_i-\omega)t-\cos p_i t}{p_i^2-(\omega_i-\omega)^2}-\frac{\cos(\omega_i+\omega)t-\cos p_i t}{p_i^2-(\omega_i+\omega)^2}\right]$$

第 7 章习题

7.1　如图 T7.1 所示，用张力 F_T 拉紧的一根细弦左端固定，右端连接于小车 m，后者悬挂于弹簧 k 的下端。弦长 l，单位长度弦的质量为 ρ_l。求弦横向振动的频率方程。

7.2　均质杆左端固定，右端有集中质量 m，m 与弹簧 k 相连，如图 T7.2 所示。已知：杆长 l，截面积 S，密度 ρ，弹性模量 E。求系统作纵向自由振动的频率方程。

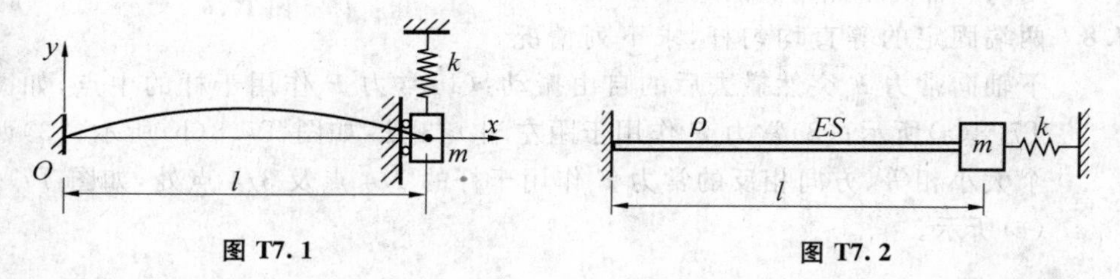

图 T7.1　　　　图 T7.2

7.3　均质阶梯杆密度 ρ，横截面分别为 S_1 和 S_2。求阶梯杆纵向振动的固有频率方程。

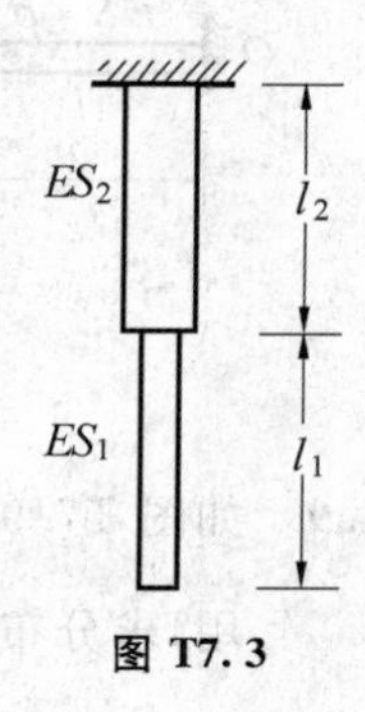

图 T7.3

7.4　等直圆轴两端各固定一个相同的刚性圆盘，如图 T7.4 所示。轴长 l，密度 ρ，剪切模量 G。圆轴对自身轴线的转动惯量为 J_p；圆盘对轴线的转动惯量为 J_0。求系统扭转振动的频率方程。

7.5　等直圆轴的一端固定，另一端和扭转弹簧相连。轴的密度 ρ，抗扭刚度为 GI_P。扭转弹簧的刚度为 k。试求系统扭振的频率方程。

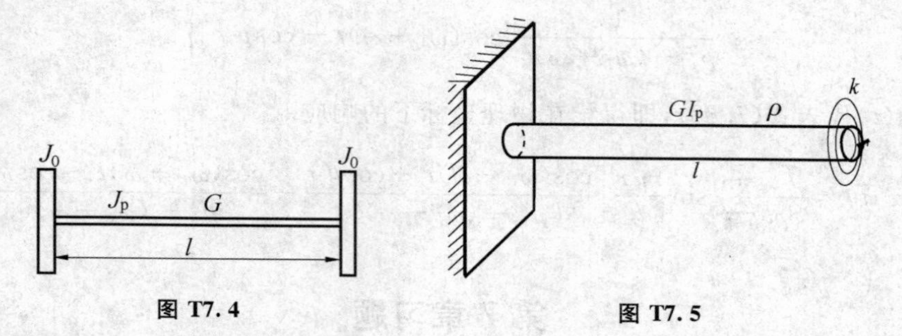

图 T7.4　　　　图 T7.5

7.6　以匀角速度 ω 转动的圆轴，某瞬时其左端突然被固定（急刹车）。求轴扭转振动的响应。

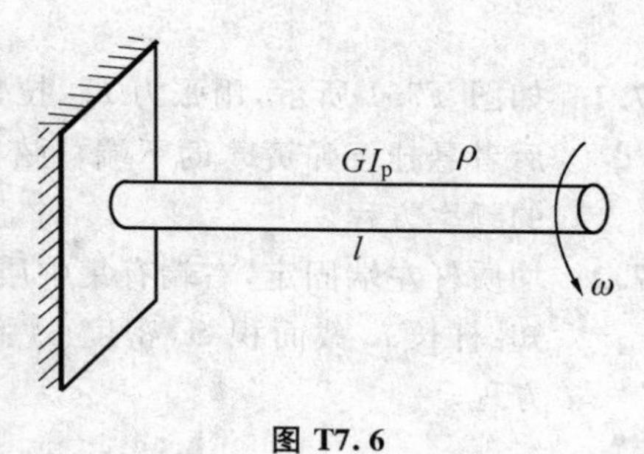

图 T7.6

7.7　等直杆沿纵向以等速度 v 向右运动。求下列情况下杆的自由振动：(1)杆的左端突然固定；(2)杆的右端突然固定；(3)杆的中点突然固定。

7.8　两端固定的等直均匀杆，求下列情况下轴向常力 $\boldsymbol{F}$ 突然撤去后的自由振动：(1)常力 $\boldsymbol{F}$ 作用于杆的中点，如图 T7.8(a)所示；(2)常力 $\boldsymbol{F}$ 作用于距左端 1/3 处，如图 T7.8(b)所示；(3)两个大小相等、方向相反的常力 $\boldsymbol{F}$ 作用于杆的 1/4 点及 3/4 点处，如图 T7.8(c)所示。

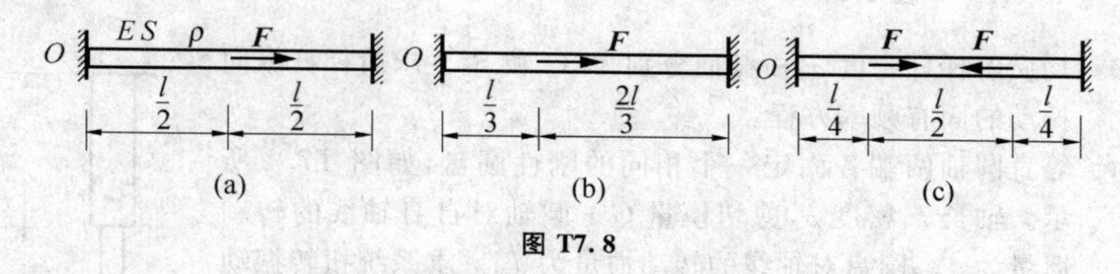

图 T7.8

7.9　如图 T7.9 所示，一端固定一端自由的等直杆受到均匀分布力 $f_l=\dfrac{F_0}{l}$ 的作用，求分布力突然撤去后的响应。

7.10　一端固定一端自由的等直杆，受轴向均布的干扰力 $f_l(t)=\dfrac{F_0}{l}\sin\omega t$ 作用。试求稳态强迫振动的解。

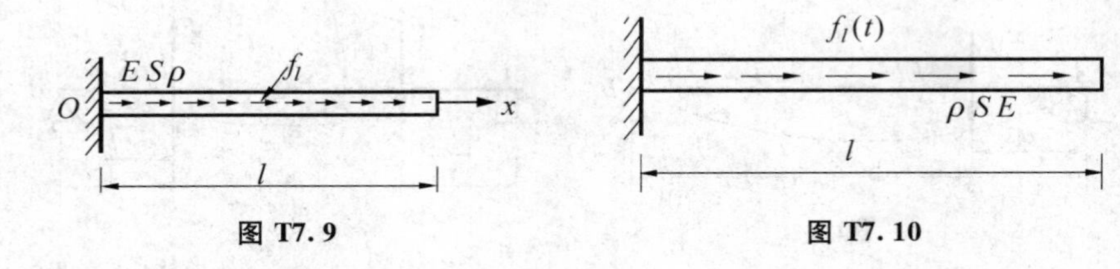

图 T7.9　　　　图 T7.10

7.11　两端自由的等直杆，中点作用一轴向力 $f(t)=f_0\left(\frac{t}{t_0}\right)^2$，其中 f_0、t_0 为常数。假设杆初始处于静止，求杆的响应。

7.12　悬臂梁如图 T7.12 所示，自由端附加有集中质量 m，梁的抗弯刚度为 EI，密度 ρ。求梁作横向振动的频率方程。

7.13　悬臂梁自由端用刚度为 k 的弹簧支承，如图 T7.13 所示。求梁作横向振动的频率方程。

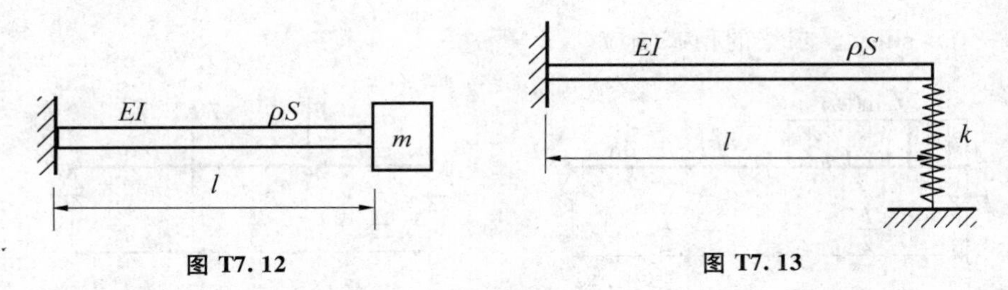

图 T7.12　　　　图 T7.13

7.14　图 T7.14 所示简支梁，在其中点受到力 $\boldsymbol{F}$ 作用而产生静变形。已知梁长度为 l，弯曲刚度 EI，密度 ρ。求当力 $\boldsymbol{F}$ 突然取消后梁的响应。

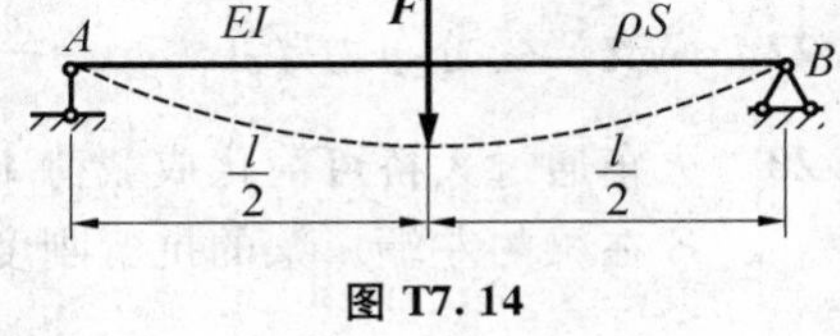

图 T7.14

7.15　上题中，如果力 $\boldsymbol{F}$ 突然加在静止简支梁的中点。求梁的响应。

7.16　在 $t=0$ 时，某简支梁的两个端点速度为 0，其他位置具有横向速度 v_0。求梁的响应。

7.17　假定简支梁受到集度为 f_l 的均匀分布力，求分布力突然撤去时梁的响应。

7.18　求下列情况下常力 $\boldsymbol{F}$ 突然撤去时，等截面简支梁的自由振动：(1)图 T7.18(a)所示 $\boldsymbol{F}$ 作用于 $x=a$ 处；(2)图 T7.18(b)所示两个大小相等、方向相反的常力 $\boldsymbol{F}$ 作用于梁的 1/4 点及 3/4 点处。

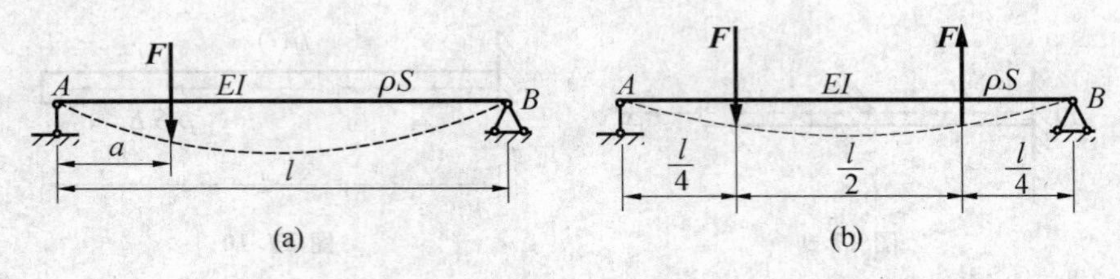

图 T7.18

7.19 简支梁受到正弦分布的横向干扰力 $f_l(x,t)=f_{l0}\sin\dfrac{\pi x}{l}\sin\omega t$ 作用。梁的抗弯刚度为 EI，密度 ρ。求简支梁的响应。

7.20 图 T7.20 所示简支梁，在左半跨受横向分布干扰力 $f_l\sin\omega t$ 的作用。梁的抗弯刚度 EI，密度 ρ。求梁中点的振幅。

7.21 图 7.21 的简支梁，距左端 $\dfrac{l}{3}$ 和 $\dfrac{2l}{3}$ 处分别作用两个横向干扰力 $f(t)=f_0\sin\omega t$。求梁的稳态响应。

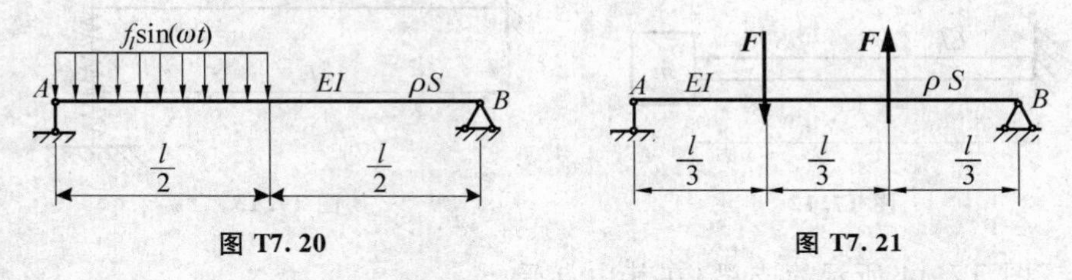

图 T7.20　　　　图 T7.21

7.22 简支梁受分布力 $f_l(x,t)=\dfrac{x}{l}f_{l0}\sin\omega t$ 的作用。求梁的稳态响应。

7.23 火车通过大桥可简化成载荷 $\boldsymbol{F}$ 沿简支梁以等速 v 向右运动，初始集中载荷 $\boldsymbol{F}$ 在梁的左端。梁的抗弯刚度为 EI，密度 ρ。求梁受迫振动的响应。

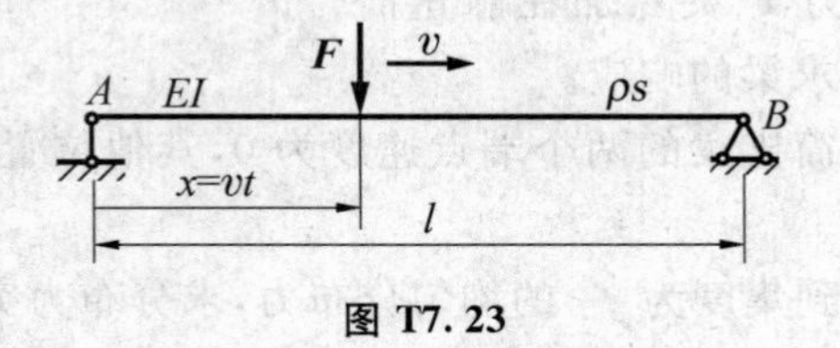

图 T7.23

习题参考答案

第2章

2.1 $m\ddot{x}+kx=0$

2.2 $m\ddot{x}+(k_1+k_2)x=0$

2.3 $m\ddot{x}_r+(k-m\omega^2)x_r=0$

2.4 $p=\sqrt{\frac{g}{l}\sin\theta}$

2.5 $p=\sqrt{\frac{S_0(S_1+S_2)g}{hS_0(S_1+S_2)+S_1S_2l}}$

2.6 $\frac{1}{3}ml^2\ddot{\theta}+m\frac{a^2}{h}g\theta=0$；$p=\frac{a}{l}\sqrt{\frac{3g}{h}}$

2.7 $T_n=2\pi\sqrt{\frac{a}{\mu g}}$

2.8 $p=\sqrt{\frac{3}{2\sqrt{2}}\frac{g}{l}}=1.0299\sqrt{\frac{g}{l}}$

2.9 $T_n=2\pi\sqrt{\frac{mR(R-r)}{NrF_{T0}}}$

2.10 $g=\frac{m}{m_1}\left(\frac{2\pi}{T_n}\right)^2\Delta l$

2.11 $x(t)=\delta_{st}+2\delta_{st}\cos\sqrt{\frac{g}{\delta_{st}}}t$

2.12 $T_n=2\pi\sqrt{\frac{m}{k}}$；$A=\sqrt{\frac{mg}{k}\left(\frac{mg}{k}\sin^2\alpha+2h\right)}$

2.13 $h=\frac{mg}{k}-2\delta=4(\text{cm})$

2.14 $p=\sqrt{\frac{2k}{m_1+2m}}$

2.15 $p=\left(1+\frac{a}{R}\right)\sqrt{\frac{4k}{3m}}$

2.16 $p=\sqrt{\frac{m_1+2m}{2m_1+6m}\frac{g}{l}+\left(\frac{a}{l}\right)^2\frac{6k}{3m+m_1}}$

2.17 $p=\frac{l}{a}\sqrt{\frac{k}{m}}$

2.18 (1) $p=\sqrt{\frac{6}{7}\frac{k}{m}}$；

(2) $p=\sqrt{\frac{6}{7}\left(\frac{k}{m}-\frac{2g}{l}\right)}$

2.19 $p=\sqrt{\frac{ka^2}{mR^2+J}}$

2.20 $p=\sqrt{\frac{6}{5}\frac{g}{l}}$

2.21 $p=\sqrt{\frac{k_1R^2+k_2r^2}{m_1r^2+3m_2r^2/2+J}}$

2.22 $p=\sqrt{\frac{1}{m}\left(k_3+\frac{k_1k_2}{k_1+k_2}\right)}=\sqrt{\frac{5}{3}\frac{k}{m}}$

2.23 $m_{eq}=m\left(\frac{1}{3}\frac{l^2}{a^2}-\frac{l}{a}+1\right)$；$\frac{a}{l}=\frac{2}{3}$

2.24 $k_{eq}=k\left(1+\frac{b^2}{a^2}\right)$

2.25 $m_{eq}=m_v+\frac{m_s}{3}+\frac{J_O}{b^2}+m_t\left(\frac{a}{b}\right)^2$

2.26 $p=\sqrt{\frac{G}{J}\frac{I_2I_3l_1+I_1I_3l_2+I_1I_2l_3}{l_1(I_3l_2+I_2l_3)}}$

2.27 $p=\sqrt{\frac{k}{m}(1+\mu_k)}$；

$p=\sqrt{\frac{k}{m}\frac{\mu_k}{1+\mu_k}}$ 其中 $\mu_k=\frac{48EI}{l^3k}$

2.28 $p=\sqrt{\frac{k_T}{J+J'/3}}$

2.29 $T_n=2\pi\sqrt{\frac{ml^3}{3EI}\left(1+\frac{3\pi-8}{2\pi}\frac{\rho_l l}{m}\right)}=2\pi\sqrt{\frac{ml^3}{3EI}\left(1+0.2268\frac{\rho_l l}{m}\right)}$

2.30 $T_n=2\pi\sqrt{\frac{ml^3}{3EI}\left(1+\frac{33}{140}\frac{\rho_l l}{m}\right)}=2\pi\sqrt{\frac{ml^3}{3EI}\left(1+0.2357\frac{\rho_l l}{m}\right)}$

2.31 $p=\sqrt{\frac{512EI}{ml^3}}=22.63\sqrt{\frac{EI}{ml^3}}$（精确解 $22.37\sqrt{\frac{EI}{ml^3}}$）

2.32 $\zeta=0.0221$

2.33 $k=1.39$ MN/m

2.34 $\frac{1}{3}ml^2\ddot{\theta}+cl^2\dot{\theta}+ka^2\theta=0;p_d=\frac{a}{l}\sqrt{\frac{3k}{m}-\left(\frac{3cl}{2a}\right)^2}$

2.35 $\delta=2\pi\frac{a^2c}{\sqrt{4m^2l^3g-a^4c^2}}$

2.36 $p=9.4137$ rad/s；$c=5418$ N·s/m

2.37 $t=0.30$s；$|x_{max}|=0.528$ cm

2.38 $c=2m\sqrt{\frac{g}{\delta_{st}}};x(t)=v_0t\exp\left(-t\sqrt{\frac{g}{\delta_{st}}}\right)$

2.39 $c_c=43.92$ kN·s/m

第3章

3.1 $B=3.510$ mm，$\phi=2.231$ rad

3.2 无阻尼：$\beta=4.7619$，$x(t)=38.9\sin(11t-\pi)$ cm

有阻尼：$\beta=3.7444$，$x(t)=30.6\sin(11t-2.4756)$ cm

3.3 $c=64.9883$ N·s/m；$\zeta=0.0517$；$B=0.2715$ cm

3.4 $p=\sqrt{2p_d^2-\omega_m^2}$，$\zeta=\sqrt{\frac{p_d^2-\omega_m^2}{2p_d^2-\omega_m^2}}$

3.5 $m=\frac{p_2^2}{p_1^2-p_2^2}\Delta m$，$k=\frac{p_1^2p_2^2}{p_1^2-p_2^2}\Delta m$

3.6 0.0673 rad=3.86°

3.7 $M_0<14.34$

3.8 $ml^2\ddot{\theta}+4l^2c\dot{\theta}+9l^2k\theta=3lf_0\sin\omega t$

(1)$B=\frac{f_0}{4c}\sqrt{\frac{m}{k}}\cdot\sqrt{\frac{9mk}{9mk-4c^2}}\approx\frac{f_0}{4c}\sqrt{\frac{m}{k}}$；(2)$B=\frac{4f_0}{9k}\frac{1}{\sqrt{1+64c^2/(81mk)}}$

3.9 $m\ddot{x}+c\dot{x}+kx=kb\sin\omega t;B=\frac{b}{\sqrt{(1-\nu^2)^2+(2\zeta\nu)^2}}$，

其中 $\nu=\omega\sqrt{\frac{m}{k}};\zeta=\frac{c}{2\sqrt{mk}}$

3.10 $4m\ddot{x}+c\dot{x}+kx=kb\sin\omega t$；$B=\dfrac{2b}{\sqrt{(1-\nu^2)^2+(2\zeta\nu)^2}}$，

其中 $\nu=2\omega\sqrt{\dfrac{m}{k}}$；$\zeta=\dfrac{c}{4\sqrt{mk}}$

3.11 $x(t)=B\exp(-\zeta pt)\left(\sin\varphi\cos p_{d}t+\dfrac{\zeta p\sin\varphi-\omega\cos\varphi}{p_{d}}\sin p_{d}t\right)+B\sin(\omega t-\varphi)$，其中

$B=\dfrac{f_0}{\sqrt{(m\omega^2-k)^2+(c\omega)^2}}$

3.12 (1)$p=30\ \pi\text{rad/s}$；(2)$\zeta=0.0129$；(3)$B=1.27\ \text{mm}$

3.13 $\theta(t)=\dfrac{b}{l}\dfrac{\nu^2}{1-\nu^2}\sin\omega t$，其中 $\nu=\dfrac{\omega}{p}$，$p=\sqrt{\dfrac{g}{l}}$

3.14 $B=\dfrac{m_{r}}{m}\dfrac{\omega^2\delta_{st}}{g-\omega^2\delta_{st}}e$

3.15 (1)$f_{T}=5044\ \text{N}$；(2)$B=5.72\ \text{mm}$

3.16 $B=1.62\ \text{mm}$

3.17 $k=3.354\ \text{kN/m}$

3.18 $\eta_{T}=0.0643$

3.19 1.219 mm；6.25%；1.218 mm

3.20 $p\geqslant 2646\times 2\pi\ \text{rad/s}$

3.21 $f(t)=\dfrac{f_0}{2}-\dfrac{f_0}{\pi}\sum_{i=1}^{\infty}\dfrac{1}{i}\sin\dfrac{2\pi it}{T_{p}}$

3.22 $x(t)=\dfrac{f_0}{2k}-\dfrac{1}{\pi}\dfrac{f_0}{k}\sum_{i=1}^{\infty}\dfrac{1}{i(1-i^2\nu^2)}\sin\dfrac{2\pi it}{T_{p}}$，其中 $\nu=\dfrac{2\pi}{T_{p}}/p=\dfrac{2\pi}{T_{p}}\sqrt{\dfrac{m}{k}}$

3.23 略　　3.24 略

3.25 $x(t)=b(1-\cos pt)$

3.26 $x(t)=\dfrac{f_0}{k}\times\begin{cases}1-\cos pt & 0\leqslant t\leqslant t_1\\ 2\cos p(t-t_1)-\cos pt-1 & t_1\leqslant t\leqslant t_2\\ 2\cos p(t-t_1)-\cos pt-\cos p(t-t_2) & t_2\leqslant t\end{cases}$

3.27 $x(t)=\dfrac{f_0}{k}\dfrac{1}{pt_1}\times\begin{cases}pt_1(1-\cos pt)-pt+\sin pt & 0\leqslant t\leqslant t_1\\ -pt_1\cos pt+\sin pt-\sin p(t-t_1) & t_1\leqslant t\end{cases}$

3.28 $x(t)=\beta\dfrac{f_0}{k}\times\begin{cases}\sin\dfrac{\pi t}{t_1}-\dfrac{\pi}{pt_1}\sin pt & 0\leqslant t\leqslant t_1\\ -\dfrac{\pi}{pt_1}\sin pt\left[\sin p(t-t_1)+\sin pt\right] & t_1\leqslant t\end{cases}$

其中 $\beta=\dfrac{1}{1-\pi^2(pt_1)^{-2}}$

3.29 $x(t)=\dfrac{f_0}{k}\dfrac{1}{1+(pt_0)^{-2}}\times\left[\dfrac{\sin pt}{pt_0}-\cos pt+\exp(-t/t_0)\right]$

3.30 $\omega\neq p: x(t)=\dfrac{v_0}{\omega(1-\nu^2)}(\sin\omega t-\nu^3\sin pt)$，其中 $\nu=\dfrac{\omega}{p}, p=\sqrt{\dfrac{k}{m}}$

$\omega=p: x(t)=\dfrac{v_0}{2p}(3\sin pt-pt\cos pt)$，其中 $\nu=\dfrac{\omega}{p}, p=\sqrt{\dfrac{k}{m}}$

3.31 (1) $x(t)=a+\dfrac{a}{1-\nu^2}(\nu^2\cos pt-\cos\omega t) \qquad t<l/v$

(2) $x(t)=a\,\dfrac{\nu^2}{1-\nu^2}[\cos pt-\cos p(t-l/v)] \qquad t>l/v$

第4章

4.1 $x_1(t)=5\cos\sqrt{\dfrac{2k}{m}}t$ cm, $x_2(t)=-5\cos\sqrt{\dfrac{2k}{m}}t$ cm

4.2 $$\left.\begin{aligned}&\left(m_1+\frac{m_2}{2}\right)\ddot{x}_1-\frac{m_2}{2}\ddot{x}_2+(k_1+k_2)x_1-k_2x_2=0\\&-\frac{m_2}{2}\ddot{x}_1+\frac{3m_2}{2}\ddot{x}_2-k_2x_1+k_2x_2=0\end{aligned}\right\}$$

4.3 $$\left.\begin{aligned}&\frac{1}{3}m_1l_2^2\ddot{\theta}+(k_1l_1^2+k_2l_2^2)\theta-l_2k_2x_2=0\\&m_2\ddot{x}_2-l_2k_2\theta+k_2x_2=0\end{aligned}\right\}$$

4.4 $$\left.\begin{aligned}&m\ddot{x}+kx+ke\theta=0\\&J_C\ddot{\theta}+kex+(ke^2+k_T)\theta=0\end{aligned}\right\}$$

4.5 $$\begin{bmatrix}\rho Sl & 0\\ 0 & \rho Sl^3/12\end{bmatrix}\begin{Bmatrix}\ddot{x}_C\\ \ddot{\theta}_C\end{Bmatrix}+\begin{bmatrix}k_1+k_2 & (k_2-k_1)l/2\\ (k_2-k_1)l/2 & (k_1+k_2)l^2/4-mgl/2\end{bmatrix}\begin{Bmatrix}x_C\\ \theta_C\end{Bmatrix}$$
$$=\begin{Bmatrix}f_C(t)\\ M_C(t)\end{Bmatrix}$$

4.6 $$\begin{bmatrix}m_1 & 0\\ 0 & m_2\end{bmatrix}\begin{Bmatrix}\ddot{x}_1\\ \ddot{x}_2\end{Bmatrix}+\frac{1}{l}\begin{bmatrix}2F_T & -F_T\\ -F_T & 2F_T\end{bmatrix}\begin{Bmatrix}x_1\\ x_2\end{Bmatrix}=\begin{Bmatrix}0\\ 0\end{Bmatrix};$$

$$p_1=\sqrt{\frac{F_T}{ml}}, \{\phi\}_1=\begin{Bmatrix}1\\ 1\end{Bmatrix}; p_2=\sqrt{\frac{3F_T}{ml}}, \{\phi\}_2=\begin{Bmatrix}1\\ -1\end{Bmatrix}$$

4.7 $$p_1=\sqrt{(2-\sqrt{2})\frac{k}{J}}, \{\phi\}_1=\begin{Bmatrix}1\\ \sqrt{2}\end{Bmatrix}; p_2=\sqrt{(2+\sqrt{2})\frac{k}{J}}, \{\phi\}_2=\begin{Bmatrix}1\\ -\sqrt{2}\end{Bmatrix}$$

4.8 $$\left.\begin{aligned}&J_1\ddot{\theta}_1+k(\theta_1-\theta_2)=0\\&J_2\ddot{\theta}_2+k(\theta_2-\theta_1)=0\end{aligned}\right\}; p_1=0, \{\phi\}_1=\begin{Bmatrix}1\\ 1\end{Bmatrix}; p_2=\sqrt{\frac{3k}{2J}}, \{\phi\}_2=\begin{Bmatrix}2\\ -1\end{Bmatrix}$$

4.9 $$\begin{bmatrix}m & 0\\ 0 & 2m\end{bmatrix}\begin{Bmatrix}\ddot{x}_1\\ \ddot{x}_2\end{Bmatrix}+\begin{bmatrix}5k & -4k\\ -4k & 5k\end{bmatrix}\begin{Bmatrix}x_1\\ x_2\end{Bmatrix}=\begin{Bmatrix}0\\ 0\end{Bmatrix};$$

$$p_1=\frac{\sqrt{15-\sqrt{153}}}{2}\sqrt{\frac{k}{m}}=0.811\sqrt{\frac{k}{m}},\{\phi\}_1=\begin{Bmatrix}0.921\\1.000\end{Bmatrix}$$

$$p_2=\frac{\sqrt{15+\sqrt{153}}}{2}\sqrt{\frac{k}{m}}=2.616\sqrt{\frac{k}{m}},\{\phi\}_2=\begin{Bmatrix}-2.171\\1.000\end{Bmatrix}$$

4.10 $$\begin{bmatrix}m_1 & 0\\0 & m_2\end{bmatrix}\begin{Bmatrix}\ddot{x}_1\\\ddot{x}_2\end{Bmatrix}+24\begin{bmatrix}\frac{EI_1}{l_1^3}+\frac{EI_2}{l_2^3} & -\frac{EI_2}{l_2^3}\\-\frac{EI_2}{l_2^3} & \frac{EI_2}{l_2^3}\end{bmatrix}\begin{Bmatrix}x_1\\x_2\end{Bmatrix}=\begin{Bmatrix}f_1\\f_2\end{Bmatrix}$$

4.11 $$p_1=\sqrt{\frac{3-\sqrt{5}}{2}\frac{k}{m}},\{\phi\}_1=\begin{Bmatrix}1\\(\sqrt{5}-1)/2\end{Bmatrix};$$

$$p_2=\sqrt{\frac{3+\sqrt{5}}{2}\frac{k}{m}},\{\phi\}_2=\begin{Bmatrix}1\\-(1+\sqrt{5})/2\end{Bmatrix}$$

4.12 $$\begin{Bmatrix}x_1(t)\\x_2(t)\end{Bmatrix}=\frac{5+\sqrt{5}}{10}\begin{Bmatrix}1\\\frac{1+\sqrt{5}}{2}\end{Bmatrix}x_0\cos\sqrt{\frac{12(3-\sqrt{5})EI}{ml^3}}t+$$

$$\frac{5-\sqrt{5}}{10}\begin{Bmatrix}1\\\frac{1-\sqrt{5}}{2}\end{Bmatrix}x_0\cos\sqrt{\frac{12(3+\sqrt{5})EI}{ml^3}}t$$

4.13 $$\begin{Bmatrix}x_1(t)\\x_2(t)\end{Bmatrix}=\frac{5+\sqrt{5}}{10}\begin{Bmatrix}1\\\frac{\sqrt{5}-1}{2}\end{Bmatrix}\frac{v_0}{p_1}\sin p_1t+\frac{5-\sqrt{5}}{10}\begin{Bmatrix}1\\\frac{-\sqrt{5}-1}{2}\end{Bmatrix}\frac{v_0}{p_2}\sin p_2t,$$

$$p_{1,2}=\sqrt{\frac{3\pm\sqrt{5}}{2}\frac{k}{m}}$$

4.14 $$\begin{Bmatrix}\theta_1(t)\\\theta_2(t)\end{Bmatrix}=\frac{M_0\sqrt{2}}{2J}\frac{}{2}\begin{Bmatrix}\frac{1}{p_1^2-\omega^2}-\frac{1}{p_2^2-\omega^2}\\\frac{\sqrt{2}}{p_1^2-\omega^2}+\frac{\sqrt{2}}{p_2^2-\omega^2}\end{Bmatrix}\sin\omega t$$

4.15 $F_{\max}=7.0478$ kN

4.16 (1)$k_2=79.94$ kN/m；(2)$B_2=2.2$ mm；

(3)$m_2=2.50$ kg，$k_2=88.26$ kN/m

4.17 $\zeta_o=0.105$，$\nu_o=0.943$。

第5章

5.1 $$\begin{bmatrix}ml^2 & 0 & 0\\0 & ml^2 & 0\\0 & 0 & ml^2\end{bmatrix}\begin{Bmatrix}\ddot{\theta}_1\\\ddot{\theta}_2\\\ddot{\theta}_3\end{Bmatrix}+\begin{bmatrix}mlg+ka^2 & -ka^2 & 0\\-ka^2 & mlg+2ka^2 & -ka^2\\0 & -ka^2 & mlg+ka^2\end{bmatrix}\begin{Bmatrix}\theta_1\\\theta_2\\\theta_3\end{Bmatrix}=\begin{Bmatrix}0\\0\\0\end{Bmatrix}$$

5.2 $[\delta]=\frac{1}{k}\begin{bmatrix}1 & 1 & 1\\ 1 & 2 & 2\\ 1 & 2 & 3\end{bmatrix}$

5.3 $[\delta]=\frac{4}{k_2 l^2}\begin{bmatrix}1+4k_2/(9k_1) & 1\\ 1 & 1\end{bmatrix}$

5.4 $[K]=\frac{l^2}{16}\begin{bmatrix}9k_1 & -9k_1\\ -9k_1 & 9k_1+4k_2\end{bmatrix}$

5.5 $\begin{Bmatrix}x_1\\ x_2\end{Bmatrix}=\frac{a^3}{6EI}\begin{bmatrix}2 & 5\\ 5 & 16\end{bmatrix}\left[\begin{Bmatrix}f_1(t)\\ f_2(t)\end{Bmatrix}-\begin{bmatrix}m_1 & 0\\ 0 & m_2\end{bmatrix}\begin{Bmatrix}\ddot{x}_1\\ \ddot{x}_2\end{Bmatrix}\right]$

5.6 $\begin{cases}r\ddot{\theta}+2\dot{r}\dot{\theta}+g\sin\theta=0\\ m\ddot{r}-mr\dot{\theta}^2+kr-mg\cos\theta=kl_0\end{cases}$;微幅振动线性化$\begin{cases}r\ddot{\theta}+g\theta=0\\ m\ddot{r}+kr=kl_0+mg\end{cases}$

5.7 $\begin{cases}l\ddot{\theta}+\dfrac{m}{m+m_1}\ddot{x}\cos\theta+g\sin\theta=0\\ \dot{x}+\dfrac{5}{7}l\dot{\theta}\cos\theta=\text{常量}\end{cases}$

5.8 $\begin{Bmatrix}p_1\\ p_2\\ p_3\end{Bmatrix}=\begin{Bmatrix}\sqrt{2(1-\cos\pi/7)}\\ \sqrt{2(1-\cos3\pi/7)}\\ \sqrt{2(1-\cos5\pi/7)}\end{Bmatrix}\sqrt{\frac{k}{m}}=\begin{Bmatrix}0.4450\\ 1.2470\\ 1.8019\end{Bmatrix}\sqrt{\frac{k}{m}}$,

$[\Phi]=\begin{bmatrix}1.0000 & 1.0000 & 1.0000\\ 1.8019 & 0.4450 & -1.2470\\ 2.2470 & -0.8019 & 0.5550\end{bmatrix}$

5.9 $\begin{Bmatrix}p_1\\ p_2\\ p_3\end{Bmatrix}=\begin{Bmatrix}\dfrac{\sqrt{4-\sqrt{10}}}{2}\\ 1\\ \dfrac{\sqrt{4+\sqrt{10}}}{2}\end{Bmatrix}\sqrt{\frac{k}{m}}$,$[\Phi]=\begin{bmatrix}1 & 1 & 1\\ \sqrt{10} & 0 & -\sqrt{10}\\ 4 & -1 & 4\end{bmatrix}$

5.10 $\begin{Bmatrix}p_1\\ p_2\\ p_3\end{Bmatrix}=\begin{Bmatrix}0.3731\\ 1.3213\\ 2.0285\end{Bmatrix}\sqrt{\frac{k}{m}}$,$[\Phi]=\begin{bmatrix}1.0000 & 1.0000 & 1.0000\\ 1.8608 & 0.2541 & -2.1149\\ 2.1617 & -0.3407 & 0.6790\end{bmatrix}$

5.11 $\begin{Bmatrix}p_1\\ p_2\\ p_3\\ p_4\end{Bmatrix}=\begin{Bmatrix}0\\ \sqrt{2-\sqrt{2}}\\ \sqrt{2}\\ \sqrt{2+\sqrt{2}}\end{Bmatrix}\sqrt{\frac{k}{m}}$,$[\Phi]=\begin{bmatrix}1 & 1 & 1 & 1\\ 1 & \sqrt{2}-1 & -1 & -\sqrt{2}-1\\ 1 & -\sqrt{2}+1 & -1 & \sqrt{2}+1\\ 1 & -1 & 1 & -1\end{bmatrix}$

5.12 $\begin{Bmatrix} p_1 \\ p_2 \\ p_3 \end{Bmatrix}=8\begin{Bmatrix} \sqrt{16-11\sqrt{2}} \\ \sqrt{7} \\ \sqrt{16-11\sqrt{2}} \end{Bmatrix}\sqrt{\frac{6EI}{7ml^3}}=\begin{Bmatrix} 4.9333 \\ 19.5959 \\ 41.6064 \end{Bmatrix}\sqrt{\frac{EI}{ml^3}},[\Phi]=\begin{bmatrix} 1 & 1 & 1 \\ \sqrt{2} & 0 & -\sqrt{2} \\ 1 & -1 & 1 \end{bmatrix}$

5.13 $\begin{Bmatrix} p_1 \\ p_2 \\ p_3 \end{Bmatrix}=\begin{Bmatrix} 1 \\ \sqrt{\frac{9-\sqrt{13}}{2}} \\ \sqrt{\frac{9+\sqrt{13}}{2}} \end{Bmatrix}\sqrt{\frac{g}{l}},[\Phi]=\begin{bmatrix} 1 & 3+\sqrt{13} & 3-\sqrt{13} \\ 1 & 1 & 1 \\ 0 & \frac{-19-5\sqrt{13}}{2} & \frac{-19+5\sqrt{13}}{2} \end{bmatrix}$

5.14 $\begin{Bmatrix} p_1 \\ p_2 \\ p_3 \end{Bmatrix}=\begin{Bmatrix} 3.1589 \\ 7.4204 \\ 12.2865 \end{Bmatrix}\sqrt{\frac{EI}{mh^3}},[\Phi]=\begin{bmatrix} 1.0000 & 1.0000 & 1.0000 \\ 2.2921 & 1.3529 & -0.6450 \\ 3.9233 & -1.0453 & 0.1219 \end{bmatrix}$

5.15 $\begin{Bmatrix} x_1(t) \\ x_2(t) \\ x_3(t) \\ x_4(t) \end{Bmatrix}=\frac{vt}{2}\begin{Bmatrix} 1 \\ 1 \\ 1 \\ 1 \end{Bmatrix}+\frac{v}{2p_3}\begin{Bmatrix} 1 \\ -1 \\ -1 \\ 1 \end{Bmatrix}\sin p_3 t$,其中 $p_3=\sqrt{\frac{2k}{m}}$

5.16 $\begin{Bmatrix} \theta_1(t) \\ \theta_2(t) \\ \theta_3(t) \end{Bmatrix}=\frac{\alpha}{3}\begin{Bmatrix} 1 \\ 1 \\ 1 \end{Bmatrix}\cos p_1 t+\frac{\alpha}{3}\begin{Bmatrix} -1 \\ 2 \\ -1 \end{Bmatrix}\cos p_3 t$,其中 $p_1=\sqrt{\frac{g}{l}}$,$p_3=\sqrt{\frac{g}{l}+\frac{3ka^2}{ml^2}}$

5.17 $\begin{Bmatrix} x_1(t) \\ x_2(t) \\ x_3(t) \end{Bmatrix}=\frac{Fh^3}{144EI}\left(\begin{Bmatrix} 2.615 \\ 5.995 \\ 10.26 \end{Bmatrix}\cos p_1 t-\begin{Bmatrix} 0.6973 \\ 0.9432 \\ 0.7289 \end{Bmatrix}\cos p_2 t+\begin{Bmatrix} 0.08018 \\ -0.05169 \\ 0.00975 \end{Bmatrix}\cos p_3 t\right)$,

其中 $p_1=3.159\sqrt{\frac{EI}{mh^3}}$,$p_2=7.420\sqrt{\frac{EI}{mh^3}}$,$p_3=12.286\sqrt{\frac{EI}{mh^3}}$

5.18 $[\Phi]_N=\frac{1}{\sqrt{m}}\begin{bmatrix} 0.3280 & 0.7370 & -0.5910 \\ 0.5910 & 0.3280 & 0.7370 \\ 0.7370 & -0.5910 & -0.3280 \end{bmatrix}$

5.19 $[\Phi]_N=\frac{1}{4\sqrt{m}}\begin{bmatrix} 2 & \sqrt{4+2\sqrt{2}} & 2 & \sqrt{4-2\sqrt{2}} \\ 2 & \sqrt{4-2\sqrt{2}} & -2 & -\sqrt{4+2\sqrt{2}} \\ 2 & -\sqrt{4-2\sqrt{2}} & -2 & \sqrt{4+2\sqrt{2}} \\ 2 & -\sqrt{4+2\sqrt{2}} & 2 & -\sqrt{4-2\sqrt{2}} \end{bmatrix}$

5.20 $\begin{Bmatrix} p_1 \\ p_2 \\ p_3 \end{Bmatrix}=\begin{Bmatrix} 0 \\ 1 \\ \sqrt{2} \end{Bmatrix}\sqrt{\frac{k}{m}},[\Phi]=\begin{bmatrix} 1 & 1 & 1 \\ -1 & 1 & -1 \\ R^{-1} & 0 & -R^{-1} \end{bmatrix}$

5.21 $\begin{Bmatrix} p_1 \\ p_2 \\ p_3 \end{Bmatrix} = \begin{Bmatrix} 1 \\ 2 \\ 2 \end{Bmatrix} \sqrt{\dfrac{k}{m}}$，$[\Phi] = \begin{bmatrix} 1 & 1 & 1 \\ 1 & 0 & -2 \\ 1 & -1 & 1 \end{bmatrix}$

5.22 $\begin{Bmatrix} p_1 \\ p_2 \\ p_3 \end{Bmatrix} = \begin{Bmatrix} 1 \\ 1 \\ 2 \end{Bmatrix} \sqrt{\dfrac{k}{m}}$，$[\Phi] = \begin{bmatrix} 1 & 1 & 1 \\ 1 & -1 & 1 \\ 1 & 0 & -1 \end{bmatrix}$

5.23 $\begin{Bmatrix} p_1 \\ p_2 \\ p_3 \\ p_4 \end{Bmatrix} = \begin{Bmatrix} 0 \\ 1 \\ 1 \\ \sqrt{2} \end{Bmatrix} \sqrt{\dfrac{k}{m}}$，$[\Phi] = \begin{bmatrix} 1 & 0 & 0 & -1 \\ 1 & -2 & 0 & 1 \\ 1 & 1 & -1 & 1 \\ 1 & 1 & 1 & 1 \end{bmatrix}$

5.24 $\begin{Bmatrix} x_1(t) \\ x_2(t) \\ x_3(t) \end{Bmatrix} = \dfrac{f_0}{k}\cos\omega t \left(\begin{Bmatrix} 0.242 \\ 0.436 \\ 0.543 \end{Bmatrix} \beta_1 + \dfrac{p_1^2}{p_2^2} \begin{Bmatrix} -0.436 \\ -0.194 \\ 0.349 \end{Bmatrix} \beta_2 + \dfrac{p_1^2}{p_3^2} \begin{Bmatrix} 0.194 \\ -0.242 \\ 0.108 \end{Bmatrix} \beta_3 \right)$，其中

$\beta_i = \dfrac{p_i^2}{p_i^2 - \omega^2}$，$i=1,2,3$；$\begin{Bmatrix} p_1 \\ p_2 \\ p_3 \end{Bmatrix} = \begin{Bmatrix} 0.4450 \\ 1.2470 \\ 1.8019 \end{Bmatrix} \sqrt{\dfrac{k}{m}}$

5.25 (1)$B_1 = \dfrac{3-2\nu^2}{Z}\dfrac{f_0}{k}$，$B_2 = \dfrac{2(1-\nu^2)}{Z}\dfrac{f_0}{k}$，$B_3 = \dfrac{(1-\nu^2)(3-2\nu^2)}{Z}\dfrac{f_0}{k}$，其中：

$\nu^2 = \dfrac{\omega^2}{p^2} = \dfrac{m\omega^2}{k}$，$Z = 14 - 41\nu^2 + 34\nu^4 - 8\nu^6$；

(2)$p_1 = 0.7683\sqrt{\dfrac{k}{m}}$，$p_2 = 1.1002\sqrt{\dfrac{k}{m}}$，$p_3 = 1.5650\sqrt{\dfrac{k}{m}}$

5.26 $\begin{Bmatrix} x_1(t) \\ x_2(t) \\ x_3(t) \end{Bmatrix} = \dfrac{f_0}{k} \left(\begin{Bmatrix} 0.398 \\ 0.717 \\ 0.895 \end{Bmatrix} \sin(\omega t - \varphi_1) + \begin{Bmatrix} 10.89 \\ 4.84 \\ -8.73 \end{Bmatrix} \sin(\omega t - \varphi_2) + \right.$

$\left. \begin{Bmatrix} 0.0637 \\ -0.0794 \\ 0.0353 \end{Bmatrix} \sin(\omega t - \varphi_3) \right) \approx \dfrac{f_0}{k} \begin{Bmatrix} 10.89 \\ 4.84 \\ -8.73 \end{Bmatrix} \sin(\omega t - \varphi_2)$

其中：$\varphi_1 = 0.9974\pi$，$\phi_2 = 0.5751\pi$，$\varphi_3 = 0.0085\pi$

第6章

6.1 近似振型$\{\psi\} = \{3,4,3\}^{\mathrm{T}}$，$p_1 = \sqrt{\dfrac{10}{17}}\sqrt{\dfrac{k}{m}}$

6.2 近似振型$\{\psi\} = \{5,8,9,8,5\}^{\mathrm{T}}$，$p_1 = \sqrt{\dfrac{70}{259}}\sqrt{\dfrac{6F_{T0}}{ml}} = 0.519875\sqrt{\dfrac{6F_{T0}}{ml}}$

6.3 $p_1 = 0.592845\sqrt{\dfrac{k}{m}}$

6.4　$p_1=6.6246\sqrt{\frac{EI}{ml^3}}$；$p_1=4.0337\sqrt{\frac{EI}{ml^3}}$

6.5　$p_1\approx\sqrt{\frac{518}{1931}}\sqrt{\frac{6F_{T0}}{ml}}\approx0.517933\sqrt{\frac{6F_{T0}}{ml}}$

6.6　$p_1\approx0.4451\sqrt{\frac{k}{m}}$，$\{\phi\}_1\approx\begin{Bmatrix}0.4423\\0.8028\\1.0000\end{Bmatrix}$；$p_2\approx1.2973\sqrt{\frac{k}{m}}$，$\{\phi\}_2\approx\begin{Bmatrix}-0.8302\\-0.7878\\1.0000\end{Bmatrix}$

6.7　精确解 $p_1=16\sqrt{\frac{96-66\sqrt{2}}{7}}\sqrt{\frac{EI}{ml^3}}=9.8666\sqrt{\frac{EI}{ml^3}}$，

$p_2=16\sqrt{6}\sqrt{\frac{EI}{ml^3}}=39.1918\sqrt{\frac{EI}{ml^3}}$

6.8　$\begin{Bmatrix}p_1\\p_2\end{Bmatrix}=\begin{Bmatrix}0.3483\\1.0343\end{Bmatrix}\sqrt{\frac{k}{J}}$，$[\{\phi\}_1,\{\phi\}_2]\approx\begin{bmatrix}1.0000 & 1.7886 & 2.3821 & 2.7642\\1.0000 & 1.0852 & 0.3246 & -1.3514\end{bmatrix}^T$；

精确解：$\begin{Bmatrix}p_1\\p_2\end{Bmatrix}=\begin{Bmatrix}\sqrt{2\left(1-\cos\frac{\pi}{9}\right)}\\1\end{Bmatrix}\sqrt{\frac{k}{J}}\approx\begin{Bmatrix}0.3420\\1.0000\end{Bmatrix}\sqrt{\frac{k}{J}}$

6.9　$p_1\approx0.764\sqrt{\frac{F_T}{ml}}$，$\{\phi\}_1\approx\{1.000,1.415,1.000\}^T$；

精确解：$p_1=\sqrt{2-\sqrt{2}}\sqrt{\frac{F_T}{ml}}$；$\{\phi\}_1=\{1,\sqrt{2},1\}^T$

6.10　$p_1\approx0.445\sqrt{\frac{k}{J}}$，$\{\phi\}_1\approx\{1.000,1.802,2.247\}^T$；

精确解：$p_1=\sqrt{2\left(1-\cos\frac{\pi}{7}\right)}\sqrt{\frac{k}{J}}$

6.11　$p_1\approx1.414\sqrt{\frac{F_T}{ml}}$，$\{\phi\}_1\approx\{1.000,0000,-1.000\}^T$；

精确解：$p_2=\sqrt{\frac{2F_T}{ml}}$；$\{\phi\}_2=\{1,0,-1\}^T$

6.12　$p_2\approx1.2471\sqrt{\frac{k}{J}}$，$\{\phi\}_1\approx\{1.000,0.4452,-0.8020\}^T$；

精确解：$p_2=\sqrt{2\left(1-\cos\frac{3\pi}{7}\right)}\sqrt{\frac{k}{J}}$

6.13　略　　　　6.14　略

6.15　$\begin{Bmatrix}p_1\\p_2\end{Bmatrix}=\begin{Bmatrix}0.7654\\1.8478\end{Bmatrix}\sqrt{\frac{k}{J}}$，$[\{\phi\}_1,\{\phi\}_2]\approx\begin{bmatrix}0.7071 & 1.0000\\-0.7071 & 1.0000\end{bmatrix}^T$

精确解 $\begin{Bmatrix}p_1\\p_2\end{Bmatrix}=\begin{Bmatrix}\sqrt{2-\sqrt{2}}\\\sqrt{2+\sqrt{2}}\end{Bmatrix}\sqrt{\frac{k}{J}}$，$[\{\phi\}_1,\{\phi\}_2]\approx\begin{bmatrix}1 & \sqrt{2}\\1 & -\sqrt{2}\end{bmatrix}^T$

6.16 $p_1=1.7321\sqrt{\frac{EI}{ml^3}}$;精确解:$p_1=\sqrt{\frac{3EI}{ml^3}}$

6.17 $p_1=0.866\sqrt{\frac{EI}{ml^3}}$;精确解:$p_1=\frac{\sqrt{3}}{2}\sqrt{\frac{EI}{ml^3}}$

6.18 精确解:$p_1=\sqrt{2-\sqrt{2}}\sqrt{\frac{k}{m}}$;$p_2=\sqrt{2}\sqrt{\frac{k}{m}}$;$p_3=\sqrt{2+\sqrt{2}}\sqrt{\frac{k}{m}}$

6.19 $p_1=0.311\sqrt{\frac{EI}{ml^3}}$;$p_2=8.26\sqrt{\frac{EI}{ml^3}}$

6.20 $\begin{Bmatrix}p_1\\p_2\\p_3\end{Bmatrix}=\begin{Bmatrix}0.2924\\1.9152\\5.1459\end{Bmatrix}$,$[\{\phi\}_1,\{\phi\}_2,\{\phi\}_3]=\begin{bmatrix}1.000&1.000&1.000\\3.399&1.188&-0.699\\6.393&-0.788&0.215\end{bmatrix}$

第7章

7.1 $\frac{pl}{c}=\left[\mu_m\left(\frac{pl}{c}\right)^2-\mu_F\right]\tan\frac{pl}{c}$,其中 $\mu_F=\frac{kl}{F_T}$,$\mu_m=\frac{m}{\rho_l l}$,$c=\sqrt{\frac{F_T}{\rho_l}}$

7.2 $\mu_k\frac{c}{pl}\tan\frac{pl}{c}=\frac{1}{p^2/p_0^2-1}$,其中 $\mu_k=\frac{kl}{ES}$,$p_0=\sqrt{\frac{k}{m}}$,$c=\sqrt{\frac{E}{\rho}}$

7.3 $\tan\frac{pl_1}{c}\tan\frac{pl_2}{c}=\frac{S_2}{S_1}$,其中 $c=\sqrt{\frac{E}{\rho}}$

7.4 $2\mu_J\frac{pl}{c}=\left[\mu_J^2\left(\frac{pl}{c}\right)^2-1\right]\tan\frac{pl}{c}$,其中 $\mu_J=\frac{J_0}{J_p}$,$c=\sqrt{\frac{G}{\rho}}$

7.5 $\tan\frac{pl}{c}=-\mu_k\frac{pl}{c}$,其中 $\mu_k=\frac{GI_p}{lk}$,$c=\sqrt{\frac{G}{\rho}}$

7.6 $\theta(x,t)=\frac{8\omega l}{\pi^2 c}\sum_{i=1}^{\infty}\frac{1}{(2i-1)^2}\sin\frac{p_i x}{c}\sin p_i t$,其中 $p_i=\frac{(2i-1)\pi c}{2l}$,$c=\sqrt{\frac{G}{\rho}}$

7.7 (1)$u(x,t)=\frac{8vl}{\pi^2 c}\sum_{i=1}^{\infty}\frac{1}{(2i-1)^2}\sin\frac{p_i x}{c}\sin p_i t$,其中 $p_i=\frac{(2i-1)\pi c}{2l}$,$c=\sqrt{\frac{E}{\rho}}$

(2)$u(x,t)=\frac{8vl}{\pi^2 c}\sum_{i=1}^{\infty}\frac{(-1)^{i-1}}{(2i-1)^2}\cos\frac{p_i x}{c}\sin p_i t$,其中 $p_i=\frac{(2i-1)\pi c}{2l}$,$c=\sqrt{\frac{E}{\rho}}$

(3)$u(x,t)=\frac{4vl}{\pi^2 c}\sum_{i=1}^{\infty}\frac{1}{(2i-1)^2}\cos\frac{p_i x}{c}\sin p_i t\left(0\leqslant x\leqslant\frac{l}{2}\right)$,

其中 $p_i=\frac{(2i-1)\pi c}{l}$,$c=\sqrt{\frac{E}{\rho}}$

7.8 (1)$u(x,t)=\frac{2}{\pi^2}\frac{Fl}{ES}\sum_{i=1}^{\infty}\frac{(-1)^{i-1}}{(2i-1)^2}\sin\frac{p_{2i-1}x}{c}\cos p_{2i-1}t$,其中 $p_i=\frac{i\pi c}{l}$,$c=\sqrt{\frac{E}{\rho}}$

(2)$u(x,t)=\frac{2}{\pi^2}\frac{Fl}{ES}\sum_{i=1}^{\infty}\frac{1}{i^2}\sin\frac{i\pi}{3}\sin\frac{p_i x}{c}\cos p_i t$,其中 $p_i=\frac{i\pi c}{l}$,$c=\sqrt{\frac{E}{\rho}}$

(3) $u(x,t)=\dfrac{4}{\pi^2}\dfrac{Fl}{ES}\sum\limits_{i=1}^{\infty}\dfrac{(-1)^{i-1}}{(4i-2)^2}\sin\dfrac{p_{4i-2}x}{c}\cos p_{4i-2}t$,

其中 $p_i=\dfrac{i\pi c}{l}, c=\sqrt{\dfrac{E}{\rho}}$

7.9 $u(x,t)=\dfrac{16}{\pi^3}\dfrac{F_0 l}{ES}\sum\limits_{i=1}^{\infty}\left[\dfrac{(-1)^{i-1}\pi}{(2i-1)^2}-\dfrac{2}{(2i-1)^3}\right]\sin\dfrac{p_i x}{c}\cos p_i t$,

其中 $p_i=\dfrac{(2i-1)\pi c}{2l}, c=\sqrt{\dfrac{E}{\rho}}$

7.10 $u(x,t)=\dfrac{4}{\pi}\dfrac{F_0}{\rho Sl}\sin\omega t\sum\limits_{i=1}^{\infty}\dfrac{1}{2i-1}\dfrac{1}{(p_i^2-\omega^2)}\sin\dfrac{p_i x}{c}$,其中 $p_i=\dfrac{(2i-1)\pi c}{2l}, c=\sqrt{\dfrac{E}{\rho}}$

7.11 $u(x,t)=\dfrac{f_0}{12m}\dfrac{t^4}{t_0^2}+\dfrac{2f_0}{\pi^2 mc^2}\dfrac{l^2}{t_0^2}\sum\limits_{i=1}^{\infty}\dfrac{(-1)^i}{(2i)^2}\cos\dfrac{p_{2i}x}{c}\left[t^2-\dfrac{2l^2}{(2i)^2\pi^2c^2}(1-\cos p_{2i}t)\right]$

其中 $p_i=\dfrac{i\pi c}{l}, c=\sqrt{\dfrac{E}{\rho}}, m=\rho Sl$

7.12 $\dfrac{mp^2}{EI\beta^3}=\dfrac{1+\cos\beta l\cosh\beta l}{\sin\beta l\cosh\beta l-\cos\beta l\sinh\beta l}$其中 $\beta^4=\dfrac{p^2\rho S}{EI}$

7.13 $\dfrac{k}{EI\beta^3}=\dfrac{1+\cos\beta l\cosh\beta l}{\cos\beta l\sinh\beta l-\sin\beta l\cosh\beta l}$其中 $\beta^4=\dfrac{p^2\rho S}{EI}$

7.14 $w(x,t)=\dfrac{2}{\pi^4}\dfrac{Fl^3}{EI}\sum\limits_{i=1}^{\infty}\dfrac{(-1)^{i-1}}{(2i-1)^4}\sin\dfrac{(2i-1)\pi x}{l}\cos p_{2i-1}t$,其中 $p_i=\left(\dfrac{i\pi}{l}\right)^2\sqrt{\dfrac{EI}{\rho S}}$

7.15 $w(x,t)=\dfrac{2}{\pi^4}\dfrac{Fl^3}{EI}\sum\limits_{i=1}^{\infty}\dfrac{(-1)^{i-1}}{(2i-1)^4}\sin\dfrac{(2i-1)\pi x}{l}(1-\cos p_{2i-1}t)$,其中 $p_i=\left(\dfrac{i\pi}{l}\right)^2\sqrt{\dfrac{EI}{\rho S}}$

7.16 $w(x,t)=\dfrac{4v}{\pi}\sum\limits_{i=1}^{\infty}\dfrac{1}{(2i-1)p_{2i-1}}\sin\dfrac{(2i-1)\pi x}{l}\sin p_{2i-1}t$,其中 $p_i=\left(\dfrac{i\pi}{l}\right)^2\sqrt{\dfrac{EI}{\rho S}}$

7.17 $w(x,t)=\dfrac{4}{\pi^5}\dfrac{f_l l^4}{EI}\sum\limits_{i=1}^{\infty}\dfrac{1}{(2i-1)^5}\sin\dfrac{(2i-1)\pi x}{l}\sin p_{2i-1}t$,其中 $p_i=\left(\dfrac{i\pi}{l}\right)^2\sqrt{\dfrac{EI}{\rho S}}$

7.18 (1) $w(x,t)=\dfrac{2}{\pi^4}\dfrac{Fl^3}{EI}\sum\limits_{i=1}^{\infty}\dfrac{1}{i^4}\sin\dfrac{i\pi a}{l}\sin\dfrac{i\pi x}{l}\sin p_i t$,其中 $p_i=\left(\dfrac{i\pi}{l}\right)^2\sqrt{\dfrac{EI}{\rho S}}$

(2) $w(x,t)=\dfrac{4}{\pi^4}\dfrac{Fl^3}{EI}\sum\limits_{i=1}^{\infty}\dfrac{(-1)^{i-1}}{(4i-2)^4}\sin\dfrac{(4i-2)\pi x}{l}\cos p_{4i-2}t$,其中 $p_i=\left(\dfrac{i\pi}{l}\right)^2\sqrt{\dfrac{EI}{\rho S}}$

7.19 $w(x,t)=\dfrac{1}{\pi^4}\dfrac{f_{l0}l^4}{EI}\dfrac{1}{1-\nu_1^2}\sin\dfrac{\pi x}{l}\sin\omega t$,其中 $\nu_1=\dfrac{\omega}{p_1}=\omega\times\left(\dfrac{l}{\pi}\right)^2\sqrt{\dfrac{\rho S}{EI}}$

7.20 $w(l/2,t)$振幅$=\dfrac{2f_l l^4}{\pi^5 EI}\sum\limits_{i=1}^{\infty}\dfrac{(-1)^{i-1}}{(2i-1)[(2i-1)^4-\nu_1^2]}$,

其中 $\nu_1=\dfrac{\omega}{p_1}=\omega\times\left(\dfrac{l}{\pi}\right)^2\sqrt{\dfrac{\rho S}{EI}}$

7.21 $w(x,t)=\dfrac{4}{\pi^4}\dfrac{f_0 l^3}{EI}\sin\omega t\sum\limits_{i=1}^{\infty}\dfrac{(-1)^{i-1}}{(2i-1)^4-\nu_1^2}\cos\dfrac{(2i-1)\pi}{6}\sin\dfrac{(2i-1)\pi x}{l}$,

其中 $\nu_1=\dfrac{\omega}{p_1}=\omega\times\left(\dfrac{l}{\pi}\right)^2\sqrt{\dfrac{\rho S}{EI}}$

7.22 $w(x,t)=\dfrac{f_{l0}}{2\omega^2\rho Sl}\sin\omega t\left(\dfrac{\sin\beta x}{\sin\beta l}+\dfrac{\sinh\beta x}{\sinh\beta l}-\dfrac{2x}{l}\right)$，其中 $\beta^4=\dfrac{\omega^2\rho S}{EI}$

7.23 $w(x,t)=\dfrac{2F}{\rho Sl}\sum\limits_{i=1}^{\infty}\dfrac{\sin\dfrac{i\pi x}{l}}{p_i^2-\left(\dfrac{i\pi v}{l}\right)^2}\left(\sin\dfrac{i\pi vt}{l}-\dfrac{vl}{ic\pi}\sin p_i t\right)$，其中 $p_i=\left(\dfrac{i\pi}{l}\right)^2\sqrt{\dfrac{EI}{\rho S}}$

参 考 文 献

[1] 郑兆昌.机械振动(上册).北京:机械工业出版社,1980.
[2] 季文美,方同,陈松淇.机械振动.北京:科学出版社,1985.
[3] 张相庭,王志培,黄本才.结构振动力学.上海:同济大学出版社,2005.
[4] 倪振华.振动力学.西安:西安交通大学出版社,1989.
[5] 谢官模.振动力学.北京:国防工业出版社,2007.
[6] 胡海岩.机械振动基础.北京:北京航空航天大学出版社,2005.
[7] WT Thomson, MD Dahleh. Theory of Vibration with Applications. 北京:清华大学出版社, 2005.
[8] 许本文, 焦群英. 机械振动与模态分析基础. 北京:机械工业出版社,1998.
[9] 陈奎孚. 机械振动基础. 北京:中国农业大学出版社,2011.